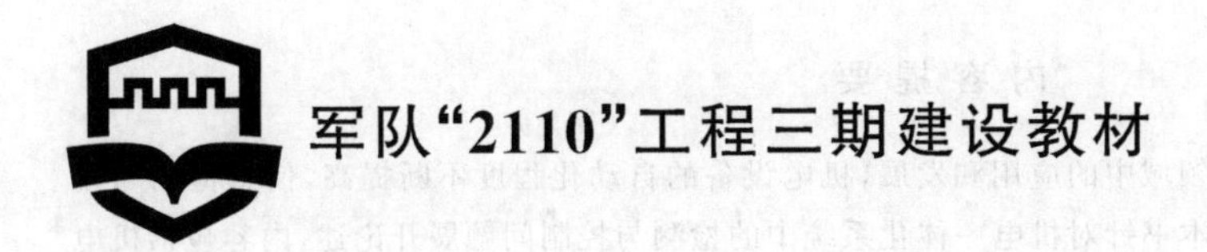

机电检测与控制

高钦和　程洪杰　张宝生　管文良　编著

北京航空航天大学出版社

内 容 提 要

随着机电一体化技术在机械工程领域中的应用和发展，机电设备的自动化程度不断提高，信息检测与自动控制技术越来越受到人们的重视。本书针对机电一体化系统中的检测与控制问题展开论述，内容包括机电一体化概论、传感器与检测技术、电动机及其控制特性、继电器控制技术、PLC 控制技术和计算机控制技术等。

本书可作为高等院校机械电子工程、机械设计与自动化等专业机电检测与控制课程的教材，也可供从事机电一体化和自动控制相关工作的工程技术人员学习参考。

图书在版编目(CIP)数据

机电检测与控制 / 高钦和等编著. -- 北京 ：北京航空航天大学出版社，2015.2

ISBN 978-7-5124-1712-0

Ⅰ. ① 机… Ⅱ. ①高… Ⅲ. ①机电一体化－检测－高等学校－教材②机电一体化－控制系统－高等学校－教材 Ⅳ. ①TH-39

中国版本图书馆 CIP 数据核字(2015)第 029460 号

机电检测与控制

高钦和　程洪杰　张宝生　管文良　编著

责任编辑　张军香

*

北京航空航天大学出版社出版发行

北京市海淀区学院路 37 号(邮编 100191)　http://www.buaapress.com.cn

发行部电话：(010)82317024　传真：(010)82328026

读者信箱：goodtextbook@126.com　　邮购电话：(010)82316936

北京建宏印刷有限公司印装　各地书店经销

*

开本：787×1 092　1/16　印张：19.75　字数：506 千字

2015 年 2 月第 1 版　2022 年 7 月第 3 次印刷　印数：2 301～2 600 册

ISBN 978-7-5124-1712-0　定价：59.00 元

若本书有倒页、脱页、缺页等印装质量问题，请与本社发行部联系调换。联系电话：(010)82317024

前　言

机电一体化技术在机械工程领域中的应用，促进了机电设备自动化、智能化程度的不断提高，信息检测与自动控制技术越来越受到人们的重视。本书针对机电一体化系统中的检测与控制技术，从基本原理、实现方法、技术应用等层面展开论述，以满足读者的知识需求。主要内容包括机电一体化概论、机电系统中典型传感器与检测技术、执行机构中电动机及其控制特性，以及经典继电器控制技术、工业控制中应用广泛的PLC控制技术、现代计算机控制技术等。本书在内容的编写上注重系统性与实用性的统一，在内容的组织上注意将基本原理、方法与应用实例相结合，有较强的实用性和参考价值。

全书共6章，第一章绪论，介绍机电一体化的基本概念、关键技术、典型产品与发展趋势；第二章传感器与检测技术，介绍传感与检测技术的基本概念，论述应变与应力、压力、位移、流量、温度等典型物理量的检测技术；第三章电动机及其控制特性，介绍电机拖动系统运动分析方法，论述直流电动机、三相异步交流电动机、控制电机等的结构原理及其控制特性；第四章继电器控制技术，介绍常用控制电器与继电器控制电路的设计、分析方法，论述交、直流电动机的继电器控制电路原理；第五章PLC控制技术，介绍顺序控制的概念与描述方法、PLC的原理结构及其特点，分析PLC的输入/输出模块原理，结合实例论述PLC应用程序设计及应用系统开发方法；第六章计算机控制技术，介绍现代计算机控制系统的原理、组成与分类，分析计算机输入/输出接口原理、典型计算机控制算法及PID控制实例，介绍计算机控制网络的概念与方法，论述现场总线技术原理与CAN总线应用技术。

本书第一、五章由高钦和编写，第二章由张宝生编写，第三、四章由程洪杰编写，第六章由管文良编写，全书由高钦和统稿，侯洪庆、牛海龙、谢政、刘志浩等参加了实验系统构建、资料整理等方面的工作。

本书的编写得到了编者所在单位和同事的大力支持与帮助，参阅了国内同行发表的大量相关技术文献，在此表示衷心的感谢。由于作者水平有限，时间仓促，书中难免有疏漏之处，恳请读者批评指正。

编　者

2014年10月

前言

目　录

第一章　绪　论……1

第一节　机电一体化的基本概念……1
第二节　机电一体化技术与产品……8
第三节　机电一体化的发展历史与趋势……14
思考题……16
参考文献……16

第二章　传感器与检测技术……17

第一节　传感与检测技术概述……17
第二节　应变与应力的检测……37
第三节　压力的直接检测……48
第四节　位移量的检测……54
第五节　流量的检测……68
第六节　温度的检测……76
思考题……89
参考文献……90

第三章　电动机及其控制特性……91

第一节　电机拖动机构的运动分析……91
第二节　直流电动机及其特性……98
第三节　交流电动机及其特性……111
第四节　伺服电机及其控制……133
思考题……151
参考文献……151

第四章　继电器控制技术……152

第一节　常用控制电器……152
第二节　继电接触器控制常用基本线路……158
第三节　电动机的继电器控制……166
思考题……175
参考文献……175

第五章　PLC 控制技术 ………………………………………………… 176

第一节　顺序控制概述……………………………………………………… 176
第二节　PLC 基础 ………………………………………………………… 182
第三节　PLC 的输入/输出模块 …………………………………………… 188
第四节　PLC 控制应用程序设计 ………………………………………… 197
第五节　PLC 控制应用实例分析 ………………………………………… 208
思考题……………………………………………………………………… 226
参考文献…………………………………………………………………… 226

第六章　计算机控制技术………………………………………………… 227

第一节　计算机控制系统概述……………………………………………… 227
第二节　计算机输入/输出接口 …………………………………………… 235
第三节　计算机控制算法…………………………………………………… 250
第四节　计算机控制网络…………………………………………………… 263
第五节　现场总线技术……………………………………………………… 277
思考题……………………………………………………………………… 306
参考文献…………………………………………………………………… 307

第一章 绪 论

现代科学技术的飞速发展,极大地推动了不同学科的相互交叉与渗透,纵向分化、横向交叉与综合已成为现代科技发展的重要特点,从而引发了工程领域的一场技术革命。在机械工程领域,由于微电子技术和计算机技术的飞速发展及其向机械工业的渗透所形成的机电一体化,使机械工业的技术结构、产品结构、功能与构成等都发生了巨大变化,工业生产由“机械化”进入了以“机电一体化”为特征的发展阶段。

机电一体化是以机械技术和电子技术为主体,多门技术学科相互渗透、相互结合的产物,是正在发展和逐渐完善的一门新兴的边缘学科。机电检测与控制是机电一体化技术的重要组成部分,本章重点介绍机电一体化的基本概念、关键技术和发展趋势,为本书内容的学习奠定基础。

第一节 机电一体化的基本概念

一、机电一体化的定义

“机电一体化”一词出现于20世纪70年代,英文名词是“Mechatronics”,是取 Mechanics(机械学)的前半部分和 Electronics(电子学)的后半部分拼合而成的。但是,“机电一体化”并非是机械技术与电子技术的简单相加,而是机械技术与电子技术、信息技术、自动控制技术相互“融合”的产物。

目前,对“机电一体化”一词还没有统一的定义。如“日本机械振兴协会”经济研究所对机电一体化概念的解释是:机电一体化是在机械主功能、动力功能、信息功能和控制功能上引进微电子技术,并将机械装置与电子装置用相关软件有机结合而构成的系统的总称。20世纪90年代国际机器与机构理论联合会(The International Federation for the Theory of Machines and Mechanism, IFTMM)成立的机电一体化技术委员会给出的定义是:机电一体化是精密机械工程、电子控制和系统在产品设计和制造过程中的协同结合。由于各自的理解不同,出发点和着眼点不同,所做的解释也不相同。

虽然国内外对机电一体化这一概念还没有明确、统一的定论,但对机械与电子技术有机结合的认识是一致的。机电一体化的基本概念应包含两个方面的含义:

(1) 机电一体化是机械技术和电子技术有机结合而形成的一种新技术

这里强调机械技术和电子技术的有机结合,不是简单地用电子设备代替机械结构,或孤立地发挥两种技术各自的长处,而是两种技术有机结合产生的新的思维方法和技术手段。

(2) 信息处理技术是机电一体化技术中必不可少的部分

一个机械系统要实现计算机控制,其须具有信息自动处理功能,才能对生产过程出现的各种情况,按照预先规定的控制规律,自动、实时地进行分析处理,发出相应的控制指令,达到预定的目标,实现工作过程的自动化。

以图 1－1 所示的机床进给系统为例，要解决如何提高机床进给系统的定位精度问题。

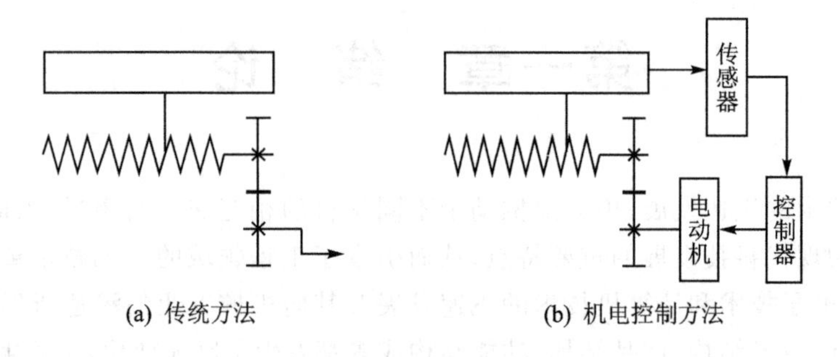

图 1－1　机床进给系统的定位

机床工作台的移动是通过齿轮、丝杠螺母来驱动的，由于齿轮、丝杠螺母之间存在间隙，要提高系统的定位精度，传统的方法是提高齿轮、丝杠螺母的加工精度和安装精度，难度很大。采用机电控制的方法，用位移传感器实时检测工作台的实际位置，将位移信息反馈给控制器（计算机），控制器对工作台的定位误差进行修正或补偿，进而发出控制指令，控制电动机驱动工作台的移动，实现进给系统的准确定位。这样，在齿轮、丝杠螺母的加工精度不变的情况下，可以大大提高系统的定位精度。

随着科技的发展，“机电一体化”还将不断被赋予新的内涵。但其基本内涵可概括为：机电一体化是从系统的观点出发，将机械技术、微电子技术、信息技术、控制技术、计算机技术、传感器技术、接口技术等在系统工程的基础上有机地加以综合，从而实现整个系统最优化。

目前，机电一体化已由原来以机械为主的领域拓展到目前的汽车、电站、仪表、通信等领域，而且机电一体化产品的概念不再局限于某一具体产品的范围，而是已扩大到控制系统和被控系统相结合的产品制造和过程控制的大系统，如计算机集成制造系统（CIMS）、柔性制造系统（FMS）及各种工业控制系统。

可见，机电一体化是一门新兴的边缘学科，正处于发展阶段，代表着机械工业技术革命的前沿。由于机电一体化技术对现代工业和技术的发展具有巨大的推动力，因此世界各国均将其作为工业技术发展的重要战略之一。

二、机电一体化系统构成要素

一个典型的机电一体化系统应包含以下基本构成要素：机械本体、动力与驱动部分、执行机构、传感与检测部分、信息处理与控制单元等，其组成如图 1－2 所示。

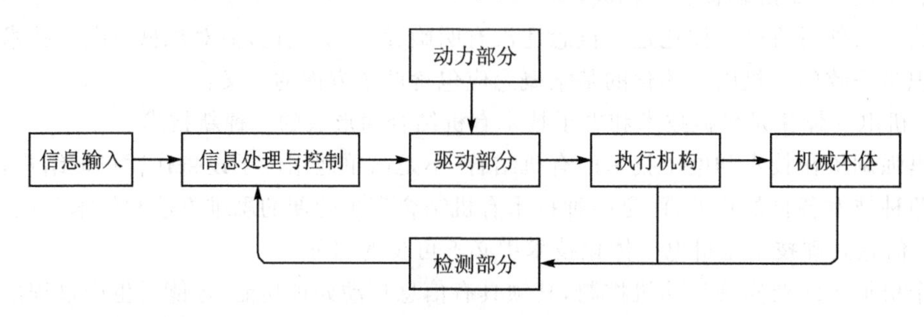

图 1－2　机电一体化系统组成

1. 机械本体

机械本体包括机身、框架、连接等,用于支撑和连接其他要素,并把这些要素合理地结合起来,形成有机的整体。由于机电一体化产品的技术性能、水平和功能的提高,机械本体要在机械结构、材料、加工工艺性及几何尺寸等方面适应产品高效率、多功能、高可靠性和节能、小型、轻量、美观等要求。

2. 动力部分

动力部分的功能是按照系统的控制要求,为机电一体化系统其他部分的工作提供能量和动力,使系统正常运行。用尽可能小的动力输入获得尽可能大的功能输出,是机电一体化产品的显著特征之一。

3. 执行机构与驱动部分

执行机构的功能是根据控制信息和指令,完成要求的动作。执行机构是运动部件,一般采用机械、电磁、电液等机构。根据机电一体化系统的匹配性要求,执行机构需要考虑改善系统的动、静态性能,如提高刚性、减小质量和保持适当的阻尼,应尽量考虑组件化、标准化和系列化,以提高系统的整体可靠性等。

驱动部分的功能是在控制信息作用下,驱动各执行机构完成各种动作和功能。机电一体化系统对驱动部分的要求,一方面是高效率和快速响应特性,另一方面是对外部环境的适应性和高可靠性。

4. 传感与检测部分

传感与检测部分的功能是对系统运行中所需要的本身和外界环境的各种参数及状态进行检测,生成相应的可识别信号,传输到信息处理单元,作为发送控制信息的依据。这一功能一般由专门的传感器及检测电路完成,要求其具有体积小,便于安装与连接,检测精度高,抗干扰等特点。

5. 信息处理与控制单元

信息处理与控制单元的功能是将来自各传感器的检测信息和外部输入命令进行集中、储存、分析、加工,根据信息处理结果,按照一定的程序和节奏发出相应的指令,控制整个系统有目的地运行。该单元一般由计算机、可编程逻辑控制器(PLC)、数控装置及逻辑电路、A/D与D/A转换、I/O(输入/输出)接口等组成。机电一体化系统对控制和信息处理单元的基本要求是提高信息处理速度和可靠性,增强抗干扰能力,以及完善系统自诊断功能,实现信息处理和控制的智能化。

以上五部分通常被称为机电一体化的五大构成要素,各部分在工作时相互协同,共同完成规定的目的功能。在结构上,各组成部分通过各种接口及相应软件有机结合在一起,构成一个内部匹配合理、外部效能最佳的完整系统。

从机电一体化系统的组成和功能来看,人体是机电一体化系统理想的参照物。如图1-3(a)所示,构成人体的五大要素分别是躯干、内脏、四肢、感官和头脑,相应的功能如图1-3(b)所示。内脏提供人体所需要的能量,维持人体活动;四肢执行动作;感官获取外界信息;头脑处理各种信息并对其他要素实施控制;躯干的功能是把人体各要素有机地联系为一体。

通过类比就可以发现,机电一体化系统的构成要素和功能与人体一致,表1-1所列为其对应关系。与人体相对应,机电一体化系统的5大构成要素及其对应的5大功能如图1-4所示。不管哪类机电一体化系统,其系统内部具备的几种内部功能是一致的。其中主功能(操作

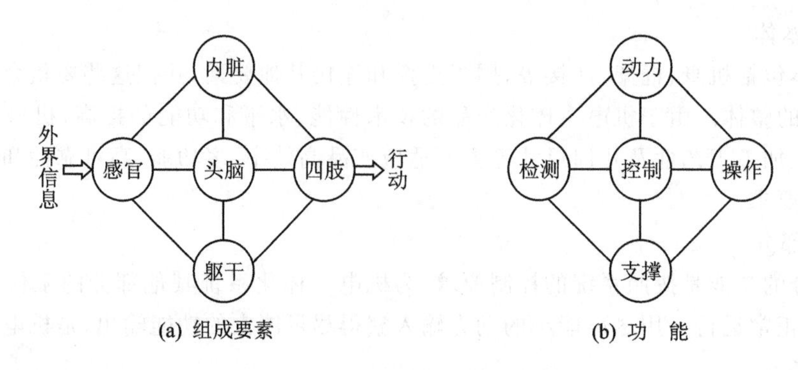

(a) 组成要素　　(b) 功　能

图 1-3　人体组成要素及功能

功能)是实现系统目的功能的直接功能,如将毛坯加工为工件。动力功能是向系统提供动力,让系统得以运转的功能。检测功能和控制功能的作用是根据系统内部信息和外部信息对整个系统进行控制,使系统正常运转,实施目的功能。而构造功能则是使构成系统的子系统及元、部件维持所定制的时间和空间上的相互关系所必需的功能。从系统的输入/输出来看,除有主功能的输入/输出之外,还需要有动力输入/输出。此外,还有因外部环境引起的干扰输入及非目的性输出(如废弃物等)。

表 1-1　机电一体化系统构成要素与人体组成要素的对应关系

机电一体化系统要素	功　能	人体要素
机械本体	支撑与连接	躯干
动力部件	提供动力(能量)	内脏
执行部件	驱动(操作)	四肢
传感器	检测(信息收集与变换)	感官
控制器	控制(信息存储、处理、传送)	头脑

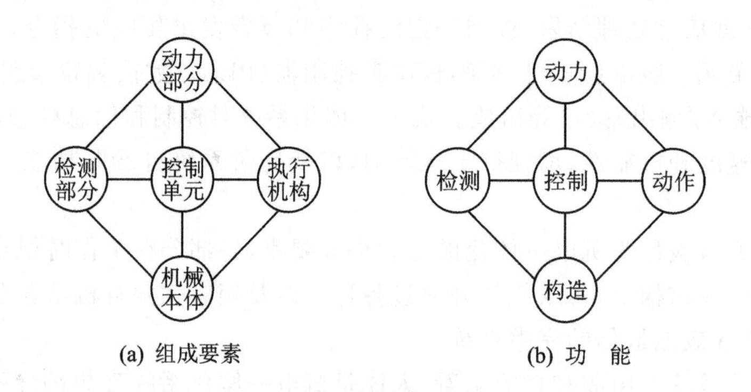

(a) 组成要素　　(b) 功　能

图 1-4　机电一体化系统的构成要素及功能

需要指出的是,构成机电一体化系统的几大要素并不是并列的,应该注意以下几点:

① 机械部分是基础和主体。这不仅是由于机械本体是系统重要的组成部分,而且系统的主要功能必须由机械装置来完成,否则就不能称其为机电一体化系统。如电子计算机、非指针式电子表等,其主要功能已由电子器件和电路完成,机械已退居次要地位,这类产品应归属于电子产品,而不是机电一体化产品。

② 机电一体化的核心是电子技术，特别是微电子技术。机电一体化需要新技术的有机结合，但首要的是微电子技术，不与微电子技术结合的机电系统也不能称其为机电一体化系统。例如非数控机床，一般均有电动机驱动，但不是机电一体化产品。机电一体化中的微电子装置除可取代某些机械部件的原有功能外，还能赋予产品许多功能，如自动检测、自动处理信息、自动显示记录、自动调节与控制、自动诊断与保护等。即具有“智能化”的特征是机电一体化与传统机械和电气、电子的结合系统的本质区别。除了微电子技术以外，在机电一体化系统中，其他技术则根据需要进行组合，可以是一种，也可以是多种。

③ 机电一体化产品的特点是产品功能的实现是所有功能单元共同作用的结果，这与传统机电设备中机械与电子系统相对独立，可以分别工作具有本质的区别。机电一体化系统各组成部分之间的连接匹配部分，称为接口。接口分为两种，机械与机械部分之间的连接称为机械接口，电气与电气部分之间的连接称为接口电路。接口起连接和匹配作用，如果两个组成部分之间相匹配，则接口只起连接作用。如果不匹配，则接口除了起连接作用外，还要起某种转换作用，如连接机床主轴和电机的减速箱，连接传感器输出信号和模/数转换器的放大电路，这些接口既起连接作用，又起匹配作用。

三、机电一体化系统分类

目前，机电一体化产品已经渗透到国民经济、日常工作及生活的各个领域，如集成电路自动生产线、激光切割设备、自动化物料搬运车、印刷设备、家用电器、雷达、医学设备等，有许多典型的机电一体化产品。机电一体化系统处于不断发展和技术进步中，例如机电一体化技术在制造业的应用，从一般的数控机床、加工中心和机械手发展到智能机器人、柔性制造系统(FMS)、无人生产车间和将设计、制造、销售、管理集于一体的计算机集成制造系统(CIMS)。

机电一体化产品的种类繁多，目前还在不断扩展，可以按照多种分类标准进行分类。

1. 按系统的功能划分

(1) 数控机械类

数控机械类主要产品为数控机床、工业机器人、发动机控制系统和自动洗衣机等。其特点为执行机构是机械装置。

(2) 电子设备类

电子设备类主要产品为电火花加工机床、线切割加工机床、超声波缝纫机和激光测量仪等。其特点为执行机构是电子装置。

(3) 机电结合类

机电结合类主要产品为自动探伤机、形状识别装置、CT 扫描仪、自动售货机等。其特点为执行机构是机械和电子装置的有机结合。

(4) 电液伺服类

电液伺服类主要产品为机电一体化的伺服装置。其特点为执行机构是液压驱动的机械装置，控制机构是接受电信号的液压伺服阀。

(5) 信息控制类

信息控制类主要产品为电报机、磁盘存储器、磁带录像机、录音机及复印机、传真机等办公自动化设备。其主要特点为执行机构的动作完全由所接受的信息控制。

2. 按系统的控制方式分类

(1) 开环控制系统

开环控制的机电一体化系统是没有反馈的控制系统，这种系统的输入直接送给控制器，并通过控制器对受控对象产生控制作用，如图 1－5 所示。一些家用电器、简易机床和精度要求不高的机电一体化产品都采用开环控制方式。开环控制机电一体化系统的优点是结构简单，成本低，维修方便，若组成系统的元件特性和参数值比较稳定，且外界干扰较小，则开环控制能够保持一定的精度；但精度通常较低，无自动纠偏能力。

(2) 闭环控制系统

闭环控制系统是指在系统的输出端与输入端之间存在反馈回路，输出量对控制过程产生影响的控制系统，也叫反馈控制系统，如图 1－6 所示。闭环控制系统的核心是通过反馈来减小被控量(输出量)的偏差。闭环系统的优点是精度较高，对外部扰动和系统参数变化不敏感，但存在稳定、振荡、超调等问题，系统性能分析、设计和维修较困难。

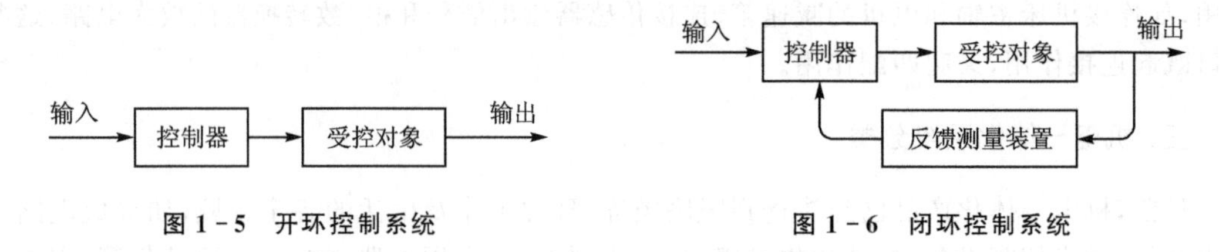

图 1－5 开环控制系统　　图 1－6 闭环控制系统

3. 按控制系统输入量的特征分类

(1) 恒值控制系统

系统输入量为恒定值，控制任务是保证在任何扰动作用下系统的输出量均为恒值，如恒温箱控制、电网电压、频率控制等。

(2) 程序控制系统

输入量的变化规律预先确知，输入装置根据输入的变化规律，发出控制指令，使被控对象按照指令程序的要求而运动，如数控加工系统。

(3) 随动系统(伺服系统)

输入量的变化规律不能预先确知，其控制要求是输出量迅速、平稳地跟随输入量变化，并能排除各种干扰因素的影响，准确地复现输入信号的变化规律，如仿形加工系统、火炮自动瞄准系统等。

4. 按控制系统控制元件特性分类

(1) 线性控制系统

当控制系统的各元件的输入/输出特性是线性特性时，控制系统的动态过程可以用线性微分方程(或线性差分方程)来描述，这种控制系统称为线性控制系统。

(2) 非线性控制系统

当控制系统中有一个或一个以上的非线性元件时，系统的特性就要用非线性方程来描述，这类控制系统称为非线性控制系统。

四、机电一体化系统特点

随着机电一体化技术的快速发展，机电一体化产品有逐步取代传统机电产品的趋势。这

完全取决于机电一体化技术所具有的优越性和潜在的应用性能。与传统的机电产品相比,机电一体化系统具有如下的特点:

(1) 工作能力和质量提高

机电一体化系统具有信息自动处理和自动控制功能,其控制和检测灵敏度、精度及范围都有很大程度的提高,通过自动控制系统可精确地保证机械的执行机构按照设计的要求完成预定的动作,使之不受机械操作者主观因素的影响,从而实现最佳操作,保证最佳的工作质量。同时,由于机电一体化产品实现了工作的自动化,使得系统工作能力大大提高。例如,数控机床对工件的加工稳定性大大提高,生产效率比普通机床提高5～6倍,柔性制造系统的生产设备利用率可提高1.5～3.5倍,可减少机床数量约50%,减少操作人员约50%,缩短生产周期40%,使加工成本降低50%左右。此外,由于机电一体化工作方式具有可通过调整软件来适应需求的良好柔性,特别适合于多品种小批量产品的生产,是缩短产品开发周期,加速更新换代的重要途径。

(2) 使用安全性和可靠性提高

机电一体化产品一般都具有自动监视、报警、自动诊断、自动保护等功能。在工作过程中遇到过载、过压、过流、短路等电力故障时,能自动采取保护措施,避免和减少人身与设备事故,显著提高设备的使用安全性。机电一体化产品由于采用大量电子元器件,减少了机械产品中的可动构件和磨损部件,因此具有较高的灵敏度和可靠性,产品的故障率低,寿命得到了延长。

(3) 调整和维护方便,使用性能改善

由于机电一体化产品普遍采用程序控制和数字显示,操作按钮和手柄数量显著减少,操作过程大大简化并且使用方便、简单。机电一体化产品在安装调试时,可通过改变控制程序来改变工作方式,以适应不同用户对象的需要及现场参数变化需要。这些控制程序可通过多种手段输入到机电一体化产品控制系统中,而不需要改变产品中的任何部件或零件。对于具有存储功能的机电一体化产品,可以事先存入若干套不同的执行程序,然后根据不同的工作对象,只需给定一个代码信号输入,即可按预定程序进行自动工作。机电一体化产品的自动化检验和自动监视功能可对工作过程中出现的故障自动采取措施,使工作恢复正常。机电一体化产品的工作过程根据预设程序由电子控制系统来逐步实现,系统可重复实现全部动作。高级的机电一体化产品可通过被控制对象的数学模型以及设定参数的变化随机搜寻工作程序,实现自动最优化操作。

(4) 具有复合功能,适用面广

机电一体化产品一般具有自动化控制、瞬间自动补偿、自动校验、自动调节、自动保护和智能等多种功能,能应用于不同的场合和领域,应变能力大大增强。机电一体化产品跳出了机电产品单技术和单功能的限制,具有复合技术和复合功能,使产品的功能水平和自动化程度大大提高。

(5) 改善劳动条件,有利于自动化生产

机电一体化产品自动化程度高,是知识密集型和技术密集型产品,是将人们从繁重体力劳动中解放出来的重要途径,可以加速工厂自动化、办公自动化、农业自动化、交通自动化甚至是家庭自动化的发展。

(6) 节约能源,减少耗材

节约一次和二次能源是国家的战略目标,也是用户十分关心的问题。机电一体化产品,通过采用低能耗驱动机构和最佳的调节控制，以提高设备的能源利用率，可收到明显的节能效果。同时，由于多种学科的交叉融合，机电一体化系统的许多功能一方面从机械系统转移到了微电子、计算机等系统，另一方面从硬件系统转移到了软件系统，从而使机电一体化系统朝着轻、小、智能化方向发展，减少了材料消耗。

因此，无论是生产部门还是使用单位，机电一体化技术和产品的应用，都会带来显著的社会和经济效益。正因为如此，世界各国，尤其是日本、美国及欧洲各国都在大力发展和推广机电一体化技术。传统产业通过机电一体化革命所带来的优质、高效、低耗和柔性增强了企业的竞争能力，引起各个国家和企业的高度重视。

第二节　机电一体化技术与产品

机电一体化包含了“技术”和“产品”两方面的内容，即机电一体化技术和机电一体化产品（系统）。机电一体化技术是指包括技术基础、技术原理在内的使机电一体化系统得以实现、使用和发展的技术。机电一体化系统是机械系统和微电子系统有机结合，被赋予新的功能和性能的新式系统。

一、机电一体化的理论与技术基础

1. 理论基础

系统论、信息论、控制论的建立，微电子尤其是计算机技术的迅猛发展，引发了科学技术的又一次革命，导致了机械工程的机电一体化。系统论、信息论和控制论是机电一体化技术的理论基础，是机电一体化技术的方法论。

开展机电一体化技术研究，无论在工程的构思、规划、设计等方面，还是在其实施或实现方面，都不能只着眼于机械或电子部分，不能只看到传感器或计算机，而是要用系统的观点，合理解决系统中信息流与控制机制的问题，有效地综合各相关技术，才能形成所需要的系统或产品。

确定机电一体化系统的目的、功能和规格后，利用机电一体化技术进行设计、制造的整个过程称为机电一体化工程。实施机电一体化工程实际上是一项系统工程，需要科学规划、系统研究和设计。机电一体化技术是系统工程科学在机械电子工程中的具体应用，具体地讲，就是以机械电子系统或产品为对象，以数学方法和计算机等为工具，对系统的构成要素、组织结构、信息交换和反馈控制等功能进行分析、设计和制造，从而达到最优设计、最优控制和最优管理的目标，实现系统的综合最优化。

可见，机电一体化技术是从系统工程观点出发，应用机械、微电子等有关技术，将机械、电子等部分有机结合，实现系统或产品整体最优化的综合性技术。小型的系统或设备，即使是一台机器，也都是由许多要素组成的，为了实现所具有的“目的功能”，还需要从系统角度出发，不拘泥于机械技术或电子技术，而采用能够使各种功能要素构成最佳组合的各种技术与方法。

2. 技术基础

从机电一体化的发展进程看，系统论、信息论、控制论是机电一体化技术的理论基础，而微电子技术、精密机械技术则是其技术基础。

微电子技术的进步，尤其是微型计算机技术的迅速发展，为机电一体化技术的进步与发展提供了前提条件，正是由于计算机的出现和发展才使机械、电子、信息的一体化得以实现。同时，精密机械加工技术也在机电一体化技术的发展中发挥了重要作用，机电一体化系统中的许多重要零部件都是利用超精密加工技术制造的，就连微电子技术本身的发展也离不开精密机械技术，大规模集成电路制造中的微细加工就是精密机械技术进步的结果。因此可以说，精密机械加工技术促进了微电子技术的不断发展，微电子技术的不断发展又推动了精密机械技术中加工设备的不断更新。当然，由于机电一体化是一个系统工程，是一个大系统，因此其发展不仅要依靠信息技术、控制技术、机械技术、电子技术和计算机技术的发展，还要依靠其他相关技术的发展。

机电一体化这一新兴学科有其技术基础、设计理论和研究方法，只有对其充分理解，才能正确地进行机电一体化方面的工作。机电一体化的目的是使系统（产品）高附加值化，即多功能，高效率，高可靠性，省材料，省能源，不断满足人们生活和生产的多样化需求。所以，一方面，机电一体化既是机械工程发展的继续，也是电子技术应用的必然；另一方面，机电一体化的研究方法应该从系统的角度出发，采用现代化设计分析方法，充分发挥交叉学科技术的优势。

二、机电一体化的关键技术

机电一体化是各种技术相互渗透的结果，是技术密集型的系统工程。其关键共性技术组成包括机械技术、检测技术、伺服传动技术、计算机与信息处理技术、自动控制技术和系统总体技术等。

1. 机械技术

机械技术是机电一体化的基础，随着高新技术引入机械行业，机械技术面临着挑战和变革。在机电一体化产品中，机械技术不再是单一地完成系统间的连接，而是要优化设计系统的结构、质量、体积、刚性和寿命等参数对机电一体化系统的综合影响。机械技术的着眼点在于如何与机电一体化的技术相适应，利用其他高新技术来更新概念，实现结构上、材料上、性能上及功能上的变更，以满足减轻质量，缩小体积，提高精度，提高刚度，改善性能和增加功能的要求。

在制造过程的机电一体化系统中，经典的机械理论与工艺应借助于计算机辅助设计技术，同时采用人工智能与专家系统等，形成新一代的机械制造技术。这里原有的机械技术以知识和技能的形式存在。计算机辅助工艺规程编制（CAPP）是目前CAD/CAM系统研究的瓶颈，其关键问题在于如何将各行业、企业、技术人员中的标准、习惯和经验进行表达和陈述，从而实现计算机的自动工艺设计与管理。

2. 传感与检测技术

传感与检测装置是系统的感受器官，与信息系统的输入端相连并将检测到的信息输送到信息处理部分。传感与检测是实现自动控制、自动调节的关键环节，其功能越强，系统的自动化程度就越高。

传感与检测的关键元件是传感器。传感器是将被测量（包括各种物理量、化学量和生物量等）变换成系统可识别的、与被测量有确定对应关系的有用电信号的一种装置。现代工程技术要求传感器能快速、精确地获取信息，并能经受各种严酷环境的考验。与计算机技术相比，传感器的发展显得缓慢，难以满足技术发展的要求。不少机电一体化装置不能达到满意的效果或无法实现设计的关键原因在于没有合适的传感器。因此大力开展传感器的研究对于机电一体化技术的发展具有十分重要的意义。

3. 计算机与信息处理技术

信息处理技术包括信息的交换、存取、运算、判断和决策，实现信息处理的工具是计算机，因此计算机技术与信息处理技术是密切相关的。计算机技术包括计算机的软件技术和硬件技术、网络与通信技术、数据技术等。在机电一体化系统中，计算机信息处理部分指挥整个系统的运行。信息处理是否正确、及时，直接影响到系统工作的质量和效率。计算机应用及信息处理技术已成为促进机电一体化技术发展和变革的最活跃的因素。人工智能技术、专家系统技术、神经网络技术等都属于计算机信息处理技术。

4. 自动控制技术

自动控制技术范围很广，机电一体化的系统设计在基本控制理论指导下，对具体控制装置或控制系统进行设计；对设计后的系统进行仿真和现场调试；最后使研制的系统可靠地投入运行。由于控制对象种类繁多，所以控制技术的内容极其丰富，例如高精度定位控制、速度控制、自适应控制、自诊断、校正、补偿、再现和检索等。

随着微型机的广泛应用，自动控制技术越来越多地与计算机控制技术联系在一起，成为机电一体化中十分重要的关键技术。

5. 伺服传动技术

伺服传动包括电动、气动、液压等各种类型的驱动装置，由微型计算机通过接口与这些传动装置相连接，控制其运动，带动工作机械作回转、直线及其他各种复杂的运动。伺服传动技术是直接执行操作的技术，伺服系统是实现电信号到机械动作的转换装置或部件，对系统的动态性能、控制质量和功能具有决定性的影响。常见的伺服驱动有电液马达、脉冲油缸、步进电机、直流伺服电机和交流伺服电机等。由于变频技术的发展，交流伺服驱动技术取得了突破性进展，为机电一体化系统提供了高质量的伺服驱动单元，极大地促进了机电一体化技术的发展。

6. 系统总体技术

系统总体技术是一种从整体目标出发，用系统的观点和从全局角度，将总体分解成相互有机联系的若干单元，找出能完成各个功能的技术方案，再把功能和技术方案组成方案组进行分析、评价和优选的综合应用技术。系统总体技术解决的是系统的性能优化问题和组成要素之间的有机联系问题，即使各个组成要素的性能和可靠性很好，但如果整个系统不能很好协调，系统也很难正常运行。

接口技术是系统总体技术的关键环节，主要有电气接口、机械接口、人机接口。电气接口实现系统间的信号联系；机械接口则完成机械与机械部件、机械与电气装置的连接；人机接口提供人与系统间的交互界面。

三、典型的机电一体化产品

机电一体化产品已经渗透到国民经济、日常工作及生活的各个领域，现代数控机床、工业机器人、微机电系统等都是典型的机电一体化产品。

1. 数控机床

数字控制技术，简称数控(Numerical Control，NC)技术，是利用数字化的信息对机床运动及加工过程进行自动化控制与管理的一种方法。用数控技术实施加工控制的机床，或者说装备了数控系统的机床称为数控机床。数控技术是机械加工自动化的基础，是数控机床的核心技术，其水平高低关系到国家战略地位和国家综合实力的水平，并伴随着信息技术、微电子技术、自动化技术和检测技术的发展而发展。

现代数控机床是机、电、液、气、光高度一体化的产品，是机电一体化的典型产品，是新一代生产技术、计算机集成制造系统等的技术基础。要实现对机床的控制，需要用几何信息描述刀具和工件间的相对运动，以及用工艺信息描述机床加工必须具备的一些工艺参数，例如进给速度、主轴转速、主轴正反转、换刀、冷却液的开关等。这些信息按一定的格式形成加工文件(数控加工程序)并存放在信息载体上，然后由机床上的数控系统读入，通过对其译码，从而使机床动作并加工零件。

数控机床一般由下列几个部分组成：

① 主机，是用于完成各种切削加工的机械部件。主机是数控机床的主体，包括机床身、立柱、主轴和进给机构等机械部件。

② 数控装置，是数控机床的核心。包括硬件及相应的软件，用于输入数字化的零件程序，并完成输入信息的存储、数据的变换、插补运算以及实现各种控制功能。

③ 驱动装置，是数控机床执行机构的驱动部件。包括主轴驱动单元、进给单元、主轴电机及进给电机等，在数控装置的控制下通过电气或电液伺服系统实现主轴和进给驱动。当几个进给联动时，可以完成定位、直线、平面曲线和空间曲线的加工。

④ 辅助装置，指数控机床的一些必要的配套部件，用于保证数控机床的运行，如冷却、排屑、润滑、照明和监测等。它包括液压和气动装置、排屑装置、交换工作台、数控转台和数控分度头，还包括刀具及监控检测装置等。

⑤ 编程及其他附属设备，可用来在机外进行零件的程序编制、存储等。

当产品及其加工过程能由数学定义的时候，数控是最理想的。随着计算机辅助设计(CAD)的应用日益广泛，由数学定义的加工过程和产品愈来愈多，人们熟悉的制图已经变得不十分必要，因为由数学定义的零件完全可以用计算机数控机床加工。

与普通机床相比，数控机床有如下特点：

① 高速度，高效率；

② 加工精度高，具有稳定的加工质量；

③ 可进行多坐标的联动，能加工形状复杂的零件；

④ 当加工零件改变时，一般只需要更改数控程序，可节省生产准备时间；

⑤ 自动化程度高，可以减轻劳动强度；

⑥ 对操作人员的素质要求较高，对维修人员的技术要求更高。

目前，高档的数控加工中心机床得到了迅速发展，并在自动化生产系统中占有重要地位。数控加工中心是一种带有刀库并能自动更换刀具，对工件能够在一定的范围内进行多种加工操作的数控机床。在加工中心上加工零件的特点是：被加工零件经过一次装夹后，数控系统能控制机床按不同的工序自动选择和更换刀具，自动改变机床主轴转速、进给量和刀具相对工件的运动轨迹及其他辅助功能，连续地对工件各加工面自动地进行多工序加工。由于加工中心能集中地、自动地完成多种工序，避免了人为的操作误差，减少了工件装夹、测量和机床的调整时间及工件周转、搬运和存放时间，大大提高了加工效率和加工精度，所以具有良好的经济效益。

2. 工业机器人

机器人技术是综合了计算机、控制论、机构学、信息和传感技术、人工智能、仿生学等多学科而形成的高新技术，是当代研究十分活跃、应用日益广泛的领域。机器人应用情况是一个国家工业自动化水平的重要标志。机器人并不是在简单意义上代替人工的劳动，而是综合了人的特长和机器特长的一种拟人的电子机械装置，既有人对环境状态的快速反应和分析判断能力，又有机器可长时间持续工作、精确度高、抗恶劣环境的能力。

工业机器人是机器人中的一种，由操作机（机械本体）、控制器、伺服驱动系统和检测传感装置等构成，是一种可重复编程、能在三维空间完成各种抓取、搬运和操作作业的机电一体化自动化生产设备，特别适合多品种、变批量的柔性生产。它对稳定、提高产品质量，提高生产效率，改善劳动条件和产品的快速更新换代起着十分重要的作用。

工业机器人一般有三个主要组成部件：机械手、终端器和控制器。

(1) 最通用的工业机器人是具有1～6个自由度的机械手。6个运动自由度是：手臂扫掠（腰左转或右转）、肩旋转（肩向上或向下）、肘伸展（肘缩进或伸出）、俯仰（手腕上转或下转）、偏航（手腕左转或右转）和横滚（手腕顺时针转或反时针转）。每一个运动轴都有自己的执行器，连接到机械传动链，以实现关节运动。执行器可以是气缸、气动马达、液压缸、液压马达、伺服电动机或者步进电动机。

(2) 终端器是一个机械的、真空的或者电磁的装置，安装在机械手的腕上，用来抓取零件或握持工具。

(3) 控制器在开环控制的单轴机器人中可以是一个简单的机械挡块，而在闭环控制的6轴机器人中则可能是一台计算机。在任何情况下，控制器在存储器中都存有一系列定位数据，按照给定的操作次序，可启动和停止机械手的运动。如果控制器是一台计算机，则可以与主机通信，提供管理信息。

最简单的一类工业机器人是开环搬运(PNP)机器人。它拾取一个对象并将其运到另一个地方，机器人的运动通常由限位开关、凸轮作用阀或者机械挡块控制的气动执行器实现。控制器以事件驱动顺序启动沿着一轴的运动，每一个运动一直持续到限位开关断开才停止，然后控制器再依次启动下一个轴的运动。开环PNP机器人的典型应用包括机床加载或卸载、堆垛及一般的物料处理任务，通常其控制较为精确，但缺少各个轴的协调运动。

第二类工业机器人是多轴伺服控制的，能够编程从一点运动到另一点，典型的包括点焊、粘接、钻孔或喷漆、缝焊、切割等，这类机器人控制器是可编程控制器或者是小型计算机，通常要实现多轴协调运动控制。

工业机器人领域发展的趋势有：

(1) 性能不断提高，包括高速度、高精度、高可靠性、便于操作和维修，而单机价格不断下降。

(2) 机械结构向模块化、可重构化的方向发展。例如关节模块中的伺服电机、减速机、检测系统三位一体化，由关节模块、连杆模块用重组方式构造机器人整机等。

(3) 控制系统向基于PC机的开放型控制器方向发展，便于标准化、网络化；器件集成度提高，控制柜小巧且采用模块化结构，提高了系统的可靠性、易操作性和可维修性。

(4) 机器人中传感器的作用日益重要，除采用传统的位置、速度、加速度等传感器外，装配、焊接机器人还应用视觉、力觉等传感器，而遥控机器人则采用视觉、声觉、触觉等多传感器的融合技术来进行环境建模及决策控制，多传感器融合配置技术在产品化系统中已有成熟应用。

(5) 虚拟现实技术在机器人中的作用已从仿真、预演发展到用于过程控制，如使遥控机器人操作者产生置身于远端作业环境中的感觉来操纵机器人。当代遥控机器人系统的发展特点不是追求全自主系统，而是致力于操作者与机器人的人机交互控制，即由遥控加局部自主系统构成完整的监控遥控操作系统，使智能机器人走出实验室进入实用阶段。

3. 微机电系统

微机电系统(Micro Electronic Mechanical System，MEMS)是指可批量制作的，集微型机构、微型传感器、微型执行器、信号处理和控制电路、通信接口和电源等于一体的微型器件或系统，是随着半导体集成电路微细加工技术和超精密机械加工技术的发展而发展起来的一类机电一体化系统。

MEMS 通常采用以硅为主的材料，电气性能优良，采用与集成电路(IC)类似的生成技术，可大量利用 IC 生产中的成熟技术、工艺，进行大批量、低成本生产，可使性价比相对于传统"机械"制造技术大幅度提高。MEMS 作为微型器件系统，其目标是把信息的获取、处理和执行集成在一起，组成具有多功能的微型系统，集成于大尺寸系统中，从而大幅度地提高系统的自动化、智能化和可靠性。其特点包括：

(1) 微型化：MEMS 器件体积小，质量轻，因此能够做到耗能低，惯性小，谐振频率高，响应时间短。

(2) 集成化：可以把不同功能、不同敏感方向和制动方向的多个传感器或执行器集成于一体，形成微传感器阵列或微执行器阵列，甚至可以把多种器件集成在一起以形成更为复杂的微系统。微传感器、微执行器和 IC 集成在一起可以制造出高可靠性和高稳定性的智能化 MEMS。

(3) 多学科交叉：MEMS 的制造涉及电子、机械、材料、信息与自动控制、物理、化学和生物等多种学科，同时 MEMS 也为上述学科的进一步研究和发展提供了有力的工具。

微机电系统将微电路和微机械按功能要求在芯片上集成，尺寸通常在毫米或微米级，最初用于汽车安全气囊，而后以 MEMS 传感器的形式被应用在汽车各个领域。随着 MEMS 技术的进一步发展，以及应用终端"轻、薄、短、小"的特点，对小体积、高性能的 MEMS 产品的需求增势迅猛，消费电子、医疗等领域也大量出现了 MEMS 产品的身影。可见，MEMS 在工业、信息和通信、国防、航空航天、航海、医疗和生物工程、农业、环境和家庭服务等领域有着潜在的巨大应用前景。以下介绍几种典型应用：

(1) 微型传感器。微型传感器是 MEMS 的一个重要组成部分。例如，用于汽车防碰撞气袋上的一种硅微加速度计，中间是传感器的机械部分，四周为包括电信号源、放大器、信号处理和自校正电路等的集成电路，集成在 3 mm×3 mm 的芯片上，采用硅平面微细加工工艺制作，一块直径 10 cm 的硅片上可做出几百只微加速度计。目前，微型传感器正朝着集成化和智能化的方向发展。

(2) 微型执行器。微型电机是一种典型的微型执行器，可分为旋转式和直线式两类。其他的微型执行器还有：微开关、微谐振器、微阀、微泵等。把微型执行器分布成阵列可以收到意想不到的效果，如：可用于物体的搬送、定位，用于飞机的灵巧蒙皮。微型执行器的驱动方式主要有:静电驱动、压电驱动、电磁驱动、形状记忆合金驱动、热双金属驱动、热气驱动等。

(3)微型机器人。随着电子器件的不断缩小,组装时要求的精密度也在不断提高,为此产生了微型机器人,能在桌面大小的地方组装像硬盘驱动器之类的精密小巧的产品。微型机器在军事上也有很好的应用前景,可以替代人进入难以进入或危险的地区,进行侦察、排雷和探测生化武器。

(4) 微型飞行器。微型飞行器(Micro Air Vehicle,MAV)一般是指长、宽、高均小于15 cm,质量不超过120 g,并能以可接受的成本执行某一有价值的军事任务的飞行器,可以应用于战场侦察、通信中继等。微型飞行器并不是传统飞机的简单缩小,尺寸的缩小带来了许多新的技术挑战。要在一个尺寸如此微小的飞行器上实现复杂的功能,靠常规的机电技术是难以实现的,微电子技术和微机电技术的发展,为微型飞行器的实现奠定了基础。

(5) 微型动力系统。微型动力系统以电、热、动能或机械能的输出为目的,以毫米到厘米级尺寸,产生瓦到十瓦级的功率。例如,1996 年人们开始微型涡轮发动机的研究,该微型涡轮发动机利用 MEMS 加工技术制作,主要包括一个空气压缩机、涡轮机、燃烧室、燃料控制系统(包括泵、阀、传感器等)及电启动马达/发电机。

第三节 机电一体化的发展历史与趋势

一、机电一体化的发展历史

机电一体化技术的发展大体上可分为 3 个阶段。

1. 初期阶段

20 世纪 60 年代以前称为初期阶段。特别是在二次世界大战期间,战争刺激了机械产品与电子技术的结合,这些机电结合的军用技术,战后转为民用,对战后经济的恢复起到了积极的作用。这个时期研制和开发还处于自发状态。由于当时的电子技术还没有发展到一定水平,信息技术还处于萌芽状态,因此机电技术还不可能广泛、深入地发展。

2. 发展阶段

20 世纪 70—80 年代称为发展阶段。这一时期,计算机技术、控制技术、通信技术的发展,为机电一体化的发展奠定了技术基础。这个时期的特点是:Mechatronics 一词在日本首先得到认同,然后到 20 世纪 80 年代末在世界范围内得到广泛认同;机电一体化技术和产品得到极大的发展;机电一体化技术和产品在各国引起关注。此后由于大规模和超大规模集成电路技术及微型计算机和微电子技术的迅速发展,使得机电结合的形式更加灵活,内容更加丰富,应用更加广泛,从而引发了一场规模空前的技术革命。

3. 初步智能化阶段

20 世纪 90 年代后期,开始了机电一体化技术向智能化方向迈进的新阶段,机电一体化进入了深入发展的阶段。一方面,由于光学、通信技术和细微加工技术等进入机电一体化,产生了光机电一体化和微机电一体化等新的分支;另一方面,对机电一体化的建模、系统设计、集成方法等都进行了深入研究。人工智能技术、神经网络技术及光纤技术等领域取得的巨大进步,为机电一体化技术开辟了发展的广阔天地。以信息流为纽带的制造技术得到了广泛重视和迅速发展,出现了虚拟制造(VM)、敏捷制造(AM)、快速成形制造(RPM)、并行工程(CE)等新技术。这些研究将促使机电一体化进一步建立完整的基础和逐步形成完整的科学体系。

二、机电一体化的发展趋势

机电一体化是机械技术与电子技术相结合的产物，还处在不断发展和完善的过程中。在当代产品中，单纯机械技术带来的产品附加值在其总的产品附加值中所占的比重越来越小，而微电子技术带来的附加值在其总的产品附加值中所占的比重越来越大。但这并不等于说，微电子技术可以脱离机械技术而在机械领域获得更大的经济效益，机械技术只有同微电子技术相结合，传统的机械产品只有向机电一体化产品方向发展，给机械行业注入新的活力，赋予新的内涵，才能使机械工业获得新生，这是机械工业的发展趋势。

随着科学技术的发展和社会经济的进步，人们对机电一体化技术提出了许多新的和更高的要求，制造业中的机电一体化应用就是典型的实例，机械制造自动化中的计算机数控、柔性制造、计算机集成制造及机器人等技术的发展代表了机电一体化技术的发展水平。为了提高机电产品的性能和质量，发展高新技术，新一代机电一体化产品正朝着高性能、智能化、系统化、轻量和微型化等方向发展。

1. 高性能化

高性能化包含高速化、高精度、高效率和高可靠性等方面。高速化和高精度是机电一体化的重要指标，以现代数控机床为例，高分辨率、高速响应的绝对位置传感器是实现高精度的检测部件，采用这种传感器并通过专用微处理器的细分处理，可达极高的分辨率，采用交流数字伺服驱动系统，可以实现几乎不受机械载荷变动影响的高速响应伺服系统和主轴控制装置，使系统位置控制达到高速化和高精度，进而大大提高生产效率。系统可靠性方面，采用冗余、故障诊断、自动检错、系统自动恢复等可靠性技术，使得机电一体化产品性能不断提高。

2. 智能化

人工智能在机电一体化技术中的研究日益得到重视，机器人与数控机床的智能化就是其重要的应用。智能机器人通过视觉、触觉和听觉等各类传感器检测工作状态，根据实际变化过程反馈信息并做出判断与决定；数控机床的智能化主要用各类传感器对切削加工前后和加工过程中的各种参数进行监测，并通过计算机系统作出判断，自动对异常现象进行调整与补偿，以保证加工过程的顺利进行，并保证加工出合格产品。

3. 系统化

系统化的表现特征之一是系统体系结构进一步采用开放式和模式化的总线结构，系统可以灵活组态，进行任意剪裁和组合。由于机电一体化产品种类和生产厂家繁多，研制和开发具有标准机械接口、电气接口、动力接口、环境接口的机电一体化产品单元是一项十分复杂但又是非常重要的事。这需要制定各项标准，以方便各部件、单元的匹配和接口。表现特征之二是机电一体化系统的通信功能大大加强，实现了远程通信及多系统联网通信，实现了信息网络化及资源共享。20 世纪 90 年代，计算机技术发展的突出成就是网络技术。由于网络的普及，基于网络的各种远程控制和监视技术方兴未艾，而远程控制的终端设备本身就是机电一体化产品。因此，机电一体化产品无疑将朝着网络化方向发展。

4. 小型化

对于机电一体化产品，除了机械主体部分外，其他部分均涉及电子技术。随着片式元器件的发展，表面组装技术正在逐渐取代传统的通孔插装技术而成为电子组装的重要手段，电子设备正朝着小型化、轻量化、多功能、高可靠方向发展。因此，机电一体化中具有智能、动力、运动、感知特征的组成部分将逐渐向轻量化、小型化方向发展。

总之，现代科学技术的进步，尤其是机械技术和微电子技术的进步是机电一体化的产生和发展的基本条件，人类社会需求的不断增长，尤其是对产品的种类和功能要求的不断提高是其发展动力。机电一体化综合利用现代高新技术的优势，在提高精度、增强功能、改善操作性和使用性、提高生产效率、提高安全性和可靠性、增强柔性和智能化程度等诸多方面都获得了显著的技术经济效益和社会效益，促使社会和科学技术向前迈进。

思考题

1. 如何理解机电一体化的基本内涵？
2. 机电一体化系统的构成要素有哪些？其对应的功能分别是什么？
3. 机电一体化的理论基础和技术基础是什么？
4. 机电一体化系统的关键技术有哪些？
5. 典型的机电一体化产品有哪些？简述其作用与发展趋势。

参考文献

[1] 袁中凡．机电一体化技术[M]．北京：电子工业出版社，2006.
[2] 芮延年，姚寿广．机电传动控制[M]．北京：机械工业出版社，2006.
[3] 高钟毓．机电控制工程[M]．北京：清华大学出版社，2002.
[4] 舒志兵，等．机电一体化系统设计与应用[M]．北京：电子工业出版社，2007.
[5] 姚伯威，吕强．机电一体化原理及应用[M]．北京：国防工业出版社，2004.
[6] 邓星钟．机电传动控制[M]．武汉：华中科技大学出版社，2006.
[7] 王俊峰，张玉生．机电一体化检测与控制技术[M]．北京：人民邮电出版社，2006.
[8] 赵先仲．机电系统设计[M]．北京：机械工业出版社，2004.

第二章　传感器与检测技术

机电设备运行过程中，对关键部位的应变、受力情况，部件的位移、速度及加速度和温度等参量的检测非常重要，这些量的检测，既可作为故障诊断的依据，也可用作设备运行的控制参量。机电设备的检测与控制，首要环节就是利用各种传感器对相应参量进行检测，并对检测结果进行处理。本章内容是在对传感器和检测技术进行阐述的基础上，着重讨论机电设备运行中应变、应力、压力、位移、流量和温度等典型参量的检测原理和方法。

第一节　传感与检测技术概述

传感与检测技术已广泛应用于电子信息工程、自动控制工程和机械工程等领域，是实现现代化测量和自动控制的主要环节，是现代信息产业的源头，也是现代信息社会赖以存在和发展的物质与技术基础。近年来，发达国家对传感与检测技术非常重视，美国把近二三十年看作传感时代，日本把传感技术列为十大技术之首，俄罗斯也把传感技术列为重点发展技术。

一、检测技术基础

1. 检测的概念

检测是及时获得被测、被控对象的有关信息的实践过程。在有关理论的指导下，借助专门的仪器或设备，通过实验和必要的数据处理，实时或非实时地对一些参量进行定性检查和定量测量，获得被测、被控对象的某种属性的定性信息或定量数值信息，最后将检测结果进行显示或输出。

对工业生产而言，采用各种先进的检测技术对生产全过程进行检查、监测，对确保安全生产，保证产品质量，提高产品合格率，降低能源和原材料消耗，提高企业的劳动生产率和经济效益是必不可少的。

“检测”是测量，“计量”也是测量，两者有什么区别呢？一般来说，“计量”是指用精度等级更高的标准量具、器具或标准仪器，对送检量具、仪器或被测样品、样机进行考核性质的测量；这种测量通常具有非实时、离线标定的性质，一般在规定的具有良好环境条件的计量室、实验室，采用比被测样品、样机更高精度的并按有关计量法规经定期校准的标准量具、器具或标准仪器进行测量。而“检测”通常是指在生产、实验等现场，利用某种合适的检测仪器或综合测试系统对被测对象进行在线、连续的测量。

在军工生产和新型武器、装备研制过程中更离不开现代检测技术，对检测的需求更多，要求更高。研制任何一种新武器，从设计到零部件制造、装配直至样机试验，都要经过成百、上千次严格的试验，每次试验需要同时高速、高精度地检测多种物理参量，测量点经常多达上千个。导弹、飞机、潜艇等在正常使用时都装备了上百个不同的检测传感器，组成十几至几十种检测仪表，实时监测和指示各部位的工作状况。在新机型设计、试验过程中需要检测的物理量更多，而检测点通常在 5 000 个以上。在火箭、导弹和卫星的研制过程中，需动态高速检测的参量也很多,要求也更高;没有精确、可靠的检测手段,要使导弹准确命中目标和卫星准确入轨是根本不可能的。

随着生活水平的提高,检测技术与人们的日常生活也愈来愈密切。例如,新型建筑材料的物理、化学性能检测,装饰材料有害成分是否超标的检测,城镇居民家庭室内的温度、湿度、防火、防盗及家用电器的安全检测等,不难看出检测技术在现代社会中的重要地位与作用。

2. 检测方法

在对某一对象进行检测时,经常要用到测量的方法。所谓测量,是将被测量与同性质的单位标准量进行比较,并确定被测量对标准量的倍数,从而获得关于被测量的定量信息的过程。在工程实践和科学实验中,有时需要由传感器与多台仪表组合在一起,才能完成信号的检测,这样便形成了测量系统。“测量系统”这一概念是传感技术发展到一定阶段的产物。

(1) 直接测量、间接测量与组合测量

在使用仪表或传感器进行测量时,测得值直接与标准量进行比较,不需要经过任何运算,直接得到被测量的数值,这种测量方法称为直接测量。被测量与测得值之间的关系可用下式表示

$$y = x \tag{2-1}$$

式中:y 为被测量的值;x 为直接测得值。

例如,用磁电式电流表测量电路的某一支路电流,用弹簧管压力表测量压力等,都属于直接测量。直接测量的优点是测量过程简单而又迅速,缺点是测量精度不容易达到很高。

在使用仪表或传感器进行测量时,首先对与被测量有确定函数关系的几个量进行直接测量,将直接测得值代入函数关系式,经过计算得到所需要的结果,这种测量称为间接测量。间接测量与直接测量不同,被测量 y 是一个测得值 x 或几个测得值 $x_1,x_2,\cdots,x_n$ 的函数,即

$$y = f(x) \tag{2-2}$$

或

$$y = f(x_1,x_2,\cdots,x_n) \tag{2-3}$$

被测量 y 不能直接测量求得,必须由测得值 x 或 $x_1,x_2,\cdots,x_n$ 及与被测量 y 的函数关系确定。如直接测量电压值 U 和电阻值 R,根据式 $P=U^2/R$ 求电功率 P 即为间接测量的实例。间接测量手续较多,花费时间较长,一般用在直接测量不方便,或者缺乏直接测量手段的场合。

若被测量必须经过求解联立方程组求得,如有若干个被测量 $y_1,y_2,\cdots,y_m$,直接测得值为 $x_1,x_2,\cdots,x_n$,把被测量与测得值之间的函数关系列成方程组,即

$$\begin{cases} x_1 = f_1(y_1,y_2,\cdots,y_m) \\ x_2 = f_2(y_1,y_2,\cdots,y_m) \\ \vdots \\ x_n = f_n(y_1,y_2,\cdots,y_m) \end{cases} \tag{2-4}$$

方程组中方程的个数 n 要大于被测量 y 的个数 m,用最小二乘法求出被测量的数值,这种测量方法称为组合测量。组合测量是一种特殊的精密测量方法,操作手续复杂,花费时间长,多适用于科学实验或特殊场合。

(2) 偏差式测量、零位式测量与微差式测量

用仪表指针的位移(即偏差)决定被测量的量值,这种测量方法称为偏差式测量。应用这种方法测量时,仪表刻度事先用标准器具分度。在测量时,输入被测量按照仪表指针在标尺上

的示值，决定被测量的数值。偏差式测量，其测量过程简单、迅速，但测量结果的精度较低。

用指零仪表的零位反映测量系统的平衡状态，在测量系统平衡时，用已知的标准量决定被测量的量值，这种测量方法称为零位式测量。在零位测量时，已知标准量直接与被测量相比较，已知标准量应连续可调，指零仪表指零时，被测量与已知标准量相等。例如天平测量物体的质量、电位差计测量电压等都属于零位式测量。零位式测量的优点是可以获得比较高的测量精度，但测量过程比较复杂，费时较长，不适用于测量变化迅速的信号。

微差式测量是综合了偏差式测量与零位式测量的优点而提出的一种测量方法。它将被测量与已知的标准量相比较，取得差值后，再用偏差法测得此差值。应用这种方法测量时，不需要调整标准量，而只需测量两者的差值。设：N 为标准量，x 为被测量，Δ 为二者之差，则 $x = N + \Delta$。由于 N 是标准量，其误差很小，且 $\Delta \ll N$，因此可选用高灵敏度的偏差式仪表测量 Δ，即使测量 Δ 的精度不高，但因 $\Delta \ll x$，故总的测量精度仍很高。微差式测量的优点是反应快，而且测量精度高，特别适用于在线控制参数的测量。

(3) 等精度测量与不等精度测量

在整个测量过程中，若影响和决定误差大小的全部因素(条件)始终保持不变，如由同一个测量者，用同一台仪器，用同样的方法，在同样的环境条件下，对同一被测量进行多次重复测量，称为等精度测量。在实际中，极难做到影响和决定误差大小的全部因素(条件)始终保持不变，所以一般情况下只是近似认为是等精度测量。

在科学研究或高精度测量中，往往在不同的测量条件下，用不同精度的仪表，不同的测量方法，不同的测量次数以及不同的测量者进行测量和对比，这种测量称为不等精度测量。

(4) 静态测量与动态测量

被测量在测量过程中认为是固定不变的，对这种被测量进行的测量称为静态测量。静态测量不需要考虑时间因素对测量的影响。

若被测量在测量过程中是随时间不断变化的，则对这种被测量进行的测量称为动态测量。

3. 检测系统的组成

在检测系统中，各组成部分常用信息流的过程划分，一般可分为信息的提取、转换、处理和输出几个部分。检测系统首先要获取被检测的信息，将其变换成电量，然后对已转换成电量的信息进行放大、整形等转换处理，再通过输出单元(如指示仪和记录仪)把信息显示出来，或者通过输出单元把已处理的信息送到控制系统其他单元使用，成为检测控制系统的一部分。检测(与控制)系统的一般组成框图如图 2-1 所示。

在检测(与控制)系统中，传感器是把被测非电量转换成为与之有确定对应关系，且便于应用的某些物理量(通常为电量)的检测装置。传感器获得信息正确与否，关系到整个检测(与控制)系统的精度。如果传感器误差很大，即使后续检测电路等环节精度很高，也难以提高检测系统的精度。

信号调理电路的作用是把传感器输出的信号变换成电压或电流等易于处理和应用的信号。信号调理电路的形式通常由传感器类型而定。如电阻式传感器需要一个电桥电路把电阻值变换成电流或电压输出，并且由于电桥输出信号一般比较微弱，常常需要将电桥输出信号进行放大，所以，在相应的信号调理电路中一般还设计有放大器。此外，根据使用需要，有时要获取测量信号的峰值，需要在信号调理电路中对峰值信号进行获取和保持设计；有时需要获取测量信号的有效值或平均值等信息，就需要在信号调理电路中进行有效值或平均值提取设计；有

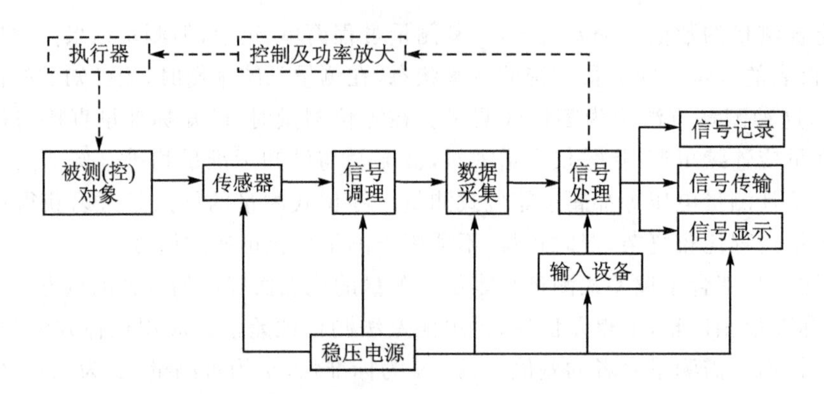

图 2-1 检测(与控制)系统的组成

时需要对测量信号进行滤波,就应在信号调理电路进行相应的滤波电路设计。值得说明的是,有些信号的调理可以通过硬件完成,有些则可以通过软件对采集的信息进行数据处理来完成。采用硬件进行信号调理时,除根据系统需要自行设计外,有很多成形的通用信号调理模块可供选购,以缩短产品的开发周期,降低研制人工成本。

对于多信息检测(与控制)系统,在工作时需要同时监测多个被测(控)对象的信息,多路传感器同时工作。为便于信息的高效、有序控制,需要设计相应的数据采集电路,结合控制软件,分时或同时采集一路或多路指定(设计好的)信号,送入信息处理单元。数据的采集既可自行设计,也可选用成形模块。对于成形的数据采集模块,一方面是将需要的信号送入信息处理单元,另一方面,很多数据采集模块还集成了数/模或模/数转换功能,以满足信息处理单元的接口需求,因此很多数据采集模块也叫数据采集接口模块。

输入设备是检测(与控制)系统中重要的人机交互设备。通过输入设备,可输入系统工作时的重要参数,对系统的工作模式进行人工干预,以获得符合需要的检测或控制效果;还可对检测或控制过程进行必要的中断控制,以防止产生灾难性后果;也可通过输入设备对检测或控制系统的操作精度进行必要的调零、校正等操作。输入设备常有键盘、鼠标、触摸屏或工业面板等形式。

输出单元可以是指示仪、记录仪、累加器、报警器、数据处理电路等。若输出单元是显示器或记录器,则该系统为自动检测系统;若输出单元是计数器或累加器,则该系统是自动计量系统;若输出单元是报警器,则该系统为自动保护系统或自动诊断系统;若输出单元是处理电路,则该系统为部分数据分析系统或部分自动管理系统或部分自动控制系统。

在检测系统的基础上,信息处理单元输出控制指令,通过相应的输出接口和功率放大,可以驱动电磁阀、电机等执行机构,使被测(控)对象按指定程序动作,满足各种工作需要。

4. 测量误差及数据处理

检测过程中被测对象的定量信息是通过测量实现的,其目的是获得被测量的真值,真值有理论真值、约定真值和相对真值之分。其中,相对真值是指:精度高一级或几级的仪表的误差与精度低的仪表的误差相比,若前者的误差是后者的 1/3 以下,则高一级仪表的测量值被称为相对真值。相对真值在测量误差分析中的应用最为广泛。

测量值与真值之间的差值称为测量误差。为满足不同的应用需要,测量误差有不同的表示方法和分类方法,对测量的结果也有不同的分析处理方法。

(1) 测量误差的表示方法

① 绝对误差

绝对误差 Δ 是指测量值 A_x 与真值 A_0 之间的差值,即

$$\Delta = A_x - A_0 \tag{2-5}$$

在实验室和计量工作中,常用修正值 C 表示绝对误差大小,修正值定义为

$$C = A_0 - A_x = -\Delta \tag{2-6}$$

绝对误差与被测量的量纲相同。

② 相对误差

绝对误差不足以反映测量值偏离真值程度的大小,因此,需要引入相对误差。相对误差用百分比的形式来表达,表示绝对误差所占约定真值的百分比,一般多取正值。相对误差可分为示值相对误差和引用相对误差。

Ⅰ. 示值(标称)相对误差 γ_x

示值(标称)相对误差 γ_x 用绝对误差 Δ 与被测量 A_x 的百分比来表示,即

$$\gamma_x = \frac{\Delta}{A_x} \times 100\% \tag{2-7}$$

Ⅱ. 引用误差 γ_m

引用误差有时也叫满度相对误差,γ_m 用测量仪表的绝对误差 Δ 与仪表满度值 A_m 的百分比来表示,即

$$\gamma_m = \frac{\Delta}{A_m} \times 100\% \tag{2-8}$$

对测量下限不为零的仪表而言,用量程 $(A_{max} - A_{min})$ 来代替 A_m。

当 Δ 取仪表的最大绝对误差值 Δ_m 时,引用误差常被用来确定仪表的准确度等级 S,即

$$S = \left\lfloor \frac{\Delta_m}{A_m} \right\rfloor \times 100\% \tag{2-9}$$

根据给出的准确度等级 S 及量程范围,可以推算出该仪表可能出现的最大绝对误差。我国的模拟仪表有下列 7 种等级:0.1、0.2、0.5、1.0、1.5、2.5、5.0,分别表示对应仪表的引用误差所不应超过的百分比。一般来讲,仪表的面板上标有仪表的等级标志。仪表的准确度等级和基本误差如表 2-1 所示。

表 2-1　仪表的准确度等级和基本误差

准确度等级	0.1	0.2	0.5	1.0	1.5	2.5	5.0
基本误差/%	±0.1	±0.2	±0.5	±1.0	±1.5	±2.5	±5.0

仪表准确度等级的数值越小,对应仪表的准确度越高,通常价格也越贵。在工程上,仪表的准确度也称为"精度",准确度等级习惯上称为精度等级。

检测过程的参数测量,在选用仪表时,要兼顾准确度和量程。通常希望测量仪表的示值落在仪表满度值的 2/3 以上,以减小测量的示值相对误差。

(2) 测量误差的分类

误差产生的原因和类型很多,其表现形式多种多样。针对造成误差的不同原因,有不同的解决方法。

① 按误差性质分类

Ⅰ. 粗大误差

测量值明显偏离真值的误差称为粗大误差，也叫过失误差。粗大误差主要是由于测量人员的粗心大意以及电子测量仪器受到突然而强大的干扰所引起的。当发现粗大误差时，应予以剔除。

Ⅱ. 系统误差

在重复条件下，对同一被测量进行无限多次测量所得结果的平均值与被测量的真值之差，称为系统误差。

引起系统误差的因素比较复杂，是测量仪表的一种系统性效应的反映，具有一定的规律性，可以通过实验的方法或引入修正值的方法计算修正，也可以重新调整测量仪表的有关部件，使系统误差尽量减小。由于系统误差及产生的原因和细节不能完全知晓，因此，通过修正或调整只能有限程度地对系统误差进行补偿，其系统误差的模会比修正或调整前要小，但不能为零，即系统误差不可消除。

Ⅲ. 随机误差

测量结果与在重复条件下，对同一被测量进行无限多次测量所得结果的平均值之差称为随机误差。由于实际上只能进行有限次测量，因而只能得出这一测量结果中随机误差的估计值。随机误差大多是由影响量的随机变化引起的，这种变化带来的影响称为随机效应，会导致重复观测中的分散性。测量中的每一个测量结果的随机误差是不相同的。随着重复次数的增加，出现的随机误差的总和趋向于零。

存在有随机误差的测量结果中，虽然单个测量值误差的出现是随机的，既不能用实验的方法消除，也不能修正，但是，就误差的整体而言，服从一定的统计规律。因此，可以通过增加测量次数，利用概率论的一些理论和统计学的一些方法，把握看似毫无规律的随机误差的分布特性，并进行测量结果的数据统计处理。多数随机误差服从正态分布规律。

② 按测量方法分类

Ⅰ. 静态误差

在被测量不随时间变化时所产生的误差称为静态误差，前面讨论的误差多属于静态误差。

Ⅱ. 动态误差

当被测量随时间迅速变化时，系统的输出量在时间上不能与被测量的变化精确吻合，这种误差称为动态误差。

一般静态测量要求仪器的带宽为 0～10 Hz，而动态测量要求带宽上限较高（如要求高于 20 kHz），这就要求采用高速运算放大器，并尽量减小电路的时间常数。对用于动态测量、带有机械结构的仪表而言，应尽量减小机械惯性，提高机械结构的谐振频率，以尽可能真实地反映被测量的迅速变化。

（3）测量结果的数据统计处理

对测量结果的数据处理主要有两点要求：一是得到最接近被测量的近似值；二是估计出测量结果的误差，即给出测量结果的近似范围。

① 随机误差的统计特性

在存在随机误差的测量中，如果保持测量条件不变，对同一被测量对象进行多次重复测量，则可得到一系列包含随机误差的读数：$x_1, x_2, \cdots, x_n$，称为测量列。当测量次数 $n \to \infty$时，各个测量值及其出现的概率在平面直角坐标系中就形成一条光滑的连续曲线，称为随机误差的概率密度分布曲线，也称高斯误差分布曲线或正态分布曲线。大多数随机误差系统服从正态分布规律，对于这些系统，其随机误差分布具有如下特性。

Ⅰ．集中性

测量结果中，大量的测量值集中分布于算术平均值 $\bar{x}$ 附近。

$$\bar{x}=\frac{1}{n}\sum_{i=1}^{n}x_i=\frac{x_1+x_2+\cdots+x_n}{n} \tag{2-10}$$

算术平均值 $\bar{x}$ 不再含有随机误差分量，但并不等于真值，$\bar{x}$ 与真值之差可以认为就是系统误差。某一测量值与 $\bar{x}$ 的差值属于随机误差，与真值的差值等于随机误差加上系统误差。

Ⅱ．对称性

测量列 x_i 大致对称地分布于 $\bar{x}$ 两侧，x_i 与 $\bar{x}$ 之差称为剩余误差，也称残差，记为 V_i

$$V_i=x_i-\bar{x} \tag{2-11}$$

当测量次数足够多时，残差的数学期望趋向于零。

Ⅲ．有界性

在一定条件下，测量值 x_i 有一定的分布范围，超过这个范围的可能性非常小，即出现绝对误差很大的情况很少。当测量次数 $n\to\infty$时，测量列 x_i 的算术平均值 $\bar{x}$ 可以认为是测量值的最可信值，或者也可以说是数学期望值。但是，在有随机误差存在的情况下，只使用 $\bar{x}$ 仍无法表达出测量值的误差范围和精度高低。在工程测量中，一般用下式表示存在随机误差时的测量结果

$$x=\bar{x}\pm\Delta x \tag{2-12}$$

式中，Δx 表示测量值的误差范围。根据统计学原理，常采用 3σ 准则，工程上常令

$$\Delta x=3\bar{\sigma}=3\sqrt{\frac{\sum_{i=1}^{n}V_i^2}{n(n-1)}} \tag{2-13}$$

式中，$\bar{\sigma}$ 称为算术平均值的方均根误差，过去也称为均方根误差或算术平均值的标准差。

由于 $\bar{\sigma}$ 与 n 有关，当 n 愈大时，测得的 $\bar{\sigma}$ 就愈小，即测量的精度就愈高。但是，增加测量次数必须付出较多的时间，实践证明，当 $n>10$ 次时，$\bar{\sigma}$ 的减小就非常缓慢，因此在一般测量要求下，n 略大于 10 即可。

测量过程中还可能存在粗大误差，必须予以剔除。在误差理论中，还规定了一个评定单次测量结果离散性大小的标准，称为方均根误差 σ（过去也称为均方根误差，注意与 $\bar{\sigma}$ 的区别）

$$\sigma=\sqrt{\frac{\sum_{i=1}^{n}V_i^2}{n-1}} \tag{2-14}$$

科学家莱特指出，当测量次数 $n>10$ 且测量列 x_i 符合正态分布时，残差 V_i 超过 3σ 的可能性只有 0.3%，其置信度为 99.7%。因此，可以用方均根误差来检查测量结果中是否存在粗大误差，残差超过 3σ（极限误差）的测量值称为坏值，应予以剔除。

由式(2-13)和式(2-14)可知，算术平均值的方均根误差 $\bar{\sigma}$ 与方均根误差 σ 的关系是

$$\bar{\sigma}=\frac{\sigma}{\sqrt{n}} \tag{2-15}$$

因此，测量结果 x 也可表示为

$$x = \bar{x} \pm 3\bar{\sigma} = \bar{x} \pm 3\frac{\sigma}{\sqrt{n}} \tag{2-16}$$

方均根误差 σ 也用于确定随机误差正态分布曲线的形状和离散度。σ 值越小，正态分布曲线就越陡，意味着测量值较集中，测量精度较高；σ 值越大，曲线越平坦，离散程度就越大，误差范围也就越大。

②测量结果的数据整理

为了得到尽量准确的测量结果，对一项测量任务进行多次测量之后，可按下列规程处理：

Ⅰ. 将一系列等精度测量的读数 x_i（$i = 1,2,\cdots,n$）按先后顺序列成表格(在测量时应尽可能消除系统误差)。

Ⅱ. 计算测量列 x_i 的算术平均值 $\bar{x}$。

Ⅲ. 在每个测量读数旁，相应地列出残差 V_i。

Ⅳ. 检查 $\sum_{i=1}^{n} V_i = 0$ 是否满足，若不满足，说明计算有误，重新计算。

Ⅴ. 在每个残差旁列出 V_i^2，然后求出方均根误差 σ。

Ⅵ. 检查是否有 $V_i > 3\sigma$ 的读数，若有，则应舍去此读数 x_i，然后从Ⅱ开始重新计算。

Ⅶ. 在确认不再存在粗大误差(即 $V_i \leqslant 3\sigma$)之后，计算算术平均值的标准差 $\bar{\sigma}$。

Ⅷ. 写出测量结果 $x = \bar{x} \pm 3\bar{\sigma}$，并注明置信概率(99.7%)。

③ 测量系统静态误差的合成

一个测量系统一般由若干个单元组成，这些单元在系统中称为环节。为了确定整个系统的静态误差，须将每个环节的误差综合起来，称为误差的合成。

开环测量系统全部信息变换只沿着一个方向进行，各环节是串联的关系，如图 2-2 所示。

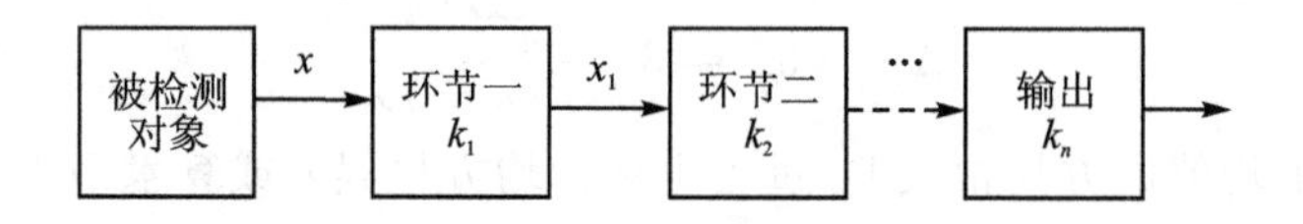

图 2-2　开环系统

其中 x 为输入量，y 为输出量，$k_1, k_2, \cdots, k_n$ 为各个环节的传递系数(或增益)。输入输出关系表示如下

$$y = k_1 k_2 \cdots k_n x \tag{2-17}$$

若第 i 个环节的满度相对误差为 γ_i，则输出量的满度相对误差 γ_m 与 γ_i 之间的关系可用以下两种方法来确定

Ⅰ. 绝对值合成法

从最不利的情况出发，认为在 n 个分项 γ_i 中有可能同时出现正值或同时出现负值，则总的合成误差为各环节误差 γ_i 的绝对值之和，即

$$\gamma_m = \pm(|\gamma_1| + |\gamma_2| + \cdots + |\gamma_n|) = \pm\sum_{i=1}^{n}|\gamma_i| \tag{2-18}$$

这种合成方法对误差的估计是偏大的，因为每一个环节的误差实际上不可能同时出现最大值，并且同时出现正值或负值的概率也较小。

Ⅱ. 方均根合成法

当系统误差的大小和方向都不能确切掌握时，可以仿照处理随机误差的方法来处理系统误差。

$$\gamma_m = \pm\sqrt{\gamma_1^2 + \gamma_2^2 + \cdots \gamma_n^2} \tag{2-19}$$

用方均根合成法估算测量系统的总误差比绝对值合成法更为合理。

采用开环方式构成的测量系统，结构较简单，但各环节特性的变化都会造成测量误差，系统中一个或几个环节的精度特别高，对提高整个测量系统的总精度意义不大，反而会提高测量系统的成本。要控制开环测量系统的总精度，应努力提高误差最大的那个环节的测量精度，以达到最佳的性能价格比。

闭环系统有两个通道，一为正向通道，一为反馈通道，其结构如图 2-3 所示。

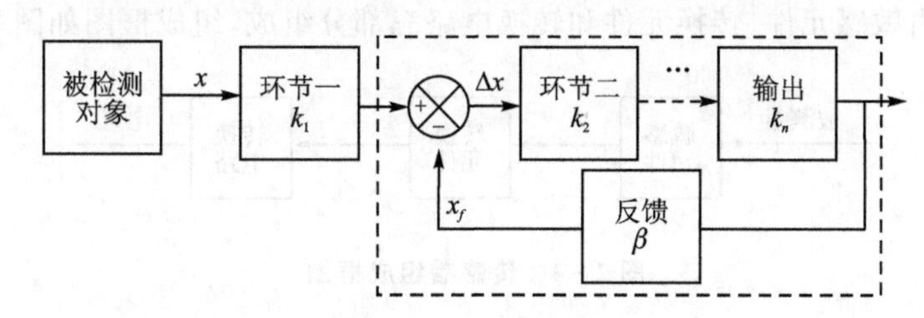

图 2-3　闭环系统

其中 Δx 为正向通道的输入量，β 为反馈环节的传递系数（或增益），正向通道的总传递系数（或增益）$k = k_2 \cdots k_n$，由图 2-3 可知

$$\Delta x = x_1 - x_f \tag{2-20}$$

$$x_f = \beta y \tag{2-21}$$

$$y = k\Delta x = k(x_1 - x_f) = kx_1 - k\beta y \tag{2-22}$$

$$y = \frac{k}{1+k\beta}x_1 = \frac{1}{\frac{1}{k}+\beta}x_1 \tag{2-23}$$

当 $k \gg 1$ 时

$$y \approx \frac{1}{\beta}x_1 \tag{2-24}$$

系统的输入输出关系为

$$y = \frac{k}{1+k\beta}k_1 x \approx \frac{k_1}{\beta}x \tag{2-25}$$

显然，这时整个测量系统的输入输出关系由反馈环节的特性决定，放大器等环节特性的变化不会造成测量误差，或者说造成的误差很小。

由以上分析可知，在构成检测系统时，应将开环系统与闭环系统巧妙地组合在一起加以应用，达到所期望的目的。

二、传感器的基本概念

1. 传感器的定义

国家标准 GB7665—87 中对传感器（Transducer/Sensor）的定义为：能感受规定的被测量并按一定的规律转换成可用输出信号的器件或装置。

① 从传感器输入端来看，一个指定的传感器只能感受或响应规定的物理量，该物理量既可以是电量的，也可以是非电量的。

② 从输出端看，传感器的输出信号中载有被测量的信息，且能够远距离传送，是后续测量环节便于接收和进一步处理的信号，常见的如电信号、光信号以及在气动系统中采用的气动信号等。

③ 从输入和输出的关系来看，传感器的输入、输出关系是遵循一定规律的，且这种规律是可复现的。

变送器是输出为标准信号的传感器。目前，不论是电量变送器还是非电量变送器，普遍使用国际标准信号，即电流标准 4～20 mA(DC)，电压标准 1～5 V(DC)，气动信号标准 20～100 kPa(或 0.2～1.0 kgF/cm^2)。

2. 传感器的组成

传感器一般由敏感元件、转换元件和转换电路三部分组成，组成框图如图 2-4 所示。

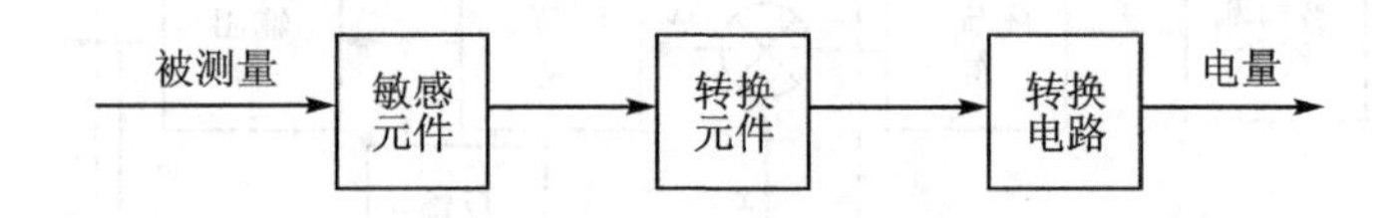

图 2-4 传感器组成框图

① 敏感元件——直接感受被测量，并输出与被测量成确定关系的其他量的元件。如膜片，可以把被测压力变成位移量。若敏感元件能直接输出电量，就兼为转换元件了。

② 转换元件——将敏感元件的输出转换为与被测量成确定关系的电量的元件。

③ 转换电路——能把转换元件输出的电信号转换为便于显示、记录和控制的有用信号的电路。常用电路有电桥、放大器、振荡器和阻抗变换器等。

3. 传感器的分类

有的传感器可以用来测量多种参数，有时对于一种物理量又可以用多种不同类型的传感器测量。对传感器的分类有很多方法，常用分类方法有按被测非电量分类和按工作原理分类。

(1) 按被测非电量分类

传感器的被测非电量大致可分为热工量、机械量、物性和成分量及状态量四大类，如表 2-2 所列。

表 2-2 被测非电量的分类

输入非电量	测量参数	
热工量	温度、热量、比热容、热流、热分布 流量、流速、风速	压力、压差、真空度 物位、液位、界面
机械量	位移(角位移)、长度(尺寸、厚度、角度等) 力、应力、力矩、质量 转速、线速度、角速度、振动、加速度、噪声	
物性和成分量	气体化学成分、液体化学成分 酸碱度、盐度、浓度、粘度、湿度、密度	
状态量	颜色、透明度、颗粒度、硬度、磨损度 裂纹、缺陷、泄漏、表面质量	

(2) 按工作原理分类

以传感器的工作原理为依据，可将传感器分为电阻式、电感式和压电式等。从表面上看，被测量是五花八门的，但从本质上看，很多量是从基本量派生出来的。如果知道了基本量和派生量之间的关系(如表 2-3 所列)，在选用或设计传感器时将会带来很大的方便。

表 2-3　传感器的若干基本量与派生量的关系

基本量	派生量
线位移	长度、厚度、位移、平面度、磨损、表面质量、应变等
角位移	角度、转角、入射角、角振动、角偏移等
线速度	速度、流速、动量、振动速度等
角速度	角速率、旋转速率、角动量、扭矩、角冲击等
线、角加速度	振动加速度、力、冲击、质量、角振动、扭矩、角冲击等
力	质量、推力、拉力、张力、密度、应力、压力、高度、加速度等
温度	热流量、物体流量、气压、气体速度、湍流等
光	长度、应变、力、力矩、频率、计数等
时间	频率、计数、统计分布等

有时还将传感器分为有源传感器和无源传感器两大类。有源传感器能将非电功率转换为电功率，传感器起能量转换的作用，因此又称发电型传感器，如磁电式、压电式和热电式等传感器，所配的转换(测量)电路通常是信号放大器。无源传感器不起换能作用，被测量仅对传感器中的能量起控制作用，必须有辅助能源(电源)，如电阻式、电容式和电感式传感器等。无源传感器本身不是一个信号源，所以配合的转换(测量)电路通常是电桥式谐振电路。

由于传感器门类繁多，涉及的学科面广，因此还有很多分类方法。如按输出信号把传感器分为模拟式传感器和数字式传感器，按工作特点把传感器分为结构型和物性型传感器等。

(3) 典型传感器介绍

在机电设备的状态检测过程中，常用到以下一些传感器，分别简要介绍如下：

① 电阻式传感器

电阻式传感器是将被测非电量转换成电阻变化的一种传感器，可应用于应变量、压力、位移量(角位移)、速度(角速度)及温度等物理参量的检测。因结构简单，易于制造，价格便宜，性能稳定，输出功率大，在检测系统中得到了广泛的应用。根据转换原理不同，电阻式传感器可分为应变式、压阻式和电位器式等。

② 电感式传感器

电感式传感器是应用电磁感应原理，将被测机械量转换成线圈自感或互感量变化的一种装置，再通过测量电路转换为电压或电流的变化量输出，实现由非电量到电量的转换。可用来测量位移、压力、振动等参数。电感传感器的类型很多，根据转换原理不同，可分为自感式、互感式、电涡流式、压磁式等。

③ 电容式传感器

电容式传感器是将被测量(如位移、压力等)的变化转换成电容量变化的一种传感器。该类传感器具有零漂小，结构简单，动态响应快，易实现非接触测量等一系列优点，因而广泛用于位移、压力、振动及液位等测量中。根据转换原理不同，可分为变间距式、变面积式和变介质式等。

④ 压电式传感器

压电式传感器的转换原理是基于某些晶体或陶瓷材料的压电效应。可以测量能够转换成力的非电物理量。具有体积小，质量轻，工作频带宽等优点，广泛用于各种动态力、机械冲击与振动的测量。压电式传感器有压电晶体和压电陶瓷等形式。

⑤ 磁电式传感器

磁电式传感器是通过磁电作用将被测量转换成电信号的传感器，主要利用金属磁场敏感材料和半导体磁场敏感材料作为转换器件。可应用于微位移、转速、流量、角度等物理量的测量，也可用于制作高斯计、电流表、功率计、乘法器、接近开关和无刷直流电机等。根据转换原理不同，可分为磁电感应式、霍尔式和磁敏电阻式等。

⑥ 温度传感器

温度传感器是将被测量(温度)转化为电阻(变化)或电动势等电量的器件。热电偶传感器是利用导体材料的热电效应直接将被测温度的变化转换为输出电势变化的元件，是目前应用最为广泛的温度传感器，其特点是构造简单，测量范围宽，准确度高，热惯性小。热电阻温度传感器利用物质的电阻率随温度变化而变化的特性，即热阻效应。当温度变化时，热电阻材料的电阻值随温度而变化，这样，用测量电路可将变化的电阻值转换成电信号输出，从而得到被测温度。从敏感元件材料分，热电阻传感器可分为金属热电阻和半导体热电阻两大类。半导体热电阻又称热敏电阻。

⑦ 光栅传感器

透明区域和不透明区域相间，且间距相等的装置叫光栅。光栅按其原理不同，可分为物理光栅和计量光栅。物理光栅是利用光的衍射现象制造的，主要用于光谱分析和光波长等的测量。计量光栅是利用莫尔条纹原理制成的，主要用于长度、角度、速度、加速度和振动等物理量的测量。计量光栅按形状和用途不同可分为长光栅和圆光栅。

⑧ 码板(盘)数字式(角)位移传感器

这类传感器有线位置和角位置式，不论哪一种都具有码板。数字线位置式是长方形的编码板，而角度编码器则是圆形码盘。这种刻有数字的编码板(或盘)，随着被测物体运动，从固定的观测窗口(缝隙)读取编码的图样，根据读出的二进制数字判断出物体运动的位置。按读取编码板(盘)的方法不同，又可分为电刷接触式和光电读取式(光电读取式盘称光电码盘)。

⑨ 感应同步器

感应同步器是利用两个平面形印刷电路绕组的电磁互感原理进行工作的一种新颖而精密的检测元件。按其用途可分为两大类：用于直线位移测量的直线型感应同步器和用于角位移测量的圆型感应同步器。它与数显表配合，可使机床或仪器对被加工和被测量的零件进行0.01 mm，甚至是0.001 mm或0.5′角度的精密数字进行显示，使得加工和检测精度大幅提高，而且还能作为点位控制和闭环数控机床的位置反馈元件。

⑩ 超声波传感器

以超声波为检测手段，包括超声波的发射和接收，并将接收的超声波转换成电量输出的装置称为超声波传感器。习惯上称为超声波换能器或超声波探头。常用的超声波传感器有两种：压电式超声波传感器(或称压电式超声波探头)和磁致式超声波传感器。

(4) 集成传感器及智能传感器

集成传感器是将敏感元件、测量电路及各种补偿元件等集成在一块芯片上,具有体积小,质量轻,功能强,性能好的特点。目前广泛应用的集成传感器有集成温度传感器、集成压力传感器、集成霍尔传感器等。若将几种不同的敏感元件集成在一个芯片上,则可制成多功能传感器,可同时测量多种参数。

智能传感器(Smart Sensor)是在集成传感器的基础上发展起来的传感器系统,装有微处理器(MCU),能够进行信息处理和信息存储,并能够进行逻辑分析和结论判断。智能传感器利用集成或混合集成的方式将传感器、信号处理电路和微处理器集成为一个整体。智能传感器是20世纪80年代末美国宇航局(NASA)在宇宙飞船开发过程中产生的,宇航员的生活环境需要湿度、气压、空气成分和微量气体传感器,宇宙飞船需要速度、加速度、位移、位置和姿态等传感器,欲使这些大量的观测数据不丢失,并降低成本,必须有能实现传感器与计算机一体化的智能传感器。

三、传感器和检测系统的基本特性

评价一个传感器或检测系统品质的指标是多方面的,但衡量传感器或检测系统的基本性能的优劣可以用其静态特性和动态特性来表征。

1. 传感器和检测系统的静态特性指标

传感器和检测系统的静态特性是指当被测量的各个值处于稳定状态(静态测量之下)时,传感器的输出值与输入值之间关系的数学表达式、曲线或数表。当一个传感器或检测系统制成后,可用实际特性反映其在当时使用条件下实际具有的静态特性。借助实验的方法确定传感器或检测系统静态特性的过程称为静态校准。校准得到的静态特性称为校准特性。在校准使用了规范的程序和仪器后,工程上常将获得的校准曲线看作该传感器或检测系统的实际特性。

(1) 灵敏度

灵敏度 S 是在静态条件下响应量 Δy 和与之对应的输入量变化 Δx 的比值。如果激励和响应都是不随时间变化的常量(或变化极慢),依据线性时不变系统的基本特性有

$$S = \frac{\Delta y}{\Delta x} \tag{2-26}$$

理想静态特性的传感器具有单调、线性的输入—输出特性,其斜率为常数。在这种情况下,传感器的灵敏度 S 就等于特性曲线的斜率,当特性曲线呈非线性关系时,灵敏度的表达式为

$$S = \lim_{\Delta x \to 0} \Delta y / \Delta x = \mathrm{d}y / \mathrm{d}x \tag{2-27}$$

(2) 线性度

线性度是指传感器的实际输入—输出特性曲线对于参考线性输入—输出特性曲线的接近或偏离程度,有时也叫非线性度。线性度用实际输入—输出特性曲线对参考线性输入—输出特性曲线的最大偏差量与满量程的百分比来表示:

$$\delta_L = \frac{\Delta L_{\max}}{Y_{FS}} \times 100\% \tag{2-28}$$

式中:δ_L 为线性度(亦称非线性误差);$\Delta L_{\max}$ 为最大偏差;Y_{FS} 为满量程。

显然,δ_L 越小,传感器的线性程度越好。在实际工作中,常遇到非线性较为严重的系统,

此时,可采用限制测量范围、采用非线性拟合或非线性放大器等技术措施来提高系统的线性度。

(3) 迟　滞

迟滞表征传感器在正(输入量增大)、反(输入量减小)行程期间,输入—输出曲线不重合的程度。也就是说,对应于同一大小的输入信号,传感器正、反行程的输出信号大小不相等。迟滞是传感器的一个性能指标,反映了传感器的机械部分和结构材料方面不可避免的弱点,如轴承摩擦,灰尘积塞,间隙不适当,元件磨蚀,碎裂等。迟滞的大小一般由实验确定

$$\delta_{H} = \frac{(\Delta L_{H})_{max}}{Y_{FS}} \times 100\% \tag{2-29}$$

式中:δ_{H} 为迟滞误差;$(\Delta L_{H})_{max}$ 为输出值在正、反行程间的最大差值;Y_{FS} 为满量程。

(4) 重复性

重复性表示传感器在同一工作条件下,按同一方向作全量程多次(3 次以上)测量时,对于同一激励量及其测量结果的不一致程度。重复性误差为随机误差,表达式为

$$\delta_{R} = \frac{\Delta R}{Y_{FS}} \times 100\% \tag{2-30}$$

式中:δ_{R} 为重复性误差;ΔR 为同一激励量对应多次循环的同向行程相应量的极差;Y_{FS} 为满量程。

(5) 精　度

精度是指传感器指示值与被测量真值的接近程度,是非线性误差、迟滞误差和重复性误差的综合。一般用方和根法或代数和法计算精度。用重复性、线性度、迟滞三项的方和根或简单代数和表示(但方和根用得较多)的精度计算式如下

$$\delta = \sqrt{\delta_{L}^{2} + \delta_{H}^{2} + \delta_{R}^{2}} \tag{2-31}$$

或

$$\delta = \delta_{L} + \delta_{H} + \delta_{R} \tag{2-32}$$

当一个传感器或传感器测量系统设计完成并进行实际标定后,人们有时又以工业上仪表精度的定义给出其精度。即以测量范围中最大的绝对误差(测量值与真实值的差和该仪表的测量范围之比)来衡量,称为相对(于满量程的)百分误差。例如:某温度传感器的刻度为 0～100 ℃,即其测量范围为 100 ℃,若在这个测量范围内,最大测量误差不超过 0.5 ℃,则其相对百分误差为

$$\delta = \frac{0.5}{100} \times 100\% = 0.5\%$$

去掉上式中相对百分误差的"%",称为仪表的精确度。它划分成若干等级,如 0.1 级、0.2 级、0.5 级、1.0 级等。上述的温度传感器的精度即为 0.5 级。

(6) 分辨率

分辨力是指传感器能测量到的输入量最小变化的能力,即能引起响应量发生变化的最小激励变化量,用 Δx 表示。传感器在全量程范围内,各测量区间的 Δx 不完全相同,常用全量程范围内最大的 Δx 即 Δx_{max} 与传感器满量程值 Y_{FS} 之比的百分率表示其分辨能力,称为分辨率,用 F 表示

$$F = \frac{\Delta x_{max}}{Y_{FS}} \times 100\% \tag{2-33}$$

当一个传感器的输入从零开始极缓慢地增加时,只有在达到了某一最小值后才测得出输

出变化，这个最小值就称为传感器的阈值。在规定阈值时，最先可测得的那个输出变化往往难以确定，因此，为了改进阈值数据测定的重复性，最好给输出变化规定一个确定的数值，在该输出变化值下的相应输入就称为阈值。

阈值说明了传感器的最小可测出的输入量，分辨力说明了传感器的最小可测出的输入变化量。阈值是传感器正行程时的零点分辨力。

工程上，测量系统的分辨率应小于允许误差的 1/3、1/5 或 1/10。可以通过提高敏感单元增益的方法来提高分辨率。传感器必须有足够高的分辨率，但这还不是一个性能良好传感器的充分条件，分辨率的大小还应保证在稳态测量时测量值波动很小，过高的分辨率会使测得的信号波动加剧，从而对数据显示或校正装置提出过高要求。一个好的传感器应使其分辨率与功能相匹配。

(7) 零点漂移和温度漂移

当传感器无输入时，每隔一段时间进行读数，其输出偏离零值，即为零点漂移：

$$\frac{\Delta Y_0}{Y_{FS}} \times 100\% \tag{2-34}$$

式中：ΔY_0 为最大零点偏差；Y_{FS} 为满量程。

温度漂移表示温度变化时，传感器输出值的偏离程度，一般以温度变化 1℃时输出最大偏差与满量程的百分比表示

$$\frac{\Delta_{max}}{Y_{FS} \cdot \Delta T} \times 100\% \tag{2-35}$$

式中：Δ_{max} 为输出最大偏差；ΔT 为温度变化范围；Y_{FS} 为满量程。

2. 传感器和检测系统的动态特性指标

即使静态性能很好的传感器和检测系统，当被检测物理量随时间变化时，如果传感器和检测系统的输出量不能很好地追随输入量的变化而变化，也有可能导致高达百分之几十甚至百分之百的误差。因此，在研究、生产和应用传感器或检测系统时，要特别注意其动态特性的研究。

传感器和检测系统的的动态特性是指在测量动态信号时传感器或检测系统的输出反映被测量的大小和随时间变化的能力，具体讲，是指当被测量随时间变化时，传感器或检测系统的输出值与输入值之间关系的数学表达式、曲线或数表。一个动态特性好的传感器或检测系统，其输出将再现输入量的变化规律，即具有相同的时间函数。实际上除了具有理想的比例特性外，输出信号将不会与输入信号具有相同的时间函数。当测量某些随时间变化的参数时，由于绝大多数传感器和检测系统都存在机械惯性和电惯性，因此在测量时，传感器和检测系统的输出指示值与其输入被测物理量之间，往往存在延时和失真，这就会形成动态测量误差，这种输出与输入间的差异就是所谓的动态误差。实际被测量随时间变化的形式可能是多种多样的，在研究动态特性时通常根据标准输入特性来考虑传感器的响应特性。

虽然传感器和检测系统的种类和形式很多，但其一般可以简化为一阶或二阶系统(高阶可以分解成若干个低阶环节)，因此一阶和二阶传感器是最基本的。传感器或检测系统的输入量随时间变化的规律是各种各样的，下面在对传感器和检测系统的动态特性进行分析时，采用最典型、最简单、易实现的正弦信号和阶跃信号作为标准输入信号。对于正弦输入信号，传感器或检测系统的响应称为频率响应或稳态响应；对于阶跃输入信号，则称为传感器或检测系统的

阶跃响应或瞬态响应。

(1) 时域性能指标

在研究传感器或检测系统的动态特性时,有时需要从时域中对传感器或检测系统的响应和过渡过程进行分析。这种分析方法是时域分析法,传感器或检测系统对所加激励信号响应称瞬态响应。常用激励信号有阶跃函数、斜坡函数、脉冲函数等。下面以传感器的单位阶跃响应来评价传感器的动态性能指标。

①一阶传感器的单位阶跃响应

在工程上,一般将下式

$$\tau \frac{\mathrm{d}y(t)}{\mathrm{d}t} + y(t) = x(t) \tag{2-36}$$

视为一阶传感器单位阶跃响应的通式。式中 $x(t)$、$y(t)$分别为传感器的输入量和输出量,均是时间的函数,τ 表征传感器的时间常数,具有时间“秒”的量纲。

一阶传感器的传递函数:

$$H(s) = \frac{Y(s)}{X(s)} = \frac{1}{\tau s + 1} \tag{2-37}$$

对初始状态为零的传感器,当输入一个单位阶跃信号

$$x(t) = \begin{cases} 0 & t \leqslant 0 \\ 1 & t > 0 \end{cases} \tag{2-38}$$

时,由于 $x(t) = 1(t)$,$X(s) = \frac{1}{s}$,传感器输出的拉氏变换为

$$Y(s) = H(s)X(s) = \frac{1}{\tau s + 1} \cdot \frac{1}{s} \tag{2-39}$$

一阶传感器的单位阶跃响应信号为

$$y(t) = 1 - \mathrm{e}^{-\frac{t}{\tau}} \tag{2-40}$$

相应的响应曲线如图 2-5 所示。由图可见,传感器存在惯性,其输出不能立即复现输入信号,而是从零开始,按指数规律上升,最终达到稳态值。理论上传感器的响应只在 t 趋于无穷大时才达到稳态值,但实际上当 $t=4\tau$ 时其输出达到稳态值的 98.2%,可以认为已达到稳态。τ 是系统的时间常数,系统的时间常数越小,响应就越快,故时间常数 τ 值是决定响应速度的重要参数。

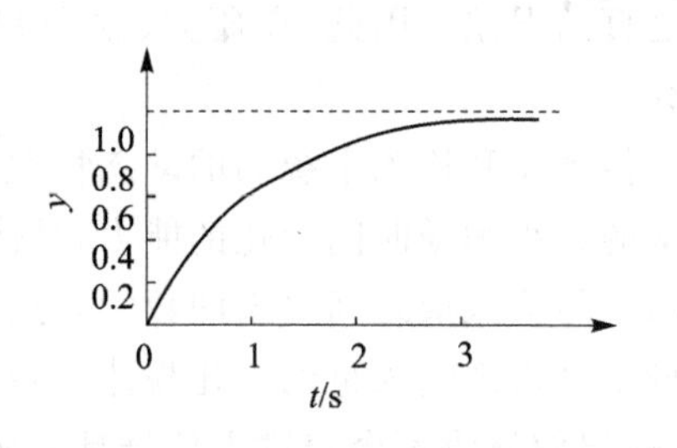

图 2-5　一阶传感器单位阶跃响应

② 二阶传感器的单位阶跃响应

二阶传感器的单位阶跃响应的通式为

$$\frac{\mathrm{d}^2 y(t)}{\mathrm{d}t^2} + 2\xi\omega_0 \frac{\mathrm{d}y(t)}{\mathrm{d}t} + \omega_0^2 y(t) = \omega_0^2 x(t) \tag{2-41}$$

式中:ω_0 为传感器的固有频率;ξ 为传感器的阻尼比。

二阶传感器的传递函数

$$H(s) = \frac{\omega_0^2}{s^2 + 2\xi\omega_0 s + \omega_0^2} \tag{2-42}$$

传感器输出的拉氏变换

$$Y(s)=H(s)X(s)=\frac{\omega_0^2}{s(s^2+2\xi\omega_0 s+\omega_0^2)} \tag{2-43}$$

二阶传感器对阶跃信号的响应在很大程度上取决于阻尼比 ξ 和固有频率 ω_0。固有频率 ω_0 由传感器主要结构参数所决定，ω_0 越高，传感器的响应越快。当 ω_0 为常数时，传感器的响应取决于阻尼比 ξ，阻尼比 ξ 直接影响超调量和振荡次数。图 2-6 所示为对应于不同 ξ 值的二阶传感器的单位阶跃响应曲线簇。

$\xi=0$，为无阻尼，即临界振荡情形，超调量为 100%，产生等幅振荡，其振荡频率就是系统的固有振动频率 ω_0，达不到稳态。

$\xi>1$，为过阻尼，无超调也无振荡，但达到稳态所需时间较长。

$\xi<1$，为欠阻尼，衰减振荡，其振荡角频率为 ω_d，幅值按指数衰减，ξ 越大，即阻尼越大，衰减越快。

$\xi=1$，为临界阻尼，此时系统既无超调也无振荡，响应时间很短。

在一定的 ξ 值下，欠阻尼系统比临界阻尼系统更快地达到稳态值；过阻尼系统反应迟钝，动作缓慢，所以系统常按稍欠阻尼调整，ξ 取 0.6～0.8 为最好。

③ 瞬态响应特性指标

测量系统的动态特性常用单位阶跃信号（其初始条件为零）为输入信号时输出 $y(t)$ 的变化曲线来表示，如图 2-7 所示。表征动态特性的主要参数有上升时间 t_r、响应时间 t_s（过程时间）、超调量 σ_p 和衰减度 φ 等。

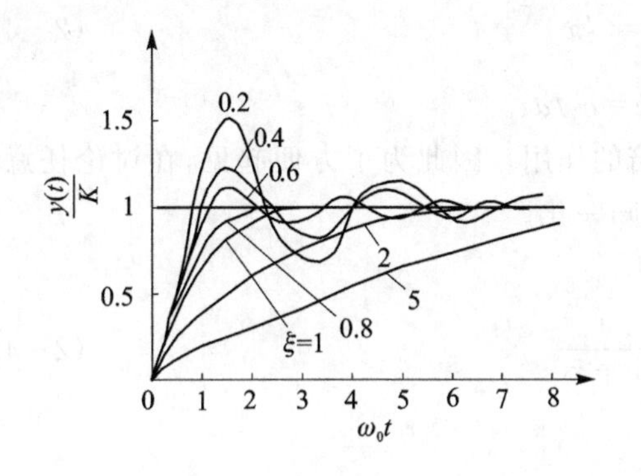

图 2-6 二阶传感器单位阶跃响应

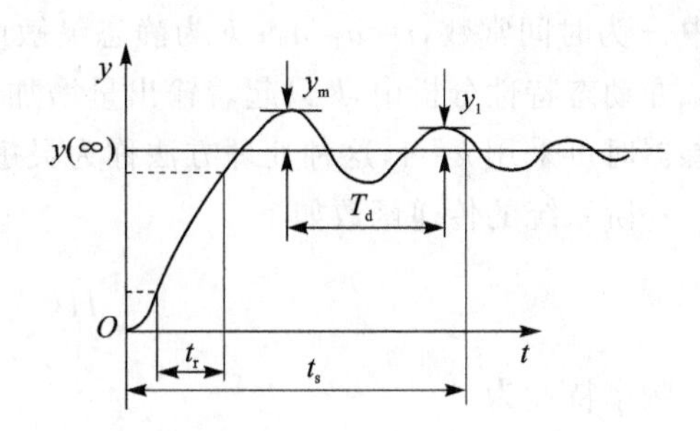

图 2-7 阶跃输入时的动态响应

上升时间 t_r 定义为表示值从初始值的 a%变化到最终值的 b%所需时间，a%常采用 5%或 10%，而 b%常采用 90%或 95%。

响应时间 t_s 是指输出量 y 从开始变化到示值进入最终值的规定范围内所需的时间。最终值的规定范围常取仪表的允许误差值，与响应时间一起写出，例如 $t_s=0.5$ s(±5%)。

超调量 σ_p 是指输出最大值与最终值之间的差值对最终值之比，用百分数来表示，即

$$\sigma_p=\frac{y_m-y(\infty)}{y(\infty)}\times 100\% \tag{2-44}$$

衰减度 ϕ 用来描述瞬态过程中振荡幅值衰减的速度，定义为

$$\phi=\frac{y_m-y_1}{y_m} \tag{2-45}$$

式中，y_1为出现一个周期后 $y(t)$的值。如果 $y_1 \approx y_m$，则 $\phi \approx 0$ 表示衰减很慢，该系统很不稳定，振荡停止需要很长时间。

总之，上升时间 t_r 和响应时间 t_s 是表征仪表（或系统）的响应速度的性能参数；超调量 σ_p 和衰减度 ϕ 是表征仪表（或系统）的稳定性能的参数。通过这两个方面就完整地描述了仪表（或系统）的动态特性。

(2) 频域性能指标

传感器对正弦输入信号的响应特性，称为频率响应持性。由物理学可知，在一定条件下，任意信号均可分解为一系列不同频率的正弦信号。也就是说，一个以时间作为独立变量进行描述的时域信号，可以变换成一个以频率作为独立变量进行描述的频域信号。如果我们把正弦信号作为传感器的输入，测出其响应，就可对传感器的频域动态性能作出分析和评价。

① 一阶系统

一阶系统方程式的一般形式为

$$a_1 \frac{\mathrm{d}y}{\mathrm{d}t} + a_0 y = b_0 x \tag{2-46}$$

上式两边都除以 a_0，得

$$\frac{a_1}{a_0} \frac{\mathrm{d}y}{\mathrm{d}t} + y = \frac{b_0}{a_0} x \tag{2-47}$$

或者写为

$$\tau \frac{\mathrm{d}y}{\mathrm{d}t} + y = kx \tag{2-48}$$

式中：τ 为时间常数，$\tau = a_1/a_0$；k 为静态灵敏度，$k = b_0/a_0$。

在动态特性分析中，k 只起着输出量增加 k 倍的作用。因此为了方便起见，在讨论任意阶传感器时可采用 $k=1$，这种处理方法称为灵敏度归一化。

一阶系统的传递函数如下

$$H(s) = \frac{1}{1 + \tau s} \tag{2-49}$$

频率特性为

$$H(\mathrm{j}\omega) = \frac{1}{1 + \mathrm{j}\tau\omega} \tag{2-50}$$

幅频特性为

$$A(\omega) = \frac{1}{\sqrt{1 + (\omega\tau)^2}} \tag{2-51}$$

相频特性为

$$\Phi(\omega) = \arctan(-\omega\tau) \tag{2-52}$$

一阶传感器的频率响应特性曲线如图 2-8 所示。从式(2-51)、式(2-52)和图 2-8 可看出，时间常数 τ 越小，频率响应特性越好。当 $\omega\tau < 1$ 时，$A(\omega) \approx 1$，表明传感器输出与输入为线性关系；$\Phi(\omega)$很小，$\tan \Phi \approx \varphi$，相位差与频率 ω 成线性关系，这时保证了测试是无失真的，输出 $y(t)$真实地反映输入 $x(t)$的变化规律。

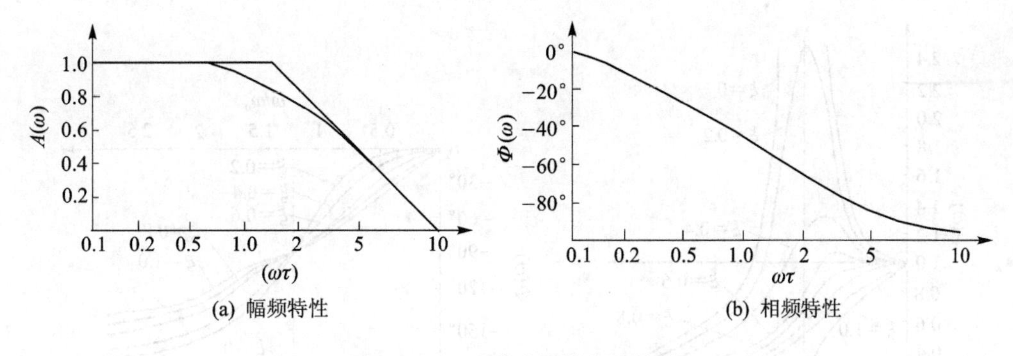

(a) 幅频特性　　(b) 相频特性

图 2-8　一阶传感器的频率特性

② 二阶系统

二阶系统的微分方程为

$$a_2\frac{\mathrm{d}^2y}{\mathrm{d}t^2}+a_1\frac{\mathrm{d}y}{\mathrm{d}t}+a_0y=b_0x \tag{2-53}$$

二阶系统的传递函数为

$$H(s)=\frac{k}{\frac{1}{\omega_0^2}s^2+\frac{2\xi}{\omega_0}s+1} \tag{2-54}$$

式中：ω_0 为系统无阻尼时的固有振动角频率，$\omega_0=1/\tau$；τ 为时间常数，$\tau=\sqrt{a_2/a_0}$；k 为静态灵敏度，$k=b_0/a_0$；ξ 为阻尼比，$\xi=a_1/(2\sqrt{a_0a_2})$。

由式(2-54)可得二阶传感器的频率特性、幅频特性、相频特性，分别为

$$H(\mathrm{j}\omega)=\frac{k}{1-\left(\frac{\omega}{\omega_0}\right)^2+2\mathrm{j}\xi\left(\frac{\omega}{\omega_0}\right)} \tag{2-55}$$

$$A(\omega)=\frac{k}{\sqrt{\left[1-\left(\frac{\omega}{\omega_0}\right)^2\right]^2+4\xi^2\left(\frac{\omega}{\omega_0}\right)^2}} \tag{2-56}$$

$$\Phi(\omega)=\arctan\left[\frac{2\xi}{(\omega/\omega_0)-(\omega_0/\omega)}\right] \tag{2-57}$$

图 2-9 所示为二阶传感器的幅频与相频特性，即动特性与静态灵敏度之比的曲线图。由图可见，传感器频率响应特性的好坏，主要取决于传感器的固有频率 ω_0 和阻尼比 ξ。当 $\xi<1$，$\omega=\omega_0$ 时，有 $A(\omega)\approx1$，幅频特性平直，输出与输入为线性关系；若 $\Phi(\omega)$ 很小，则 $\Phi(\omega)$ 与 ω 为线性关系。此时，系统的输出 $y(t)$ 真实准确地再现输入 $x(t)$ 的波形，这是测试设备应有的性能。因此在设计传感器时，必须使其阻尼比 $\xi<1$，固有频率 ω_0 至少应大于被测信号频率 ω 的3～5倍。

在实际测试中，当 $\xi<1$ 时，$A(\omega)$ 在 $\omega/\omega_0\approx1$ 时，出现极大值，即出现共振现象。当 $\xi=0$ 时，共振频率就等于无阻尼固有频率 ω_0；当 $\xi>0$ 时，有阻尼的共振频率为 $\omega_d=\sqrt{1-\xi^2}\omega_0$。另外，当 $\omega/\omega_0\approx1$ 时，$\Phi(\omega)$ 趋近于 $-90°$。通常，当 ξ 很小时，取 $\omega=\omega_0/10$ 的区域作为传感器的通频带。当 $\xi=0.7$(最佳阻尼)时，幅频特性 $A(\omega)$ 的曲线平坦段最宽，且相频特性 $\Phi(\omega)$ 接近一条直线。在这种情况下，若取 $\omega=\omega_0/(2\sim3)$ 为通频带，则其幅度失真不超过 2.5%，而输出曲线比输入曲线延迟 $\Delta t=\pi/2\omega_0$。当 $\xi=1$(临界阻尼)时，幅频特性曲线永远小于 1，其共振频率

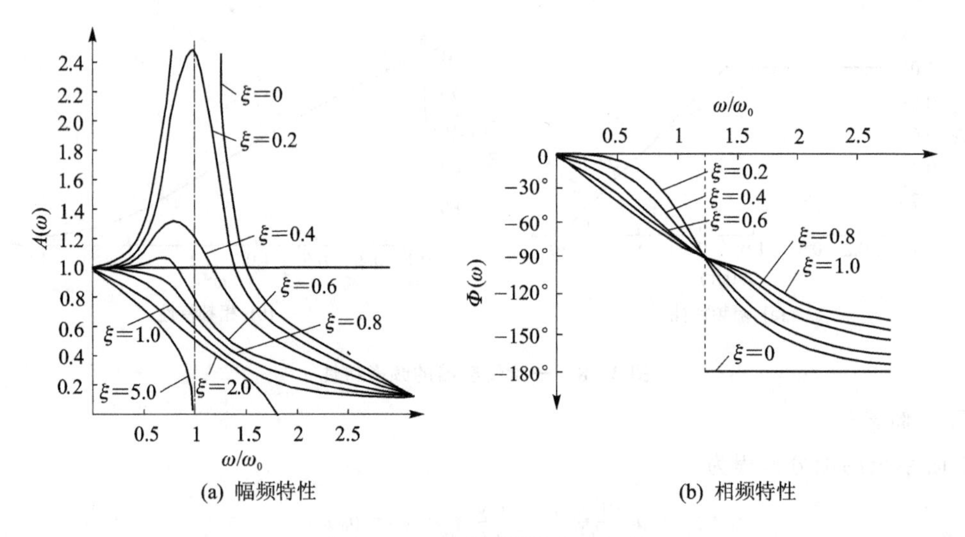

图 2-9　二阶传感器的频率特性

$\omega_d=0$。但因幅频特性曲线下降得太快，平坦段反而变短了。当 $\omega/\omega_0=1$ 时，幅频特性曲线趋于零，几乎无响应。

如果传感器的固有频率 ω_0 不低于输入信号谐波中最高频率 ω_{max} 的 3～5 倍，则可以保证动态测试精度。但保证 $\omega_0=(3\sim5)\omega_{max}$，制造上很困难，且 ω_0 太高又会影响其灵敏度。实践表明，如果被测信号的波形与正弦波相差不大，则被测信号谐波中最高频率可以用其基频的 3～5 倍代替，选用频率可以用其基频的 3～5 倍代替。这样，选用和设计传感器时，保证传感器固有频率 ω_0 不低于被测信号基频的 10 倍即可。

从上面分析可知：为了减小动态误差和扩大频响范围，一般提高传感器的固有频率 ω_0，是通过减小传感器运动部分质量和增加弹性敏感元件的刚度来达到的。但刚度增加，必然使灵敏度按相应比例减小。所以在实际中，要综合各种因素来确定传感器的各个特征参数。

四、传感与检测技术的发展趋势

随着微电子技术、通信技术、计算机网络技术的发展，对传感与检测技术也提出了越来越高的要求，并进一步推动了传感与检测技术的发展。传感与检测技术的发展趋势主要有：

(1) 不断提高仪器的性能，扩大应用范围

随着科学技术的发展，对仪器仪表的性能要求也相应地提高，如提高其分辨率、测量精度，提高系统的线性度，增大测量范围等，使其技术性能指标不断提高，应用领域不断扩大。

(2) 开发新型传感器

开发新型传感器主要包括：利用新的物理效应、化学反应和生物功能研发新型传感器，采用新技术、新工艺填补传感器空白，开发微型传感器，仿照生物的感觉功能研究仿生传感器等。

(3) 开发传感器的新型敏感元件材料和采用新的加工工艺

新型敏感元件材料的开发和应用是非电量电测技术中的一项重要任务，其发展趋势为：从单晶体到多晶体、非晶体，从单一型材料到复合型材料、原子(分子)型材料的人工合成。其中，半导体敏感材料在传感器技术中具有较大的技术优势，陶瓷敏感材料具有较大的技术潜力，磁性材料向非晶体化、薄膜化方向发展，智能材料(指具备对环境的判断和自适应功能、自诊断功

能、自修复功能和自增强功能的材料，如形状记忆合金、形状记忆陶瓷等)的探索在不断深入。

(4) 研究集成化、多功能和智能化传感器或检测系统

传感器集成化有两层含义，一是同一功能的多元件并列化，即将同一类型的单个传感元件在同一平面上排列起来，排成一维构成线型传感器，排成二维构成面型传感器。另一层含义是功能一体化，即将传感器与放大、运算及温度补偿、信号输出等环节一体化，组装成一个器件。

传感器多功能化是指一器多用，即用一个传感器检测两个或两个以上的参数。多功能化不仅可以降低生产成本，减小体积，而且可以有效地提高传感器的稳定性、可靠性等性能指标。

传感器的智能化就是把传感器与微处理器结合起来，使之不仅具备检测功能，还具有信息处理、逻辑判断、自动诊断等功能。智能传感器有三种形式：初级形式的智能传感器将敏感单元与(智能)信号调理电路封装在一个外壳里，这是智能传感器最早出现的商品化形式，也是应用最广泛的形式，也被称为"初级智能传感器"(Smart Sensor)。从功能上讲，它只具有比较简单的自动校零、非线性的自动校正、温度自动补偿功能。这些简单的智能化功能是由硬件电路来实现的，通常称该种硬件电路为智能调理电路。中级(自立)形式的智能传感器将敏感单元与信号调理电路和微处理器单元全部封装在一个外壳里，具备自校零、自标定、自校正、自动补偿、数据采集、数据预处理、自动检验、自选量程、自寻故障、数据存储、记忆和信息处理、双向通信、标准化数字输出或符号输出、判断、决策等多种功能。这些智能化功能主要是由强大的软件来实现的。高级形式的智能传感器集成度进一步提高，敏感单元实现多维阵列化时，同时配备了更强大的信息处理软件。这时的传感器不仅具有中级形式智能传感器的智能化功能，还具有更高级的传感器阵列信息融合功能，或具有成像与图像处理等功能。

第二节　应变与应力的检测

构件中应变和应力是实验应力分析学科领域中的重要内容，是解决工程强度问题的主要手段。目前测定构件应变和应力的方法很多，主要有：电阻应变测量、光测弹性力学、脆性涂层法、云纹方法、激光全息干涉法、激光散斑干涉法及声全息、声弹性、X 光衍射法等，其中电阻应变测量法是应用最为广泛的一种。

一、电阻应变效应

电阻丝在外力作用下发生机械变形时，其电阻值也将发生变化，这种现象称为电阻应变效应。对于长度为 l，电阻率为 ρ，截面积为 A 的电阻丝，其电阻为

$$R = \rho \frac{l}{A} \tag{2-58}$$

对上式全微分，并用相对变化量来表示，则

$$\frac{\Delta R}{R} = \frac{\Delta L}{L} - \frac{\Delta A}{A} + \frac{\Delta \rho}{\rho} \tag{2-59}$$

式中的 $\Delta L/L = \varepsilon$ 代表电阻丝的轴向相对伸长，称为应变，是一个无量纲的量。ΔA 是因电阻丝受轴向力作用引起的截面变化量，设电阻丝原来半径为 r，径向应变为 $\Delta r/r$，由材料力学可知 $\Delta r/r = -\mu \Delta L/L = -\mu\varepsilon$，式中 μ 为电阻丝材料的泊松系数。电阻丝截面积的变化

$$\Delta A = \pi\,(r + \Delta r)^2 - \pi r^2 = \pi\,(r - \mu\varepsilon r)^2 - \pi r^2 \approx -2\pi r^2 \mu\varepsilon \tag{2-60}$$

故

$$\frac{\Delta A}{A} \approx -2\mu\varepsilon \tag{2-61}$$

将式(2-61)代入式(2-59)中得

$$\frac{\Delta R}{R} = (1+2\mu)\varepsilon + \frac{\Delta\rho}{\rho} \tag{2-62}$$

或

$$\frac{\Delta R/R}{\varepsilon} = 1 + 2\mu + \frac{\Delta\rho/\rho}{\varepsilon} \tag{2-63}$$

式(2-63)的物理意义为:单位应变引起电阻丝的电阻变化率,称为电阻丝的灵敏系数,用 S_0 表示,即

$$S_0 = \frac{\Delta R/R}{\varepsilon} = 1 + 2\mu + \frac{\Delta\rho/\rho}{\varepsilon} \tag{2-64}$$

由式(2-64)可知,S_0 的大小受两个因素影响:$(1+2\mu)$ 为电阻丝受力后几何尺寸的变化;最后一项为材料电阻率的相对变化。对于金属而言,以前者为主;对于半导体材料,S_0 值主要由电阻率的相对变化所决定。S_0 值只能由实验来确定。另外,式(2-64)还表明 S_0 是个常数,即应变与电阻变化率呈线性关系。

二、电阻应变片

运用电阻的应变效应可检测结构的应变和应力,针对不同的检测对象,应该选用相应的应变片,并解决应变片电阻的变化的检出和必要的信号调理等工作。常见的电阻应变片有金属电阻应变片和半导体应变片两大类。

1. 金属电阻应变片

(1) 金属电阻应变片的结构形式

典型金属应变片的结构如图 2-10 所示。实际使用的电阻应变片都是将金属导体(丝或箔片)在绝缘基底上制成栅状,称为敏感栅。敏感栅的两端焊接有引线,敏感栅的上面有保护的覆盖层。

按敏感栅的结构形式,金属应变片可分为:

① 丝绕式应变片:其结构如图 2-10 所示。其敏感栅由康铜等高阻值的金属丝制成。这种应变片的制造技术和设备都较简单,价格低廉,多用纸作基底,粘贴方便,一般多用在短期的室内试验中使用。其缺点是其端部弧形段会产生横向效应。

② 短接丝式应变片:其结构如图 2-11(a)所示。其敏感栅也使用康铜等金属丝制成,但敏感栅各线段间的横接线采用截面积较大的铜导线,电阻很小,因而可减小横向效应。但是由于敏感栅上焊点较多,因而疲劳性能差,不适用于长期的动应力测量。

③ 箔式应变片:其结构如图 2-11(b)所示。其敏感栅由很薄的康铜、镍铬合金等箔片通过光刻腐蚀而制成,采用胶膜基底。其横向效应小,敏感栅比较容易制成不同的形状,散热条件好,受交变载荷时疲劳寿命长,长时间测量时蠕变小,由于箔式应变片的这些优点,因而应用比较广泛,目前,在常温条件下,已逐步取代了金属丝式应变片。

图 2-11(c)和图 2-11(d)所示的金属箔式应变片分别用于扭矩和流体压力测量,也称作应变花,其优点是敏感栅的形状与弹性元件上的应力分布相适应。

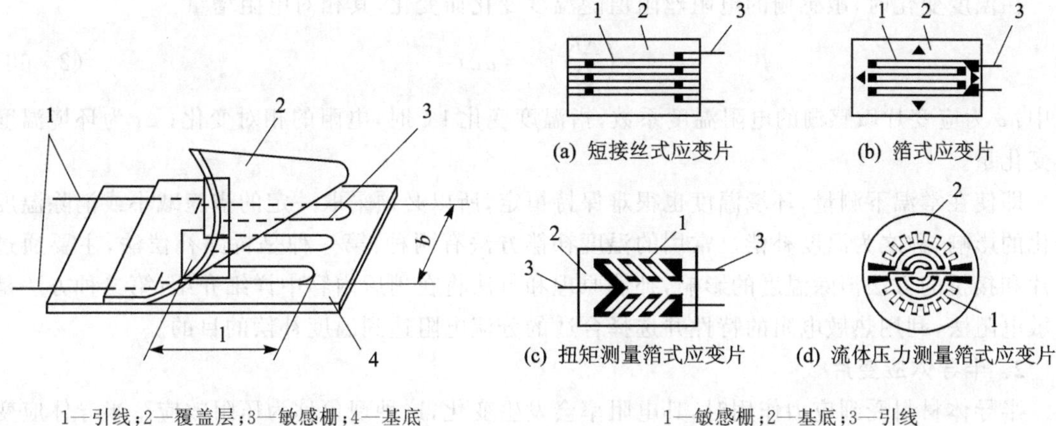

(a) 短接丝式应变片　(b) 箔式应变片

(c) 扭矩测量箔式应变片　(d) 流体压力测量箔式应变片

1—引线；2—覆盖层；3—敏感栅；4—基底

图 2-10　金属应变片的结构

1—敏感栅；2—基底；3—引线

图 2-11　金属应变片的类型

(2) 金属电阻应变片的主要特性参数

下面介绍最常用的金属应变片的主要特性参数。

① 几何尺寸

应变片敏感栅的尺寸 $b\times l$(图 2-10)反映了应变片的有效工作面积。基宽 b 是在应变片轴线相垂直的方向上敏感栅最外侧之间的距离，一般在 10 mm 以下。基长 l 则表示应变片的敏感栅在纵轴方向的长度，通常为 2～30 mm。

② 电阻值

应变片电阻值是指应变片没有粘贴，也不受力时，在室温下测定的电阻值。目前应变片的电阻值(名义阻值)也有一个系列，如 60、120、350、600、1 000 Ω 等，其中以 120 Ω 最为常用。实际使用的应变片的阻值相对于名义阻值均可能存在一些偏差，因此使用前要进行测量分选。

③ 最大工作电流

最大工作电流是指允许通过应变片而不影响其工作特性的最大电流值。当应变片接入测量电路后，在敏感栅中要流过一定的电流，此电流使得应变片温度上升，从而影响测量精度，甚至烧毁应变片。通常在静态测量时，允许电流一般规定为 25 mA，动态测量时可达 75～100 mA；箔式应变片则可更大些。

④ 灵敏系数

将金属电阻丝做成应变片后，由于横向效应以及粘贴剂传递变形中的损失，应变片的灵敏系数 S 与金属丝的灵敏系数 S_0 不同，因而必须用实验的方法重新测定灵敏系数 S。应变片灵敏系数的测量是在一个加载后能产生已知应变的专用装置上进行的，因应变片粘贴到试件上就不能取下再用，所以只能在每批产品中按规定进行抽样测定，并在应变片包装上说明这批产品由抽样测得的灵敏系数 S 的平均值，同时指出其正、负偏差。这样，对于金属应变片，电阻变化率与应变之间的关系可以表示为

$$\frac{\Delta R}{R}=S\varepsilon \tag{2-65}$$

⑤ 电阻温度系数

在采用应变片进行应变测量时，希望其阻值变化只与应变有关，而不受其他因素的影响，但实际上并非如此。例如，环境温度的变化，就会引起应变片的电阻值发生变化。

在温度变化时，敏感栅的电阻丝阻值随温度变化而变化，其相对电阻增量

$$\left(\frac{\Delta R}{R}\right)_{\alpha} = \alpha \Delta t \tag{2-66}$$

式中：α 为应变片敏感栅的电阻温度系数，指温度变化 1℃时，电阻的相对变化；Δt 为环境温度的变化量。

即使在常温下测量，环境温度也很难保持恒定，所以必须采取一定的措施减小或消除温度变化的影响，称之为温度补偿。常用的温度补偿方法有两种：第一种是桥路补偿法，主要通过贴片和接桥的方法消除温度的影响，补偿原理和方法将在稍后内容中详细介绍；第二种方法是热敏电阻法，利用热敏电阻的特性并选择合适的分流电阻达到温度补偿的目的。

2. 半导体应变片

半导体材料受到应力作用时，其电阻率会发生变化，这种现象称为压阻效应。半导体应变片就是基于压阻效应的传感器，也叫压阻式传感器。

由式(2-64)可知，当半导体受到外力时，电阻的变化率主要由 $\Delta\rho/\rho$ 引起，即

$$\Delta R/R \approx (\Delta\rho)/\rho \tag{2-67}$$

根据半导体电阻理论可知

$$\Delta\rho/\rho = \pi_{\mathrm{L}}\sigma = \pi_{\mathrm{L}}E\varepsilon \tag{2-68}$$

式中：π_{L} 为沿某晶向 L 的压阻系数；σ 为沿某晶向 L 的应力；E 为半导体材料的弹性模量。

则半导体材料的灵敏系数

$$S = \frac{\Delta R/R}{\varepsilon} = \pi_L E \tag{2-69}$$

如半导体硅，$\pi_{\mathrm{L}} = (40\sim80)\times10^{-11}\ \mathrm{m^2/N}$，$E = 1.67\times10^{11}\ \mathrm{N/m^2}$，则 $S = \pi_{\mathrm{L}}E = 70\sim140$。显然半导体电阻材料的灵敏系数比金属丝要高 50～70 倍。

压阻式传感器主要有体型、薄膜型和扩散型三种。体型是利用半导体材料的体电阻制成粘贴式的应变片；薄膜型是利用真空沉积技术将半导体材料沉积在带有绝缘层的基底上而制成的；扩散型是在半导体材料的基片上用集成电路工艺制成扩散电阻，作为测量传感元件。

压阻式传感器的优点是：灵敏度高，测量元件尺寸小，频率响应高，横向效应小。但其温度稳定性差，在较大的应变下，灵敏度的非线性误差大。

这种传感器常用硅、锗等材料的体电阻制成粘贴式应变片，如图 2-12 所示，其使用方法与金属应变片相同。

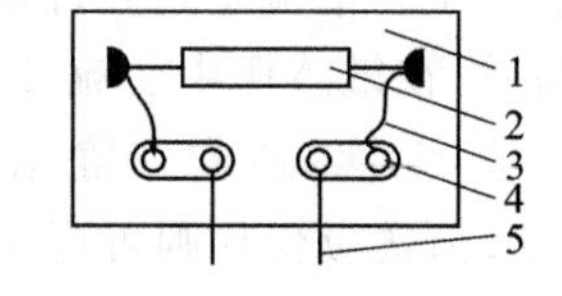

1—基底；2—P-Si 片；3—内引线；4—焊接板；5—外引线

图 2-12　半导体应变片

三、测量电桥

用应变片测量应变或应力时，将应变片粘贴于被测对象上，在外力作用下，被测对象表面发生微小机械变形，粘贴在其表面的应变片也随之发生相同的变化，因而应变片的电阻也发生相应的变化。如果用仪器测出应变片的电阻值变化 ΔR，根据式(2-64)可得被测对象的应变值 ε_x，则根据一维受力应力-应变关系可得到应力值 σ，即

$$\sigma = E\varepsilon \tag{2-70}$$

式中：σ 为试件的应力，E 为试件材料的弹性模量，ε 为试件的应变。

因此,应变或应力的检测,关键就在于如何检测出应变片的电阻值变化。运用测量电桥,可以方便、准确地将电阻应变片的阻值变化转化为便于使用的电信号,在测量系统中应用非常广泛。

按电桥工作电源种类的不同,可将电桥分为直流电桥和交流电桥。直流电桥只能用于测量电阻的变化,交流电桥可以用于测量电阻、电感和电容的变化。

1. 直流测量电桥

直流测量电桥的桥臂只能为电阻,如图 2-13 所示。电阻 R_1、R_2、R_3、R_4 作为四个桥臂,在 A、C 端(称为输入端,电源端)接入直流电源 U_0,在 B、D 端(称为输出端,测量端)输出电压 U_{BD}。直流电桥的测量原理是利用四个桥臂中的一个或数个阻值变化而引起电桥输出电压的变化,因此,桥臂可采用电阻式敏感元件(如电阻应变片、热敏电阻等)组成并接入测量系统。

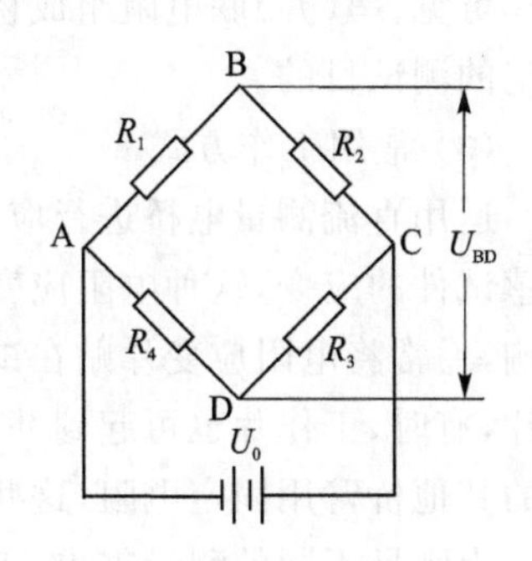

图 2-13　直流电桥

(1) 平衡条件

如图 2-13 所示,可得出测量电桥的输出电压

$$U_{BD}=U_{BA}-U_{DA}=\frac{U_0R_1}{R_1+R_2}-\frac{U_0R_4}{R_3+R_4}=\frac{R_1R_3-R_2R_4}{(R_1+R_2)(R_3+R_4)}U_0 \tag{2-71}$$

显然,当

$$R_1R_3=R_2R_4\quad 或\quad R_1/R_2=R_4/R_3 \tag{2-72}$$

时,测量电桥输出为"零",式(2-72)称为直流测量电桥的平衡条件。

为了保证测量精度,在测量前,应先将电桥调平衡,即满足式(2-72),使电桥的输出电压为零。由式(2-71)可知,当四个电阻中的一个或数个的阻值发生变化而使电桥平衡不成立时,均可引起电桥输出电压的变化,适当选取各桥臂电阻,可使输出电压仅与被测量引起的电阻值变化有关。

(2) 加减特性

设电桥四臂增量分别为 ΔR_1、ΔR_2、ΔR_3、ΔR_4,则电桥的输出为

$$U_{BD}=\frac{(R_1+\Delta R_1)(R_3+\Delta R_3)-(R_2+\Delta R_2)(R_4+\Delta R_4)}{(R_1+\Delta R_1+R_2+\Delta R_2)(R_3+\Delta R_3+R_4+\Delta R_4)}U_0 \tag{2-73}$$

当 $\Delta R_i \ll R_i$,电桥输出端负载电阻无穷大,全等臂工作时,可得出近似式为

$$U_{BD}=\frac{1}{4}U_0\left(\frac{\Delta R_1}{R_1}-\frac{\Delta R_2}{R_2}+\frac{\Delta R_3}{R_3}-\frac{\Delta R_4}{R_4}\right) \tag{2-74}$$

组桥时,应变片的灵敏系数 S 必须一致,上式又可写成

$$U_{BD}=\frac{1}{4}U_0S(\varepsilon_1-\varepsilon_2+\varepsilon_3-\varepsilon_4) \tag{2-75}$$

式(2-75)在应变测量中非常重要。它表明电压桥各桥臂应变对电桥输出的影响,相对桥臂的应变值相加,相邻桥臂的应变值相减,这就是电桥的加减特性。

为描述电桥的输出特性,定义电桥的灵敏度为 $S_{桥}$

$$S_{桥}=\frac{\Delta U_{BD}}{\Delta R}\quad 或\quad S_{桥}=\frac{\Delta U_{BD}}{\Delta R/R} \tag{2-76}$$

有时为了均布误差,改善输出特性,或者为了减小桥臂的电流,提高电桥工作电压,将若干

应变计串联或并联组成桥臂。以单臂工作为例，设桥臂阻值由 n 个应变片串(并)联组成，每个应变片感受的应变为 ε_i。可以证明，电桥的输出电压

$$U_{BD} = \frac{1}{4}U_0 S \frac{\sum_{i=1}^{n} \varepsilon_i}{n} \tag{2-77}$$

可见，串(并)联电阻组成桥臂并不能增加灵敏度，但可利用一个桥臂上应变的代数和达到特定的测试目的。

(3) 常用工作方式

运用直流测量电桥进行应力或应变测量时，要将电阻应变片按一定方式贴在试件上，用来敏感试件的应变，这种电阻应变片称为工作片；为了消除测量环境温度变化对测量结果带来的影响，通常将电阻应变片贴在试件或处于同一温度场的温度补偿件上，这种电阻应变片称为补偿片，有时，工作片也可起到补偿片的作用。工作片和补偿片都接入测量电桥的相关桥臂，电桥的其他桥臂用固定电阻，这些固定电阻称为匹配电阻。

为满足不同的测量需求，工作片、补偿片和匹配电阻在电桥中可灵活组合。测量电桥的常见工作方式有单臂半桥、双臂半桥、双臂全桥和四臂全桥四种。

① 单臂工作的半桥接法

图 2-13 中，如果 R_1 为工作片，R_2 为补偿片，R_3、R_4 为匹配电阻，则该测量电桥为单臂半桥工作方式。

② 双臂工作的半桥接法

图 2-13 中，如果 R_1 为工作片，R_2 也为工作片，R_3、R_4 为匹配电阻，则该测量电桥为双臂半桥工作方式。

③ 相对双臂工作的全桥接法

图 2-13 中，如果 R_1、R_3 为工作片，R_2、R_4 为补偿片，则该测量电桥为双臂全桥工作方式。

④ 四臂工作的全桥接法

图 2-13 中，如果 R_1、R_2、R_3 和 R_4 均为工作片，则该测量电桥为双臂全桥工作方式。

工程实践中，常用等臂电压电桥，即 $R_1 = R_2 = R_3 = R_4$，或电源端对称电桥，即 $R_1 = R_2$，$R_3 = R_4$。

2. 交流测量电桥

交流测量电桥的结构与直流测量电桥类似，不同的是：交流测量电桥采用交流电源作为激励，桥臂可以是电阻、电感或电容及其组合。图 2-14 所示为由电阻和电容组成的交流电桥。

在交流测量电桥中，电桥平衡条件应写为阻抗的形式

$$\vec{Z}_1 \vec{Z}_3 = \vec{Z}_2 \vec{Z}_4 \tag{2-78}$$

对图 2-14 所示电路而言，平衡条件式(2-78)可写为

$$\frac{R_3}{\dfrac{1}{R_1} + j\omega C_1} = \frac{R_4}{\dfrac{1}{R_2} + j\omega C_2} \tag{2-79}$$

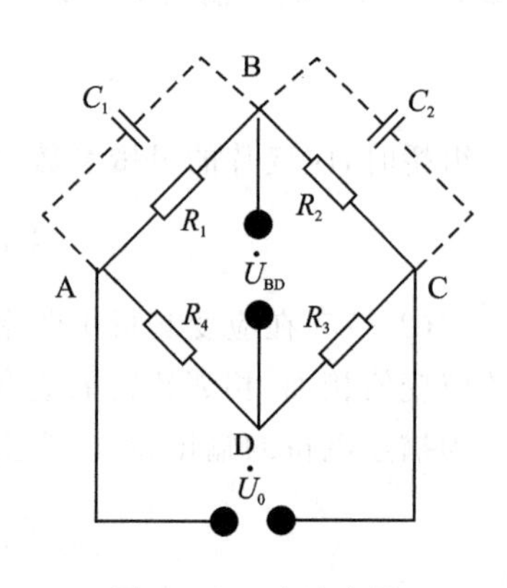

图 2-14 交流电桥

使其两边实部与虚部分别相等，有

$$\begin{cases} R_1R_3 = R_2R_4 \\ \dfrac{R_3}{R_4} = \dfrac{C_1}{C_2} \end{cases} \tag{2-80}$$

可见交流电桥除了要满足电阻平衡条件外，还必须满足电容的要求。

四、布片和组桥

对被测试件进行应变与应力检测时，通常要先对被测件进行应变与应力分析，选择检测点，然后进行布片和组桥，并根据测得的数据进行分析与计算。下面介绍静态应变与应力的检测方法，其基本方法和原则都适用于动态应变与应力的检测。

1. 单向受力状态

根据试件的受力分析，确定应变片的粘贴位置和电桥的组成方式，尽可能利用电桥的加减特性消除其他因素的干扰，达到只测所需应变与应力的目的。单向受力状态下的应变与应力检测，在布片和组桥时，需要考虑的问题有：如何消除温度的影响；在复合受力情况下，如何消除附加载荷，测取单一载荷；如何提高灵敏度；如何减少非线性误差等。

(1) 消除温度的影响

一个简化了的单向受拉件如图 2-15 所示，在轴向力 F 作用下，试件为单向应力状态。故沿构件表面的轴线方向贴工作片 R_1，在温度补偿板上贴补偿片 R_2，将二者组成单臂半桥接法即可测得轴向应变 ε_P。

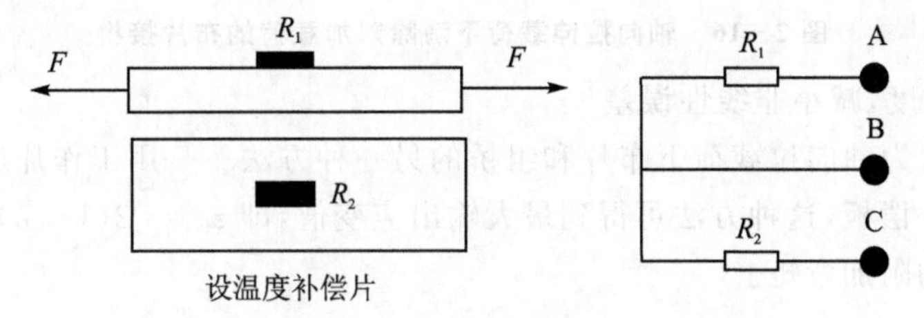

图 2-15　轴向拉伸载荷下的温度补偿布片组桥

由式(2-74)可得电桥的输出为

$$U_{BD} = \frac{1}{4}U_0\left(\frac{\Delta R_{1P} + \Delta R_{1t}}{R_1} - \frac{\Delta R_{2t}}{R_2}\right) = \frac{U_0}{4} \cdot \frac{\Delta R_{1P}}{R_1} = \frac{1}{4}U_0S\varepsilon_P \tag{2-81}$$

式中：ΔR_{1t}，ΔR_{2t} 分别为温度对 R_1、R_2 的影响，ΔR_{1P} 是因力 F 而产生的电阻变化。

实现温度补偿必须满足以下条件：补偿板和试件的材料相同；工作片和补偿片完全相同，放在完全相同的温度场中，接在相邻桥臂。如果测量系统是一个静态电阻应变仪，则静态电阻应变仪上的读数 $\varepsilon_{仪} = \varepsilon_P$。

如果不设温度补偿片，在图 2-15 中沿轴向贴一片应变片，沿横向贴另一片，两工作片置于相邻桥臂，组成双臂半桥接法，则称为工作片补偿法。其输出电压为

$$U_{BD} = \frac{U_0}{4}S(\varepsilon_1 - \varepsilon_2) = \frac{U_0}{4}S(1+\mu)\varepsilon_1 \tag{2-82}$$

即 $\varepsilon_{仪} = (1+\mu)\varepsilon_1$，真实应变 $\varepsilon_1 = \varepsilon_{仪}/(1+\mu)$，其中 μ 为材料的泊松比。

(2) 消除附加载荷

图 2-16 为轴向拉伸载荷下布片组桥的一种方法——设温度补偿片进行温度补偿。为消

除因加载偏心而造成的附加弯矩，工作片 R_1、R_2 在试件上、下表面对称粘贴，补偿片 R_3 和 R_4 粘贴在温度补偿板上。R_1、R_2 串联接在同一桥臂，R_3 和 R_4 串联接在相邻桥臂，组成单臂半桥工作方式，如图 2-16(b)所示；R_1 和 R_2 分别接在相对两桥臂，R_3 和 R_4 也分别接在相对的另两桥臂，但与工作片相邻，组成双臂全桥工作方式，如图 2-16(c)所示。两种组桥方法都能消除因加载偏心而造成的附加弯矩，并能对环境温度的变化起到补偿作用。在同等变化输入量和电桥电压条件下，全桥接法的输出是半桥接法的 2 倍。

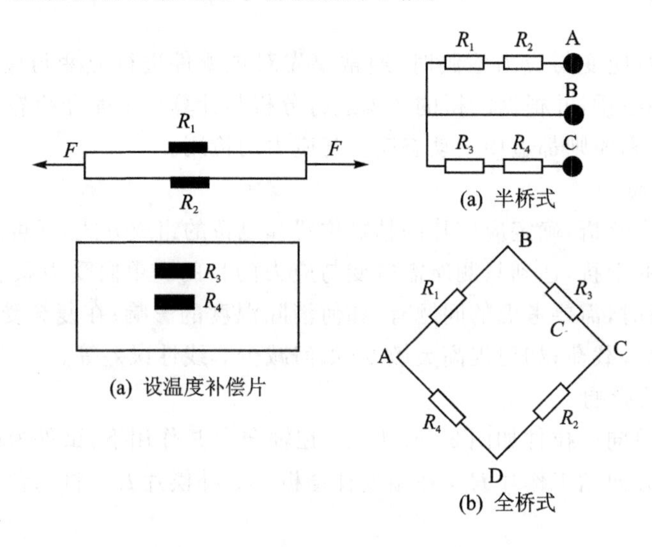

图 2-16 轴向拉伸载荷下消除附加载荷的布片接桥

(3) 提高灵敏度，减小非线性误差

图 2-17 所示为轴向拉载荷下布片和组桥的另一种方法——用工作片进行温度补偿。布片时省去了温度补偿板，这种方法可得到最大输出应变值，即 $\varepsilon_{仪}=2(1+\mu)\varepsilon_1$，也可以消除因加载偏心而造成的附加弯矩。

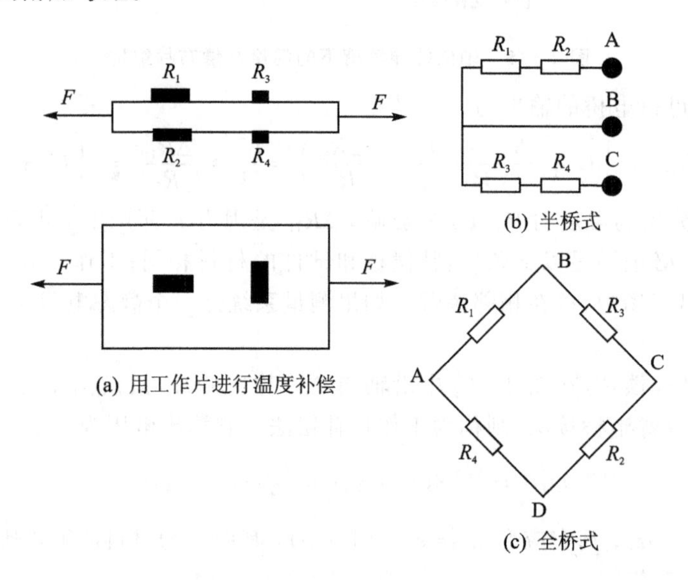

图 2-17 轴向拉伸载荷下布片接桥

当试件受到弯矩作用时，其上、下表面会分别产生拉应变或压应变。可通过应变测量求得弯矩，布片接桥时要注意利用电桥特性，在输出中保留弯应变的影响，消除轴向拉、压力产生的应变成分。

2. 平面应力状态

实际上，许多结构、零件处于平面应力状态下，其主应力方向可能是已知的，也可能是未知的。

(1) 已知主应力方向

例如承受内压的薄壁圆筒形容器的筒体，其主应力方向是已知的。这时只需沿两个互相垂直的主应力方向各贴一片应变片，另外再采取温度补偿措施，就可以直接测出主应变。其贴片和组桥方法如图 2－18 所示。

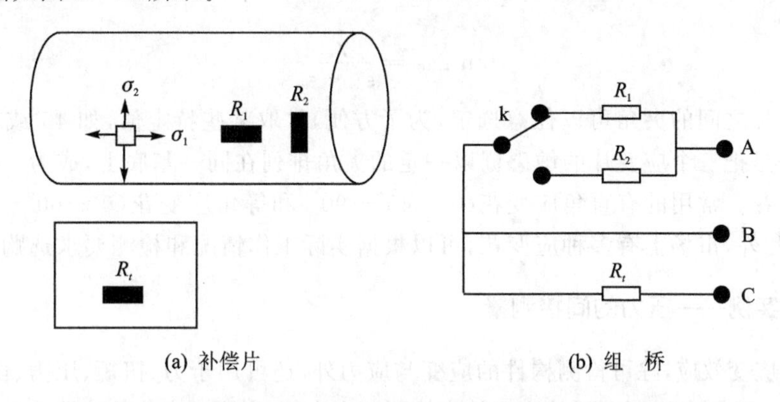

图 2－18　主应力方向已知的平面应力测量的布片与组桥

先测出应变值 ε_1、ε_2，再由虎克定律计算出主应力，即：

$$\begin{cases} \sigma_1 = \dfrac{E}{1-\mu^2}(\varepsilon_1 + \mu\varepsilon_2) \\ \sigma_2 = \dfrac{E}{1-\mu^2}(\varepsilon_2 + \mu\varepsilon_1) \end{cases} \quad (2-83)$$

(2) 主应力方向未知

对于主应力方向未知的平面应力状态，如能测出某点三个方向的应变，就可以计算该点主应力的大小和方向。一般采取贴应变花的办法来实现上述目标，其基本原理如图 2－19 所示。

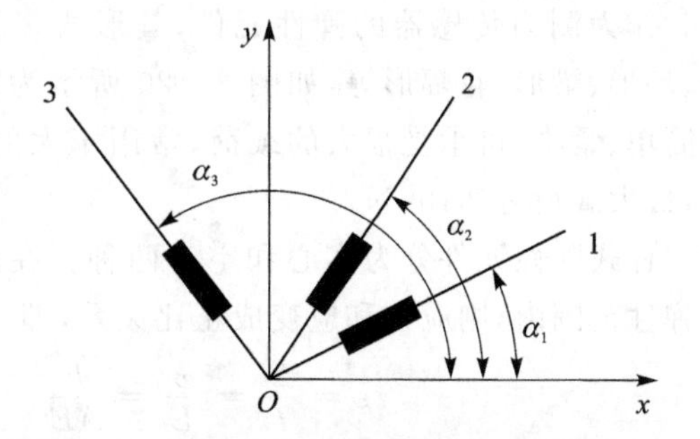

图 2－19　利用三个应变片测量一点处的主应力

为了检测 O 点处主应力的大小和方向，可在 O 点处建立 xOy 坐标系，在与轴 x 夹角分别为 α_1、α_2 和 α_3 的三个方向，各粘贴一个工作片，待测得各方向的应变 $\varepsilon_{\alpha1}$、$\varepsilon_{\alpha2}$ 和 $\varepsilon_{\alpha3}$ 之后，由二项应力状态的应变分析可知，如果构件在 O 点处沿坐标轴方向的线应变为 ε_x、ε_y，剪应变为 γ_{xy}，则该点处沿任意方向的线应变 ε_α 可按下式计算

$$\varepsilon_\alpha = \frac{\varepsilon_x + \varepsilon_y}{2} + \frac{\varepsilon_x - \varepsilon_y}{2}\cos 2\alpha + \frac{\lambda_{xy}}{2}\sin 2\alpha \quad (2-84)$$

因此，检测出的 $\varepsilon_{\alpha1}$、$\varepsilon_{\alpha2}$ 和 $\varepsilon_{\alpha3}$ 分别为

$$\begin{cases}\varepsilon_{\alpha1}=\dfrac{\varepsilon_x+\varepsilon_y}{2}+\dfrac{\varepsilon_x-\varepsilon_y}{2}\cos 2\alpha_1+\dfrac{\lambda_{xy}}{2}\sin 2\alpha_1\\ \varepsilon_{\alpha2}=\dfrac{\varepsilon_x+\varepsilon_y}{2}+\dfrac{\varepsilon_x-\varepsilon_y}{2}\cos 2\alpha_2+\dfrac{\lambda_{xy}}{2}\sin 2\alpha_2\\ \varepsilon_{\alpha3}=\dfrac{\varepsilon_x+\varepsilon_y}{2}+\dfrac{\varepsilon_x-\varepsilon_y}{2}\cos 2\alpha_3+\dfrac{\lambda_{xy}}{2}\sin 2\alpha_3\end{cases} \tag{2-85}$$

依据上式，可解算出沿坐标轴方向的线应变 ε_x、ε_y 和剪应变 γ_{xy}。在解算 ε_x、ε_y 和 γ_{xy} 的基础上，即可确定该点处的主应变 ε_1 和 ε_2 以及主方向与 x 轴的夹角 α_0。计算公式为

$$\begin{matrix}\varepsilon_1\\ \varepsilon_2\end{matrix}=\frac{\varepsilon_x+\varepsilon_y}{2}\pm\frac{1}{2}\sqrt{(\varepsilon_x-\varepsilon_y)^2+\gamma_{xy}^2} \tag{2-86}$$

$$\tan 2\alpha_0=\frac{\gamma_{xy}}{\varepsilon_x-\varepsilon_y} \tag{2-87}$$

三个应变片之间的夹角可以任意选定，为了方便，常取某些特定值，如 45°或 60°等。实际应用中的做法是把三个应变片的敏感栅以一定的夹角排列在同一基底上，成为一个整体，这就是所谓的应变花。常用的有直角应变花(0°－45°－90°)和等角应变花(0°－60°－120°)两种基本结构形式，此外，市场上有多种应变花，可以根据实际工作情况和检测要求选购。

五、应用实例——压力的间接测量

运用电阻应变效应，除可检测构件的应变与应力外，还可用于力、扭矩、压力、位移和振动等机械量的检测。下面以运用电阻的应变效应检测压力为例，说明应变式传感器检测压力的原理。

1. 弹性元件及其特性

以应变片为转换元件的机械量传感器，称为应变片式传感器，主要由弹性元件和粘贴于其上的电阻应变片组成。弹性元件是指在受到力(一定范围内)的作用后，发生形变，当外力消除后，又恢复原来状态的元件。利用弹性元件，可把被测力的变化转换成应变量的变化。由于弹性元件上粘贴有应变片，因而可把应变量的变化转换成应变片电阻的变化。

作为测力传感器的弹性元件，其形式多种多样，常见的有柱形、环形、梁形、轮辐形等，如图 2－20 所示为柱形弹性元件，其结构简单、紧凑，可承受很大的载荷，常用于大的拉压力及荷重的测量，最大载荷可达10^7 N。

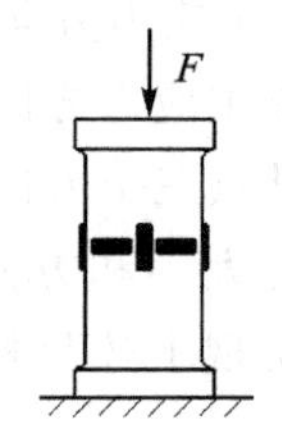

图 2－20　柱式弹性元件

柱式弹性元件分为实心和空心两种。在外力作用下，若应力在弹性范围内，则应力和应变成正比关系，即

$$\varepsilon=\frac{\Delta l}{l}=\frac{\sigma}{E}=\frac{F}{AE} \tag{2-88}$$

式中：F 为作用在弹性元件上的集中力；E 为材料的弹性模量；A 为圆柱的横截面积。

由式(2－88)可知，若想提高灵敏度，必须减小横截面积 A。但 A 的减小受到允许应力和线性要求的限制，并且 A 越小，对横向力干扰越敏感。因此，在小集中力测量时，多采用空心圆柱(圆筒)式弹性元件。在同样横截面积的情况下，空心圆柱式的横向刚度大，横向稳定性好。空心圆柱弹性元件的直径也要根据允许应力计算，由

$$\frac{\pi}{4}(D^2-d^2)\geqslant\frac{F}{\sigma_b} \tag{2-89}$$

有

$$D\geqslant\sqrt{\frac{\pi F}{4\sigma_b}+d^2} \tag{2-90}$$

式中:D 为空心圆柱的外径;d 为空心圆柱的内径。

由材料力学可知,当高度与直径的比值 $H/D\gg 1$ 时,沿中间断面上的应力状态和变形状态与其端面上作用的载荷性质和接触条件无关。为了减少端面上接触摩擦和载荷偏心对变形的影响,一般应使 $H/D\gg 3$。但当是高度 H 太大时,弹性元件固有频率会降低,横向稳定性会变差。为此实心和空心弹性元件高度 H_S 和 H_K 分别取

$$\begin{aligned} H_S &\geqslant 2D+l \\ H_K &\geqslant D-d+l \end{aligned} \tag{2-91}$$

式中:l 为应变片基长。

2. 布片和组桥

弹性元件上应变片的粘贴和电桥连接,应尽可能消除偏心和弯矩的影响,一般将应变片对称地贴在应力均匀的圆柱表面中部,如图 2-21 柱式弹性元件上的布片组桥所示,纵向应变片 R_1 和 R_3,R_2 和 R_4 串联,且处于对臂位置,以减小弯矩的影响。横向粘贴的应变片具有温度补偿作用。柱式力传感器可以测量 0.1～3 000 t 的载荷,常用于大型轧钢设备的轧制力测量。

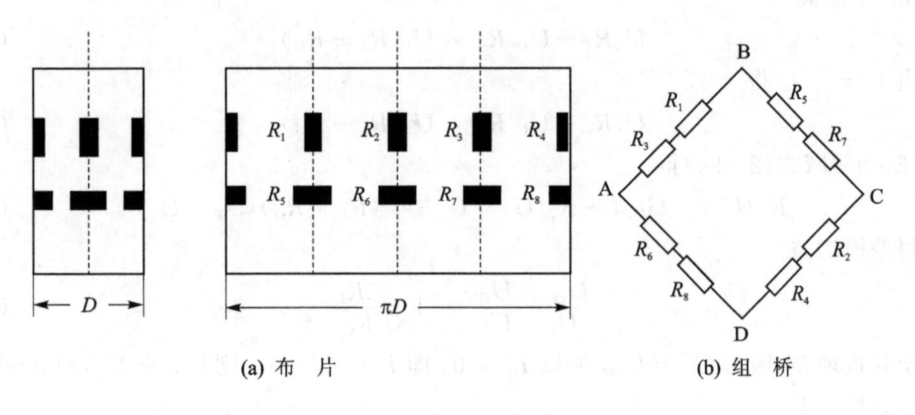

图 2-21 柱式弹性元件的布片组桥

3. 信号的放大调理

运用压力传感器或电桥检测出压力信号后,需要对检测信号进行调理,以利于后续对检测信号的进一步处理。常用的信号调理包括对检测信号的滤波、放大、检波、有效值转换、峰值保持等,其中应用最为广泛的是对检测信号的放大调理,下面主要介绍对检测信号的放大调理,其他形式的调理请查阅模拟电路相关书籍。

对检测信号的放大,通常要用到运算放大器。通过对运算放大器的不同运用,可实现对检测信号的反相比例放大、同相比例放大、电压跟随(主要起电路隔离和阻抗匹配作用)、多路检测的信号差动放大和多路检测信号的同相或反相加法放大。若检测信号是由交流电桥检出的,则可选用交流放大器进行信号放大;若检测信号在放大前需要进行交流调制,则在进行交流放大之后,还需要进行解调。

仪器(测量)放大器是一种高性能的差动放大器系统,由几个闭环的运算放大器组成。一个理想的仪器放大器的输出电压,仅取决于其输入端的两个电压 U_1 和 U_2 之差,即

$$U_O = A(U_2 - U_1) \tag{2-92}$$

式中增益 A 是已知的,它可以在一个宽广的范围内变化。实际的仪器放大器应该具有设计时所要求的增益、高输入阻抗、高共模抑制比、低输入失调电压和低的失调电压温度系数。

图 2-22 所示为一个典型的仪器放大器。它包含 A_1、A_2 和 A_3 三个运算放大器,其中 A_1、A_2 为两个同相输入的放大器,提供了 $(1 + 2R_1/R_G)$ 的总差动增益和单位共模增益。

$$I_G = \frac{U_2 - U_1}{R_G}, \quad I_1 = \frac{U_1 - U_{O1}}{R_1}, \quad I_2 = \frac{U_2 - U_{O2}}{R_1} \tag{2-93}$$

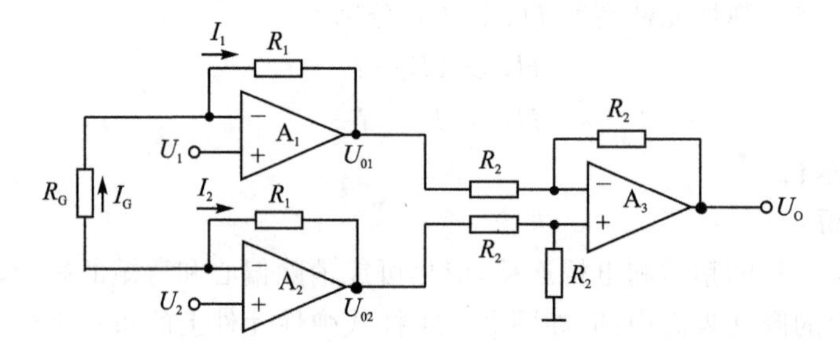

图 2-22 典型的仪器放大器

由 $I_G = I_1$ 得

$$U_2R_1 + U_{O1}R_G = U_1(R_1 + R_G) \tag{2-94}$$

又由 $I_G = -I_2$ 得

$$U_1R_1 + U_{O2}R_G = U_2(R_1 + R_G) \tag{2-95}$$

式(2-95)减式(2-94)得

$$R_G(U_{O2} - U_{O1}) + R_1(U_1 - U_2) = (R_1 + R_G)(U_2 - U_1) \tag{2-96}$$

经整理得差模增益

$$\frac{U_{O2} - U_{O1}}{U_2 - U_1} = 1 + \frac{2R_1}{R_G} \tag{2-97}$$

对于共模增益,因为 $U_1 = U_2$,所以 $I_G = 0$,即 $I_1 = I_2 = 0$,则 $U_{O1} = U_1$,$U_{O2} = U_2$,因此为单位共模增益。

输出放大器 A_3 是一个单位增益的差动放大器。这种形式的仪器放大器,其输入阻抗为 300~5 000 MΩ,共模抑制比 $CMRR_{dB}$ 为 74~110 dB,输入失调电压 $U_{OS} \approx 0.2$ mV,失调电压温漂 γ 为 0.25~10μV/℃。

第三节　压力的直接检测

压力的直接测量主要用压电式传感器。压电式传感器是一种典型的有源传感器,具有良好的静态特性和动态特性,灵敏度及分辨率高;固有频率高,工作频带宽;体积小,质量轻,结构简单,工作可靠。压电式传感器还可以测量能够转换成力的非电物理量。近年来随着电子技术的飞速发展,以及与之配套的二次仪表及低噪声、小电容、高绝缘电阻电缆的出现,使压电式传感器在各种动态力、机械冲击与振动检测中获得了广泛的应用。

一、压电效应

1. 压电效应的概念

某些晶体材料，当沿着晶体切片某一方向施加外力而使之变形时，就会引起晶体内部的正负电荷中心发生相对位移，产生电的极化现象，使其表面产生符号相反的束缚电荷，并且电荷密度还与所施加的外力大小成正比；当外力去掉后，又重新恢复不带电的状态；当作用力的方向改变时，电荷的极性也随着改变，这种现象称为正压电效应。反之，当对晶体施加外电场时，晶体本身将产生机械变形，这种现象称为逆压电效应。压电传感器大都是利用压电材料的正压电效应工作的。

2. 压电元件

具有压电特性的材料称为压电材料，可以分为天然压电材料和人工合成压电材料。常见的压电材料可分为两类，即压电单晶体和多晶体压电陶瓷。

(1) 石英晶体

压电单晶体有石英(包括天然石英和人造石英)、水溶性压电晶体(包括酒石酸钾钠、酒石酸乙烯二铵、酒石酸二钾、硫酸锤)等；多晶体压电陶瓷有钛酸钡压电陶瓷、锆钛酸铅系压电陶瓷、铌酸盐系压电陶瓷和铌镁酸铅压电陶瓷等。其中石英晶体是一种最具实用价值的天然压电晶体材料。

图 2-23(a)所示为天然石英晶体，其结构形状为一个六角形晶柱，两端为一对称棱锥。

石英晶体即二氧化硅，天然石英晶体的理想外形是一个正六面棱体，如图 2-23(b)所示。在晶体学中为了分析方便，把它用三个相互垂直的轴 x,y,z 来描述。其中纵向轴 z 轴称为光轴，贯穿正六面棱体的两个棱顶；x 轴称为电轴，经过正六面棱体的棱线且与光轴正交；y 轴称为机械轴，同时垂直于 x 轴和 z 轴。石英晶体在 $Oxyz$ 直角坐标系中，沿不同方位进行切片，可得到不同的几何切型的晶片，其压电常数、弹性系数、介电常数、温度特性等都不一样，图 2-23(c)为 zy 平面切片。

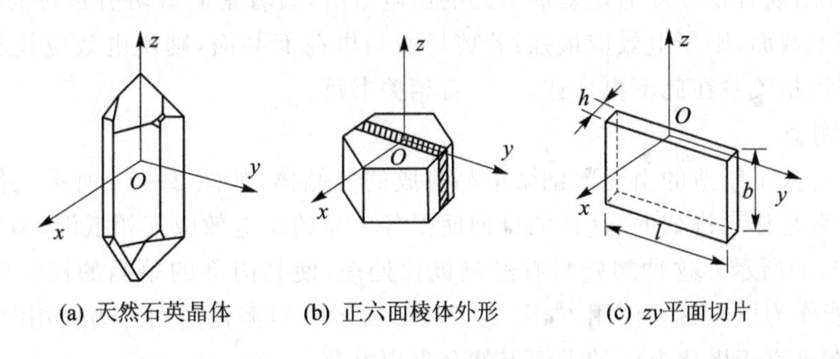

(a) 天然石英晶体　(b) 正六面棱体外形　(c) zy平面切片

图 2-23　石英晶体及其切片

石英晶体在 x 轴向力作用下在垂直于轴的晶体表面产生电荷的现象，称为纵向压电效应。在石英晶体线性弹性范围内，x 轴向力使晶片产生形变，并引起极化现象，极化强度与作用力成正比，极化方向取决于作用力的正向，极化后在晶体表面所产生的电荷极性如图 2-24(a)(b)所示。

纵向压电效应最为明显，所产生电荷量的大小由下式确定

$$q_{xx} = d_{xx}F_x \tag{2-98}$$

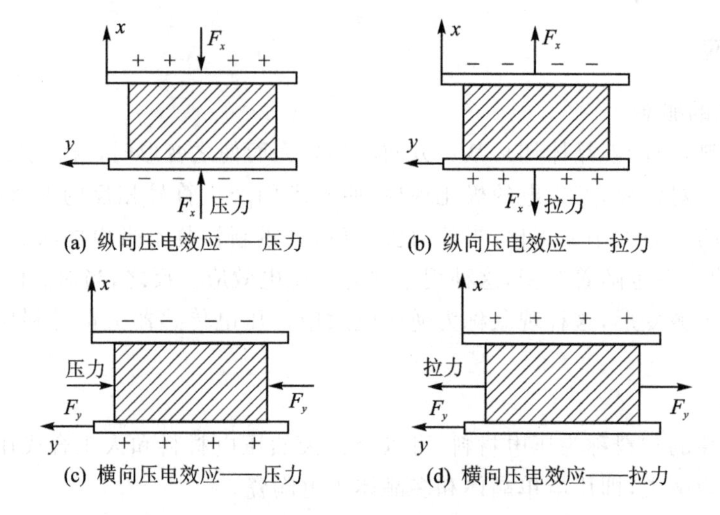

图 2－24　晶体切片上电荷极性与受力方向的关系

式中：d_{xx} 为为纵向压电系数，脚标中第一个 x 表示电荷平面的法线方向，第二个 x 表示作用力的方向，其大小为 $d_{xx}=\pm 2.31\times 10^{-12}$ C/N，对于右旋石英晶体取负值，对于左旋石英晶体取正值。

石英晶体在 y 轴向力作用下产生表面电荷的现象，称为横向压电效应。横向压电效应所产生的电荷极性如图 2－24(c)(d)所示，其电荷量大小由下式确定

$$q_{xy}=d_{xy}F_yL/h \tag{2-99}$$

式中：L 为切片 y 轴方向的长度；h 为切片 x 轴方向的厚度；d_{xy} 为横向压电系数，脚标中 x 表示电荷平面的法线方向，y 表示作用力的方向，其大小为 $d_{xy}=\pm 0.73\times 10^{-12}$ C/N，对于右旋石英晶体取正值，对于左旋石英晶体取负值。

此外，石英晶体还具有剪切压电效应，根据剪切面的不同，又分为剪切面与电荷面不共面和共面两种情况，前者是厚度剪切变形引起的压电效应，后者是面剪切引起的压电效应。若剪切面与电荷面不共面，则压电效应最强；若剪切面与电荷面共面，则压电效应较弱。此两种压电效益的具体数量关系在此不再详述，可参看相关书籍。

(2) 压电陶瓷

压电陶瓷是人工制造的由无数细微单晶组成的多晶体，如图 2－25 所示。各单晶体的自发极化方向完全是任意排列的，这样的排列使得各单晶的压电效应互相抵消，不会产生压电效应，如图 2－25(a)所示。这种陶瓷只有经过极化处理，使其内部的单晶的极性轴转到接近电场的方向，才能作为压电材料使用，如图 2－25(b)所示。当陶瓷受到外力作用时，极化强度就会发生变化，在垂直于极化方向的平面上就会出现电荷。

(a) 未极化的陶瓷

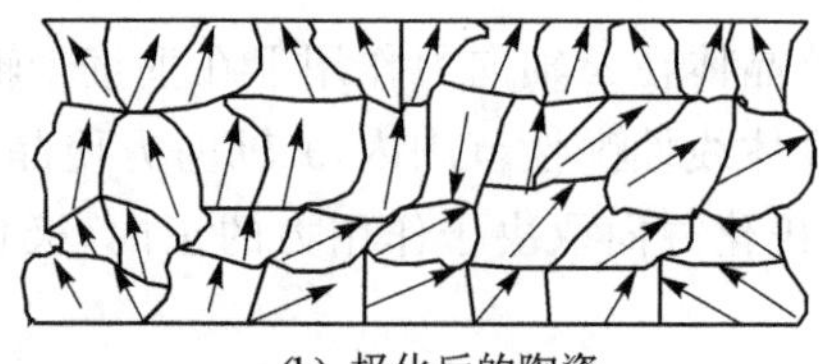

(b) 极化后的陶瓷

图 2－25　压电陶瓷结构示意图

压电陶瓷的极化过程与铁磁材料的磁化过程极其相似。经过极化处理的压电陶瓷，在外电场去掉后，其内部仍存在着很强的剩余极化强度。当压电陶瓷受外力作用时，电畴的界限发生移动，因此剩余极化强度将发生变化，压电陶瓷就呈现出压电效应。

压电陶瓷的特点是压电常数大，灵敏度高；制造工艺成熟，可通过合理配方和掺杂等人工控制方法达到所要求的性能。压电陶瓷具有非常好的压电效应，常用的压电陶瓷有钛酸钡、锆钛酸铅系压电陶瓷和压电半导体等。钛酸钡的优点是有很高的压电系数和压电常数；锆钛酸铅系压电陶瓷(PZT)是由 $PbTiO_3$ 和 $PbZrO_3$ 组成的固熔体，其压电系数更大，温度稳定性好，是目前最普遍使用的一种压电材料。压电半导体主要由氧化锌和硫化镉组成，将它们在非压电材料的基片上形成很薄的膜，可构成半导体压电材料。

二、压电传感器及其等效电路

压电式传感器的基本原理就是利用上述压电材料的压电效应特性，当有一个外力作用在压电材料上时，传感器就有电荷或电压输出。在压电晶片上产生电荷的两个平面装上金属电极，就构成了一个压电元件。由于压电元件可以把力转换为电荷，因此可以利用它做成各种传感器。利用压电式传感器，能测量各种各样的动态力，甚至准静态力。它不但可以测单向力，还可以对空间多个力同时进行测量；利用压电式传感器能对内燃机的的汽缸、油管、进(排)气管的压力，枪炮的膛压，发动机燃烧室的压力，以及电弧放电和爆炸等瞬态过程的压力进行测量。利用压电元件的压电效应制成的超声波振荡器，装配成带有超声波探头的超声波传感器，可在几十千赫到几千兆赫的范围内进行无损探伤和超声波医疗诊断；压电元件还可以用来制成压电扬声器、声响器件、拾音器、送话器和水声传感器，也可以用于打火机、煤气炉点火、引信引爆和料位测量等。迄今，压电传感器已应用于工业、军事和民用等各个方面。

由于外力作用在压电材料产生的电荷只能在无泄漏的情况下才能保存，需要后续测量回路有无限大的输出阻抗，但这是不可能的。因此压电式传感器不能用于静态测量，只有在交变力的作用下，使电荷可以不断得到补充，才可以供给测量回路一定的动态电流，故只适用于动态测量。当压电片受力时，在晶体的一个表面上会聚集正电荷，而在另一个表面上聚集负电荷，这两个极板上的电荷量大小相等方向相反，所以可以把压电片看作一个电荷发生器。

1. 压电传感器的等效电路

在压电晶片的两个工作面上进行金属蒸镀，形成金属膜，构成两个电极，如图 2-26(a)所示。当晶片受到外力作用时，在两个极板上积聚数量相等，极性相反的电荷，形成了电场。因此压电传感器可以看作是一个电荷发生器，也是一只平行极板介质电容器，其电容

$$C_a = \frac{\varepsilon A}{\delta} \tag{2-100}$$

式中：ε 为压电材料的介电常数；δ 为极板间距，即晶片的厚度；A 为压电晶片工作面的面积。

如果施加于晶片的外力不变，积聚在极板上的电荷又无泄漏，那么在外力继续作用时，电荷量是保持不变的，而在力的作用终止时，电荷就随之消失。所以压电传感器又可以看作是一个电荷发生器与电容器 C_a 和压电晶片的等效漏电阻 R_a 的并联，如图 2-26(d)所示。

压电式传感器中使用的压电晶片有方形、圆形、圆环形等形状，而且往往采用两片或两片以上压电晶片粘结在一起以增加输出。由于压电晶片的电荷是有极性的，因此接法也有两种。当采用并联接法(图 2-26(b))时，两晶片负电荷集中在中间极板上，正电荷在两侧极板上。

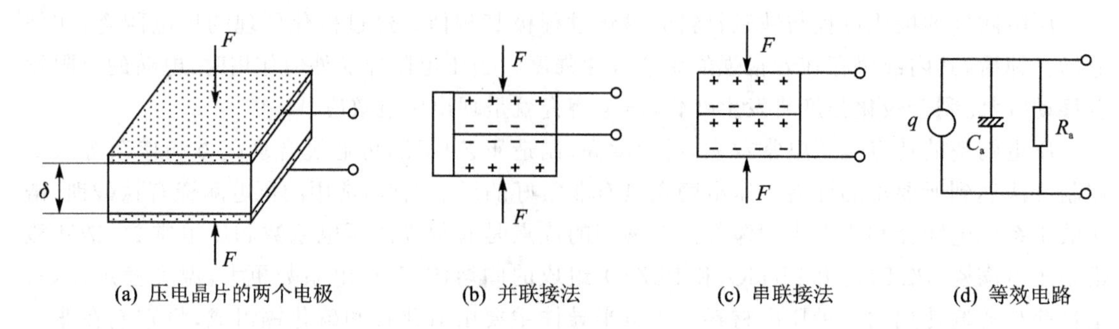

(a) 压电晶片的两个电极　　(b) 并联接法　　(c) 串联接法　　(d) 等效电路

图 2-26　压电晶体膜片及等效电路

输出电荷增大，电容量增大，时间常数大，适用于测量缓变信号和以电荷量输出的场合。串联接法(图 2-26(c))时，正电荷集中在上极板，负电荷集中在下极板。输出电压增大，电容量减小，时间常数小，适用于测量高频信号和以电压作为输出的场合，并要求测量电路有高的输入阻抗。

2. 压电传感器对测量电路的要求

压电晶则片的等效电路如图 2-26(d)所示。如果将压电传感器与测量仪表连在一起，则还应考虑到连接电缆的分布电容 C_c、放大器的输入电阻 R_i 和输入电容 C_i，完整的等效电路如图 2-27(a)或图 2-27(b)所示。

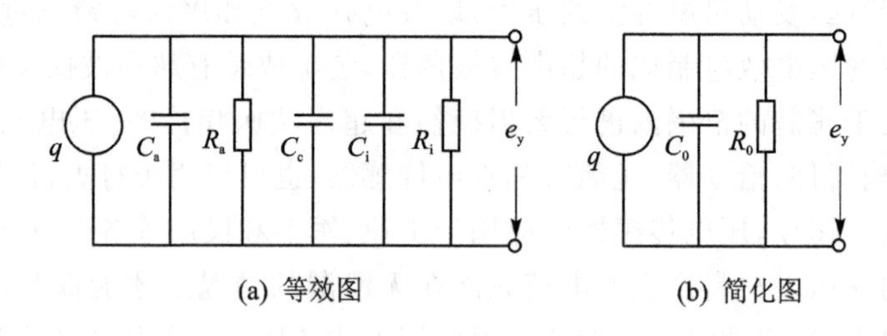

(a) 等效图　　(b) 简化图

图 2-27　压电晶体传感器测量系统的等效电路

图 2-27(b)中

$$C_0 = C_a + C_i + C_c \tag{2-101}$$

$$R_0 = R_a \mathbin{/\!/} R_i \tag{2-102}$$

由图 2-27(b)可见，只有在外电路负载(R_i)无穷大，内部也无漏电时，受力后压电晶片所产生的电荷才能长期保存下来；如果负载不是无穷大，则电路就要以时间常数 $\tau = R_0C_0$ 按指数规律放电。当被测量是静态或低频信号时，漏电造成输出减小会产生测量误差。因此，压电传感器要求测量电路具有极高的输入阻抗，一般要求输入阻抗达数百兆欧以上。为此，专门设计了适用于压电传感器使用的前置放大器。前置放大器一是把传感器的高阻抗输入变换为低阻抗输出；二是把压电传感器的微弱信号放大。前置放大器有电压放大器和电荷放大器。

(1) 电压放大器

把图 2-27(a)所示等效电路接到放大倍数为 K 的放大器并忽略漏电阻和放大器的输入阻抗，如图 2-28 所示。其输出电压为

$$e_y = \frac{-Kq}{C_a + C_c + C_i} \tag{2-103}$$

式中：K 为放大器的放大倍数。

可见采用电压放大器测量时，输出电压 e_y 不仅取决于电荷量 q，而且与电缆电容 C_i 有关。因此，在使用时必须规定电缆的型号、长度。若要改变电缆型号或长度，则必须重新标定和计算电压灵敏度，否则将会产生测量误差，显然这是很不方便的。

(2) 电荷放大器

图 2-29 所示为电荷放大器的等效电路图。电荷放大器是一个带有深度负反馈的高输入阻抗、高增益运算放大器。略去传感器的漏电阻和放大器的输入电阻，传感器产生的电荷 q 全部落到 C_a、C_c、C_i 和 C_f 上，则

$$q = e_i(C_a + C_c + C_i) + C_f(e_i - e_y) \tag{2-104}$$

式中：e_i 为放大器输入电压；K 为一放大器的放大倍数，$K = 10^4 \sim 10^6$；C_f 为放大器的反馈电容；e_y 为放大器的输出电压，$e_y = -Ke_i$。

将 $e_y = -Ke_i$ 代入式(2-104)得

$$e_y = \frac{-Kq}{C_a + C_c + C_i + C_f(1+K)} \tag{2-105}$$

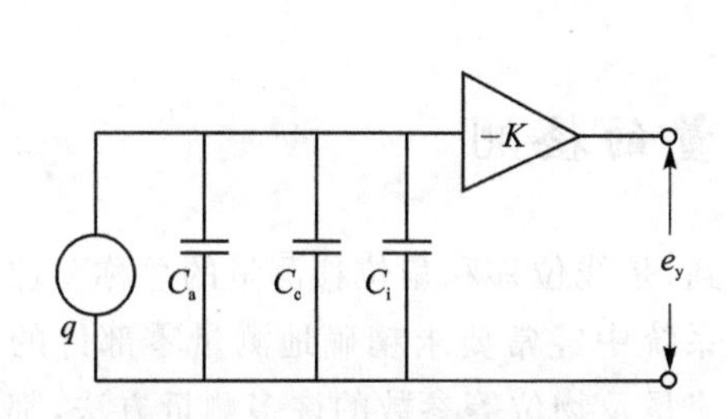

图 2-28　电压放大器等效电路

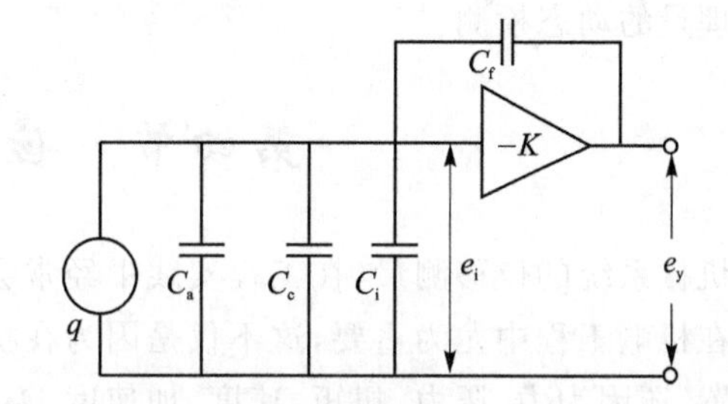

图 2-29　电荷放大器等效电路

因 $K \gg 1$，故 $KC_f = C_a + C_i + C_c + C_f$，式(2-105)可简化为

$$e_y \approx -\frac{q}{C_f} \tag{2-106}$$

式(2-106)表明，电荷放大器的输出电压与传感器产生的电荷量成正比，与电缆电容即电缆型号和长度无关。传感器与电荷放大器之间可以连接较长的导线，且长度及型号的变化不会引起灵敏度变化。这对于小信号和远距离测量是非常有利的，因此，电荷放大器的应用相当广泛。

三、压电式测力传感器及应用

由于压电元件具有直接将力转换成电这一天然特性，可以用来进行压力的直接测量。将压电元件制成力传感器的关键是选择合适的压电材料、变形方式、机械结构上串联或并联的晶片数量、晶片的几何尺寸和合理的传力结构。显然，压电元件的变形方式以利用纵向压电效应的方式最为简便；压电材料的选择取决于所测力的量值大小、对测量误差的要求及工作环境温度等各种因素的影响；晶片数量通常是使用机械串联而电气并联的两片，因为机械上串联晶片数量的增加会导致传感器抗侧向干扰能力的降低，机械上并联的晶片数量的增加会提高对传感器加工精度的要求，并且由于传感器电容和所产生的电荷以同样的倍数增大，而传感器的电压输出灵敏度并不增大。

通常使用的压电式力传感器是荷重垫圈式，由基座、荷重块、石英晶片、绝缘套及信号引出插座等组成，如图 2-30 所示的 YDS-781 型单向压电式测力传感器。压电器件采用 0°x 向

切割石英晶片，尺寸为 $\Phi8\times1$ mm，利用纵向压电效应，通过压电常数 d_{xx} 实现力—电转换。荷重块为受力弹性体，是传力元件，其弹性应变部分较薄，为 0.1～0.5 mm，由测力范围（$F_{max}=$ 5 000 N）决定。压电转换器件 3 放在金属基座 1 内，用聚四氟乙烯绝缘套 4 定位和绝缘。基座内外底面对其中心线的垂直度、荷重块和石英晶片的上下底面的平行度与表面光洁度都有严格的要求，否则会使横向灵敏度增加或使晶片因应力集中而破碎。

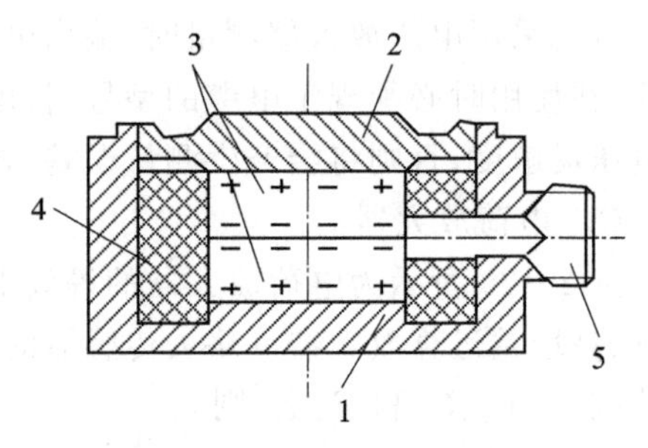

1—基座；2—荷重块；3—石英晶片；4—绝缘套；5—插座

图 2-30　单向压电力传感器

图 2-30 所示的单向力传感器体积小，质量轻（约 10 g），固有频率为 50～60 kHz，最大可测5 000 N 动态力，分辨率达10^{-3}N。

运用压电传感器除可进行压力直接检测外，还可用于分布力（压强）、声波、加速度和振动等物理量的动态检测。

第四节　位移量的检测

机械系统的位移测量，在工程实践中经常会遇到，是线位移和角位移测量的总称。位移量测量在机电工程中尤为重要，这不仅是因为在机电系统中经常要求精确地测量零部件的位移或位置，还因为力、压力、扭矩、速度、加速度、温度、流量及物位等参数的许多测量方法，都是以位移测量为基础的。位移是向量，表示物体上某一点在一定方向上位置的变化，因而位移量的测量，除了确定其大小外，还应确定其方向。

位移、速度和加速度三种参数是描述物体运动特性的最基本参数，位移 x、速度 v、加速度 a 三者之间存在以下微分关系。即

$$v=\frac{\mathrm{d}x}{\mathrm{d}t};\quad a=\frac{\mathrm{d}v}{\mathrm{d}t}=\frac{\mathrm{d}^2x}{\mathrm{d}t^2} \tag{2-107}$$

$\mathrm{d}x$ 为 $\mathrm{d}t$ 时间内物体的位移量，反映了物体运动的速度。在 $\mathrm{d}t$ 时间内速度的变化量 $\mathrm{d}v$，反映了物体加速度。它们之间存在着相互联系，用检测仪表无论测出哪一种参数，通过变换就可以计算出另外两个参数。例如：已测知位移量 x，就可运用微分变换电路运算得到速度，再经第二次微分得到加速度。反之，加速度传感器加入积分运算环节，也可以转换为速度传感器。

微分和积分的运算环节，过去多采用模拟电子电路来实现。电路元器件一旦设计好后，不能随微、积分常数的变化而改变，故存在不灵活和实用性差等缺点。目前在系统中广泛采用微机，借助微机的运算能力，这些问题就迎刃而解了。

要注意的是，在微机进行微、积分之前，模拟量的信号必须离散化，量化为数字量方能处理（有关离散化问题可参考相关书籍），即把微分方程转换为差分方程。例如：对第 n 次被测速度 v_n 进行微分处理后，得到加速度 A_n，A_n 的运算方程可用下式表示

$$A_n=A_{n-1}+v_n-T_{\mathrm{D}}v_{n-1} \tag{2-108}$$

式中：v_{n-1} 为前一时刻速度检测量；T_{D} 为微分时间常数，为适应各种测量对象，常需要调整。在软件程序中可以采取人工设定或自动设定的方法调整 T_{D}。

若已知速度量 v_{n-1}，要求位移 X_n，则可采用积分运算

$$X_n = X_{n-1} + T_l v_{n-1} \tag{2-109}$$

式中：T_l 为积分时间常数，在程序中同样可以自由选择。

尽管各运动参数之间可以相互转换，但各自仍有许多种独立的传感器，以适应不同测量对象的需要，本节主要介绍常用的位移量传感器和测量方法。

一、常用位移测量方法

位移测量时，应当根据不同的测量对象，选择适当的测量点、测量方向和测量系统。位移测量系统是由位移传感器、相应的测量放大电路和终端显示装置组成的。位移传感器的选择恰当与否，对测量精度影响很大，必须特别注意。

针对位移测量的应用场合，可采用不同用途的位移传感器。表 2-4 所列为较常见的位移传感器的主要特点和使用性能。

表 2-4　常见位移传感器的主要特点和使用性能

形　式			测量范围	精确度	直线性	特　点
电阻式	滑线式	线位移	1～300 mm	±0.1%	±0.1%	分辨力较好，可静态或动态测量。机械结构不牢固
		角位移	0～360°	±0.1%	±0.1%	
	变阻器式	线位移	1～1000 mm	±0.5%	±0.5%	结构牢固，寿命长，但分辨力差，电噪声大
		角位移	0～60 rad	±0.5%	±0.5%	
应变式	非粘贴的		±0.15%应变	±0.1%	±1%	不牢固
	粘贴的		±0.3%应变	±2%～3%		使用方便，需温度补偿
	半导体的		±0.25%应变	±2%～3%	满刻度±20%	输出幅值大，温度灵敏性高
电感式	自感式	变气隙型	±0.2 mm	±1%	±3%	只宜用于微小位移测量
		螺管型	1.5～2 mm			测量范围较前者宽，使用方便可靠，动态性能较差
		特大型	300～2 000 mm		0.15%～1%	
	差动变压器		±0.08～75 mm	±0.5%	±0.5%	分辨力好，受到磁场干扰时需屏蔽
	涡电流式		±2.5～±250 mm	±1%～3%	<3%	分辨力好，受被测物体材料、形状、加工质量影响
	同步机		360°	±0.1°～±7°	±0.5%	可在 1 200 r/min 转速工作，对温度和湿度不敏感
	微动同步器		±10°	±1%	±0.05%	非线性误差与变压比和测量范围有关
	旋转变压器		±60°		±0.1%	

续表 2－4

形式		测量范围	精确度	直线性	特点
电容式	变面积	10^{-3}～10^{3} mm	±0.005%	±1%	受介电常数因环境温度、湿度而变化的影响
	变间距	10^{-3}～10 mm	0.1%		分辨力很好，但测量范围很小
霍尔元件		±1.5 mm	0.5%		结构简单，动态特性好
感应同步器	直线式	10^{-3}～10^{4} mm	2.5 μm～250 mm		模拟和数字混合测量系统，数字显示（直线式感应同步器的分辨力可达 1 μm）
	旋转式	0°～360°	±0.5°		
计量光栅	长光栅	10^{-3}～10^{3} mm	3μm～1m		同上（长光栅分辨力可达 1 μm）
	圆光栅	0°～360°	±0.5"		
磁尺	长磁尺	10^{-3}～10^{4} mm	5 μm～1 m		测量时工作速度可达 12 m/min
	圆磁尺	0°～360°	±1"		
角度编码器	接触式	0°～360°	10^{-6} rad		分辨力好，可靠性高
	光电式	0°～360°	10^{-6}rad		

二、电阻式位移传感器测量位移

电阻式位移传感器包括电位器式位移传感器和应变电阻式两类。常用电位器式传感器测量位移量，它是在一个电阻元件上装上一个电刷（活动触头）构成的，可以将直线位移、角位移转换为与其成为一定函数关系的电阻或电压输出，其结构如图 2－31 所示。

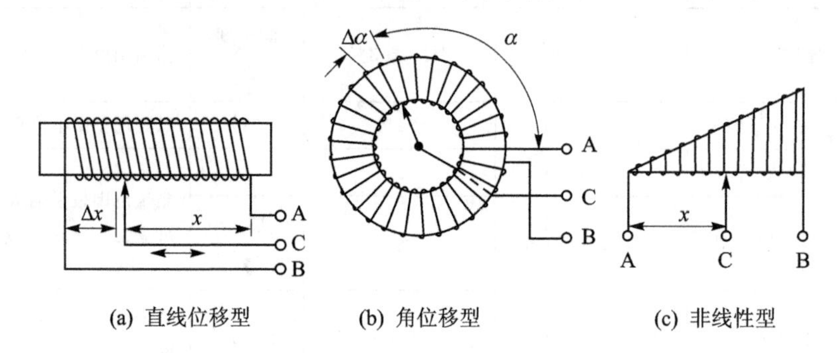

(a) 直线位移型　　(b) 角位移型　　(c) 非线性型

图 2－31　电位器式传感器

变阻器式传感器的后接电路，一般采用电阻分压电路，如图 2－32 所示，图中负载电阻 R_L 相当于测量仪表的内阻。输出电压

$$e_y = \frac{R_x R_L}{R_L R + R_x R - R_x{}^2} e_0 \qquad (2-109)$$

式中：R 为变阻器的总电阻；R_x 为随电刷位移 x 而变化的电阻值。

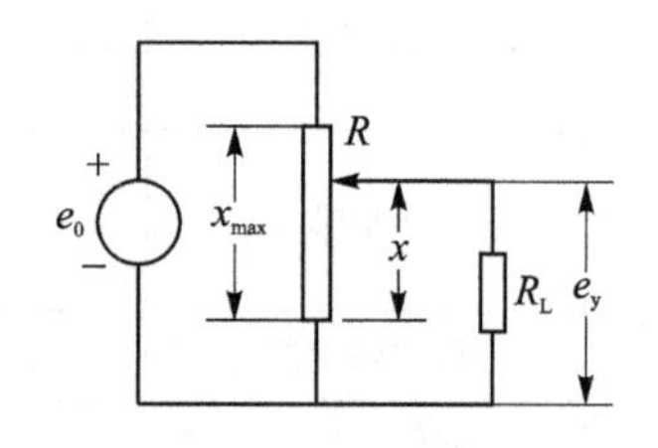

图 2－32　电阻分压电路

对线性变化的变阻器，当电刷相对行程为 x/x_{max} 时，有

$$\frac{R_x}{R}=\frac{x}{x_{\max}} \tag{2-111}$$

令 $X=\frac{x}{x_{\max}}$、$m=\frac{R}{R_L}$，则式(2-109)可写为

$$e_y=\frac{X}{1+mX(1-X)}e_0 \tag{2-112}$$

由式(2-112)可知，当变阻器的电源电压 e_0 不变时，输出电压 e_y 随电刷相对行程 X 的变化而变化，但不成线性关系。只有当 $m\to 0$，即 $R_L\gg R$ 时，输出电压 e_y 才与 X 保持线性关系，即与电刷的位移成正比。此时输出电压

$$e'_y=Xe_0 \tag{2-113}$$

可见，当变阻器接有负载时，产生的相对误差

$$\gamma=\frac{e_y-e'_y}{e_y}\times 100\%=-mX(1-X) \tag{2-113}$$

由式(2-114)可知，读数仪表的内阻(负载电阻)越大，则误差越小。若要误差在变阻器整个行程内保持在1%～2%，则必须使 $R_L>(10\sim 20)R$。

电位器式传感器总电阻值的选择，要根据最大额定被测位移量、位移检测的分辨率及金属材料允许温度等原则。一般电阻值在10 Ω～50 kΩ 的情况下，最大额定位移 X_m 可达 10～500 mm。

测量微小的位移，如由拉伸压缩造成的位移，可将应变片贴在移动物体表面予以检测。

测量角位移可使用角位移电位计。它与直线位移电位计不同之处仅在于用圆形电位计代替直线电位计，如图2-31(b)所示。其滑块装在转轴上，当轴旋转时，滑块在电阻器上移动，使电阻变化正比于角位移。

变阻器式传感器的优点是结构简单，价格低廉，使用方便，性能稳定，输出信号大，应用较广，适用于几毫米到几十毫米的位移测量。缺点是存在活动触点，易形成严重噪声，工作可靠性差，电阻随温度变化，产生附加误差，分辨率较低，一般精度不高，在0.5%～1%范围内，动态响应较差，适合于测量变化较慢的量。

应变式位移传感器仅适用于小位移测量，一般应用于几微米到几毫米的位移测量。其测量速度快，没有可动触点，但装置比较复杂。

三、电感式位移传感器测量位移

电感式位移传感器不存在滑动接触，且结构简单，位移分辨率较高，测量精度高，输出功率大，因而应用较广。其缺点是不宜于作快速的动态测量。

电感式传感器种类很多，目前在位移测量中应用较为广泛的有自感式和互感式差动变压器。

电感式传感器是应用电磁感应原理，将被测机械量转换成线圈自感或互感量变化的一种装置，再通过测量电路转换为电压或电流的变化量输出，实现由非电量到电量的转换。可用来测量位移、压力、振动等参数。电感传感器的类型很多，根据转换原理不同，可分为自感式、互感式、电涡流式、压磁式等。

1. 自感式传感器

自感式传感器实际上就是一个带铁芯的线圈，其工作原理基于机械量变化会引起线圈磁

回路磁阻的变化，从而导致自感量变化这一物理现象。根据磁路的基本知识，线圈自感系数 L 可按下式计算

$$L=\frac{W^2}{\sum_{i=1}^{n}R_{mi}}=\frac{W^2}{\sum_{i=1}^{n}\frac{l_i}{\mu_i A_i}} \tag{2-115}$$

式中：W 为线圈匝数；R_{mi} 为第 i 段磁路的磁阻；l_i、μ_i、A_i 为分别为第 i 段磁路的长度、磁导率和截面积。

由式(2-115)可知，当线圈匝数一定时，磁路中任何参数的变化都将引起自感系数 L 的变化。

(1) 变气隙式自感传感器

图 2-33 所示为变气隙式自感传感器的结构原理图。传感器由线圈、铁芯及衔铁组成。铁芯与衔铁之间有一空气隙 δ，由于铁芯和衔铁为导磁材料，其磁阻与空气隙的磁阻相比很小，可以忽略不计。因此，据式(2-115)，线圈的自感系数

$$L\approx\frac{W^2\mu_0 A_0}{2\delta} \tag{2-116}$$

式中：μ_0 为空气的磁导率（$\mu_0=4\pi\times10^{-7}\,\mathrm{H/m}$）；

A_0 为空气隙的截面积；δ 为空气隙的长度。

由式(2-116)可知，当铁芯和线圈一定时，自感系数 L 与气隙长度 δ 成反比，改变气隙长度 δ，自感系数 L 也发生变化。

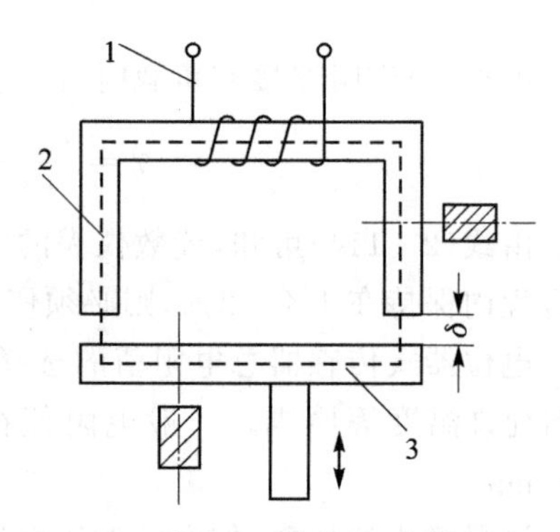

1—线圈；2—铁芯；3—衔铁

图 2-33　变气隙式自感传感器结构原理图

设初始气隙长度为 δ_0，当衔铁向上移动 $\Delta\delta$ 时，自感系数的变化量

$$\Delta L=(L_0+\Delta L)-L_0=\frac{W^2\mu_0 A_0}{2(\delta_0-\Delta\delta)}-\frac{W^2\mu_0 A_0}{2\delta_0}=L_0\frac{\Delta\delta}{\delta_0\left(1-\frac{\Delta\delta}{\delta_0}\right)} \tag{2-117}$$

自感系数的相对变化量

$$\frac{\Delta L}{L_0}=\frac{\Delta\delta}{\delta_0\left(1-\frac{\Delta\delta}{\delta_0}\right)} \tag{2-118}$$

灵敏度

$$S=\frac{\Delta L}{\Delta\delta}=\frac{L_0}{\delta_0\left(1-\frac{\Delta\delta}{\delta_0}\right)} \tag{2-118}$$

可见，当 $\Delta\delta\ll\delta_0$ 时，由式(2-117)知自感系数的相对变化量与 $\Delta\delta$ 成正比，将式(2-119)进行级数展开有 $S=\frac{L_0}{\delta_0}\left[1+\frac{\Delta\delta}{\delta_0}+\left(\frac{\Delta\delta}{\delta_0}\right)^2+\cdots\right]$，可推出灵敏度 S 为常数，线性度误差约为 $\frac{\Delta\delta}{\delta_0}$。欲提高灵敏度，必须减小初始气隙 δ_0，但同时增加了线性度误差，缩小了使用范围。故这种传感器在使用时，要统筹考虑灵敏度、线性度误差两方面的性能指标。这种传感器的初始间隙一般取 0.1～0.5 mm，$\Delta\delta$ 的最大值一般取 δ_0 的 1/5。

为改善传感器特性，通常将其做成如图 2－34 所示的差动变气隙式结构。这种差动变气隙式结构由两个完全相同的单个线圈共用一个衔铁构成，当衔铁有如图示的上下方向位移时，两个线圈的自感一个增加，一个减小，总自感变化量 $\Delta L = L_1 - L_2 = 2L_0\dfrac{\Delta\delta}{\delta_0}\cdot\dfrac{1}{1-\left(\dfrac{\Delta\delta}{\delta_0}\right)^2}$，灵敏度 $S=\dfrac{2L_0}{\delta_0}\left[1+\left(\dfrac{\Delta\delta}{\delta_0}\right)^2+\left(\dfrac{\Delta\delta}{\delta_0}\right)^4+\cdots\right]\approx 2\dfrac{L_0}{\delta_0}$，线性度误差 $\gamma\approx\left(\dfrac{\Delta\delta}{\delta_0}\right)^2$。可见，差动结构能够提高传感器的灵敏度，减小线性度误差。

（2）螺管式自感传感器

螺管式自感传感器的结构如图 2－35(a)所示。当衔铁在线圈中作轴向移动时，线圈的自感将发生变化。这种传感器的线性取决于螺管线圈的长径比，长径比越大，线性工作范围越大。

与变气隙式自感传感器一样，螺管式自感传感器也可以做成如图 2－35(b)所示的差动结构，以增加输出、改善线性、提高测量精度。

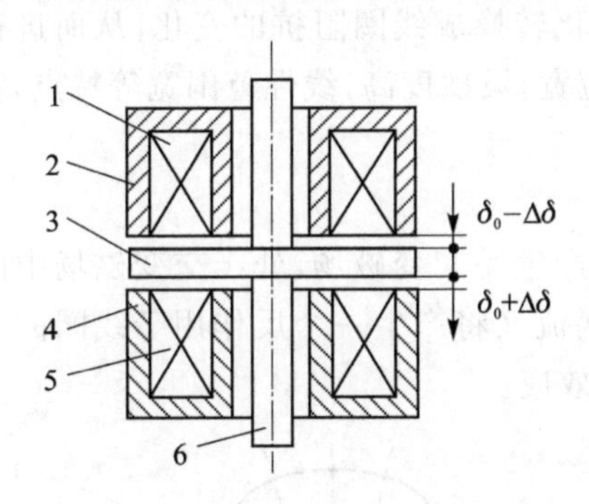

1,5—线圈；2,4—铁芯；3—衔铁；6—导杆

图 2－34　差动变气隙式自感传感器

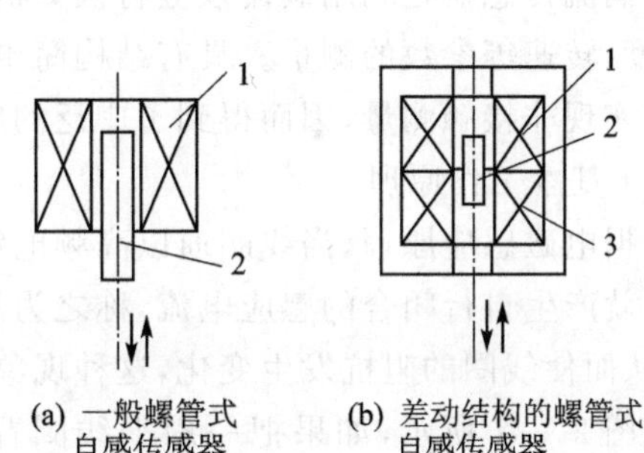

1,3—线圈；2—衔铁

图 2－35　螺管式自感传感器

自感式传感器可进行精密直线位移测量，在机械制造中被广泛应用。如测量工件的长度、内径、外径，还可以进行形状误差、位置误差及表面粗糙度的测量。

2. 差动变压器式传感器

差动变压器式传感器的结构如图 2－36(a)所示，由初级线圈和两个次级线圈及可在线圈中轴向移动的衔铁组成。其作用原理基于变压器作用原理，即电磁感应互感现象。当初级线圈通入交流电后，在相距较近的次级线圈中就会有感应电势输出，感应电势的大小与线圈之间的互感成正比。

测量时，衔铁与被测物体接触，被测位移的变化改变衔铁的位置，由此也改变了初级线圈与两个次级线圈之间的互感 M_1、M_2。当衔铁处于中间位置（即被测位移为零）时，

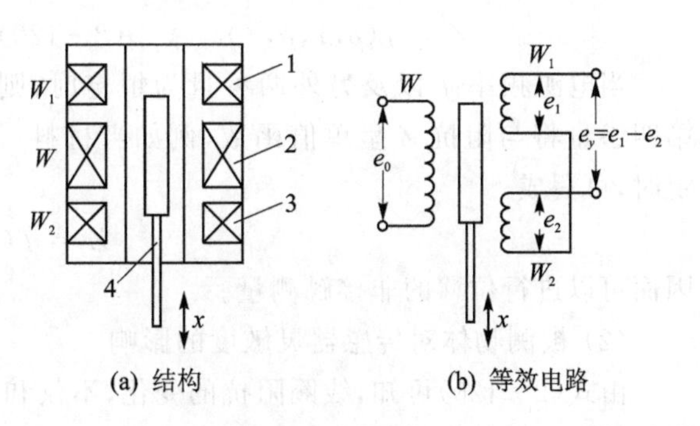

1—初级线圈；2,3—次级线圈；4—衔铁

图 2－36　差动变压器传感器

$M_1 = M_2$，因而两个次级线圈输出的感应电势 e_1、e_2 相等；当衔铁偏离中间位置时，$M_1 \neq M_2$，因此 $e_1 \neq e_2$，两互感之差值或两输出感应电势之差值即可反映被测位移的变化。

工程应用中，常将传感器的两个次级线圈反向串联成如图 2-36(b)的形式。首先由于差动变压器的输出电压是交流量，其幅值与衔铁位置成正比，输出电压如用交流电压表指示，则输出值只能反映衔铁位移的大小，不能反映移动的极性。其次，由于两次级线圈结构不完全对称，初级线圈的铜损电阻、铁磁材质不均匀等原因，交流电压输出存在一定的零点残余电压。为此，差动变压器式传感器的后接电路形式，需采用既能反映衔铁位移极性，又能补偿零点残余电压的差动直流输出电路。

差动变压器式传感器具有测量范围宽(±100 μm～±250 mm)，线性度好(线性度误差在±0.1%～±0.25%之间)，分辨力高(0.1 μm)，灵敏度高等优点，广泛用于直线位移和角位移测量中。与自感式传感器一样，若把力、压力、压力差等被测量的变化转换为位移的变化，则可用差动变压器式传感器进行参数测量。

3. 电涡流传感器

电涡流传感器是利用涡流效应将被测机械量的变化转换成线圈阻抗的变化，从而进行位移、厚度、转速等参数的测量。具有结构简单，频率响应宽，灵敏度高，线性范围宽等特点，特别是能够实现非接触测量，因而得到了广泛的应用。

(1) 基本工作原理

根据电磁感应原理，当线圈通以高频电流时，就会产生一交变磁场，处于交变磁场中的金属板内就产生自行闭合的感应电流，称之为涡流。此涡流又将产生一个反作用于线圈的交变磁场，从而使线圈的阻抗发生变化，这种现象称作涡流效应。

如图 2-37 所示，如果把一扁平线圈置于金属板的附近并通以高频电流 i，则交变磁场将通过附近的金属板产生电涡流，由于涡流效应，线圈的等效阻抗 Z 将发生变化，阻抗 Z 与被测材料的电阻率 ρ、磁导率 μ、激励频率以及涡流传感器(即扁平线圈)与金属板之间的距离 x 有关，可用函数式表示为

$$Z = f(\rho, x, \mu, f) \tag{2-120}$$

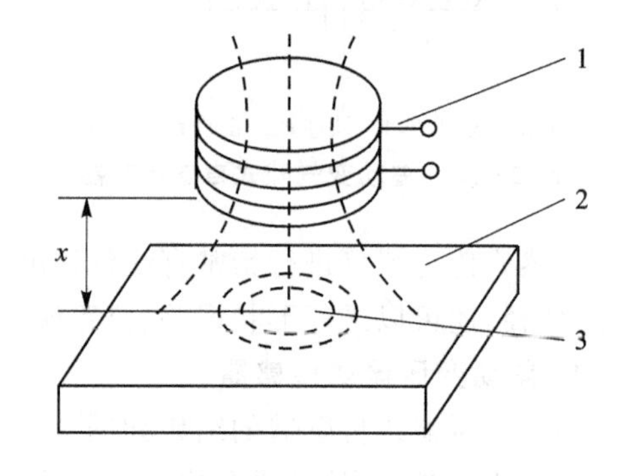

1—线圈；2—金属板；3—涡流

图 2-37　电涡流效应原理

当电源频率 f 以及另外两参量为恒定时，则第四参量将与阻抗 Z 呈单值函数，例如当材料一定时，可写成

$$Z = f(x) \tag{2-121}$$

因而可以进行位移的非接触测量。

(2) 被测物体对传感器灵敏度的影响

由式(2-120)可知，线圈阻抗的变化，不仅和线圈与金属板之间的距离有关，还与被测物体的材料有关。因此，当被测物体(金属板)材料不同时，其灵敏度也不同，必须对传感器的灵敏度重新标定。

传感器的线圈一般做成扁平状，若被测物体为平板，则被测物体的长、宽应大于线圈外径的 1.8 倍；当被测物体为圆柱体，被测表面是圆柱面时，被测表面的直径应大于线圈外径的

3.5 倍，否则，灵敏度会有不同程度的下降。

涡流形成的深度对传感器灵敏度也有影响，因此，被测物体的厚度应在 0.2 mm 以上。若被测物体为非金属，可在其上贴金属片，厚度也不应太薄。

(3) 涡流传感器的应用

涡流传感器的结构如图 2-38 所示，主要是一个安置在框架内的扁平线圈。线圈通常绕制成扁平圆形，粘贴于框架之上；也可以在框架上开一条槽，导线绕制在槽内而形成一个线圈。线圈导线一般采用高强度漆包铜线，框架材料为聚四氟乙烯或陶瓷。

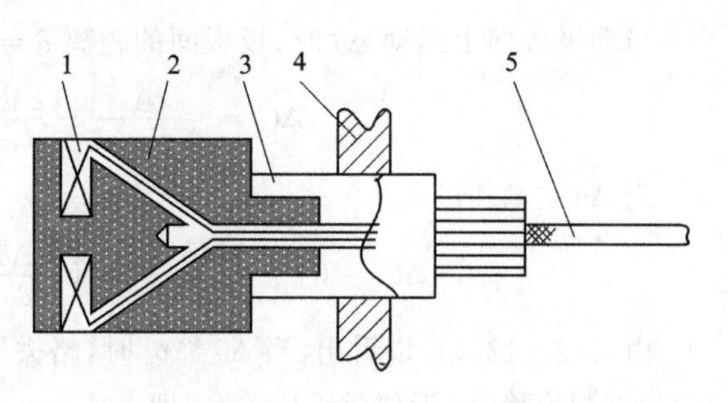

1—线圈；2—框架；3—框架衬套；4—支架；5—电缆

图 2-38　涡流传感器结构简图

涡流传感器通常用来测量位移及其他可转换成位移的参数，如流体压力、张力、材料的线膨胀系数等。除此之外，涡流传感器还可以检测金属表面裂纹、热处理裂纹及进行焊接处探伤等。

四、电容式位移传感器测量位移

电容式传感器是将被测量(如位移、压力等)的变化转换成电容量变化的一种传感器。该类传感器具有结构简单，工作可靠，零漂小，灵敏度较高，动态特性好，易实现非接触测量等一系列优点，广泛用于位移、压力、振动及液位等测量中。但精密测量电容线路较复杂，寄生电容影响大。电容传感器在温度响应和响应的快速性方面优于电感式位移传感器，但测量范围及输出功率不及电感式位移传感器。

1. 工作原理

电容式传感器实质上就是一个可变参数的电容器。由物理学可知，两平行极板组成的电容器，如果不考虑边缘效应，其电容量

$$C = \frac{\varepsilon A}{\delta} \tag{2-122}$$

式中：A 为极板相互覆盖的面积；δ 为极板间的距离(亦称极距)；ε 为极板间介质的介电常数，真空介电常数 $\varepsilon = 8.85 \times 10^{-12}$ F/m。

由式(2-121)可以看出，当 δ、A 或 ε 任一参数发生变化时，电容量 C 也随之变化。在交流电路中，电容量 C 的变化改变了容抗 X_C，从而使输出电流或电压发生变化。若作为直线位移检测，则只要改变极板间的距离 δ，就可把位移量转化为电容量的变化。

电容式传感器也可构成差动式电容传感器，以获得正反向的位移，其线性度好，常用于精密测量中。

角位移可变电容式传感器，是将旋转部件与电容器的轴相连，通过角位移改变电容极板面积的大小，从而将角位移转化为电容量的变化。接入振荡回路可以形成频率的变化输出。

2. 电容式传感器的类型

在实际使用中，电容式传感器分为三类：变极距式、变面积式和变介电常数式。

(1) 变极距式

图 2-39 所示为极距变化式电容传感器的原理图。当动极板因被测量变化而向上下移动

时，改变了两极板之间的间距 δ，从而引起电容量变化。

若极板面积为 A，初始间隙为 δ_0，介电常数为 ε，则初始电容量

$$C_0 = \frac{\varepsilon A}{\delta_0} \tag{2-123}$$

当动极板向上运动 $\Delta\delta$ 时，极板间的距离 $\delta = \delta_0 - \Delta\delta$，电容的增量

$$\Delta C = \frac{\varepsilon A}{\delta_0 - \Delta\delta} - \frac{\varepsilon A}{\delta_0} = C_0 \frac{\Delta\delta/\delta_0}{1 - \Delta\delta/\delta_0} \tag{2-124}$$

当 $\Delta\delta \ll \delta_0$ 时

$$\Delta C = C_0 \frac{\Delta\delta/\delta_0}{1 - \Delta\delta/\delta_0} = C_0 \frac{\Delta\delta}{\delta_0}\left[1 + \frac{\Delta\delta}{\delta_0} + \left(\frac{\Delta\delta}{\delta_0}\right)^2 + \cdots\right] \tag{2-125}$$

由式(2-125)可以看出，当 $\Delta\delta \ll \delta_0$ 时，略去展开式的非线性项(高次项)，则电容的变化量 ΔC 与被测位移 $\Delta\delta$ 近似成正比关系，即

$$\Delta C \approx C_0 \frac{\Delta\delta}{\delta_0} \tag{2-126}$$

其灵敏度

$$S = \frac{\Delta C}{\Delta\delta} = C_0 \frac{1}{\delta_0} = \frac{\varepsilon A}{{\delta_0}^2} \tag{2-127}$$

由此产生的相对误差可按下式估算

$$\gamma \approx \left|\frac{\Delta\delta}{\delta_0}\right| \times 100\% \tag{2-127}$$

由式(2-127)可以看出，若要提高灵敏度，应减小初始间隙 δ_0。但 δ_0 过小容易引起电容器击穿，同时由式(2-128)还可以看出，随着相对位移的增加，相对误差也会增大。因此，实际应用中，为提高灵敏度，减小测量误差以及克服某些外界条件(如电源电压、环境温度等)的变化对测量精度的影响，常常采用差动结构，如图 2-40 所示。

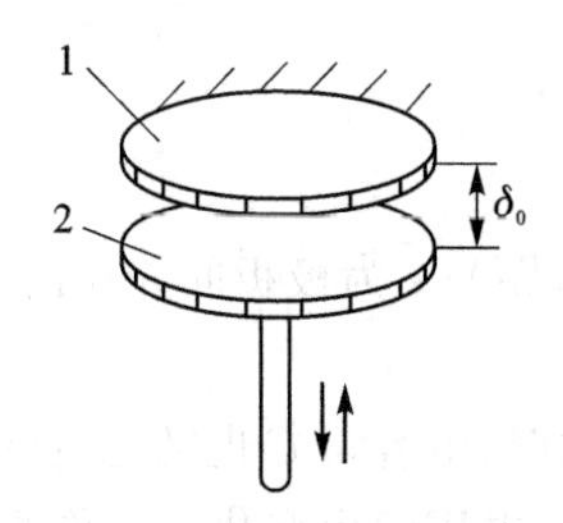

1—定极板；2—动极板

图 2-39　变极距式电容传感器的原理图

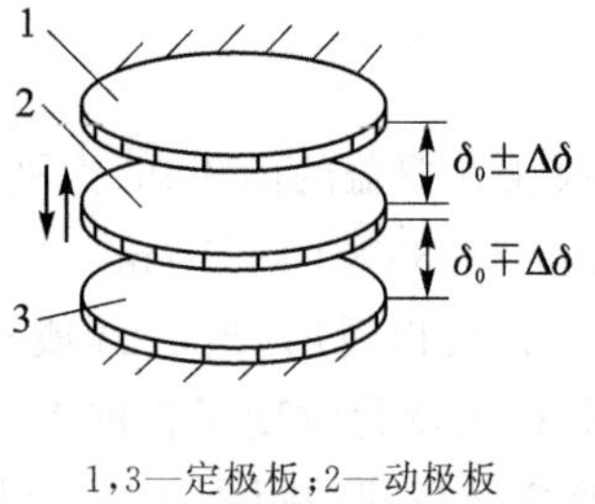

1
2
3
$\delta_0 \pm \Delta\delta$
$\delta_0 \mp \Delta\delta$

1，3—定极板；2—动极板

图 2-40　差动式变极距式传感器的原理图

在差动式电容传感器中，如果一个电容器 C_1 的电容量随位移量 $\Delta\delta$ 增加，另一个电容器 C_2 的电容量则减小，即

$$C_1 = C_0\left[1 + \frac{\Delta\delta}{\delta_0} + \left(\frac{\Delta\delta}{\delta_0}\right)^2 + \left(\frac{\Delta\delta}{\delta_0}\right)^3 \cdots\right] \tag{2-129}$$

$$C_2 = C_0\left[1 - \frac{\Delta\delta}{\delta_0} + \left(\frac{\Delta\delta}{\delta_0}\right)^2 - \left(\frac{\Delta\delta}{\delta_0}\right)^3 \cdots\right] \tag{2-130}$$

电容量的总的变化量

$$\Delta C = C_1 - C_2 = C_0\left[2\frac{\Delta\delta}{\delta_0} + 2\left(\frac{\Delta\delta}{\delta_0}\right)^3 \cdots\right] \tag{2-131}$$

其灵敏度

$$S = \frac{\Delta C}{\Delta\delta} \approx \frac{2C_0}{\delta_0} = \frac{2\varepsilon A}{\delta_0^2} \tag{2-132}$$

相对误差

$$\gamma \approx \left(\frac{\Delta\delta}{\delta_0}\right)^2 \times 100\% \tag{2-133}$$

将式(2-127)、(2-128)分别与式(2-132)、(2-133)相比可知，当极距变化式电容器做成差动结构时，不仅其灵敏度提高了一倍，而且线性度误差也将大大减小。

极距变化式电容传感器的灵敏度高，可利用被测部件作为动极板实现非接触测量，常用于压力及小位移的测量。

(2) 变面积式

图 2-41 所示为面积变化式电容传感器的结构示意图。图 2-41(a)所示为角位移电容传感器的原理图，由半圆形定极板和动极板构成电容器，其电容量

$$C = \frac{\varepsilon R^2\theta}{2\delta} \tag{2-134}$$

式中：R 为极板半径；θ 为覆盖面积对应的中心角。

当动极板有一角位移 $\Delta\theta$ 时，则电容量发生变化，电容变化量

$$\Delta C = \frac{\varepsilon R^2(\theta + \Delta\theta)}{2\delta} - \frac{\varepsilon R^2\theta}{2\delta} = \frac{\varepsilon R^2\Delta\theta}{2\delta} \tag{2-135}$$

灵敏度

$$S = \frac{\Delta C}{\Delta\theta} = \frac{\varepsilon R^2}{2\delta} \tag{2-136}$$

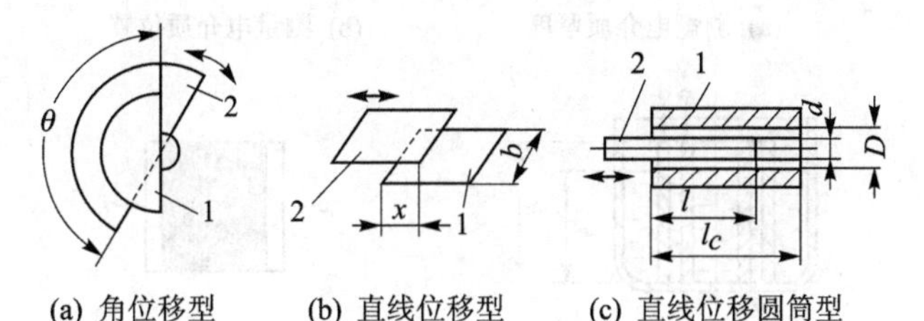

(a) 角位移型　(b) 直线位移型　(c) 直线位移圆筒型

1—定极板；2—动极板

图 2-41　变面积式电容传感器

图 2-41(b)所示为直线位移平板电容器原理图，当动极板移动 Δx 后，覆盖面积发生变化，由此产生的电容变化量

$$\Delta C = \frac{\varepsilon b(x + \Delta x)}{\delta} - \frac{\varepsilon bx}{\delta} = \frac{\varepsilon b\Delta x}{\delta} \tag{2-137}$$

式中：b 为极板宽度。

灵敏度

$$S = \frac{\Delta C}{\Delta x} = \frac{\varepsilon b}{\delta} \tag{2-138}$$

图 2-41(c)所示为直线位移圆筒型电容传感器的示意图。由两个同心圆筒构成,其电容量

$$C = \frac{2\pi\varepsilon l}{\ln(D/d)} \tag{2-139}$$

式中:D 为外圆筒的孔径;d 为内圆筒(或圆柱)的直径;l 为覆盖长度。

当覆盖长度 l 变化 Δl 时,电容的变化量

$$\Delta C = \frac{2\pi\varepsilon(l+\Delta l)}{\ln(D/d)} - \frac{2\pi\varepsilon l}{\ln(D/d)} = \frac{2\pi\varepsilon\Delta l}{\ln(D/d)} \tag{2-140}$$

灵敏度

$$S = \frac{\Delta C}{\Delta l} = \frac{2\pi\varepsilon}{\ln(D/d)} \tag{2-141}$$

由式(2-136)、式(2-138)和式(2-141)可以看出,面积变化式电容传感器的灵敏度 S 为一常数,也就是说输出与输入成线性关系。但与极距变化式相比,灵敏度较低,适用于较大的角位移及直线位移的测量。

(3) 变介电常数式

介质变化式电容传感器的结构原理如图 2-42 所示。这种传感器大多用来测量电介质的厚度(图 2-42(a))、位移(图 2-42(b))、液位(图 2-42(c)),还可根据极间介质的介电常数随温度、湿度改变而改变来测量温度、湿度(图 2-42(d))。

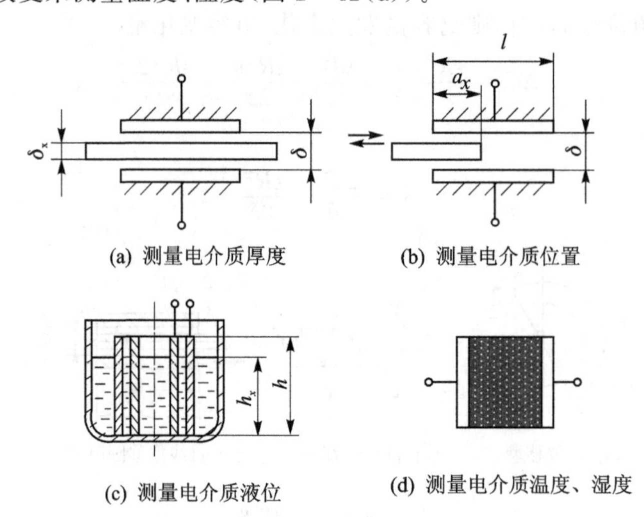

图 2-42 变介电常数式电容传感器

图 2-42(a)、(b)、(c)所示传感器的电容量与被测量的关系分别为

$$C = \frac{lb}{\dfrac{\delta-\delta_x}{\varepsilon_0} + \dfrac{\delta_x}{\varepsilon}} \tag{2-142}$$

$$C = \frac{ba_x}{\dfrac{\delta-\delta_x}{\varepsilon_0} + \dfrac{\delta_x}{\varepsilon}} + \frac{b(l-a)}{\dfrac{\delta}{\varepsilon_0}} \tag{2-143}$$

$$C = \frac{2\pi\varepsilon_0 h}{\ln(D/d)} + \frac{2\pi(\varepsilon-\varepsilon_0)h_x}{\ln(D/d)} \tag{2-144}$$

式中：δ、h、ε_0 分别为两固定极板间的距离、极筒高度和间隙内空气的介电常数；δ_x、h_x、ε 分别为被测物的厚度、被测液面高度和被测物体的介电常数；l、b、a_x 分别为固定极板的长度、宽度和被测物进入两极板中的长度；D、d 分别为外极筒的内径和内极筒的外径。

应该指出：在上述测量方法中，当电极间存在导电物质时，电极表面应涂盖绝缘层（如涂0.1mm 厚的聚四氟乙烯等），防止电极间短路。

3. 电容传感器测量位移的拓展应用

(1) 电容式压差传感器

图 2-43 所示为用膜片和两个凹玻璃片组成的差动式电容传感器。薄金属膜片夹在两片镀金属的中凹玻璃之间。当两个腔的压差增加时，膜片弯向低压腔的一边。这一微小的位移改变了每个玻璃圆片之间的电容，所以分辨率很高，可以测量 0～0.75 Pa 的小压力，响应速度为 100 ms。

(2) 电容式加速度传感器

电容式加速度传感器的结构如图 2-44 所示。质量块由两根弹簧片支撑于壳体内。测量时，将传感器外壳固定在被测振动物体上，振动体的振动使质量块相对于壳体运动，相对运动的位移正比于质量块所产生的惯性力，在一定的频率范围内，惯性力与被测振动加速度成正比。质量块的两个端面经磨平、抛光后作为可动极板，分别与两个固定极板构成一对差动电容 C_1 和 C_2。

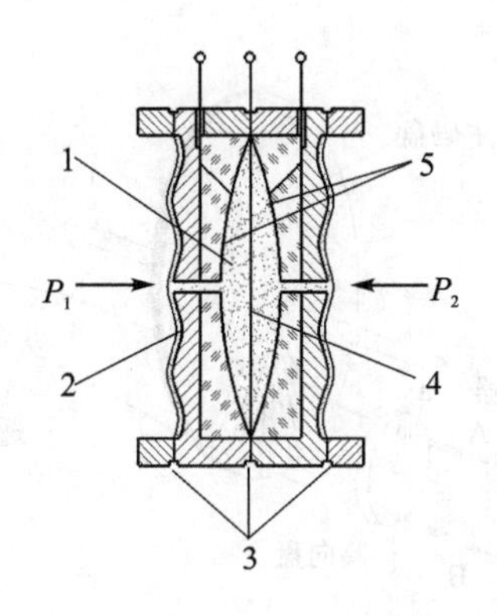

1—硅油；2—隔离膜；3—焊接密封圈；
4—测量膜片（动电极）；5—固定电极

图 2-43　电容式压差传感器

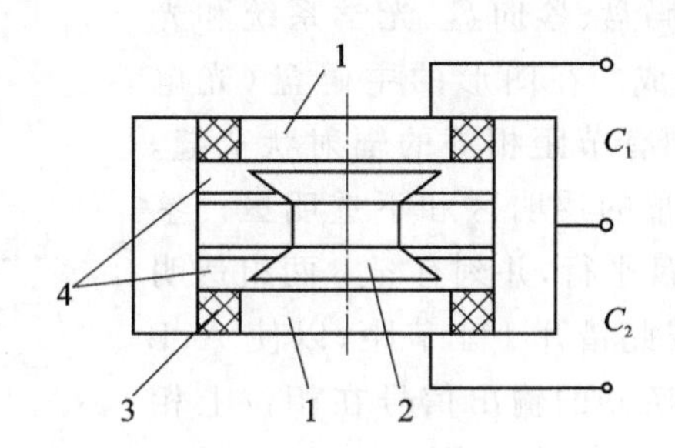

1—定极板；2—质量块；
3—绝缘体；4—弹簧片

图 2-44　电容式加速度传感器

(3) 电容式测厚仪

电容式测厚仪可用于金属带材在扎轧制过程中厚度的在线检测，其工作原理图如图 2-45 所示。在被测带材的上下两侧各设置一块面积相等、与带材距离相等的极板，工作极板与带材之间形成两个电容 C_1、C_2。若两块极板用导线连接作为传感器的一个电极板，带材本身则是电容传感器的另一个极板，总电容为 C_1+C_2。带材在轧制过程中若发生厚度变化，将引起电容的变化。

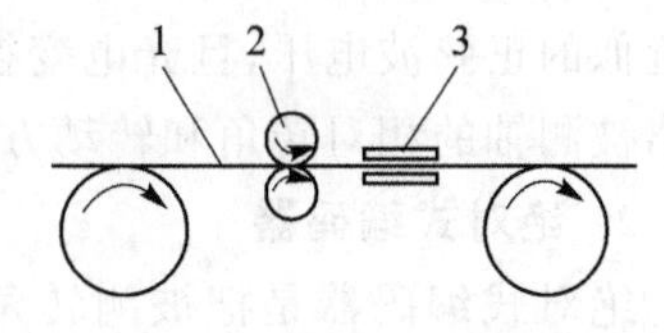

1—带材；2—轧辊；3—工作极板

图 2-45　电容式测厚仪

五、数字式位移传感器测量位移

生产过程中常需要精确地测定位置,例如数控机床的刀具进给定位。普通模拟式位移或位置传感器,测量的分辨率和精度常受到一定的限制,例如前述电位器传感器要求提供的电源基准电压精度比所用传感器的总精度还要高。但既要经济,又要满足电源电压精度要求是极端困难的。此外还有温度的影响及与计算机串口产生的模/数转换等量化误差,使得要获取高精度很不容易。数字编码式位置(包括角位置)传感器,其输出本身就是以数字代码的形式给出,精度与分辨率均可作得很高,而且直接可以和计算接口,以数字代码送入计算机内存,是传感器的发展方向之一。

码盘是把被测转角直接转换成相应代码的检测元件。码盘有光电式、接触式和电磁式三种。光电编码器是一种码盘式角度数字检测元件,是目前应用较多的一种。它有两种基本类型:一种是增量式编码器,一种是绝对式编码器。增量式编码器具有结构简单,价格低,精度易于保证等优点,所以目前采用最多。绝对式编码器能直接给出对应于每个转角的数字信息,便于计算机处理,但当进给数大于一转时,须作特别处理,而且必须用减速齿轮将两个以上的编码器连接起来,组成多级检测装置,使其结构复杂,成本高。

1. 增量式编码器

增量式编码器是指随转轴旋转的码盘给出一系列脉冲,然后根据旋转方向用计数器对这些脉冲进行加减计数,以此来表示转过的角位移量。

增量式编码器的工作原理如图 2-46 所示。由主码盘、鉴向盘、光学系统和光电变换器组成。在图形的主码盘(光电盘)周边上刻有节距相等的辐射状窄缝,形成均匀分布的透明区和不透明区。鉴向盘与主码盘平行,并刻有 a、b 两组透明检测窄缝,彼此错开 1/4 节距,以使 A、B 两个光电变换器的输出信号在相位上相差 90°。工作时,鉴向盘静止不动,主码盘与转轴一起转动,光源发出的光投射到主码盘与鉴向盘上。当主码盘上的不透明区正好与鉴向盘上的透明窄缝对齐时,光线被全部遮住,光电变换器输出电压为最小;当主码盘上的透明区正好与鉴向盘上的透明窄缝对齐时,光线全部通过,光电变换器输出电压为最大。主码盘每转过一个刻线周期,光电变换器将输出一个近似的正弦波电压,且光电变换器 A、B 的输出电压相位差为 90°。经逻辑电路处理就可以测出被测轴的相对转角和转动方向。

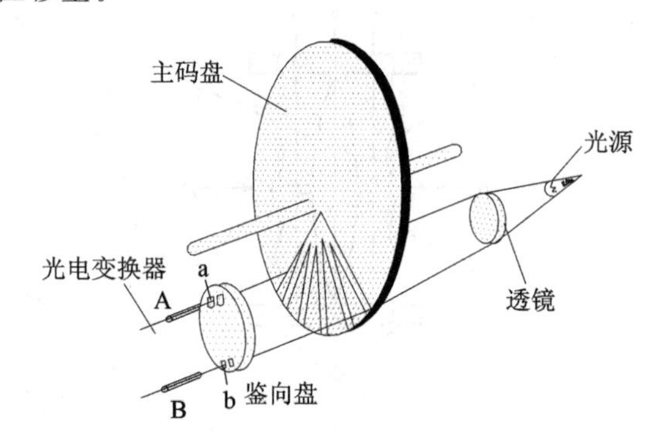

图 2-46　增量式编码器工作原理

2. 绝对式编码器

绝对式编码器是把被测转角通过读取码盘上的图案信息直接转换成相应代码的检测元件,有光电式、接触式和电磁式三种。

光电式码盘是目前应用较多的一种,是在透明材料的圆盘上精确地印制上二进制编码。图 2-47 所示为四位二进制的码盘,码盘上各圈圆环分别代表一位二进制的数字码道,在同一个码道上印制黑白等间隔图案,形成一套编码。黑色不透光区和白色透光区分别代表二进制的“0”和“1”。在一个四位光电码盘上，有四圈数字码道，每一个码道表示二进制的一位，里侧是高位，外侧是低位，在 360°范围内可编数码数为 $2^4=16$ 个。

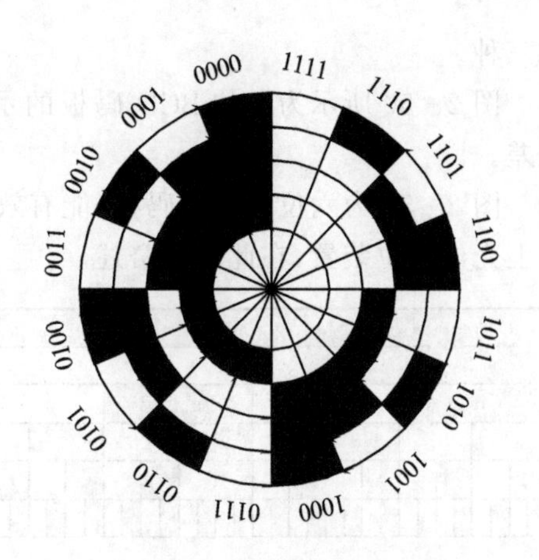

图 2-47　四位二进制的码盘

工作时，码盘的一侧放置电源，另一边放置光电接收装置，每个码道都对应有一个光电管及放大、整形电路。码盘转到不同位置，光电元件接收光信号，并转成相应的电信号，经放大整形后，成为相应数码电信号。但由于制造和安装精度的影响，当码盘回转在两码段交替过程中，会产生读数误差。例如，当码盘顺时针方向旋转，由位置“0111”变为“1000”时，这四位数要同时都变化，可能将数码误读成 16 种代码中的任意一种，如读成 1111、1011、1101、…、0001 等，产生了无法估计的很大的数值误差，这种误差称非单值性误差。为了消除非单值性误差，可采用以下的方法。

(1) 循环码盘(或称格雷码盘)

循环码习惯上又称格雷码，也是一种二进制编码，只有“0”和“1”两个数。图 2-48 所示为四位二进制循环码。这种编码的特点是任意相邻的两个代码间只有一位代码有变化，即“0”变为“1”或“1”变为“0”。因此，在两数变换过程中，所产生的读数误差最多不超过“1”，只可能读成相邻两个数中的一个数。所以，它是消除非单值性误差的一种有效方法。

(2) 带判位光电装置的二进制循环码盘

这种码盘是在四位二进制循环码盘的最外圈再增加一圈信号位。图 2-49 所示就是带判位光电装置的二进制循环码盘。该码盘最外圈上的信号位的位置正好与状态交线错开，只有当信号位处的光电元件有信号时才读数，这样就不会产生非单值性误差。

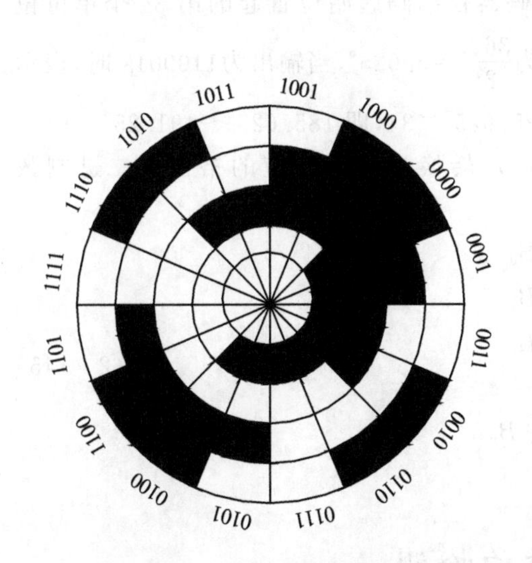

图 2-48　四位二进制循环码盘

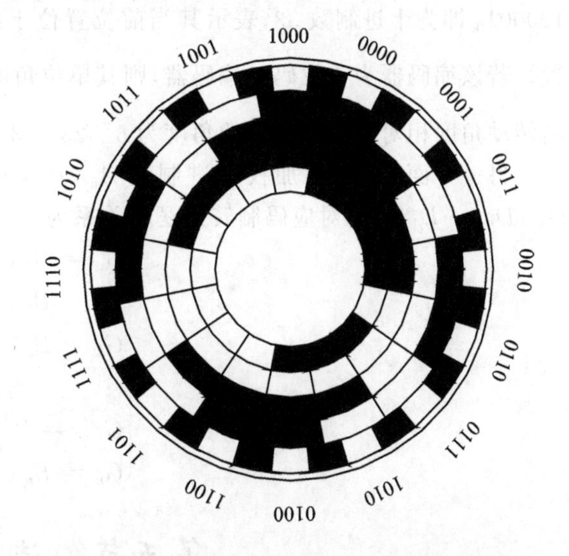

图 2-49　带判位光电装置的二进制循环码盘

码板是把被测线位移直接转换成相应代码的检测元件。码板也有光电式、接触式和电磁式三种。

图 2-50 所示为六位 BCD 码板的示意图，与 BCD 码盘一样，这种码板也容易产生读数误差。

图 2-51 为六位循环码码板，能有效减小读数误差。在循环码板的基础上，也可很方便地加上光电判位装置，在此不再赘述。

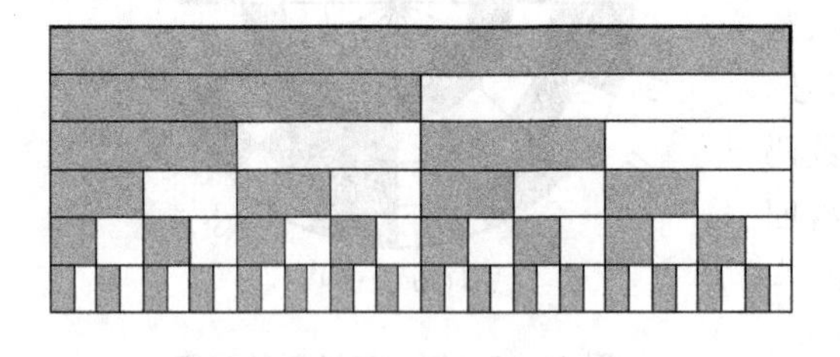

图 2-50　六位二进制码码板

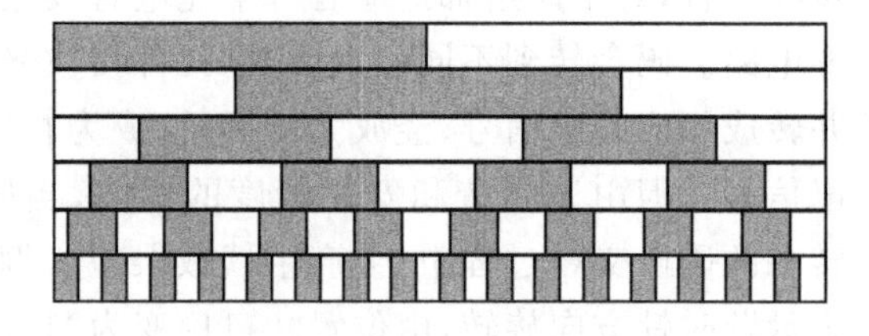

图 2-51　六位循环码码板

3. 码制转换

由于实际使用的编码器为循环码编码，且循环码为无权码，无法进行加减运算，而角位移或线位移表示的是码盘或码板上两个对应位置的夹角或距离，因此，必须将编码器输出编码代表的数值进行加减运算。为此，需要将编码器输出的循环码编码转换为有权二进制编码，以求解出转轴转动的角度或物体的位移量。

以 n 码道的循环码码盘为例，在某一位置的输出为 n 位格雷码二进制数，表示为 $D_{n-1}D_{n-2}\cdots D_1D_0$，若将其转换为对应 n 位的加权二进制数 $B_{n-1}B_{n-2}\cdots B_1B_0$，则其码制转换的逻辑关系为

$$\begin{cases} B_n = G_n \\ B_i = G_i \oplus B_{i+1} \end{cases} \tag{2-145}$$

如 6 位格雷码编码数 110001_G 可通过上述异或逻辑转换为加权二进制数 100001_B，而 100001_B 即为十进制数 33，表示其当前位置位于编码器自编码起始位置起的第 34 个单位位置。若该编码器为 6 位码盘编码器，则其单位角度为 $\frac{360°}{2^6}=5.625°$，当输出为 110001_G 时，表示其转动角度相对于初始位置的角度为 $5.625°\times 33 \sim 5.625°\times 34$，即 $185.625°\sim 191.25°$。

另一方面，将 n 位加权二进制数 $B_{n-1}B_{n-2}\cdots B_1B_0$ 转换为 n 位对应的格雷码二进制数 $D_{n-1}D_{n-2}\cdots D_1D_0$ 的对应码制转换逻辑关系为

$$\begin{cases} G_0 = B_1 \oplus B_0 \\ G_1 = B_2 \oplus B_1 \\ G_2 = B_3 \oplus B_2 \\ \vdots \\ G_{n-1} = B_n \oplus B_{n-1} \\ G_n = B_n \oplus 0 \end{cases} \tag{2-145}$$

第五节　流量的检测

流量的精确测量是一个比较复杂的问题，这是由流量测量的性质决定的。流动的介质可

以是液体、气体、颗粒状刚体或是其组合。液流可以是层流或紊流、稳态的或瞬态的，流体特性参数的多样性决定了对其测量方法的多样性。本节仅对常用的一些流量测量方法进行介绍。

一、流体的特征

流量是流体通过导管的某截面时，流过介质的量与所需时间之比，流量可分为体积流量和质量流量。

体积流量：

$$Q_V = \frac{V}{t} \quad (\mathrm{m^3/s}) \tag{2-147}$$

质量流量：

$$Q_m = \frac{m}{t} \quad (\mathrm{kg/s}) \tag{2-148}$$

体积流量和质量流量之间可以进行转换

$$Q_m = Q_V \cdot \rho \tag{2-149}$$

式中：ρ 为流体密度。

当流体以慢速流经一均匀截面通道时，流体中各质点的运动总体是沿着平行于通道壁的直线进行的。实际的质点速度在通道中央达到最大，而在管壁处为零，其速度分布如图 2－52(a)所示，这种流体称为层流。当流速增大时，最终质点运动会达到一个随机和复杂的状态。尽管流体性质的这种变化似乎是在某个流速条件下发生的，但实际上这种变化是渐进的，只是发生在一个较窄的速度范围之内而已，发生这种变化时流体所处的近似速度称为临界速度，而在该速度之上流动的流体称为紊流。图 2－52(b)表示为在一个圆形管道截面上紊流对应时间的平均速度分布情况。

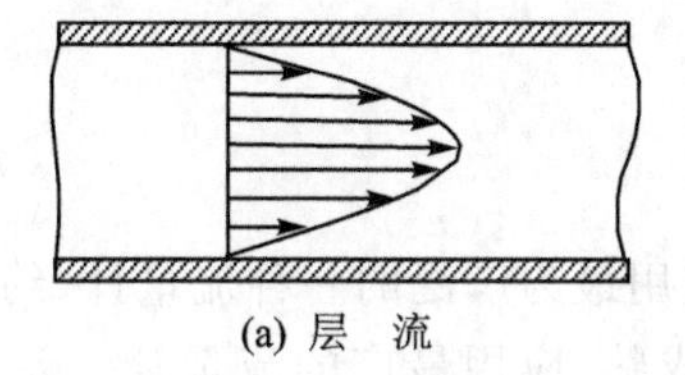

(a) 层　流

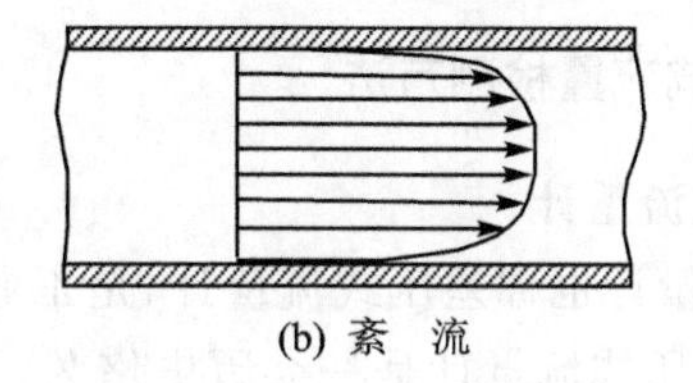

(b) 紊　流

图 2－52　管中不同流体的速度分布

流体的临界速度是某些因素的参数，这些因素可用雷诺(Reynolds)数 Re 描述

$$Re = \frac{\rho D v}{\mu} \tag{2-150}$$

式中：D 为液流的截面尺寸(若流经通道为圆形截面，则为该通道的直径)，m；ρ 为流体密度，$\mathrm{kg/m^3}$；v 为流体速度，m/s；μ 为流体的绝对粘度，kg/m · s。

雷诺数是个无量纲数。

研究表明，在临界速度下，管道中的摩擦损失仅仅是雷诺数的函数，而对紊流来说，该摩擦损失是由雷诺数和管道表面的粗糙度共同确定的。管道中的雷诺数一般为 2 100～4 000。

通过一个管道或通道的体积流量 Q_V 是速度分布函数 $V(x, y)$ 在整个截面积 A 上的积分

$$Q_V = \int_A V(x, y)\mathrm{d}A \tag{2-151}$$

工程中常用平均速度 v

$$v=\frac{Q_V}{A}=\frac{1}{A}\int_A V(x,y)\mathrm{d}A \tag{2-152}$$

常用流量计来测量 Q_V 和 v，而用速度传感器来测量 $V(x,y)$。当然也可以对速度传感器的输出进行积分来获取流量 Q_V 或平均速度 v。

常用伯努利(Bernoulli)方程来描述不可压缩流体的流动。如图 2－53 所示，该管道的直径发生变化，此时管道中点 1 和点 2 处的流体根据伯努利方程有

$$\frac{p_1-p_2}{\rho}=\frac{v_2^2-v_1^2}{2g_c}+\frac{(Z_2-Z_1)g}{g_c} \tag{2-153}$$

式中：p 为绝对压力，$\mathrm{N/m^2}$ 或 Pa；ρ 为流体密度，$\mathrm{kg/m^3}$；v 为线速度，m/s；Z 为升程，m；g 为重力加速度，$9.807\mathrm{m/s^2}$；g_c 为无量纲常数，$1(\mathrm{kg\cdot m})/(\mathrm{N\cdot s^2})$。

上述关系式假定：流体流经点 1 和点 2 时，对该流体没有做功或该流体没有做功；也没有热被传导至该流体或被该流体传导走。式(2－153)为节流式流量计和压差式流速传感器测量流量提供了计算基础。

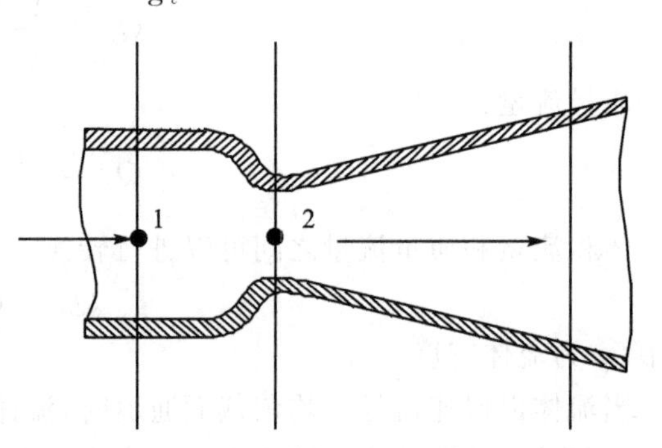

图 2－53　管道中有节流时的流体

一般工程或实验用流体流量计的基本原理都是通过某种中间转换元件或机构，将管道中流动的液体流量转换成压差、位移、力和转速等参量后，再将这些参量转换成易测电量，从而得到与流体流量成一定函数关系(线性或非线性)的电量(模拟或数字)输出。流量计种类繁多，根据流量检测机构或装置是否与被测流体直接接触，可分为介入式和非介入式两种基本检测方法。

二、介入式流量检测方法

1. 节流式流量计

节流式流量计也称差压式流量计，是工业中应用最为广泛的一种流量计，约占整个流量仪表的 70%。差压式流量计是一类历史悠久，技术成熟，应用最广的流量计。差压式流量计按其检测件的作用原理，可分为节流式、动压头式、水力阻力式、离心式、动压增益式和射流式等几大类，其中以节流式和动压头式应用最为广泛。节流式的特点是结构简单，使用寿命长，适应能力强，几乎能测量各种工况下的流量。

(1) 节流式流量计的组成

节流式流量计由节流装置、引压导管和差压变送器组成，如图 2－54 所示。

图 2－54　差压式流量计组成框图

节流装置安装在管道中，用于产生差压，节流件前后的差压与流量成开方关系；引压导管用于将节流装置前后产生的差压传送给差压变送器；差压变送器将节流装置前后产生的差压转换为标准电流信号(4～20 mA)。

节流式差压流量计的节流装置按其标准化程度分为标准型和非标准型两大类。所谓标准节流装置，是指按照标准文件设计、制造、安装和使用，无需经实流校准即可确定其流量值并估算流量测量误差的装置；非标准节流装置是成熟度较差，尚未列入标准文件中的检测件。完整的节流装置由节流元件、取压装置和上下游测量导管三部分组成。

常见的节流装置有如图 2－55 所示的标准孔板和标准喷嘴，还有如图 2－53 所示的文丘里管。其设计、制造、安装和使用等方面均遵循标准规范，具体参数可查阅 ISO5167 或 GB/T2624。

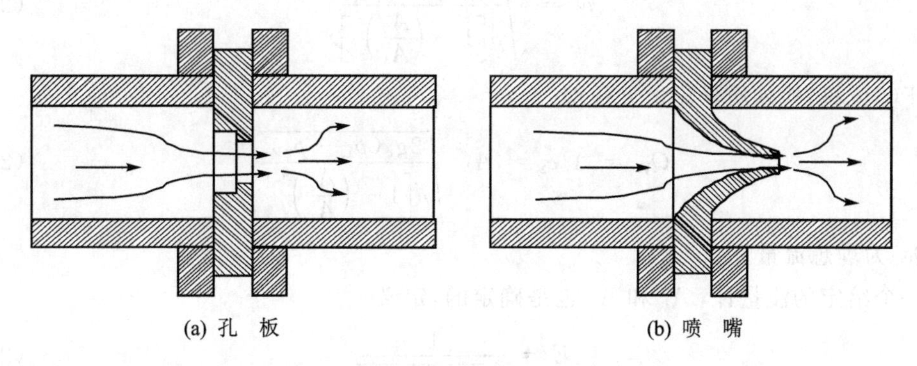

图 2－55　标准型节流装置

(2) 测量原理

当充满管道的流体流经管道内的节流件时，如图 2－56 所示，液流将在节流件处形成局部收缩，因而流速增加，静压力降低，于是在节流件前后产生了压差。流体流量越大，产生的压差越大，这样就可依据压差来衡量流量的大小。这种测量方法是以流体连续性方程(质量守恒定律)和伯努利方程(能量守恒定律)为基础的。压差的大小不仅与流量有关，还与其他许多因素有关，如当节流装置形式或管内流体的物理性质(密度、粘度)不同时，在同样大小的流量下，产生的压差也是不同的。

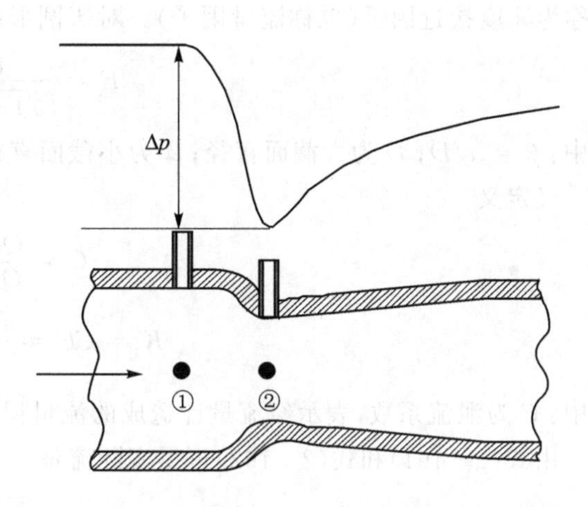

图 2－56　差压流量计原理

假设图示①位置处的管道截面面积为 A_1，流体的静压力为 p_1，平均流速为 v_1，流体密度为 ρ_1，当液流经过图示②位置处的管道时，管道截面面积为 A_2，流体的静压力为 p_2，平均流速为 v_2，流体密度为 ρ_2。设被测流体为理想流体(液体)，流体经过节流装置时，不对外做功，与外界没有热量交换，流体本身也没有温度变化。根据伯努利方程，对①②位置处流体存在式(2－153)描述的能量关系。

因为被测流体是等温不可压缩的，即 $\rho_1=\rho_2=\rho$，且测量装置处于水平状态，即 $Z_1=Z_2$，式(2－153)可写为

$$p_1-p_2=\frac{\rho v_2^2-\rho v_1^2}{2g_c} \tag{2-154}$$

根据流体的连续方程可得

$$A_1 v_1 = A_2 v_2 \tag{2-155}$$

即

$$v_1 = \frac{A_2}{A_1} v_2 \tag{2-156}$$

代入式(2-155)得

$$v_2 = \sqrt{\frac{2g_c(p_1 - p_2)}{\rho\left[1 - \left(\frac{A_2}{A_1}\right)^2\right]}} \tag{2-157}$$

对于②位置，代入质量流量方程得

$$Q_{Vi} = A_2 v_2 = A_2 \sqrt{\frac{2g_c(p_1 - p_2)}{\rho\left[1 - \left(\frac{A_2}{A_1}\right)^2\right]}} \tag{2-158}$$

式中：Q_{Vi} 为理想流量。

对一个给定的流量计，A_1 和 A_2 也是确定的，定义

$$E = \frac{1}{\sqrt{1 - \left(\frac{A_2}{A_1}\right)^2}} \tag{2-159}$$

E 称为速度接近因子(也称流量因子)。对于圆形截面的管道，截面积 $A = \pi r^2$，故有

$$E = \frac{1}{\sqrt{1 - \beta^4}} \tag{2-160}$$

式中：$\beta = d/D$；D 为大截面直径；d 为小截面直径。

又定义

$$C = \frac{Q_{Va}}{Q_{Vi}} \tag{2-161}$$

$$K = CE = \frac{C}{\sqrt{1 - \beta^4}} \tag{2-162}$$

式中：C 为泄流系数，表示经流量计造成的流量损失；K 为流量系数；Q_{Va} 为实际流量。

由式(2-161)和式(2-162)可得实际流量

$$Q_{Va} = KA_2 \sqrt{\frac{2g_c(p_1 - p_2)}{\rho}} \tag{2-163}$$

由上面的公式推导可知，由于节流装置的作用，流束在节流装置外形成局部收缩，促使流速变化(加快)。根据能量守恒定律，流体的压力能与动能在一定条件下相互转换，流速加快必然导致静压力降低。在节流装置的前后产生静压差 $\Delta p = p_1 - p_2$，该静压差正比于流经的流体流量。因此通过测量该压差便可求得流经管道的流体流量。差压流量计在较好情况下测量的不确定度为1%～2%，但实际使用时由于雷诺数及流体温度、粘度、密度等的变化以及孔板孔口边缘的腐蚀、磨损程度不同，不确定度常常大于2%。

2. 涡轮流量计

(1) 组　成

如图2-57所示，涡轮流量计由导流器、涡轮和磁电转换器组成。涡轮转轴的轴承被固定

在壳体上的导流器所支承，导流器为十字形叶片式结构，作用是使流体顺着导流器流过涡轮，推动叶片使涡轮转动。其转速与流体流量成一定的函数关系，通过转速即可确定对应的流量，故涡轮流量计是一种速度式流量计。

(2) 测量原理

设计中通过降低轴承摩擦及将其他损耗降至最小，可使涡轮转速与流量成线性比例关系。涡轮的转速是采用非接触式的磁电传感器来检测的，该传感器由永久磁铁和线圈组成，线圈用交流电来激励。由于涡轮叶片是铁磁材料，叶片经过永久磁铁下方时会改变磁路的磁阻，从而使传感器线圈输出一个电脉冲信号，脉冲频率与转速成正比，测定脉冲频率即可确定瞬时流量。另外，通过累计一定时间间隔内的脉冲数，还可求得这段时间内的总流量。由于是通过脉冲数字计数的方式来求得流量，因而这种测量方式的精度很高。研究表明，涡轮流量计有如下关系

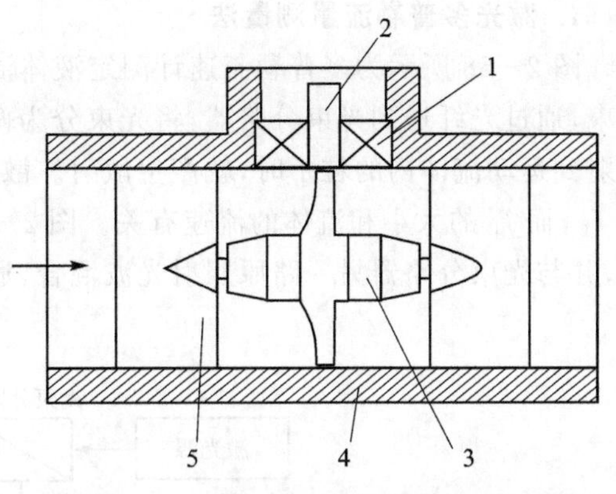

1—线圈；2—永久磁铁；3—涡轮；4—壳体；5—导流器

图 2-57　涡轮流量计原理结构图

$$Q_V = \frac{2\pi RS_d}{n\tan\theta}f = \frac{1}{\xi}f \tag{2-164}$$

式中：Q_V 为通过管道的液体体积流量；θ 为叶片的螺旋角；R 为叶片的平均半径；S_d 为涡轮通道截面面积；ξ 为流量转换系数，$\xi = \frac{n\tan\theta}{2\pi RS_{\mathrm{d}}}$；$n$ 为涡轮叶片数目；f 为磁电式转换器的脉冲频率。

涡轮流量计出厂时是以水定度的。工作介质为水时，每种规格的流量计在规定的测量范围内，以一定的精确度保持上述线性关系。当被测流体的运动粘度小于 $5\times10^{-6}\ \mathrm{m^2/s}$ 时，在规定的测量范围内，可直接使用厂家给出的仪表常数 ξ，不必另行定度。但在液压系统的流量测量中，由于被测流体的粘度较大，在厂家提供的流量测量范围内上述线性关系不成立(特大口径的流量计除外)，仪表常数 ξ 随液体的温度(或粘度)和流量的不同而变化。在这种情况下流量计必须重新定度。对每种特定介质，可得到一组定度曲线，利用这些曲线就可对测量结果进行修正。由于定度曲线簇以温度为参变量，因此，在流量策略中必须测量通过流量计的流体温度。当然，也可以使用反馈补偿系统来得到线性特性。

涡轮流量计的时间常数为 2～10 ms，具有较好的响应特性，可用来测量瞬变或脉动流量。涡轮流量计在线性工作范围内的测量精度较高，为 0.25%～1.0%。

三、非介入式流量检测方法

当波源和观测者(或接收器)保持相对静止时，信号波到达观察者(或接收器)时的频率就是波源振动的频率。如果波源和观测者(或接收器)存在相对运动，那么信号波到达观察者(或接收器)时的频率就不同于波源的频率了，这种现象叫多普勒效应。机械波、电磁波都具有多普勒效应。运用多普勒效应，既可测量运动物体的速度，也可测量流体的流速，进而测量流体流量。在流体流速的测量中，常用的波源是激光和超声波。

1. 激光多普勒流量测量法

图 2－58 所示为多普勒流速计测定液体流速与流量的原理示意图，图中由激光源射出的光束，通过光纤送到光束分路器，将光束分为两路。一路光经微型透镜射向被测流体，当激光照射到运动流体内的粒子时，就产生散射。散射光频与照射光频不一致，其频差称为多普勒频率 f_D，而 f_D 的大小和流体的流速有关。图 2－58 中，散射光波经光探测器采集，送到光接收器中，并与光束分路器另一路原照射光波混合，通过光频分检器，就可检测出多普勒频率 f_D 值。

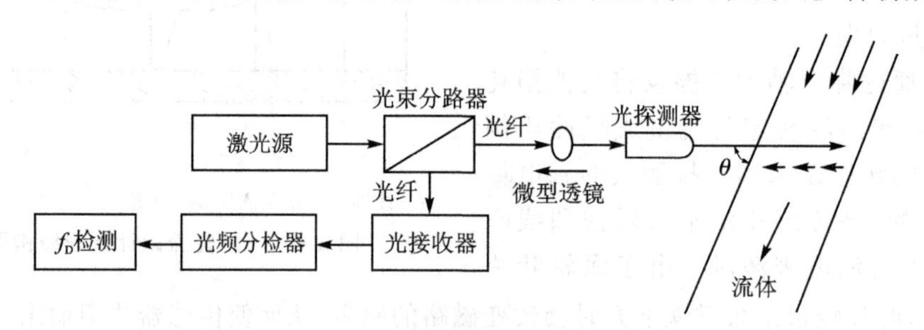

图 2－58　激光多谱勒流速计

多普勒频率与被测流体流速之间存在以下定量关系

$$f_D = \frac{2v}{\lambda}\cos\theta \tag{2-165}$$

式中：f_D 为所测得的多普勒频率；v 为流体的流速；λ 为照射激光的波长；θ 为探测器发射光束与被测流体方向的夹角。

若已知 λ、θ 并测得 f_D，则可根据式(2－165)求流速 v；已知流体的流速及管道截面积，二者相乘，就可求得流量(近似流量)。

2. 超声测速法

超声波传感器包括超声波发生器和超声波接收器，习惯上称为超声波换能器或超声波探头。超声波传感器按其工作原理可分为压电式、磁致伸缩式、电磁式等，在检测技术中主要采用压电式。下面以压电式超声波传感器为例介绍其工作原理。

压电式超声波传感器常用的材料是压电晶体和压电陶瓷，它是利用压电材料的压电效应来工作的：利用逆压电效应将高频电振动转换成高频机械振动，从而产生超声波，可作为发射探头；利用正压电效应，将超声振动波转换成电信号，可作为接收探头。

由于压电材料较脆，为了绝缘、密封、防腐蚀、阻抗匹配及防止不良环境的影响，压电元件常常装在一个外壳内而构成探头。超声波探头按其结构可分为直探头、斜探头、双探头和液浸探头等。在检测技术中最常用的是压电式超声波探头，如图 2－59 所示为直探头的结构图，主要是由压电晶片、吸收块(阻尼块)、保护膜组成。

压电晶片多为圆板型，厚度为 δ，超声波频率 f 与其厚度 δ 成反比。压电晶片的两面镀有银层，作为导电的极板，底面接地，上面接至引出线。为了避免传感器与被测件直接接触而磨损压电晶片，在压电晶片下粘合一层保护膜(0.3 mm 厚的塑料膜、不锈钢片或陶瓷片)。阻尼块的作用是降低压电晶片的机械品质，吸收超声波的能量。如果没有阻尼块，当激励的电脉冲信号停止时，晶片会继续振荡，加长超声波的脉冲宽度，使分辨率变差。

在机电一体化的工程实践中，可利用超声波测量流体流量，进而对机构的运动速度进行控制。

超声波流量计利用多普勒原理测量流量。如图 2-60 所示，在管道上安装超声波发生器 F_1（接收器 T_2）和 F_2（接收器 T_1）。流体以平均流速 v 自左向右流动，液流运动方向与超声波传播方向夹角为 θ。声波在流体中传播时，处在顺流和逆流的不同条件下，其波速并不相同。顺流时，F_1 发射超声波，由 T_1 接收，超声波的传播速度为在静止介质中的传播速度 c 加上流体的速度 v 在超声波传播方向上的分量 $v\cos\theta$，即传播速度为 $c+v\cos\theta$；逆流时，F_2 发射超声波，由 T_2 接收，超声波的传播速度为在静止介质中的传播速度 c 减去流体的速度 v 在超声波传播方向上的分量 $v\cos\theta$，即超声波的传播速度为 $c-v\cos\theta$。测出超声波在顺流和逆流时的传播速度，求出两者之差 $2v\cos\theta$，就可求得流体的速度 v。

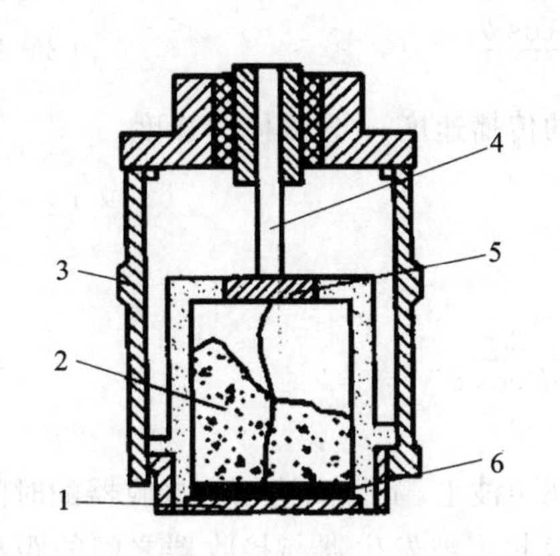

1—保护膜；2—吸收块；3—金属壳；
4—导电螺杆；5—接线片；6—压电晶片

图 2-59　压电式超声波传感器结构

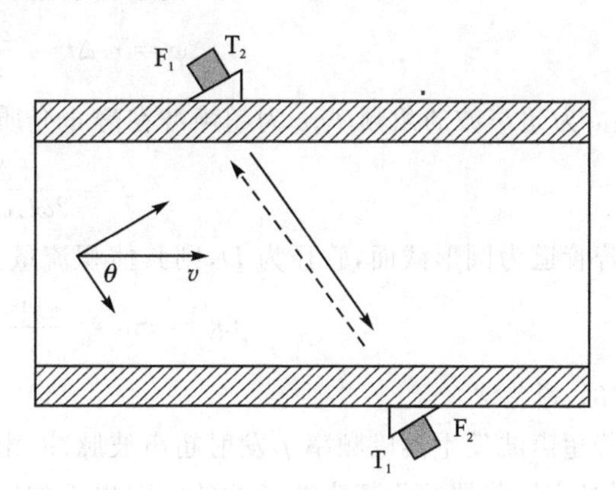

图 2-60　超声波流量计原理

测定超声波顺、逆流传播速度之差的方法很多，主要有测量在超声波发生器上、下游等距离处接到超声信号的时间差、相位差或频率差等方法。

(1) 时差法

设超声波发生器与接收器之间的距离为 L，F_1 发射超声波到 T_1 接收到的时间为 t_1，F_2 发射超声波到 T_2 接收到的时间为 t_2，则

$$t_1=\frac{L}{c+v\cos\theta} \tag{2-166}$$

$$t_2=\frac{L}{c-v\cos\theta} \tag{2-167}$$

$$\Delta t=t_2-t_1=\frac{L}{c-v\cos\theta}-\frac{L}{c+v\cos\theta}=\frac{2Lv\cos\theta}{c^2-v^2\cos^2\theta} \tag{2-168}$$

式中：c 为超声波在静止介质中的传播速度；v 为流体的速度。

通常由于 $c\gg v$，因而有

$$\Delta t\approx\frac{2Lv\cos\theta}{c^2} \tag{2-169}$$

即

$$v\approx\frac{c^2(t_2-t_1)}{2L\cos\theta} \tag{2-170}$$

若管道为圆形截面，管径为 D，则其体积流量为

$$Q_V = Sv = \frac{\pi D^2}{4} \cdot \frac{c^2(t_2 - t_1)}{2L\cos\theta} \tag{2-171}$$

(2) 相差法

若超声波发生器发射的是连续正弦波 $y = A\sin(\omega t + \varphi)$，则上、下游等距离处接收到的超声波分别为

$$y_2 = A'\sin[\omega(t + t_1) + \varphi] \tag{2-172}$$

$$y_1 = A''\sin[\omega(t + t_2) + \varphi] \tag{2-173}$$

其相位差为

$$\Delta\varphi = \omega\Delta t = \frac{2\omega Lv\cos\theta}{c^2} \tag{2-174}$$

式中：ω 为超声波的角频率；c 为超声波在静止介质中的传播速度；v 为流体的速度。

$$v = \frac{c^2\Delta\varphi}{2\omega L\cos\theta} \tag{2-175}$$

若管道为圆形截面，管径为 D，则其体积流量为

$$Q_V = Sv = \frac{\pi D^2}{4} \cdot \frac{c^2\Delta\varphi}{2\omega L\cos\theta} \tag{2-176}$$

(3) 频差法

若超声波发生器以频率 f 发射超声波脉冲，由于超声波上、下行到达相应接收器的时间不同，则对应接收器接收超声波脉冲的频率也不相同。设超声波发生器与接收器之间的距离为 L，F_1 发射频率为 f 的超声波到 T_1，其接收到超声波的频率为 f_1，F_2 发射频率为 f 的超声波到 T_2，其接收到超声波的频率为 f_2，则

$$f_1 = \frac{1}{t_1} = \frac{c + v\cos\theta}{L} \tag{2-177}$$

$$f_2 = \frac{1}{t_2} = \frac{c - v\cos\theta}{L} \tag{2-178}$$

则

$$\Delta f = f_1 - f_2 = \frac{1}{t_1} - \frac{1}{t_2} = \frac{2v\cos\theta}{L} \tag{2-179}$$

那么

$$v = f_1 - f_2 = \frac{1}{t_2} = \frac{1}{t_1} - \frac{L\Delta f}{2\cos\theta} \tag{2-180}$$

可见，利用频率差测流速时与超声波传播速度 c 无关，因此工业上常用频率差法。

若管道为圆形截面，管径为 D，则其体积流量为

$$Q_V = Sv = \frac{\pi D^2}{4} \cdot \frac{L\Delta f}{2\cos\theta} \tag{2-181}$$

第六节　温度的检测

一、温度及其测量方法

温度是表征物体冷热程度的物理量。温度概念的建立和温度的测量都是以热平衡现象为

基础的。为了判断温度的高低，只能借助于某种物质的某种特性(如体积、长度和电阻等)随温度变化的规律来测量，于是就会有形形色色的温度计。但是，迄今为止，还没有适应整个温度范围用的温度计(或物质)。比较理想的物质及相应的物理性质有：固体、液体、气体的热膨胀性质；导体或半导体受热后电阻值变化的性质；热电偶的热电势和物体的热辐射。利用这些物理性质制成的测温仪表被广泛应用。此外，也应用了一些新的测温原理，如射流测温、涡流测温、激光测温等。

温度这一参数是不能直接测量的，一般根据物质的某些特性参数与温度之间的函数关系，通过对这些特性参数的测量而间接获取。根据测温传感器的使用方式，测温方法大体分为接触式和非接触式两种。

1. 接触式测温法

测温传感器敏感元件直接与被测物体接触，在足够长的时间内，使传感器与被测点达到热平衡，以实现温度测量。其特点是：由于传感器与被测物体接触，所以测量比较直观、可靠，测温准确度较高，但会直接影响被测物体温度场的分布。使用该种方法需要使测温元件与被测物体达到热平衡，所以测温时会产生较大的时间滞后，并由此带来测量误差。测温范围在 1 600 ℃以下，通常 1 000 ℃以下的温度容易测量，1 200 ℃以上的温度不易测量。

2. 非接触式测温法

测温传感器不接触被测物体，利用物体的热辐射随温度变化的原理测定物体温度，故又称辐射测温。其特点是：测温传感器不与被测物体接触，也不改变被测物体的温度分布，热惯性小，动态测量反应快，适于测量高温；但是受环境条件影响较大，测量精度较低。从理论上讲，其测温上限是无限的，实际上一般只用到 3 000 ℃。在高温领域中，使用较多的有辐射高温计、光学高温计和光电高温计等。近些年来，红外辐射高温计、比色温度计的应用也在逐渐扩大。

二、热电阻及热敏电阻

热电阻温度传感器的基本工作原理是利用物质的电阻率随温度变化而变化的特性，即热阻效应。当温度变化时，热电阻材料的电阻值随温度而变化，这样，用测量电路可将变化的电阻值转换成电信号输出，而得到被测温度。按敏感元件材料分，热电阻传感器可分为金属热电阻和半导体热电阻两大类。半导体热电阻又称热敏电阻。

1. 金属热电阻

大多数金属材料的电阻随温度的升高而增加，但作为热电阻的金属材料，其电阻温度系数 α 值要高且保持常值，电阻率 ρ 要高，以减小热惯性(元件尺寸小)，在使用温度范围内，材料的物理化学性能稳定，工艺性好。常用的金属热电阻材料有铂、铜、镍、铟、锰、铁等。

(1) 金属热电阻的基本特性参数

① 标称电阻

标称电阻是指金属热电阻在 0℃时的电阻值，用 R_0 表示。

② 分度表与分度号

分度表是指以表格形式表示热电阻的电阻—温度对照表。

分度号是指分度表的代号，一般用热电阻金属材料的化学符号和 0℃时的电阻值表示，例如 P_t100，表示金属材料为铂，标称电阻为 100 Ω。

③ 温度测量范围及允许偏差范围

热电阻的温度测量范围以及用温度表示的允许偏差 E_t（0 ℃），如表 2－5 所列，例如，A 级允许偏差不适用于采用二线制的铂热电阻；对 $R_0=100\ \Omega$ 的铂热电阻，A 级允许偏差不适用于 $t<650$ ℃的温度范围。

表 2－5　热电阻的特性参数

热电阻名称		测量范围/℃	分度号	标称电阻/Ω	允许偏差 E_t/℃
铂热电阻	A 级	－200～850	P_t10	10	$\pm(0.15+0.002\|t\|)$
			P_t100	100	
	B 级		P_t10	10	$\pm(0.30+0.005\|t\|)$
			P_t100	100	
铜热电阻		－50～150	C_u50	50	$\pm(0.30+0.005\|t\|)$
			C_u100	100	

④ 百度电阻比

热电阻在 100 ℃时的电阻值 R_{100} 与标称电阻 R_0 之比，用 W_{100} 表示。

$$W_{100}=\frac{R_{100}}{R_0} \tag{2-182}$$

显然，W_{100} 愈大，热电阻的灵敏度愈高。

⑤ 热响应时间

当温度发生阶跃变化时，热电阻的电阻值变化至相当于该阶跃变化的某个规定百分比所需要的时间，称为热电阻的热响应时间，通常用 τ（单位：s）表示。

τ 的大小与热电阻的结构、尺寸和材料有关，而且还与被测介质的放热系数、比热等工作环境有关。τ 值愈小，表示热电阻的响应特性愈好。

⑥ 额定工作电流

热电阻的额定工作电流是指热电阻连续工作所允许通过的最大电流，一般为 2～5 mA。

（2）铂热电阻

因为铂的物理和化学性能稳定，抗氧化能力强，电阻率高，且材料易于提纯，复制性、工艺性好，作为测温电阻十分理想。在国际实用温标中，在－259.34～630.74 ℃温度范围内，以铂电阻温度计作为标准仪器。铂热电阻分为低、中、高不同的温度区段，测量精度可达 1×10^{-3} K。

铂热电阻温度计通常是将 0.02～0.07 mm 的铂丝卷绕在云母片上，并使其长度调节为 0 ℃时电阻值为固定值。在常温下，其电阻率为 $1.06\times10^{-7}\ \Omega\cdot\text{cm}$，温度系数为 0.392%/℃。由于铂热电阻价格高，受磁场影响大，温度系数小，在 20 K 以下灵敏度差，在还原介质中易被玷污而变脆，因此常用保护套管保护，图 2－61 为其结构示意图。

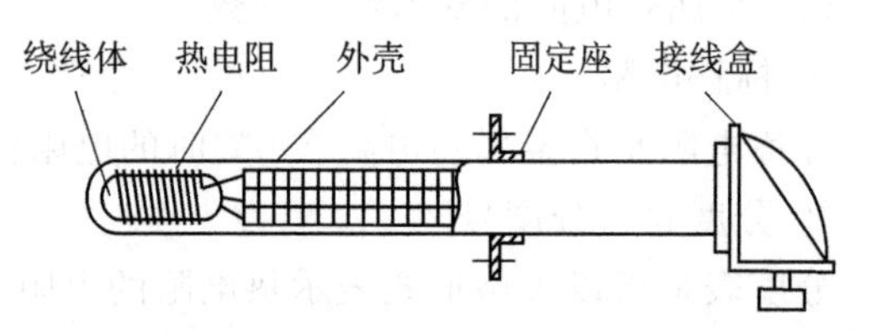

图 2－61　铂热电阻温度计结构图

铂热电阻的电阻值与温度之间的关系接近于线性，被测温度在 0～630.73 ℃范

围内可表示为

$$R_t = R_0(1 + At + Bt^2) \tag{2-183}$$

被测温度在－190～0 ℃范围内可表示为

$$R_t = R_0[1 + At + Bt^2 + C(t - 100\ ℃)t^3] \tag{2-184}$$

式中：R_t 为 t℃ 时铂热电阻的电阻值；R_0 为铂热电阻的标称电阻值(0 ℃时的电阻值)；T 为任意温度；A、B、C 为温度系数，由实验确定，分别为 3.9684×10^{-3}/℃，-5.847×10^{-7}/℃^{2}，-4.22×10^{-12}/℃^{3}。

铂热电阻一般采用小电流工作方式。由于热电阻中通过的工作电流很小，自身发热少，热电阻的阻值则完全随被测温度而变化，如工业用热电阻测温计工作电流一般小于 6 mA，能限制自热造成的测量误差在 0.1 ℃以内。

(3) 铜热电阻及其他金属热电阻

在测温精度要求不高、测温范围较小的情况下，可采用铜热电阻。在－50～150 ℃的温度范围内，铜热电阻的电阻值与温度成线性关系，其电阻值与温度的关系可表示为

$$R_t = R_0(1 + At) \tag{2-185}$$

式中，$A=4.25\times10^{-3}\sim4.28\times10^{-3}$/℃。

铜热电阻的特点是电阻温度系数较大，电阻率仅为铂的 1/6 左右，价格低，互换性好，固有电阻小，体积较大；使用范围为－50～150 ℃，高于 100 ℃时易被氧化，因此仅适用于温度较低和没有腐蚀性的介质中。

铂、铜热电阻不宜用于超低温测量。近年来开发出一些新型的热电阻材料，制作出的热电阻适用于超低温测量。例如铟热电阻的测量范围为－296～258 ℃，精度高，灵敏度是铂热电阻的 10 倍，但复现性差；锰热电阻的测量范围为－271～－210 ℃，灵敏度高，但易损坏。

(4) 热电阻的测量电路

热电阻温度计的测量电路最常用的是电桥电路，测量精度要求不高时，可采用图 2-62 所示的二线接线法测量热电阻。如果热电阻安装的位置与仪表相距较远，当环境温度变化时，其连接导线电阻也要变化，产生附加电阻 R_w，测量结果则为导线电阻增量和热电阻 R_t 电阻增量之和，带来测量误差。

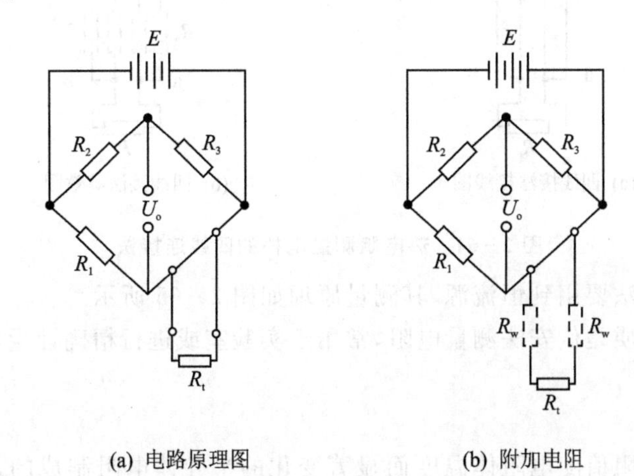

(a) 电路原理图　　(b) 附加电阻

图 2-62　热电阻二线接线法测量电路

为消除引线引起的测量误差，精密测量时采用三线连接法和四线连接法。

图 2-63 为热电阻的三线连接法，R_1、R_2、R_3 为固定电阻，R_t 为热电阻。热电阻通过三根导线和电桥连接，热电阻 a、b 端导线分别接在相邻的两臂，第三根导线接在电源端。当温度变化时，只要接入相邻桥臂导线的长度和电阻温度系数相同，其电阻的变化就不会影响电桥的状态，即不会产生温度测量误差。三线连接法的缺点是可能存在电桥的零点不稳现象。

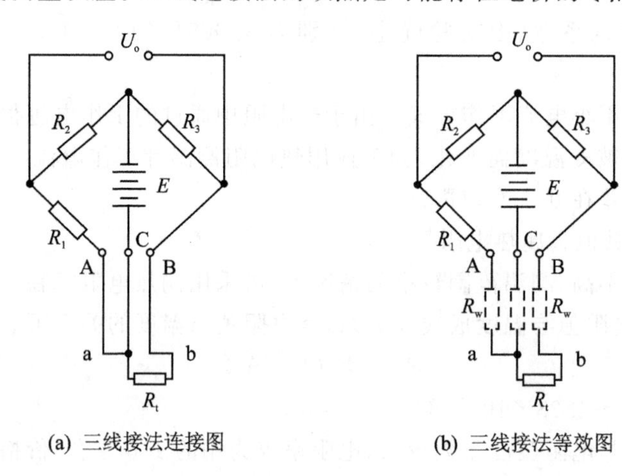

(a) 三线接法连接图　(b) 三线接法等效图

图 2-63　热电阻测量电桥的三线连接

图 2-64 所示为热电阻的一种四线连接法(各符号表示的含义同图 2-63)，但其实质还是一种三线连接法。

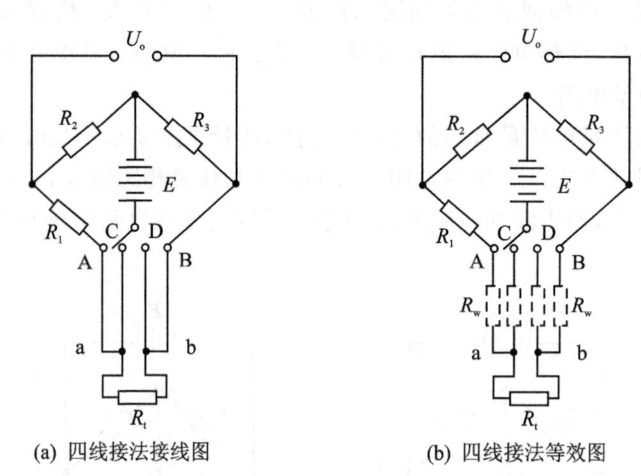

(a) 四线接法接线图　(b) 四线接法等效图

图 2-64　热电阻测量电桥的四线连接法

真正的四线连接法要用到恒流源，其测量原理如图 2-65 所示。

四线连接法的实质是伏安法测量电阻，常用于实验室或进行精确计量，是一种精度很高的测量方法。

2. 热敏电阻

热敏电阻是用电阻值随电阻体温度而显著变化的半导体电阻制成的，采用重金属氧化物锰、钛、钴等材料，在高温下烧结混合成特殊电子元件。其常见结构和表示符号如图 2-66 所示。

用半导体材料制成的热敏电阻，与金属热电阻相比，有如下特点：电阻温度系数大，灵敏度

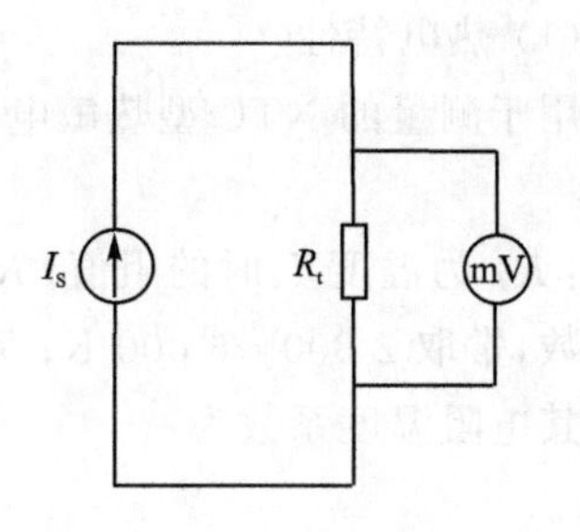

图 2-65　用恒流源的热电阻测量法

高，比金属电阻大 10～100 倍；结构简单，体积小，可测量点温度；电阻率高，热惯性小，适宜动态测量；阻值与温度变化呈非线性关系；稳定性和互换性较差。

大部分半导体热敏电阻中的各种氧化物是按一定比例混合的。多数热敏电阻具有负温度系数，即当温度升高时，其电阻值下降，同时灵敏度也下降。这个特性限制了其在高温条件下使用。目前热敏电阻使用的上限温度约为 300 ℃。

热敏电阻按其温度特性通常分为三类：负温度系数热敏电阻 NTC①、正温度系数热敏电阻 PTC② 和临界温度系数热敏电阻 CTR③。其电阻和温度特性的变化关系曲线见图 2-67。

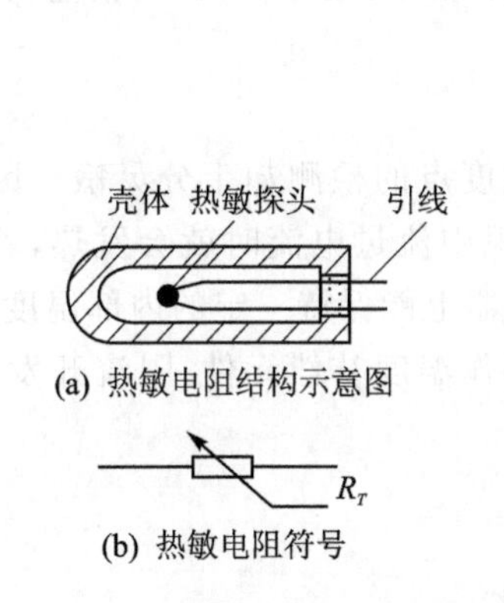

图 2-66　热敏电阻及其符号

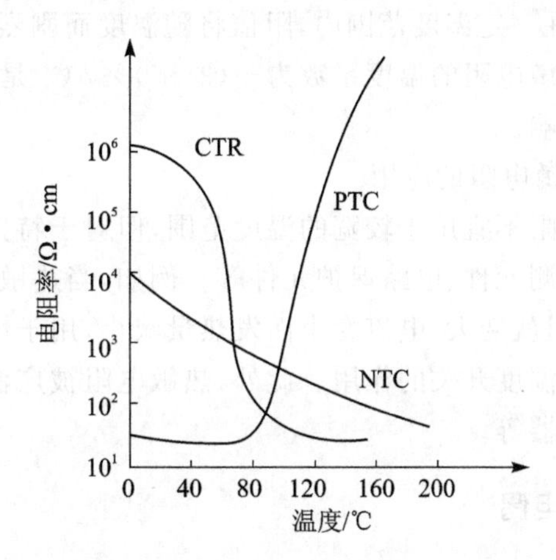

图 2-67　热敏电阻温度特性图

温度适用范围如表 2-6 所列。

表 2-6　热敏电阻的使用温度范围

热敏电阻的种类	使用温度范围	用　途
NTC 热敏电阻	超低温 1×10^{-3}～100 K 低温 −130～0 ℃ 常温 −50～350 ℃ 中温 150～750 ℃ 高温 500～1 300 ℃	用于带有电子或微机控制的空调机、电冰箱、电饭锅等家电中
PTC 热敏电阻	−50～150 ℃	电子电路的补偿、电子器件过热保护
CTR 热敏电阻	0～350 ℃	恒温装置的温度开关

① Negative Temperature Coefficient Thermistor;
② Positive Temperature Coefficient Thermistor;
③ Critical Temperature Coefficient Thermistor.

(1) 热电特性

用于测量的 NTC 型热敏电阻,在较小的温度范围内,其电阻—温度特性为

$$R_T = R_0 e^{B(1/T-1/T_0)} \tag{2-186}$$

式中:R_T 为温度 T 时的阻值;R_0 为温度 T_0(通常指 0 ℃或室温)时的阻值;B 为热敏电阻材料常数,常取 2 000~6 000 K;T 为热力学温度。

其电阻温度系数为

$$\alpha = \frac{1}{R_T}\frac{dR_T}{dT} = -\frac{B}{T^2} \tag{2-187}$$

若 B=4 000 K,T=323.15 K(50 ℃),则 α=−3.8%/℃。B 和 α 是表征热敏电阻材料性能的两个重要参数。

NTC 型、PTC 型、CTR 型三类热敏电阻的特性表示如图 2-67 所示。由图可知,PTC 型和 CTR 型在一定温度范围内,阻值将随温度而剧烈变化,因此可用作开关元件。

由于热敏电阻的温度系数为−(3~5)%/℃,是金属电阻温度系数的 10 倍左右,故可不计引线电阻影响。

(2) 热敏电阻的应用

热敏电阻不宜用于较宽的温度范围,但对于特定温度点的检测却十分灵敏。因此热敏电阻可用做检测元件、电路保护元件等。例如,当热敏电阻中流过电流时就会发热,若超过急变的温度,电阻就变大,电流变小而发热量减小,用于恒温器上能保持一定的内部温度,装于干燥器上可起到温度开关的作用。此外,热敏电阻被广泛用作温度补偿元件、限流开发、温度报警及定温加热器等。

三、热电偶

热电偶传感器是利用导体材料的热电效应直接将被测温度的变化转换为输出电势的变化的元件,是目前应用最为广泛的温度传感器,其特点是构造简单,测量范围宽,准确度高,热惯性小。

1. 热电效应

将两种不同材料的导体 A 与 B 组成一个闭合回路(图 2-68),若两端节点温度不同,则回路中就会产生电势,同时在回路中产生电流,其电流的大小与导体材料的性质和节点温度(T,T_0)有关,这一现象称为热电效应。

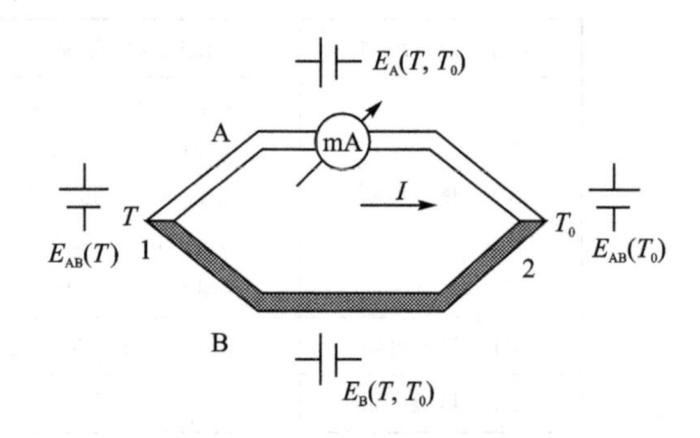

图 2-68　热电效应示意图

相应的输出电势称做热电势,回路中产生的电流则称做热电流,导体 A、B 称为热电极、导体 A 与 B 组成的转换元件叫做热电偶。测温时,节点 1 置于被测温度场中,称为测量端(又称工作端或热端),节点 2 一般处在某一恒定温度,称为参考端(又称自由端或冷端)。

热电偶产生的热电势 $E_{AB}(T,T_0)$ 由两种导体的接触电势(又称珀尔帖电势)和单一导体

的温差电势(又称汤姆逊电势)组成。热电势的大小与两种材料的性质与节点温度有关,与A、B材料的中间温度无关。

(1) 接触电势

接触电势是由于互相接触的两种金属导体内自由电子的密度不同造成的。当两种不同的金属A、B接触在一起时,在金属A、B的接触处将会发生电子扩散,扩散的速度与自由电子密度及节点所处的温度有关。设A、B中的自由电子密度分别为N_A和N_B,并且$N_A > N_B$,在单位时间内由金属A扩散到金属B的电子数要比从金属B扩散到金属A的电子数多。这样,金属A因失去电子而带正电,金属B因得到电子而带负电,于是在节点处便形成了接触电势(方向见图2-68)。当电子扩散达到动态平衡时,将具有一定的稳定接触电势,两节点处的接触电势分别为

$$E_{AB}(T) = \frac{kT}{e}\ln\frac{N_A}{N_B} \tag{2-188}$$

$$E_{AB}(T_0) = \frac{KT_0}{e}\ln\frac{N_A}{N_B} \tag{2-189}$$

式中:$E_{AB}(T)$、$E_{AB}(T_0)$为分别为节点1和节点2处产生的接触电势;k为玻耳兹曼常量,$k=1.38\times10^{-23}$ J/K;T、T_0为分别为节点1和节点2处的绝对温度;$e=1.6\times10^{-19}$C;N_A、N_B分别为金属导体A和B的自由电子密度。

(2) 温差电势

在组成热电偶的每种材料中,若同一材料两端温度不同,则高温端自由电子就会向低温端扩散,高温端因失去电子而带正电,低温端因得到电子而带负电,从而形成温差电势。A、B两种金属内产生的温差电势分别为

$$E_A(T,T_0) = \int_{T_0}^{T}\sigma_A\mathrm{d}T \tag{2-190}$$

$$E_B(T,T_0) = \int_{T_0}^{T}\sigma_B\mathrm{d}T \tag{2-191}$$

式中,σ_A、σ_B分别为金属A、B的汤姆逊系数,其值与金属材料的性质和两端温度有关。

由A、B两种金属组成的热电偶,其总热电势为各个接触电势和温差电势的代数和,即

$$E_{AB}(T,T_0) = E_{AB}(T) - E_{AB}(T_0) + E_B(T,T_0) - E_A(T,T_0) \tag{2-192}$$

将式(2-188)、式(2-188)、式(2-190)、式(2-191)代入上式,得

$$E_{AB}(T,T_0) = \frac{k}{e}(T-T_0)\ln\frac{N_A}{N_B} + \int_{T_0}^{T}(\sigma_B-\sigma_A)\mathrm{d}T \tag{2-193}$$

2. 热电偶的基本定律

由一种均质导体组成的闭合回路,不论导体的横截面积、长度及温度分布如何均不产生热电动势。当两种不同的均质导体组成热电偶时,有以下一些基本规律。

(1) 中间温度定律

热电偶AB的热电势仅取决于热电偶的材料和两个节点的温度,而与温度沿热电极的分布以及热电极的尺寸和形状无关。如当热电偶AB两节点的温度分别为T和T_0时,所产生的热电势等于热电偶AB两节点温度为T和T_n与热电偶AB两节点温度为T_n和T_0时所产生的热电势的代数和,可表示为

$$E_{AB}(T,T_0) = E_{AB}(T,T_n) + E_{AB}(T_n,T_0) \tag{2-194}$$

式中：T_n 为中间温度。

中间温度定律为制定热电偶分度表奠定了理论基础。根据中间温度定律，只需列出自由端温度为 0 ℃时各工作端与热电势的关系表。若自由端温度不是 0 ℃，则此时所产生的热电势就可按式(2－194)计算。

(2) 中间导体定律

在热电偶 AB 回路中接入第三种材料的导体 C，只要导体 C 两端的温度相等，则导体 C 的接入就不会影响热电偶 AB 回路的总热电动势。

根据这一定律，可以将热电偶的一个节点断开，接入第三种导体，也可以将热电偶的一种导体断开，接入第三种导体，只要接入导体的两端温度相同，均不影响回路的总热电动势。在实际测温电路中，必须有连接导线和显示仪器，若把连接导线和显示仪器看成第三种导体，只要其两端温度相同，则不影响总热电动势。

(3) 标准电极定律

两种导体 A、B 分别与标准电极 C(或称参考电极)组成热电偶，如果它们所产生的热电动势为已知，则 A 和 B 两极配对后的热电动势为

$$E_{AB}(T,T_0)=E_{AC}(T,T_0)+E_{CB}(T,T_0) \tag{2-195}$$

由此可见，只要知道两种导体分别与标准电极组成热电偶时的热电动势，就可以依据标准电极定律计算出两导体组成热电偶时的热电动势，从而简化了热电偶的选配工作。由于铂的物理化学性质稳定，熔点高，易提纯，所以人们多采用高纯铂作为标准电极。

3. 常用热电偶

适于制作热电偶的材料有 300 多种，其中广泛应用的有 40～50 种。

国际电工委员会向世界各国推荐 8 种热电偶作为标准化热电偶，我国标准化热电偶也有 8 种。分别是：铂铑 10－铂(分度号为 S)、铂铑 13－铂(R)、铂铑 30－铂铑 6(B)、镍铬-镍硅(K)、镍铬-康铜(E)、铁-康铜(J)、铜-康铜(T)和镍铬硅-镍硅(N)。下面简要介绍其中几种。

(1) 铂铑 10－铂热电偶

由 ϕ0.5 mm 的纯铂丝和直径相同的铂铑丝制成，分度号为 S。铂铑丝为正极，纯铂丝为负极。其特点是热电性能好，抗氧化性强，宜在氧化性、惰性气氛中连续使用。长期适用的温度为 1 400 ℃，超过此温度，即使在空气中纯铂丝也将再结晶而使晶粒增大。短期使用温度为 1 600 ℃。在所有的热电偶中，其准确度等级最高，通常用作标准或测量高温的热电偶，其使用温度范围宽(0～1 600 ℃)，均质性及互换性好；其缺点是价格高，热电势较小，需配灵敏度高的显示仪表。

(2) 镍铬-镍硅(镍铝)热电偶

镍铬为正极，镍硅为负极，分度号为 K。其特点是：使用温度范围宽(－50～1 300 ℃)，高温下性能较稳定，热电动势和温度的关系近似线性，价格低，因此是目前用量最大的一种热电偶。它适用于在氧化性和惰性气氛中连续使用，短期使用温度为 1 200 ℃，长期使用温度为 1 000 ℃。

(3) 镍铬-康铜热电偶

镍铬为正极，康铜为负极，分度号为 E。其最大特点是在常用热电偶中热电动势最大，即灵敏度最高，适宜在－250～870 ℃范围内的氧化性或惰性气氛中使用，尤其适宜在 0 ℃以下使用。在湿度大的情况下，较其他热电偶耐腐蚀。

(4) 铜-康铜热电偶

纯铜为正极,康铜为负极,分度号为 T。其特点是:在贱金属热电偶中准确度最高,热电丝均匀性好,使用温度范围为−200～350 ℃。

此外,还有非标准化热电偶,有钨铼系列(属难融金属)、铂铑系列、铱铑系列、铂钼系列及非金属热电偶等。

4. 热电偶的冷端温度处理

由式(2-194)可知,热电偶的热电势大小与热电极材料及两节点温度有关。为了保证输出热电势是被测温度的单值函数,必须保持冷端温度为恒定。而热电偶的分度表以及根据分度表刻度的测温仪表,都是在热电偶的冷端(参考端)温度等于零(℃)的条件下标定的,所以在使用时必须遵守这一条件。如果冷端温度不为 0 ℃,则可采用下述方法加以处理。

(1) 0 ℃恒温法

把冰屑和清洁的水相混合,放在保温瓶中,并使水面略低于冰屑面,然后把热电偶的冷端置于其中,这时热电偶输出的热电势与分度值一致。

(2) 热电势修正法

当冷端温度保持在某一恒定温度 T_n($T_n \neq 0$) 时,可采用热电势修正法进行修正

$$E_{AB}(T,T_0) = E_{AB}(T,T_n) + E_{AB}(T_n,T_0) \tag{2-196}$$

式中:$E_{AB}(T,T_n)$ 为实测值;$E_{AB}(T_n,T_0)$ 为修正值,是冷端为 0 ℃时,工作端为 T_n 区段的热电势,可查分度表得到;$E_{AB}(T,T_0)$ 为修正后的输出值。

被测温度 T 按 $E_{AB}(T,T_0)$ 从分度表中查出。

(3) 电桥补偿法

该方法是在热电偶与显示仪表之间接入一个直流不平衡电桥(也称作冷端补偿器),利用不平衡电桥产生的电势来补偿热电偶因冷端温度变化而引起的热电势的变化值。如图 2-69 所示,不平衡电桥由电阻 R_1、R_2、R_3(锰铜丝绕制)、R_t(铜丝绕制)和直流稳压电源组成。热电偶的冷端与电阻 R_t 感受相同的温度。通常,取 20 ℃时电桥平衡,a、b 两端没有电压输出。当电桥所处的环境温度变化时,电桥的平衡被破坏,产生一不平衡电压 e_{ab} 与热电势相叠加,一起送入测量仪表。适当选择桥臂电阻和供桥电压,可使电桥产生的不平衡电压 e_{ab} 正好补偿由于冷端温度变化引起的热电势的变化。

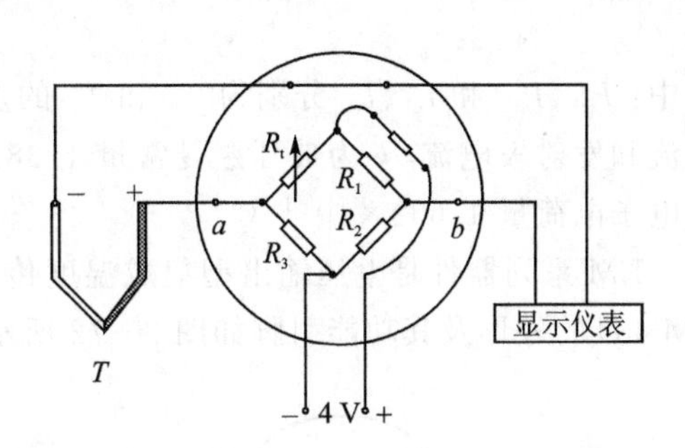

图 2-69　冷端温度补偿线路图

(4) 延伸导线法

延伸导线法又称为补偿导线法。热电偶一般做得较短,这样,热电偶的冷端距被测对象很近,使得冷端不仅温度较高且波动较大。由于热电偶为标准定型结构,故不宜延长,而且热电极材料较贵,因此在工程上采用了延伸导线法。图 2-70 所示为延伸导线在测温回路中的连接方式。

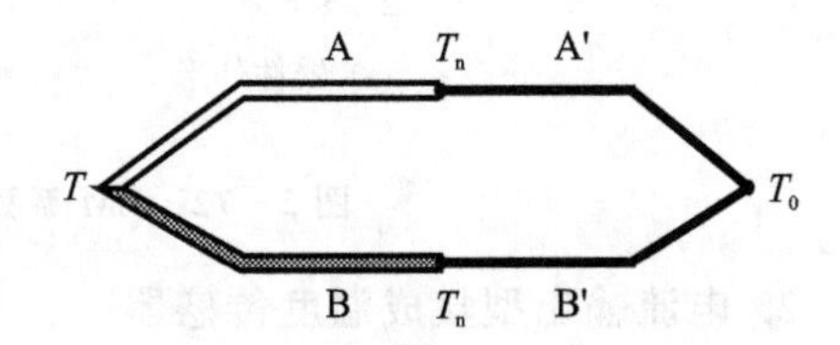

图 2-70　延伸导线原理图

所谓延伸导线实际上就是把在一定温度范围

内(一般为 0～100 ℃)与热电偶具有相同热电特性的两种较长的廉价金属导线与热电偶配接。其作用是将热电偶冷端移至离热源较远并且环境温度较稳定的地方,从而消除冷端温度变化带来的影响,即该补偿导线所产生的热电势等于工作热电偶在此温度范围内产生的热电势,即:

$$E_{AB}(T_n,T_0)=E_{A'B'}(T_n,T_0) \tag{2-197}$$

式中:T_n 为工作热电偶冷端温度;T_0 为 0 ℃;$E_{AB}(T_n,T_0)$ 为工作热电偶产生的热电势;$E_{A'B'}(T_n,T_0)$ 为补偿导线产生的热电势。

四、集成电路温度传感器

所谓集成电路温度传感器是指把热敏晶体管和放大电路、偏置电源及线性电路等,用集成化技术制作在一个芯片上,集传感与放大为一体的温度检测器件。这种传感器输出信号强,与温度的线性关系好,使用方便。按其输出方式可分为模拟式和数字式两种,输出为模拟量的又分为电压输出型与电流输出型两种。

1. 电压输出型集成温度传感器

图 2-71 为电压输出型集成温度传感器工作原理。

电压输出型集成温度传感器的设计依据是:当两个晶体管 T_1 和 T_2 的特性相同时,其集电极电流之比一定,两个晶体管的发射极压降之差 V_{be} 与绝对温度 T 成正比。

$$V_{be}=V_{be1}-V_{be2}=\frac{kT}{q}\ln\frac{I_{e1}}{I_{se1}}-\frac{kT}{q}\ln\frac{I_{e2}}{I_{se2}}=\frac{kT}{q}\ln\frac{I_{e1}}{I_{e2}} \tag{2-198}$$

式中:I_{se1}、I_{se2} 和 I_{e1}、I_{e2} 分别为 T_1 和 T_2 的发射极反向饱和电流和发射极电流,k 为玻耳兹曼常量 1.381×10^{-23} J/K,q 为电子电荷量 1.602×10^{-19} C。

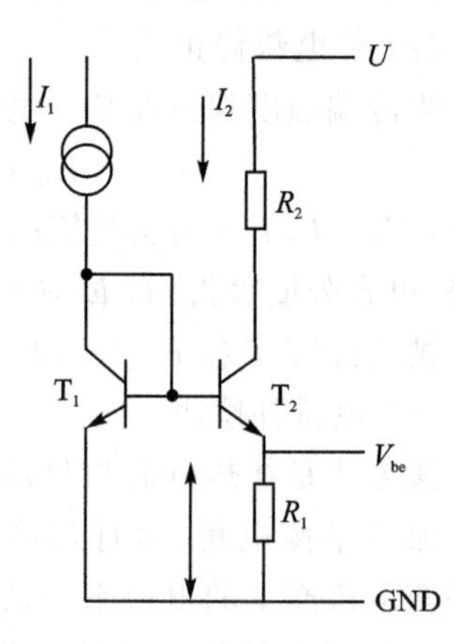

图 2-71　电压输出型集成温度传感器原理图

LM 系列器件是电压输出型集成温度传感的典型代表,LM35D 的外形及其功能引脚如图 2-72 所示。

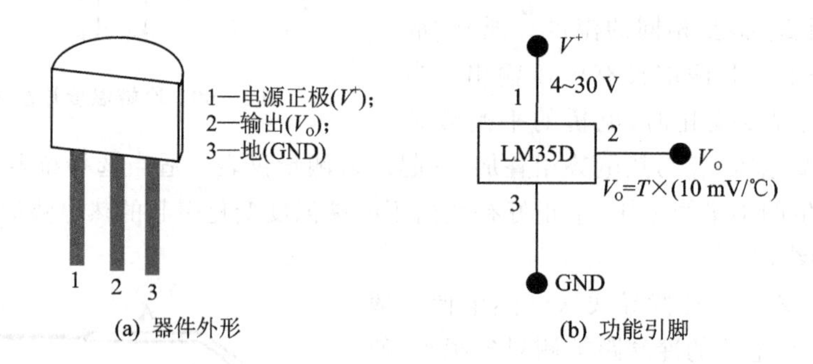

图 2-72　LM 系列集成温度器件外形及功能引脚

2. 电流输出型集成温度传感器

图 2-73 为电流输出型集成电路温度传感器原理图。

晶体管 T_1 和 T_2 的发射极电压 $V_{be1}=V_{be2}$,晶体管 T_3 和 T_4 的集电极电流 $I_{c3}=I_{c4}$。设

计时，取 T_3 发射极面积为 T_4 的 8 倍，电阻 R 上的电压输出为

$$V_T = \frac{kT}{q}\ln 8 = 0.1792T \quad (\text{mV/K}) \tag{2-199}$$

输出电流大小由 V_T/R 决定。通常流过传感器的输出电流应限制在 1 mA 左右，可调整电阻 R 大小实现。

AD590(如图 2-74 所示)是一种两端式恒流器件，其输出的电流值成比于所测的绝对温度，激励电压可以在 4～30 V 范围内变化，测温范围为－55～150 ℃。AD590 具有标准化的输出、固有的线性关系，因此易于使用。测量电路不需要电桥，不需要低电平测量设备和线性化电路，又因为是电流输出，因而便于远距离传送，不会因线路压降或感应噪声电压产生大的温差，同时对激励电压也不太敏感。

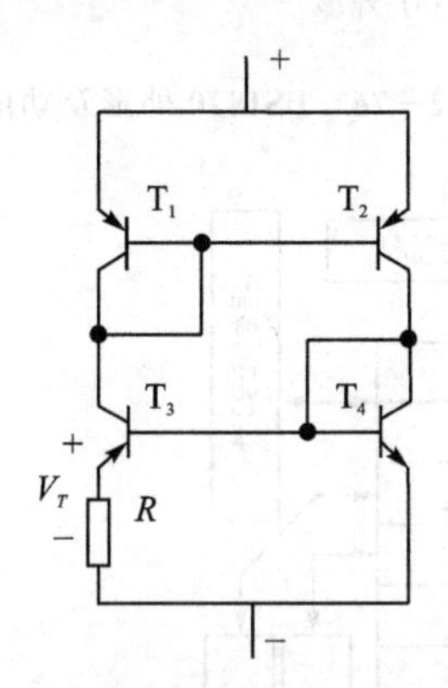

图 2-73　电流输出型集成温度传感器原理图

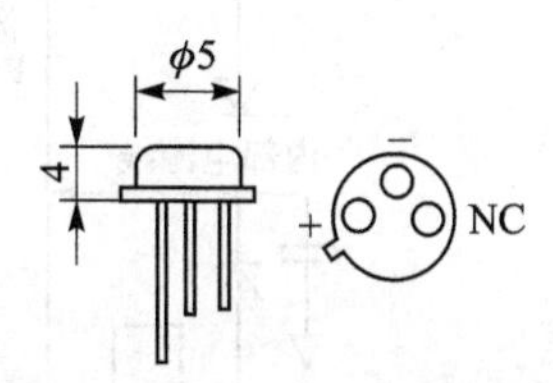

图 2-74　AD590 器件外形及功能引脚

运用 AD590 的温电特性，设计适当电阻值和分压电路，可设计出输出为热力学温标的温度计，如图 2-75 所示。

3. 数字输出型集成温度传感器

在模拟式集成温度传感器的基础上，增加模拟信号放大电路、模/数转换电路和计算机接口电路，利用集成技术，将其集成到一个芯片上即成为所谓的数字输出型集成温度传感器。美国 DALLAS 公司推出的数字输出型集成温度传感器 DS1820(如图 2-76 所示)使用了在板专利技术，全部传感器和各种数字转换电路都被集成在一起，其外形如一只三极管，3 个引脚分别是电源、地和数据线。测温范围为－55～125 ℃，增量为 0.5 ℃。输出温度由 9 位二进制数表示，无须 A/D 转换、放大等电路。温度转换时间典型值为 200 ms。可以设置温度警报系统。一条数据线可与主机通信，无需外接元件，并且可用数据线供电(寄生电源)。由于每个 DS1820 都有唯一的 64 位序列号，因此，总线上可挂接多片 DS1820，非常方便地构成单线多点温度测量系统。

DS1820 内部主要由三个部分组成：即 64 位激光 ROM、温度传感器和温度警报开关 TH、TL。其内部构造如图 2-77 所示。

电源既可由当数据线为高电平时充电的内部寄生电容供给，也可直接外接电源供给。温度值的产生是通过对温敏振荡器的计数产生的。存储和控制逻辑负责对命令的解释和执行，产生的温度值存储在记事薄的前两个字节中。

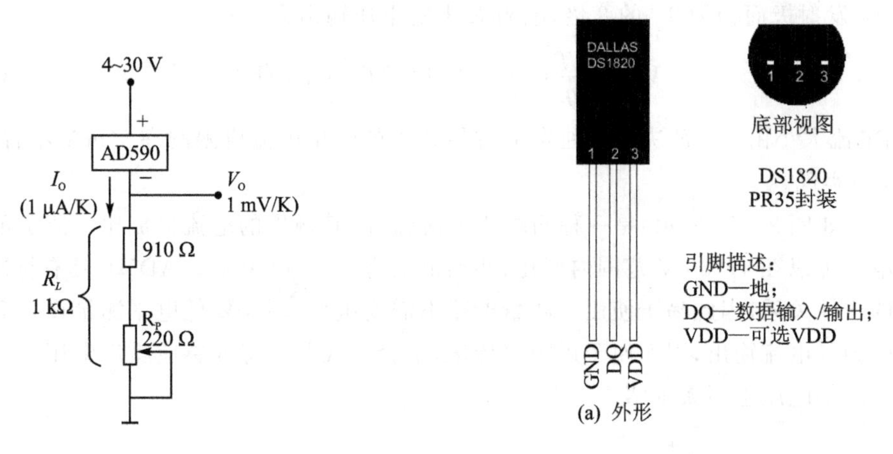

图 2-75　运用 AD590 设计的热力学温度计

图 2-76　DS1820 外形及功能引脚

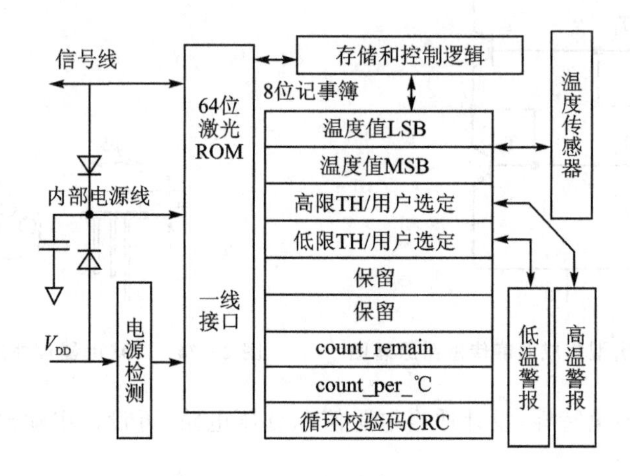

图 2-77　DS1820 内部构造

外接电源是多片 DS1820 同时进行温度转换的最保险用法，此时 GND 不能浮接。当采用寄生模式时，VDD 必须接地，在温度转换期间，DS1820 通过高电平的数据线供电；当传递数据时，由内部充电的电容供电。由于每个 DS1820 在转换期间约耗电 1 mA，所以，当多个 DS1820 同时转换时，电源可能供应不足，这时应在启动转换后的 10 μS 以内，导通 MOSFET，把数据线直接连接到电源上，电路如图 2-78 所示。

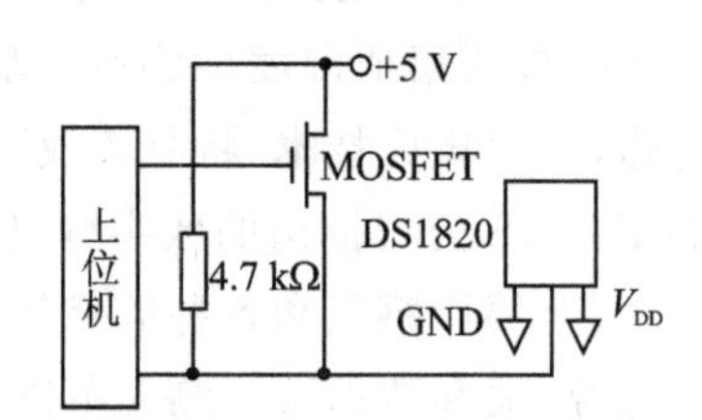

图 2-78　寄生电源供电电路

DS1820 内部的低温度系数振荡器能产生稳定的频率信号 f_0，高温度系数振荡器则将被测温度转换成频率信号 f_0 。当计数门打开时，DS1820 对 f_0 计数，计数门开通时间由高温度系数振荡器决定。芯片内部还有斜率累加器，可对频率的非线性予以补偿。测量结果存入温度寄存器中。

思考题

1. 简述检测的概念、基本方法及其特点。

2. 简述检测(与控制)系统的基本组成,各组成部分的功能是什么。

3. 结合图 2-3,推导闭环检测(与控制)系统的输入输出关系并说明其特点。

4. 简述传感器的基本含义与组成,传感器有哪些主要基本特性?

5. 传感器或检测系统常用哪些静态特性指标描述其特性? 各指标的含义是什么?

6. 为什么要研究传感器或检测系统的动态特性? 常用哪些信号对系统进行激励?

7. 何为电阻应变效应? 试推导导体发生应变时的灵敏系数表达式。

8. 与金属应变片相比,半导体应变片有什么突出特点?

9. 直流电压桥的平衡条件是什么?

10. 什么是直流电桥的加减特性?

11. 利用直流电桥进行应变测量,布片和组桥时应注意考虑哪几方面的问题?

12. 运用柱式弹性体进行压力间接测量时,可采取哪些措施提高测量的灵敏度?

13. 对检测系统的输出信号要进行适当的调理方能方便使用,信号调理包括哪些方面?

14. 什么是压电效应? 纵向压电效应及横向压电效应各有什么特点?

15. 能否用压电传感器测量静态信号? 试说明理由。

16. 压电晶片并联连接和串联连接时的特点分别有哪些?

17. 试说明压电传感器的输出要采用电荷放大而不是电压放大的原因。

18. 根据图 2-32 及相关公式,试提出一些提高测量灵敏度和减小非线性误差的措施。

19. 电感式传感器可以分为哪几类? 根据图 2-33,分析变气隙式自感传感器的原理,推导出灵敏度和非线性误差的表达式,并说明提高其灵敏度的方法。

20. 简述用差动变压器式传感器和电涡流式传感器测量位移的基本原理。

21. 简述电容式传感器测量位移的基本原理。根据图 2-40,分析差动变极距式传感器测量位移的原理,并推导出其灵敏度和相对误差表达式。

22. 结合图 2-46,说明增量式编码器的工作原理。

23. 简述绝对式编码器(码盘)测量角位移的原理。什么是码盘的非单值性误差,采用循环码盘是如何减小乃至消除非单值性误差的?

24. 结合图 2-56,说明差压式流量计的工作原理。

25. 结合图 2-57,说明涡轮流量计的工作原理。

26. 何为多普勒效应? 根据图 2-58 说明激光多普勒流速计测量液体流速和流量的原理。

27. 结合图 2-60,说明运用超声传感器测量速度(流速)时,有哪些常用的方法?

28. 常用哪些物理规律和物质特性进行温度测量?

29. 金属热电阻有哪些基本特性参数? 简要说明其含义。

30. 为什么说铂热电阻是理想的测温元件? 铜热电阻有什么特点?

31. 为什么用三线接线法可有效提高热电阻的测温精度?

32. 热敏电阻有哪些基本类型? 其特点是什么?

33. 什么是热电效应？分析热电偶产生热电势的原因。

34. 简述热电偶中间温度定律的含义，并说明其在实际应用中的意义。

35. 简述热电偶中间导体定律的含义，并说明其在实际应用中的意义。

36. 用热电偶测温时，为什么要进行冷端温度处理？常用哪些处理方法？

37. 结合图 2-69，说明用热电偶测温时，运用电桥进行冷端温度补偿的原理。

38. 根据图 2-71，说明电压输出型集成电路温度传感器的工作原理。

39. 根据图 2-72 给出的 LM35D 特性，设计一个摄氏温度计。

40. 根据图 2-73，说明电流输出型集成电路温度传感器的工作原理。

41. 试将图 2-75 所示电路改造设计成一个摄氏温度计。

42. 查阅资料，查找至少两种不同公司生产的数字输出型集成温度传感器器件，并摘录其输出特性指标。

参考文献

[1] 彭军. 传感器与检测技术[M]. 西安：西安电子科技大学出版社，2003.

[2] 戚新波，等. 检测技术与智能仪器[M]. 北京：电子工业出版社，2005.

[3] 张洪润，等. 传感技术与实验[M]. 北京：清华大学出版社，2005.

[4] 侯国章，等. 测试与传感技术[M]. 哈尔滨：哈尔滨工业大学出版社，1998.

[5] 田裕鹏，等. 传感器原理[M]. 北京：科学出版社，2007.

[6] 王昌明，等. 传感与测试技术[M]. 北京：北京航空航天大学出版社，2005.

[7] 赵天池. 传感器和探测器的物理原理和应用[M]. 北京：科学出版社，2008.

[8] 王伯雄. 测试技术基础[M]. 北京：清华大学出版社，2003.

[9] David G Alciatore, Michael B Histand. 机电一体化与测量系统基础教程[M]. 张伦，译. 北京：清华大学出版社，2005.

[10] 孔德仁，等. 工程测试与信息处理[M]. 北京：国防工业出版社，2003.

[11] 金锋. 智能仪器设计基础[M]. 北京：清华大学出版社，北京交通大学出版社，2005.

[12] 孙宏军，等. 智能仪器仪表[M]. 北京：清华大学出版社，2007.

第三章 电动机及其控制特性

机电控制系统通常是以机器或机械装置作为控制对象，以微处理器作为核心控制器组成的各种控制系统，其受控对象一般是机械位移、速度、加速度（或力、力矩等）等物理量。微处理器发出控制指令，经变换与放大后，通过执行机构转化为机械运动，以保证动作的快速、准确与高效，这一功能要靠电动机来实现。本章在分析电机运动特性的基础上，主要介绍在拖动机构中常用到的直流电动机、交流电动机及伺服电动机的结构、原理及控制特性等。

第一节 电机拖动机构的运动分析

机电传动系统是一个由电动机拖动、并通过传动机构带动机械装置运转的机电运动的动力学整体。作为机电传动系统的一部分，电机拖动机构主要用来实现各类执行装置的驱动功能。以电作为动力源的电机在功能上主要分为两类：一类是电动机；另一类是伺服（控制）电机。电动机是将电能转变为机械能的一种旋转机械，主要作为电力拖动而使用，按电流种类的不同，可分为直流电动机和交流电动机两种型式；伺服（控制）电机将电能转换为机械能，主要作为转换和传递信号使用，是机电控制系统中应用最为广泛的驱动电机，有交流伺服电机和直流伺服电机两种。此外，还有步进电机、力矩电机等。

尽管电动机种类繁多，特性各异，拖动装置的负载性质也可以各种各样，但从动力学的角度来分析时，则都服从于动力学的统一规律。在机电传动系统中，最简单的系统就是一台电动机拖动负载机械运转的运行系统，即电动机的转轴与负载机械轴对轴直接相连，通常称为单轴拖动机构；在实际复杂系统中，电动机通常通过多轴变速间接地带动负载机构进行运转，也称为多轴拖动机构，可通过折算简化为单轴拖动系统。

一、单轴拖动机构的运动分析

1. 典型载荷分析

载荷是拖动机构设计计算的一项重要原始数据。作用在机械装置上的载荷，常见的有摩擦载荷、惯性载荷及各种环境载荷等。

（1）摩擦载荷

当两个物体间有相对运动或有相对运动的趋势时会产生摩擦载荷，是两物体接触面上存在的一种阻止运动的力或力矩。摩擦分为静摩擦和动摩擦。

最大静摩擦力 F_S，按库仑定律计算为

$$F_S = f_S \cdot N \tag{3-1}$$

式中：N 为法向压力(N)；f_S 为静摩擦系数，由实验测得，一般 f_S 在 0.1～0.3 范围内。

动摩擦力 F_f，取与库仑定律相仿的形式为

$$F_f = f \cdot N \tag{3-2}$$

式中：f 为动摩擦系数，由实验测得，一般 f 在 0.1 以下。

按摩擦副的表面润滑状态，摩擦又可分为干摩擦、半干摩擦和湿摩擦。干摩擦符合库仑定律，半干摩擦基本符合库仑定律。湿摩擦与干摩擦的机理截然不同，但为了计算方便，工程上仍沿用摩擦系数的概念。一般 $f=0.012\sim0.10$。此外，摩擦尚有滑动摩擦与滚动摩擦之分。一般滚动摩擦力小于滑动摩擦力。

滚动摩擦力按照下式计算

$$F_r = \frac{k}{R} \cdot N \tag{3-3}$$

式中：N 为正压力，N；R 为接触面的曲率半径，cm；k 为滚动摩擦系数，由实验测得。

对传动装置而言，转动轴上的摩擦力矩主要由轴与密封装置之间的摩擦、轴承中的摩擦、齿轮啮合齿面之间的摩擦及其他附属装置的摩擦引起。摩擦力与其作用力臂的乘积即为摩擦力矩，要根据具体结构进行计算。

减小摩擦载荷有若干措施，由摩擦力和摩擦力矩的基本计算公式可知，减小正压力、摩擦系数和作用力臂，就可减小摩擦力和摩擦力矩。

为了减小摩擦系数，可用滚动摩擦代替滑动摩擦，用湿摩擦代替干摩擦。使用静压轴承也是一个减小摩擦系数的例子，静压轴承的当量摩擦系数仅为 0.0001～0.0004，不仅摩擦系数小，而且其动摩擦力与静摩擦力十分接近，可有效地防止低速爬行。

(2) 惯性载荷

众所周知，有质量的物体的运动状态不会自行改变，任何物体都将给予企图改变其运动状态的任何其他物体以阻力，这个阻力就是惯性力。惯性载荷是指狭义的惯性力，是由于一定质量的物体具有加速度或角加速度而产生的，方向与加速度反向。对机电传动系统而言，惯性力是在不计传动体系弹性振动时由刚体动力学求得的，主要包括运行机构不稳定运动时，电机自身质量和拖动负载质量的惯性力，机构工作时回转质量的法向惯性力和切向惯性力等。

机电传动系统是一个惯性系统，存在的惯性环节主要包括：① 机械惯性，由运动部件产生，反映在转动惯量上，使转速不能突变；② 电磁惯性，反映在电枢回路电感和励磁绕阻电感上，分别使电枢回路电流和励磁磁通不能突变；③ 热惯性，由电机部件的热容量产生，反映在温度上，使温度不能突变。这三种惯性虽然对系统都产生影响，如电机运行发热时，电枢电阻和励磁绕阻电阻都会变化，从而会引起电流和磁通的变化。但是由于热惯性较大，温度变化较转速、电流等参量的变化要慢得多，一般可以不考虑，而只考虑机械惯性和电磁惯性。由于有机械惯性和电磁惯性，在对机电传动系统进行控制(如启动、制动、反向和调速)过程中，如果系统中电气参数(如电压、电阻、频率)发生突然变化或传动系统的负载突然变化时，传动系统的转速、转矩、电流、磁通等也会变化，并要经过一定的时间达到稳定，从而形成机电传动系统的电气机械过渡过程。相比之下，电动机的电磁惯性比机械惯性要小得多，对系统运行影响也不大，则可只考虑机械惯性。

(3) 环境载荷

物体运动时，除摩擦载荷、惯性载荷外，还可能受到外载荷作用。如磁盘存储器中的主轴驱动装置的运动部件所受的载荷除摩擦载荷和惯性载荷外，还有空气的附面层对盘面产生的粘滞力矩以及空气受扰动后在盘面上形成湍流而产生的力矩。

外载荷的确定，视具体情况而定，有的可从理论上进行推导，有的需借助实验来确定。

2. 单轴拖动机构的运动动力学方程

某一单轴拖动系统，如图 3-1 所示，电动机与负载同轴相连，两者的转速在任何时候均相同。

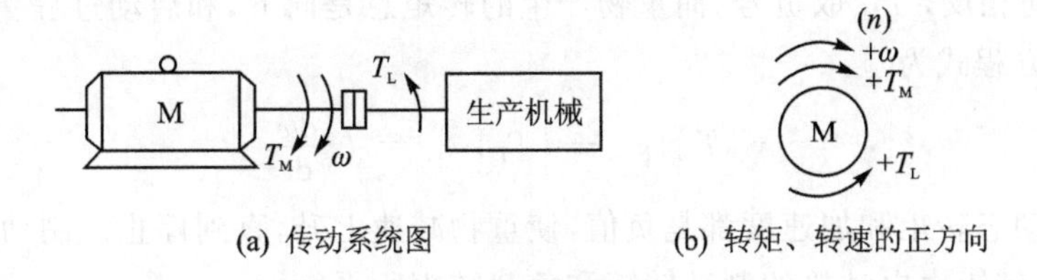

(a) 传动系统图　　(b) 转矩、转速的正方向

图 3-1　单轴拖动系统

在拖动系统工作时，由电动机 M 产生转矩 T_M，用来克服负载转矩 T_L，以带动生产机械运动，当这两个转矩平衡时，拖动系统维持恒速转动，转速 n 或角速度 ω 不变，加速度 dn/dt 或角加速度 $d\omega/dt$ 等于零，即 $T_M = T_L$ 时，n=常数，$dn/dt=0$，或 ω 为常数，$d\omega/dt=0$，这种运动状态称为静态(相对静止状态)或稳态(稳定运转状态)。当 $T_M \neq T_L$ 时，速度(n 或 ω)就要变化，产生加速或减速，速度变化的大小与拖动系统的转动惯量 J 有关，把上述关系用方程式表示，即为

$$T_M - T_L = J\frac{d\omega}{dt} \tag{3-4}$$

这就是单轴拖动系统的运动方程式。

式中：T_M 为电动机产生的转矩；T_L 为单轴传动系统的负载转矩；J 为单轴传动系统的转动惯量；ω 为单轴传动系统的角速度；t 为时间。

当 $T_M = T_L$ 时，表示没有动态转矩，系统恒速运转，即系统处于稳态，此时，电动机发出转矩的大小，仅由电动机所带的负载决定。

由于传动系统有多种运动状态，相应的运动方程式中的转速和转矩就有不同的符号。因为电动机和负载以共同的转速旋转，所以，一般以转动方向为参考来确定转矩的正负。转矩正方向通常约定为：设电动机某一转动方向的转速 n 为正，则约定电动机转矩 T_M 与 n 一致的方向为正向，负载转矩 T_L 与 n 相反的方向为正向。根据上述约定就可以从转矩与转速的符号上判定 T_M 与 T_L 的性质。若 T_M 与 n 符号相同，则表示 T_M 的作用方向与 n 相同，T_M 为拖动转矩；若 T_M 与 n 符号相反，则表示 T_M 的作用方向与 n 相反，T_M 为制动转矩。而若 T_L 与 n 符号相同，则表示 T_L 的作用方向与 n 相反，T_L 为制动转矩；若 T_L 与 n 符号相反，则表示 T_L 的作用方向与 n 相同，T_L 为拖动转矩。

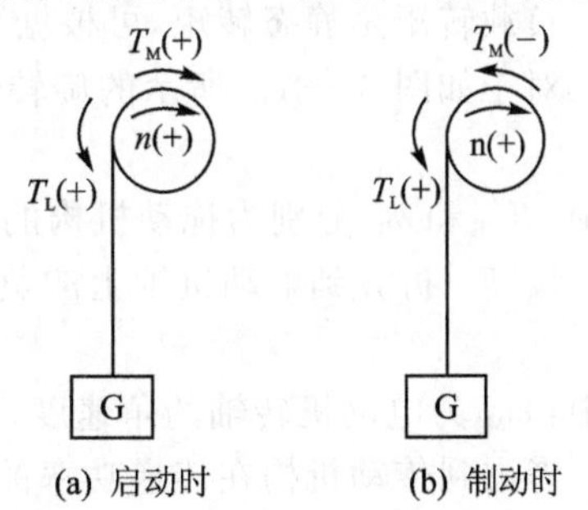

(a) 启动时　　(b) 制动时

图 3-2　$T_M T_L$ 符号的判定

如图 3-2 所示，在提升重物过程中，试判定起重机启动和制动时电动机转矩 T_M 和负载转矩 T_L 的符号。设重物提升时电动机旋转方向为 n 的正方向。

启动时：如图 3-2(a)所示，电动机拖动重物上升，T_M 与 n 正方向一致，T_M 取正号；T_L 与 n 方向相反，T_L 亦取正号。这时的运动方程式为

$$\{T_M\}_{N\cdot m} - \{T_L\}_{N\cdot m} = J\frac{d\omega}{dt} \tag{3-5}$$

要能提升重物，必存在 $T_M > T_L$，即动态转矩 $T_d = T_M - T_L$ 和加速度 $a = dn/dt$ 均为正，系统加速运行。

制动时：如图 3-2(b)所示，仍是提升过程，n 为正，只是此时要电动机制止系统运动，所以，T_M 与 n 方向相反，T_M 取负号，而重物产生的转矩总是向下，和启动过程一样，T_L 仍取正号，这时的运动方程式为

$$-\{T_M\}_{N\cdot m} - \{T_L\}_{N\cdot m} = J\frac{d\omega}{dt}$$

可见，此时动态转矩和加速度都是负值，使重物减速上升，直到停止。制动过程中，系统中动能产生的动态转矩由电动机的制动转矩和负载转矩所平衡。

二、多轴拖动机构的运动分析

前已述及，在实际拖动系统中，由于许多负载要求低速运转，而电动机的额定转速一般较高，因此，电动机与负载之间通过装设减速机构，如减速齿轮箱或蜗轮蜗杆、皮带等减速装置，形成多轴拖动系统，如图 3-3 所示。对于多轴拖动机构，为列出系统的运动方程，必须先将各转动部分的转矩和转动惯量或直线运动部分的质量都折算到某一根轴上，一般折算到电动机轴上，即折算成最简单的典型单轴系统来进行分析。在折算时，基本原则是，折算前的多轴系统与折算后的单轴系统在功率关系上或能量关系上保持不变。因此，折算过程也分为两类：负载转矩的折算和转动惯量的折算。

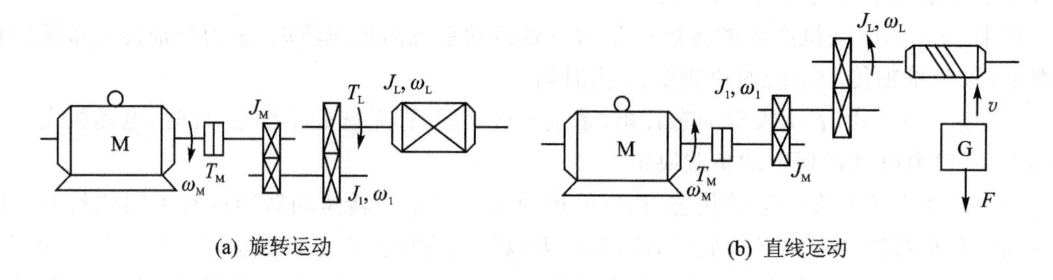

图 3-3 多轴拖动系统

1. 负载转矩的折算

负载转矩是静态转矩，可根据静态时功率守恒原则进行折算。

对于如图 3-3(a)所示的旋转运动，当系统匀速运动时，拖动机构的负载功率为

$$P'_L = T'_L\omega_L$$

式中：T'_L 和 ω_L 分别为拖动机构的负载转矩和旋转角速度。

设 T'_L 折算到电动机轴上的负载转矩为 T_L，则电动机轴上的负载功率为

$$P_M = T_L\omega_M$$

式中：ω_M 为电动机转轴的角速度。

考虑到传动机构在传递功率的过程中有损耗，这个损耗可以用传动效率 η_C 来表示，即

$$\eta_C = \frac{\text{输出功率}}{\text{输入功率}} = \frac{P'_L}{P_M} = \frac{T'_L\omega_L}{T_L\omega_M}$$

于是，可得折算到电动机轴上的负载转矩

$$T_L = \frac{T'_L\omega_M}{\eta_C\omega_M} = \frac{T'_L}{\eta_C j} \tag{3-6}$$

式中：η_C 为电动机拖动负载运动时的传动效率；$j = \omega_M/\omega_L$ 为传动机构的速比。

对于如图 3-3(b)所示的直线运动如卷扬机构就是一例。若拖动机构直线运动部件的负载力为 F，运动速度为 v，则所需的机械功率为

$$P'_L = Fv$$

反映在电动机轴上的机械功率为

$$P_M = T_L \cdot \omega_M$$

式中：T_L 为负载力 F 在电动机轴上产生的负载转矩。

如果是电动机拖动机构旋转或移动，则传动机构中的损耗应由电动机承担，根据功率平衡关系就有 $T_L\omega_M = Fv/\eta_C$。

将 $\{\omega\}_{rad/s} = \frac{2\pi}{60}\{n\}_{r/min}$ 代入上式可得 $\{T_L\}_{N\cdot m} = 9.55\{F\}_N\{v\}_{m/s}/(\eta_C\{n_M\}_{r/min})$

$$\tag{3-7}$$

式中：n_M 为电动机轴的转速。

如果是机构拖动电动机旋转，例如，卷扬机构下放重物时，电动机处于制动状态，这种情况下传动机构中的损耗则由拖动机构的负载来承担，于是有

$$T_L\omega_M = Fv\eta'_C$$

或

$$\{T_L\}_{N\cdot m} = 9.55\eta'_C\{F\}_N\{v\}_{m/s}/\{n_M\}_{r/min} \tag{3-8}$$

式中：η'_C 为机构拖动电动机运动时的传动效率。

2. 转动惯量的折算

由于转动惯量与运动系统的动能有关，因此，可根据动能守恒原则进行折算。对回转轴而言，其转动惯量可利用理论力学中介绍过的计算公式计算，也可用实验方法来判定。计算回转运动时的惯性载荷，需要知道角速度 ω、角加速度 ε 及转动惯量 J 等参数。对于一个传动链装置而言，经常要将转动惯量从一根轴折算到另一根轴，如图 3-4 所示。图中：L 为低速轴，J_L 为转动惯量；h 为高速轴，传动比为

$$i_{hL} = \omega_h/\omega_L > 1 \tag{3-9}$$

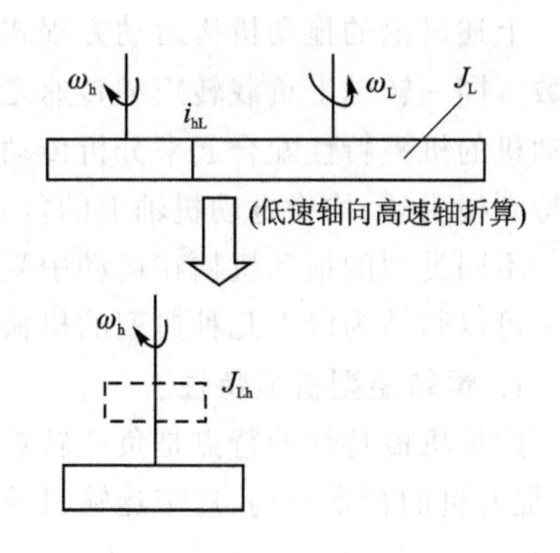

图 3-4　转动惯量的折算

则 J_L 折算至高速轴 h 上的折算转动惯量 J_{Lh} 为

$$J_{Lh} = J_L \cdot \frac{1}{i_{hL}^2 \cdot \eta} \tag{3-10}$$

式中，η 为传动效率。

若令 $\eta = 100\%$，有

$$J_{Lh} = J_L/i_{Lh}^2 \tag{3-11}$$

同理，高速轴 h 的转动惯量 J_h 在低速轴上的折算转动惯量为

$$J_{hL} = J_h \cdot i_{hL}^2 \tag{3-12}$$

利用上述方法，对于如图 3-3(a)所示的拖动系统（旋转运动），折算到电动机轴上的总转动惯量为

$$J_Z = J_M + \frac{J_1}{j_1^2} + \frac{J_L}{j_L^2} \tag{3-13}$$

式中：J_M、J_1、J_L 为电动机轴、中间传动轴、负载轴上的转动惯量；

$j_1 = \omega_M/\omega_1$ 为电动机轴与中间传动轴之间的速比；

$j_L = \omega_M/\omega_L$ 为电动机轴与负载轴之间的速比；

ω_M、ω_1、ω_L 为电动机轴、中间传动轴、负载轴上的角速度。

当速比 j 较大时，中间传动机构的转动惯量 J_1，在折算后占整个系统的比重不大，实际工程中为了计算方便起见，多用适当加大电动机轴上的转动惯量 J_M 的方法，来考虑中间传动机构的转动惯量 J_1 的影响，于是有

$$J_Z = \delta J_M + \frac{J_L}{j_L^2} \tag{3-14}$$

一般 $\delta = 1.1 \sim 1.25$。

对于如图 3-3(b)所示的拖动系统（直线运动），设直线运动部件的质量为 m，折算到电动机轴上的总转动惯量为

$$J_Z = J_M + \frac{J_1}{j_1^2} + \frac{J_L}{j_L^2} + m\frac{v^2}{\omega_M^2} \tag{3-15}$$

依照上述方法，就可把具有中间传动机构带有旋转运动部件或直线运动部件的多轴拖动系统，折算成等效的单轴拖动系统，以此来研究机电拖动系统的运动规律。

三、拖动机构的机械特性

上述讨论的拖动机构运动方程式中，负载转矩 T_L 可能是不变的常数，也可能是转速 n 的函数。同一转轴上负载转矩和转速之间的函数关系，称为拖动机构的机械特性。为了便于和电动机的机械特性配合起来分析传动系统的运行情况，在本书中提及拖动机构的机械特性时，除特别说明外，均指电动机轴上的负载转矩和转速之间的函数关系，即 $n = f(T_L)$。

不同类型的拖动机构在运动中受阻力的性质不同，其机械特性曲线的形状也有所不同，大体上可以归纳为以下几种典型的机械特性。

1. 恒转矩型机械特性

此类机械特性的特点是负载转矩为常数，如图 3-5 所示，这一类的机械主要包括提升机构、提升机的行走机构、皮带运输机及金属切削机床等。

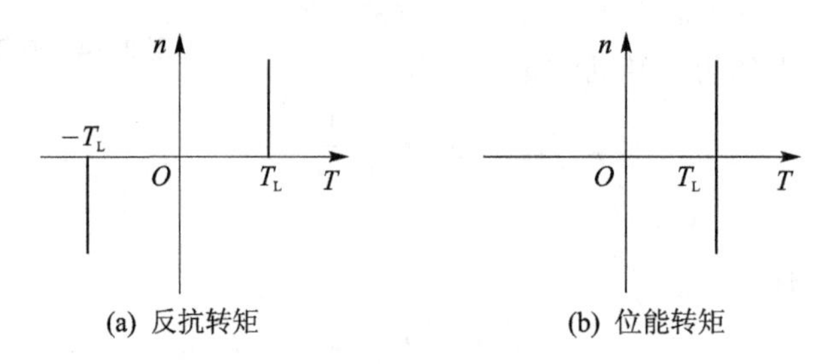

图 3-5　两种恒转矩型机械特性

依据负载转矩与运动方向的关系，可以将恒转矩型负载转矩分为反抗转矩和位能转矩。

反抗转矩也称为摩擦转矩，是因摩擦、非弹性体的压缩、拉伸与扭转等作用所产生的负载转矩，其方向恒与运动方向相反，当运动方向发生改变时，负载转矩的方向也会随之改变，因而它总是阻碍运动。根据转矩正方向的约定可知，反抗转矩恒与转速 n 取相同的符号，即 n 为正方向

时 T_L 为正,特性曲线在第一象限;n 为反方向时 T_L 为负,特性曲线在第三象限,如图 3-5(a)所示。

位能转矩与摩擦转矩不同,是由物体的重力和弹性体的压缩、拉伸与扭转等作用而产生的负载转矩,其方向恒定,与运动方向无关,在某方向阻碍运动,而在相反方向便促进运动。例如,在卷扬机起吊重物时,由于重力的作用方向永远向着地心,所以,产生的负载转矩永远作用在使重物下降的方向,当电动机拖动重物上升时,T_L 与 n 方向相反;而当重物下降时,T_L 则与 n 方向相同。不管 n 为正向还是反向,T_L 都不变,特性曲线在第一、四象限,如图 3-5(b)所示。

总之,在拖动机构运动方程中,反抗转矩 T_L 的符号总是正的,位能转矩 T_L 的符号则有时为正、有时为负。

2. 直线型机械特性

这一类机械的负载转矩 T_L 是随着 n 的增加成正比地增大,即 $T_L = Cn$,C 为常数,如图 3-6 所示。

在实验室条件下,作模拟负载用的他励直流发电机,当励磁电流和电枢电阻固定不变时,其电磁转矩与转速即成正比。

3. 恒功率型机械特性

此类机械的负载转矩 T_L 与转速 n 成反比,即 $T_L = K/n$,或 $K = T_L n \propto P$ (P 为常数),如图 3-7 所示。

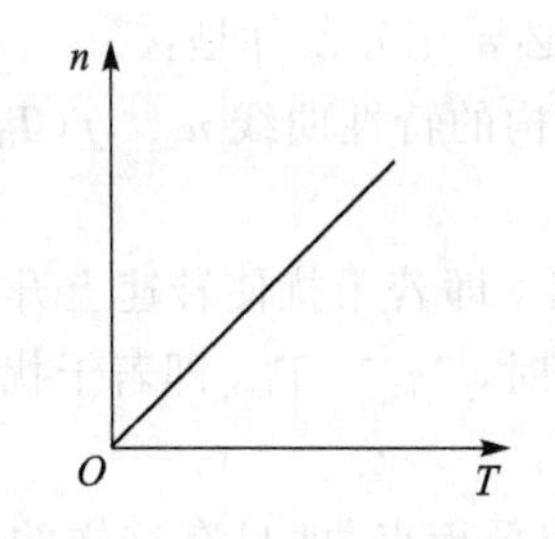

图 3-6 直线型机械特性图

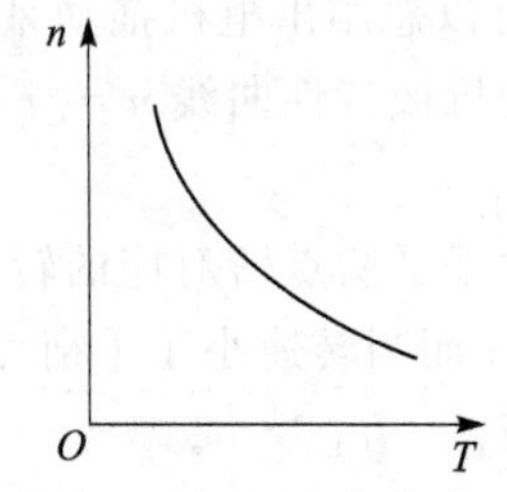

图 3-7 恒功率型机械特性

除了上述三种类型的拖动机构外,还有一些机构具有各自的转矩特性,如带曲柄连杆机构的拖动系统,其负载转矩 T_L 是随着转角 α 而变化的,而还有一些拖动系统的负载转矩随时间作无规律的随机变化,等等。

四、电动机稳定运行的条件

拖动系统中,电动机与负载连成一体,为了使系统运行合理,就要使电动机的机械特性与负载的机械特性尽量相配合。特性配合好的最基本要求是拖动系统能稳定运行。

电机拖动系统的稳定运行包含两重含义:一是系统应能以一定速度匀速运转;二是当系统受某种外部干扰作用(如电压波动、负载转矩波动等)而使运行速度稍有变化时,应保证在干扰消除后系统能恢复到原来的运行速度。

为保证系统匀速运转,必要条件是电动机轴上的拖动转矩 T_M 和折算到电动机轴上的负载转矩 T_L 大小相等,方向相反,相互平衡。从 $T-n$ 坐标平面上看,这意味着电动机的机械特性曲线 $n=f(T_M)$ 和拖动系统的机械特性曲线 $n=f(T_L)$ 必须有交点,如图 3-8 所示,图中,曲线1为异步电动机的机械特性，曲线2为电动机拖动的机构的机械特性（恒转矩型），两特性曲线有交点 a 和 b，交点常称为拖动系统的平衡点。

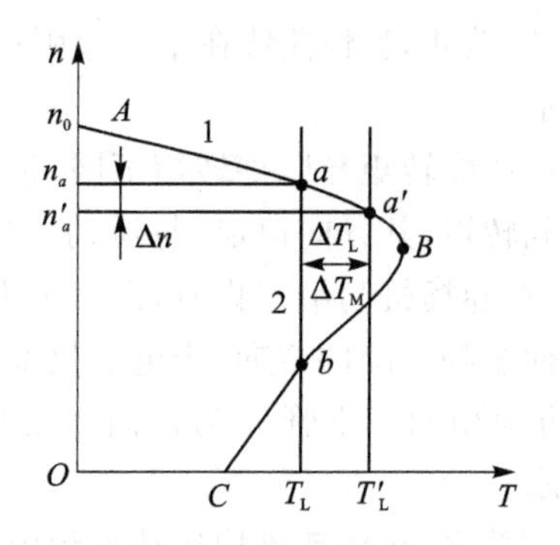

图3-8 稳定工作点的判别

但是机械特性曲线存在交点只是保证系统稳定运行的必要条件，还不是充分条件，实际上只有 a 点才是系统的稳定平衡点，因为在系统出现干扰时，例如负载转矩突然增加了 ΔT_L，则 T_L 变为 T'_L，这时，电动机来不及反应，仍工作在原来的 a 点，其转矩为 T_M，于是有 $T_M<T'_L$，由拖动系统运动方程可知，系统要减速，即 n 要下降到 $n'_a=n_a-\Delta n$，从电动机机械特性的 AB 段可看出，电动机转矩 T_M 将增大为 $T'_M=T_M+\Delta T_M$，电动机的工作点转移到 a' 点。当干扰消除（$\Delta T_L=0$）后，必有 $T'_M>T_L$ 迫使电动机加速，转速 n 上升，而 T_M 又要随着 n 的上升而减小，直到 $\Delta n=0$，$T_M=T_L$，系统重新回到原来的运行点 a；反之，若 T_L 突然减小，n 上升，当干扰消除后，也能回到 a 点工作，所以 a 点是系统的稳定平衡点。在 b 点，若 T_L 突然增加，n 要下降，T_M 随着 n 的下降而进一步减小，使 n 进一步下降，直到 $n=0$，电动机停转；反之，若 T_L 突然减小，n 上升，使 T_M 增大，促使 n 进一步上升，直至超过 B 点进入 AB 段的 a 点工作。所以，b 点不是稳定平衡点。由上可知，对于恒转矩负载，电动机的 n 变化时，必须具有向下倾斜的机械特性，系统才能稳定运行，若特性上翘，便不能稳定运行。

从以上分析可以总结出电机拖动系统稳定运行的必要充分条件是：

(1) 电动机的机械特性曲线 $n=f(T_M)$ 和拖动机构的特性曲线 $n=f(T_L)$ 有交点（即拖动系统的平衡点）；

(2) 当转速大于平衡点所对应的转速时，$T_M<T_L$，即若干扰使转速上升，当干扰消除后应有 $T_M-T_L<0$；而当转速小于平衡点所对应的转速时，$T_M>T_L$，即若干扰使转速下降，当干扰消除后应有 $T_M-T_L>0$。

只有满足上述两个条件的平衡点，才是拖动系统的平衡点，即只有这样的特性配合，系统受到外界干扰后，才具有恢复到原平衡状态的能力而进入稳定运行。

第二节　直流电动机及其特性

直流电动机是电机的主要类型之一，具有可逆性，既可以用作电动机（将直流电能转换成机械能），也可用作发电机（将机械能转换成直流电能）。直流电动机虽然结构较复杂，使用维护较麻烦，价格较昂贵，但由于其具有可以直接获得恒定的直流电源，调速性能好，启动转矩大等优点，得到了更加广泛的应用。

一、直流电动机的结构

直流电动机的结构包括定子和转子两部分，这两者之间由空气隙分开。定子的作用是产生主磁场和在机械上支撑电机，其组成部分有主磁极、换向极、机座、端盖和轴承等，电刷也用电刷座固定在定子上。转子的作用是产生感应电势或产生机械转矩以实现能量的转换，其组成部分有电枢铁芯、电枢绕组、换向器、轴和风扇等。直流电动机的结构如图3-9所示。

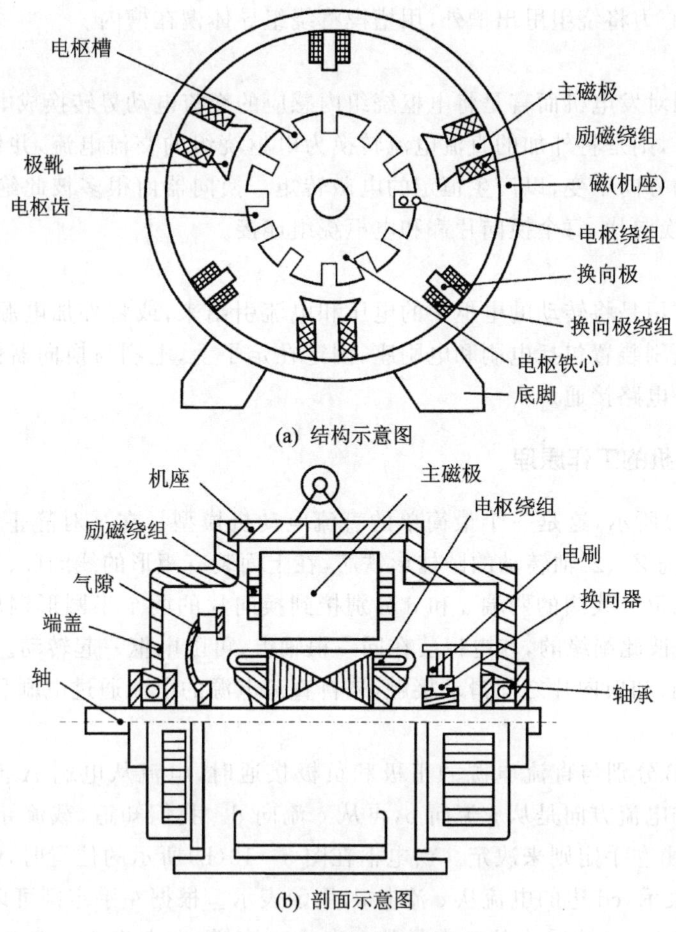

图 3-9　直流电机的结构图

1. 主磁极

主磁极包括主磁极铁芯和套在上面的励磁绕组,其作用是产生主磁场。绝大多数直流电动机的主磁极不是用永久磁铁而是由励磁绕组通以直流电来建立磁场。磁极下面扩大的部分称为极靴或极掌,其作用是使通过空气隙中的磁通分布最为合适,并使励磁绕组能牢固地固定在铁芯上。磁极是磁路的一部分,采用 1.0～1.5 mm 的钢片叠压制成;励磁绕组用绝缘铜线绕成。

2. 换向极

换向极是安装在两个相邻主磁极之间的一个小磁极,用来改善电枢电流的换向性能,使电动机运行时不产生有害的电火花。换向极结构与主磁极类似,由换向极铁芯和套在铁芯上的换向极绕组构成,并用螺杆固定在机座上。

3. 机　座

机座一方面用来固定主磁极、换向极和端盖等,并作为整个电机的支架用地脚螺钉将电机固定在基础上,另一方面也是电机磁路的一部分。为了保证具有良好的导磁性能和机械性能,机座一般用铸钢或者是钢板压制而成。

4. 电枢绕组

电枢绕组是直流电机产生感应电势及电磁转矩以实现能量转换的关键部分,由许多个完全相同的线圈按照一定的规律连接组成。绕组一般由铜线绕成,包上绝缘后嵌入电枢铁芯的槽中，为了防止离心力将绕组甩出槽外，用槽楔将绕组导体楔在槽内。

5. 换向器

换向器的作用对发电机而言是将电枢绕组内感应的交流电动势转换成电刷间的直流电动势。对电动机而言，则是将外加的直流电流转换为电枢绕组的交流电流，并保证每一磁极下，电枢导体的电流的方向不变，以产生恒定的电磁转矩。换向器由很多彼此绝缘的铜片组合而成，这些铜片称为换向片，每个换向片都和电枢绕组连接。

6. 电刷装置

电刷装置的作用是将转动的电枢中的电压和电流引出来，或将外加电源的电流输入到转动的电枢中去。电刷装置包括电刷和电刷座，固定在定子上，电刷与换向器保持滑动接触，以便将电枢绕组和外电路接通。

二、直流电动机的工作原理

如图 3－10(a)所示，这是一个最简单的直流电动机模型。在一对静止的磁极 N 和 S 之间，装设一个可以绕 $Z—Z'$ 轴转动的圆柱形铁芯，在上面装有矩形的线圈(a、b、c、d)，这个转动的部分通常叫做电枢。线圈的两端 a 和 d 分别接到换向片的两个半圆形铜环 1 和 2 上，而换向片 1 和 2 之间是彼此绝缘的，和电枢装在同一根轴上，可随电枢一起转动。A 和 B 是两个固定不动的碳质电刷，和换向片之间滑动接触，来自直流电源的电流通过电刷和换向片流到电枢的线圈里。

当电刷 A 和 B 分别与直流电源的正极和负极接通时，电流从电刷 A 流入，从电刷 B 流出。这时线圈中的电流方向是从 a 流向 b，再从 c 流向 d。我们知道，载流导体在磁场中要受到电磁力，其方向由左手定则来决定。当电枢在图 3－10(b)所示的位置时，线圈 ab 边的电流从 a 流向 b，用⊕表示，cd 边的电流从 c 流向 d，用⊙表示。根据左手定则可以判断出，ab 边受力的方向是从右向左，cd 边受力的方向是从左向右。这样，在电枢上就产生了反时针方向的转矩，因此电枢就将沿着反时针方向转动起来。

电枢转到使线圈的 ab 边从 N 极下面进入 S 极，cd 边从 S 极下面进入 N 极时，与线圈 a 端联接的换向片 1 跟电刷 B 接触，与线圈 d 端联接的换向片 2 跟电刷 A 接触，如图 3－10(c)所示。这样，线圈内的电流方向变为从 d 流向 c，再从 b 流向 a，从而保持在 N 极下面的导体中的电流方向不变。因此转矩的方向也不改变，电枢仍然按照原来的反时针方向继续旋转。由此可以看出，换向片和电刷在直流电机中起着改换电枢线圈中电流方向的作用。

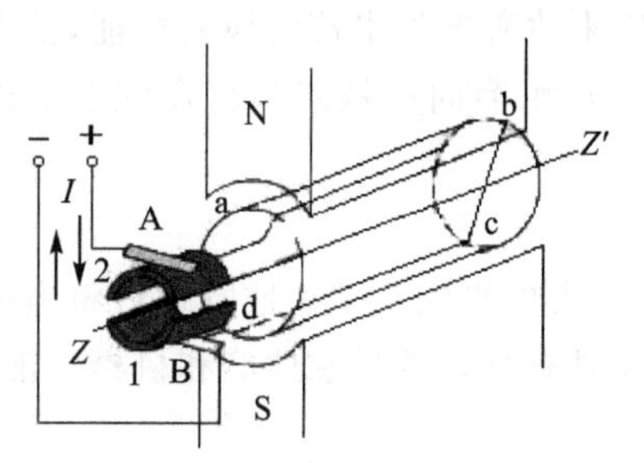

(a) 直流电动机工作原理

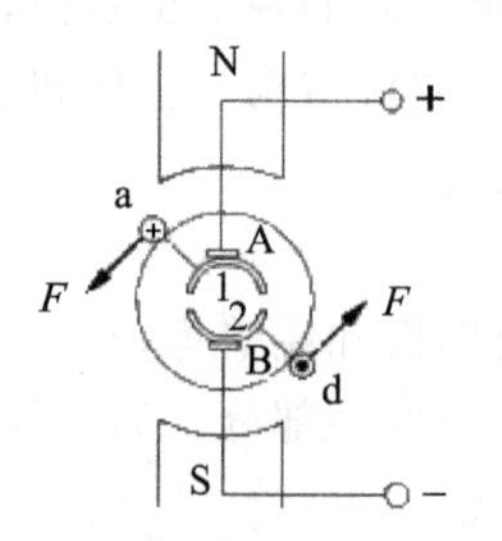

(b) 反时针转动的电枢受力分析图

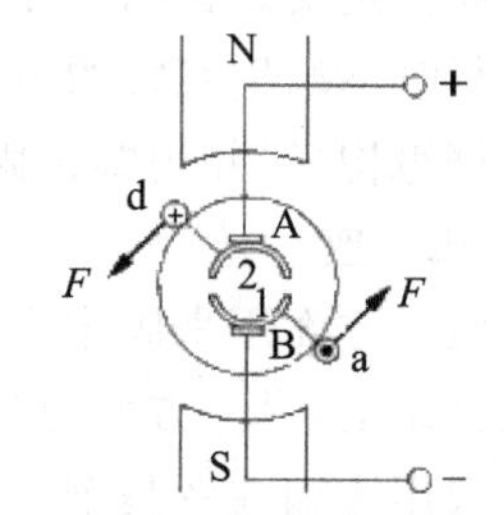

(c) 顺时针转动的电枢受力分析图

图 3－10　直流电动机模型

从上述分析可知，直流电动机工作时，首先需要建立一个磁场，可以由永久磁铁或由直流励磁的励磁绕组来产生。由永久磁铁构成磁场的电动机叫永磁直流电动机；对由励磁绕组来产生磁场的直流电动机，根据励磁绕组和电枢绕组的连接方式不同，分为他励电动机、并励电动机、串励电动机和复励电动机。

三、直流电动机的主要特性

1. 机械特性

前已述及，直流电动机按照励磁方法分为他励、并励、串励、复励四类，其运行特性也不尽相同，本节主要介绍在调速系统中运用最为广泛的他励电动机的机械特性。

图 3 - 11 所示为直流他励电动机与直流并励电动机的原理电路图。

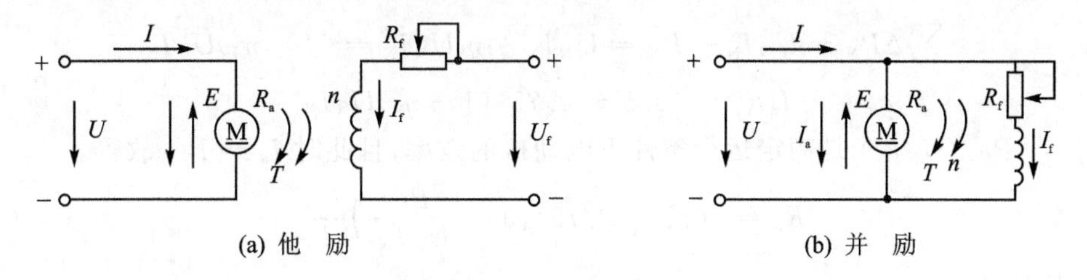

图 3 - 11　直流电动机原理电路图

电枢回路中的电动势平衡方程式为

$$U = E + I_a R_a \tag{3-16}$$

以 $E = K_e \Phi n$ 代入上式并略加整理可得

$$n = \frac{U}{K_e \Phi} - \frac{R_a}{K_e \Phi} I_a \tag{3-17}$$

此式称为直流电动机的转速特性 $n = f(I_a)$，再以 $I_a = T/(K_t \Phi)$ 代入上式，即可得直流电动机机械特性的一般表达式：

$$n = \frac{U}{K_e \Phi} - \frac{R_a}{K_e K_t \Phi^2} T = n_0 - \Delta n \tag{3-18}$$

式中：E 为电动势(V)；Φ 为一对磁极的磁通(Wb)；n 为电枢转速(r/min)；K_e 为与电机结构有关的常数；T 为电磁转矩(Nm)；I_a 为电枢电流(A)；K_t 为与电机结构有关的常数，$K_t = 9.55K_e$。

由于电动机励磁方式不同，磁通 Φ 随 I_a 和 T 变化规律也不同，故在不同励磁方式下，式(3 - 18)所表示的机械特性形状就有差异。对他励和并励而言，当 U_f 与 U 同属一个电源，且不考虑供电电源的内阻时，这两种电动机励磁电流 I_f 的大小均与电枢电流 I_a 无关，因此，其机械特性是一样的，如图 3 - 12 所示。

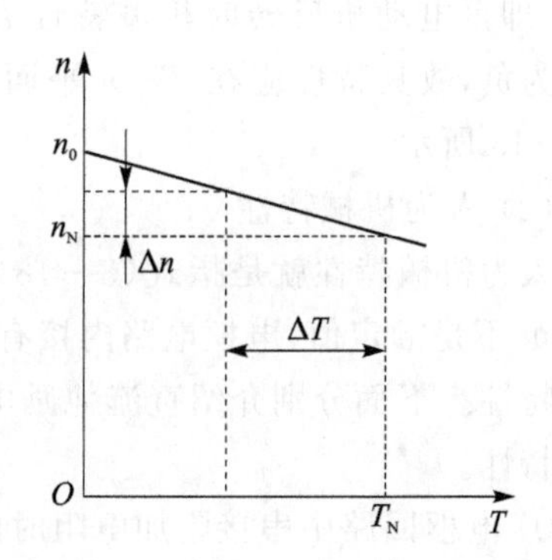

图 3 - 12　他励电动机的机械特性

在式(3 - 18)中，当 $T = 0$ 时的转速 $n_0 = U/(K_e \Phi)$ 称为理想空载转速。实际上，电动机总存在空载制动转矩，靠电动机本身的作用是不可能使转速上升到 n_0 的。

(1) 固有机械特性

电动机的机械特性有固有特性和人为特性之分。固有特性又称自然特性，指在额定条件下的$n=f(T)$，对于直流他励电动机，就是在额定电压U_N和额定磁通Φ_N下，电枢电路内不外接任何电阻时的$n=f(T)$。直流他励电动机的固有特性可以根据电动机的铭牌数据来绘制。由式(3-18)可知，当$U=U_N$，$\Phi=\Phi_N$时，且K_e，K_t，R_a都为常数，故$n=f(T)$是一条直线。只要确定其中的两个点就能画出这条直线，一般就用理想空载点$(0,n_0)$和额定运行点(T_N,n_N)近似地来作出直线。通常在电动机铭牌上给出了额定功率P_N、额定电压U_N、额定电流I_N和额定转速n_N等，由这些已知数据就可求出R_a，$K_e\Phi_N$，n_0，T_N。

① 估算电枢电阻R_a

通常电动机在额定负载下的铜耗$I_a^2R_a$约占总损耗$\sum\Delta P_N$的50%～75%。因

$$\sum\Delta P_N = U_N I_N - P_N = U_N I_N - \eta_N U_N I_N = (1-\eta_N)U_N I_N$$

即

$$I_a^2 R_a = (0.5 \sim 0.75)(1-\eta_N)U_N I_N$$

式中，$\eta_N = P_N/(U_N I_N)$是额定运行条件下电动机的效率，且此时$I_a = I_N$，故得

$$R_a = (0.5 \sim 0.75)\left(1-\frac{P_N}{U_N I_N}\right)\frac{U_N}{I_N} \tag{3-19}$$

② 求$K_e\Phi_N$

额定运行条件下的反电势$E_N = K_e\Phi_N n_N = U_N - I_N R_a$，故

$$K_e\Phi_N = (U_N - I_N R_a)/n_N \tag{3-20}$$

③ 理想空载转速n_0

理想空载转速

$$n_0 == U_N/(K_e\Phi_N)$$

④ 额定转矩

$$\{T_N\}_{N\cdot m} = \frac{\{P_N\}_W}{\{\omega\}_{rad/s}} = 9.55\frac{\{P_N\}_W}{\{n_N\}_{r/min}} \tag{3-21}$$

根据$(0,n_0)$和(T_N,n_N)两点，就可以作出他励电动机近似的机械特性曲线$n=f(T)$。

上述讨论的是直流他励电动机正转时机械特性，在T—n直角坐标平面的第一象限内。实际上电动机既可正转，也可反转，若将式(3-18)的等号两边乘以负号，即得电动机反转时机械特性表达式。因为n和T均为负，故其特性应在T—n平面的第三象限中，如图3-13所示。

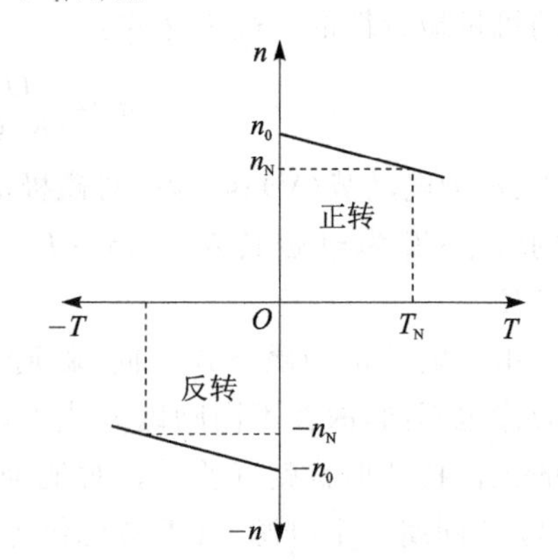

图3-13 直流他励电动机正反转时的固有机械特性

(2) 人为机械特性

人为机械特性就是指式(3-18)中供电电压U或磁通Φ不是额定值，电枢电路内接有外加电阻R_{ad}时的机械特性。下面分别介绍直流他励电动机的三种人为机械特性。

① 电枢回路中串接附加电阻时的人为机械特性

如图3-14(a)所示，当$U=U_N$，$\Phi=\Phi_N$，电枢回路中串接附加电阻R_{ad}时，若以$R_{ad}+R_a$代替式(3-18)中的R_a，就可求得人为机械特性方程式

$$n=\frac{U_N}{K_e\Phi_N}-\frac{R_{ad}+R_a}{K_eK_t\Phi_N^2}T=n_0-\Delta n \tag{3-22}$$

与固有机械特性比较可看出，当U和Φ都是额定值时，二者的理想空载转速n_0是相同的，而转速降Δn却变大了，即特性变软。R_{ad}越大，特性越软，在不同的R_{ad}值时，可得到一簇由同一点$(0,n_0)$出发的人为特性曲线，如图3-14(b)所示。

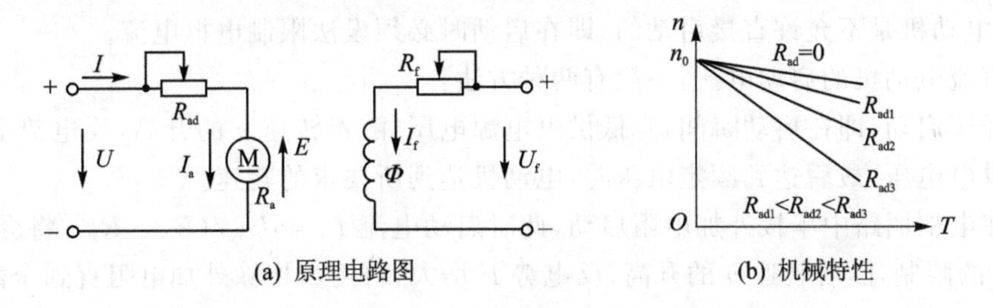

图3-14　电枢回路中串接附加电阻的他励电动机

② 改变电枢电压时的人为特性

当$\Phi=\Phi_N$，$R_{ad}=0$时，改变电枢电压U（即$U\neq U_N$）时，由式(3-18)可知，此时，理想空载转速$n_0=U/(K_e\Phi_N)$要随U的变化而变，但转速降Δn不变，所以，在不同的电枢电压U时，可得到一簇平行于固有特性曲线的人为特性曲线，如图3-15所示。由于电动机绝缘耐压强度的限制，电枢电压只允许在其额定值以下调节，所以，不同U值时的人为特性曲线均在固有特性曲线之下。

③ 改变磁通Φ时的人为特性

当$U=U_N$，$R_{ad}=0$，而改变磁通Φ时，由式(3-18)可知，此时，理想空载转速$U_N/(K_e\Phi)$和转速降$\Delta n=R_aT/(K_eK_t\Phi^2)$都要随磁通$\Phi$的变化而变化，由于励磁线圈发热和电动机磁饱和的限制，电动机的励磁电流和对应的磁通Φ只能在低于其额定值的范围内调节，所以，随着磁通Φ的降低，理想空载转速n_0和转速降Δn都要增大，又因为在$n=0$时，由电压平衡方程式$U=E+I_aR_a$和$E=K_e\Phi n$知，此时$I_{st}=U/R_a=$常数，故与其对应的电磁转矩随磁通Φ的降低而减小。根据以上所述，可得到不同磁通Φ值下的人为特性曲线簇，如图3-16所示。从图中可看出，每条人为特性曲线均与固有特性曲线相交，交点左边的一段在固有特性曲线之上，右边的一段在固有特性曲线之下，而在额定运转条件下，电动机总是工作在交点的左边区域内。

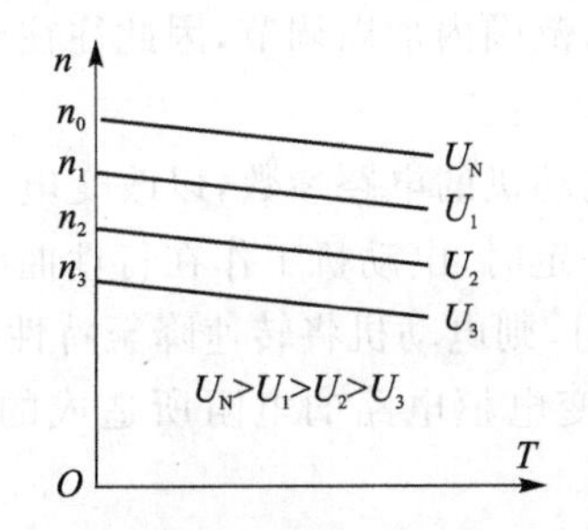

图3-15　改变电枢电压的人为特性曲线

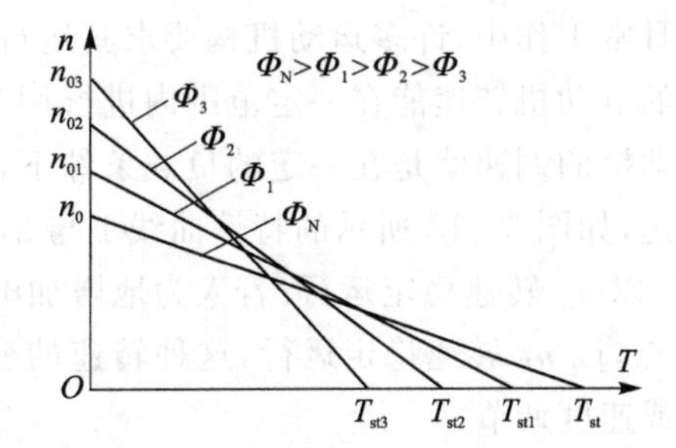

图3-16　改变磁通Φ的人为特性曲线

2. 启动特性

电动机的启动就是使电动机转子转动起来，达到所要求的转速后正常运转。对直流电动机而言，由式 $U=E+I_aR_a$ 可知，电动机在未启动之前 $n=0,E=0$，而 R_a 很小，所以，将电动机直接接入电网并施加额定电压时，启动电流 $I_{st}=U_N/R_a$ 将很大，一般情况下能达到额定电流的 10～20 倍。这样大的启动电流不仅使电动机在换向过程中产生危险的火花，烧坏整流子，过大的电枢电流产生过大的电动应力，可能会引起绕组的损坏，而且产生与启动电流成正比的启动转矩，会在机械系统和传动机构中产生过大的动态转矩冲击，使机械传动部件损坏。因此，直流电动机是不允许直接启动的，即在启动时必须设法限制电枢电流。

限制直流电动机的启动电流，一般有两种方法：

一是降压启动，即在启动瞬间，降低供电电源电压，随着转速 n 的升高，反电势 E 增大，再逐步提高供电电压，最后达到额定电压时，电动机达到所要求的转速。

二是在电枢回路中串接外加电阻启动，此时启动电流 $I_{st}=U_N/(R_a+R_{st})$ 将受到外加启动电阻 R_{st} 的限制，随着转速 n 的升高，反电势 E 增大，再逐步切除外加电阻直到全部切除，电动机达到所要求的转速。

在实际应用中，对电动机启动的要求也各不相同。一般情况下，希望平均启动转矩大一些，以缩短启动时间，这样启动电阻的段数就应多一些；而从经济上来看，则要求启动设备简单、经济和可靠，这样启动电阻的段数就应少一些。如图 3－17(a)所示，图中只有一段启动电阻，若启动后，将启动电阻一下全部切除，则启动特性如图 3－17(b)所示，此时由于电阻被切除，工作点将从特性 1 转换到特性 2 上，由于在切除电阻的瞬间，机械惯性的作用使电动机的转速不能突变，在此瞬间 n 维持不变，即从 a 点切换到 b 点，此时冲击电流仍会很大，为了避免这种情况，通常采用逐级切除启动电阻的方法来启动。

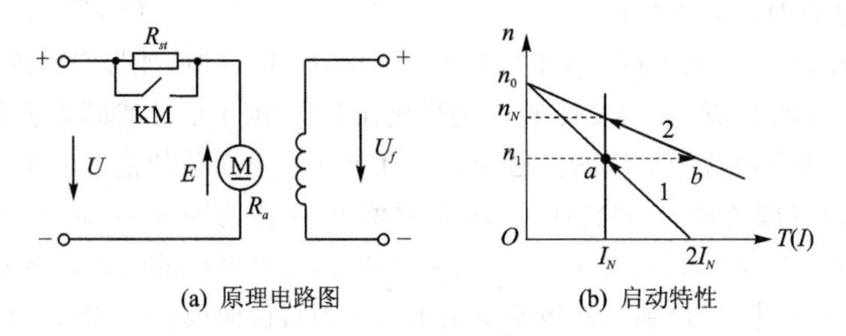

(a) 原理电路图 (b) 启动特性

图 3－17 具有一段启动电阻的他励电动机

3. 调速特性

在日常工作中，许多运动机构要求其运行速度在一定的范围内加以调节，因此往往要求拖动工作的电动机转速能在一定范围内进行调节。

电动机的调速就是在一定的负载条件下，人为地改变电动机的电路参数，以改变电动机的稳定转速，如图 3－18 所示的特性曲线 1 与 2，在负载转矩一定时，电动机工作在特性曲线 1 上的 A 点，以 n_A 转速稳定运行；若人为地增加电枢电路的电阻，则电动机将转速降至特性曲线 2 上的 B 点，以 n_B 转速稳定运行，这种转速的变化是人为改变电枢电路的电阻所造成的，故称为调速或速度调节。

在此，需要指出的是速度调节与速度变化是两个完全不同的概念，所谓速度变化是指由于电动机负载转矩发生变化(增大或减小)，而引起的电动机转速变化(下降或上升)，如图 3－19 所示。当负载转矩由 T_1 增加到 T_2 时，电动机的转速由 n_A 降低到 n_B，是沿着某一条机械特性发生的转速变化。总之，速度变化是在某条机械特性下，由负载改变而引起的；速度调节则是在某一特定的负载下，靠人为改变机械特性而得到的。

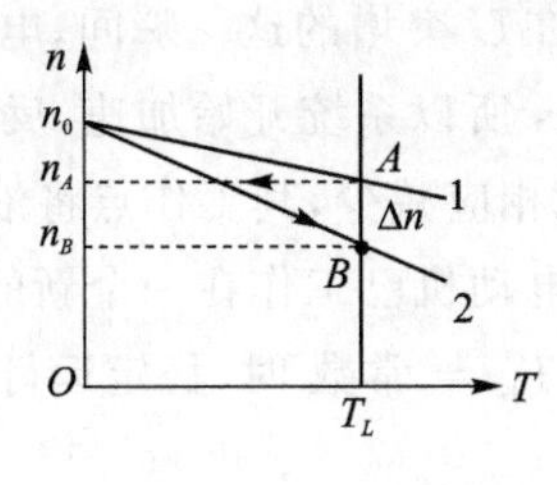

图 3-18　速度调节

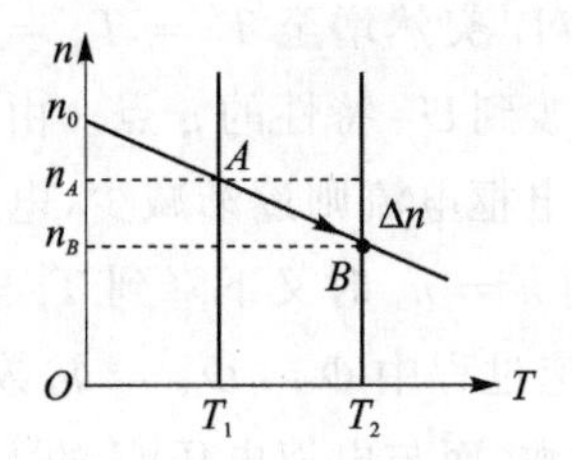

图 3-19　速度变化

从直流他励电动机机械特性方程式

$$n=\frac{U}{K_e\Phi}-\frac{R_a+R_{ad}}{K_eK_t\Phi^2}T \tag{3-23}$$

可知，改变串入电枢回路的电阻 R_{ad}，电枢供电电压 U 或主磁通 Φ，都可以得到不同的人为机械特性，从而在负载不变时可以改变电动机的转速，以达到速度调节的要求，故直流电动机的调速方法通常有以下三种。

① 改变电枢电路外串电阻 R_{ad}

图 3-20 所示为电枢电路串联电阻调速的特性，从特性图可以看出，在一定的负载转矩 T_L 下，串入不同的电阻可以得到不同的转速，如在电阻分别为 R_a、R'_3、R'_2、R'_1 的情况下，可以得到对应于 A、C、D 和 E 点的转速 n_A、n_C、n_D 和 n_E。在不考虑电枢电路的电感时，电动机调速时的机电过程（如降低转速）如图中沿 $A—B—C$ 的箭头方向所示，即从稳定转速 n_A 调至新的稳定转速 n_C。但这种调速方法机械特性较软，电阻越大特性越软，稳定度越低，并且在空载或轻载时，调速范围不大，因而目前已很少采用。

② 改变电枢供电电压 U

改变电枢供电电压 U 可得到人为机械特性，如图 3-21 所示，从特性可看出，在一定的负载转矩 T_L 下，加上不同的电压 U_N、U_1、U_2、U_3、…，可以得到不同的转速 n_a、n_b、n_c、n_d…，即改变电枢电压可以达到调速的目的。

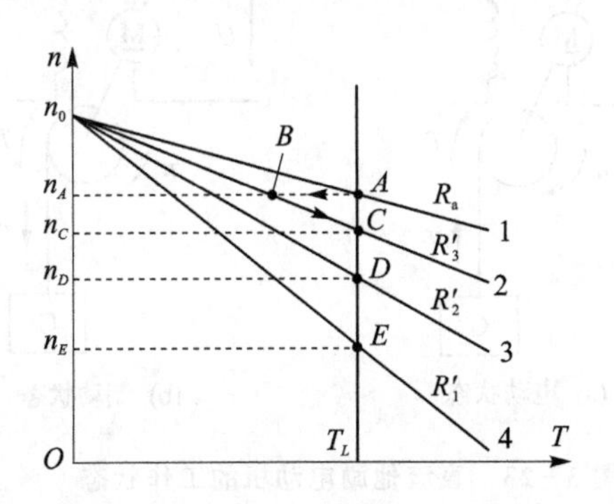

图 3-20　电枢回路串电阻调速特性

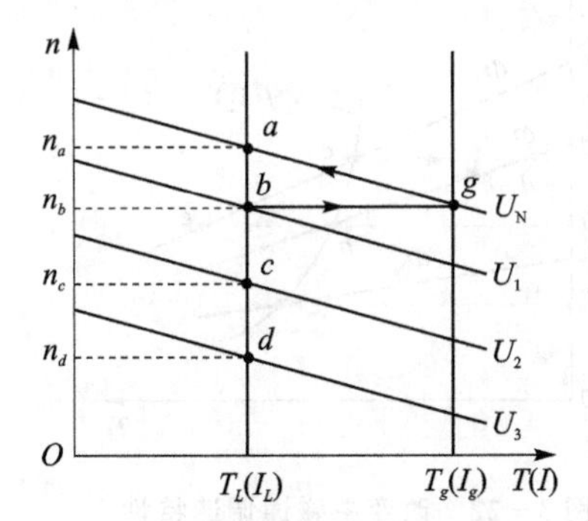

图 3-21　改变电枢电压调速特性

以电压由 U_1 突然升高至 U_N 为例说明其升速机电过程，电压为 U_1 时，电动机工作在 U_1 特性的 b 点，稳定转速为 n_b，当电压突然上升为 U_N 的瞬间，由于系统机械惯性的作用，转速 n 不能突变，相应的反电势 $E=K_e\Phi n$ 也不能突变，仍为 n_b 和 E_b。在不考虑电枢电路的电感时，电

枢电流将随 U 的突然上升，由 $I_{\mathrm{L}}=(U_{1}-E_{b})/R_{\mathrm{a}}$ 增至 $I_{g}=(U_{\mathrm{N}}-E_{b})/R_{\mathrm{a}}$，电动机的转矩也由 $T=T_{\mathrm{L}}=K_{\mathrm{t}}\Phi I_{\mathrm{L}}$ 突然增至 $T'=T_{g}=K_{\mathrm{t}}\Phi I_{g}$，即在 U 突增的这一瞬间，电动机的工作点由 U_{1} 特性的 b 点过渡到 U_{N} 特性的 g 点。由于 $T_{g}>T_{\mathrm{L}}$，所以系统开始加速，反电势 E 也随转速 n 的上升而增加，电枢电流则逐渐减少，电动机转矩也相应减少，其工作点将沿 U_{N} 特性由 g 点向 a 点移动，直到 $n=n_{\mathrm{a}}$ 时又下降到 $T=T_{\mathrm{L}}$，此时电动机已工作在一个新的稳定转速 n_{a}。

由于调压调速过程中 $\Phi=\Phi_{\mathrm{N}}=$ 常数，所以，当 $T_{\mathrm{L}}=$ 常数时，稳定运行状态下的电枢电流 I_{a} 也是一个常数，而与电枢电压 U 的大小无关。

③ 改变电动机主磁通 Φ

改变电动机主磁通 Φ 的机械特性如图 3-22 所示，在一定的负载功率下，不同的主磁通 Φ_{N}、Φ_{1}、Φ_{2}…，可以得到不同的转速 n_{a}、n_{b}、n_{c}…，即改变主磁通 Φ 可以达到调速的目的。

在不考虑励磁电路的电感时，电动机调速时的机电过程降速时沿 c—d—b 进行，即从稳定转速 n_{c} 降至稳定转速 n_{b}；升速时沿 b—e—c 进行，即从 n_{b} 升至 n_{c}，这种调速方法可以在额定转速以上实现弱磁平滑无级调速。

4. 制动特性

电动机的制动与启动是一对相对应的工作状态，启动是从静止加速到某一稳定转速，而制动则是从某一稳定状态开始减速到停止或是限制位能负载下降速度的一种运转状态。

就能量转换的观点而言，电动机有两种运转状态，即电动状态和制动状态。电动状态是电动机最基本的工作状态，其特点是电动机所发出的转矩 T 的方向与转速 n 的方向相同，如图 3-23(a)所示，当起重机提升重物时，电动机将电源输入的电能转换成机械能，使重物 G 以速度 v 上升；但电动机也可工作在其发出的转矩 T 与转速 n 方向相反的状态，如图 3-23(b)所示，这就是电动机的制动状态。此时，为使重物稳速下降，电动机必须发出与转速方向相反的转矩，以吸收或消耗重物的机械位能，否则重物由于重力作用，其下降速度将越来越快。又如当生产机械要由高速运转迅速降到低速或者生产机械要求迅速停车时，也需要电动机发出与旋转方向相反的转矩，来吸收或消耗机械能，使其迅速制动。

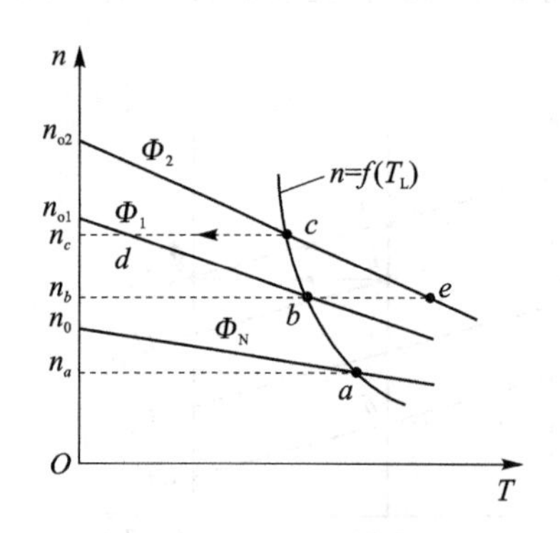

图 3-22　改变主磁通调速特性

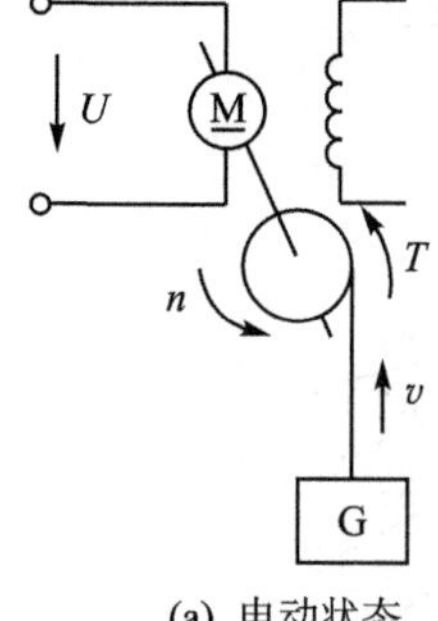

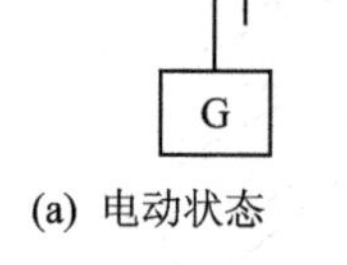

(a) 电动状态

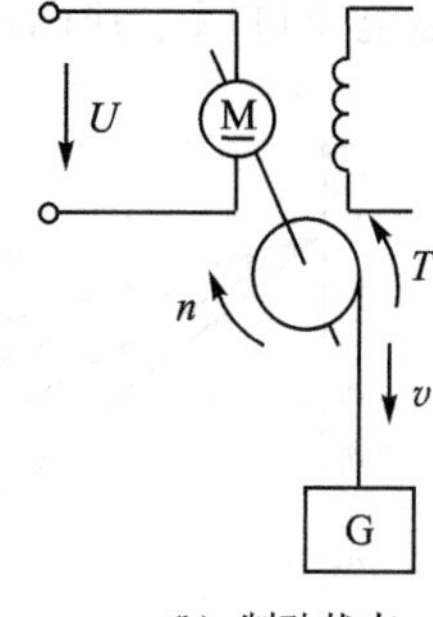

(b) 制动状态

图 3-23　直流他励电动机的工作状态

从上述分析可看出电动机的制动状态有两种形式：

一是在卷扬机下放重物时，为了限制位能负载的运动速度，电动机的转速不变，以保持重物的匀速下降，这属于稳定的制动状态；

二是在降速或停车制动时，电动机的转速是变化的，则属于过渡的制动状态。

两种制动状态的区别在于转速是否变化，其共同点在于电动机发出的转矩 T 与转速 n 方向相反，电动机工作在发电机运行状态，电动机吸收或消耗机械能，并将其转化为电能反馈回电网或消耗在电枢电路的电阻中。

根据直流他励电动机处于制动状态时的外部条件和能量传递情况，其制动状态分为反馈制动、反接制动、能耗制动三种形式。

(1) 反馈制动

电动机为正常接法时，在外部条件作用下电动机的实际转速 n 大于其理想空载转速 n_o，此时，电动机运行于反馈制动状态。如电车走平路时，电动机工作在电动状态，电磁转矩 T 克服摩擦型负载转矩 T_r 并以转速 n_a 稳定在 a 点工作，如图 3-24 所示。当电车下坡时，电车位能负载转矩 T_p 使电车加速，转速 n 增加，越过 n_o 继续加速，使 $n > n_o$，感应电势 E 大于电源电压 U，故电枢中电流 I_a 的方向便与电动状态相反，转矩的方向也由于电流方向的改变而变得与电动运转状态相反，直到 $T_p = T + T_r$ 时，电动机以 n_b 的稳定转速控制电车下坡。实际上这时是电车的位能转矩带动电动机发电，把机械能转换成电能，向电源馈送，故称反馈制动。

在反馈制动状态下电动机的机械特性表达式仍是式(3-22)，所不同的是 T 改变了符号(即 T 为负值)，而理想空载转速和特性的斜率均与电动状态下一致，这说明电动机正转时，反馈制动状态下的机械特性是第一象限中电动状态下的机械特性在第二象限内的延伸。

在电动机电枢电压突然降低使电动机转速降低的过程中，也会出现反馈制动状态，如图 3-25 所示，原来电压为 U_1，相应的机械特性为直线 1，在某一负载下以速度 n_1 运行在电动状态，当电枢电压由 U_1 突降到 U_2 时，对应的理想空载转速为 n_{o2}，机械特性变为直线 2。但由于电动机转速和由它所决定的电枢电势不能突变，若不考虑电枢电感的作用，则电枢电流将由 $I_a = \dfrac{U_1 - E}{R_a + R_{ad}}$ 突然变为 $I_b = \dfrac{U_2 - E}{R_a + R_{ad}}$；当 $n_{o2} < n_1$，即 $U_2 < E$ 时，则电流 I_b 为负值并产生制动转矩，即电压 U 突降的瞬时，系统的状态在第二象限中的 b 点，从 b 点到 n_{o2} 这段特性上，电动机进行反馈制动，转速逐步降低，当转速下降至 $n = n_{o2}$ 时，$E = U_2$，电动机的制动电流和由它建立的制动转矩下降为零，反馈制动过程结束。此后，在负载转矩 T_L 的作用下转速进一步下降，电磁转矩又变为正值，电动机重新运行于第一象限的电动状态，直至达到 c 点时 $T = T_L$，电动机又以 n_2 的转速在电动状态下稳定运行。

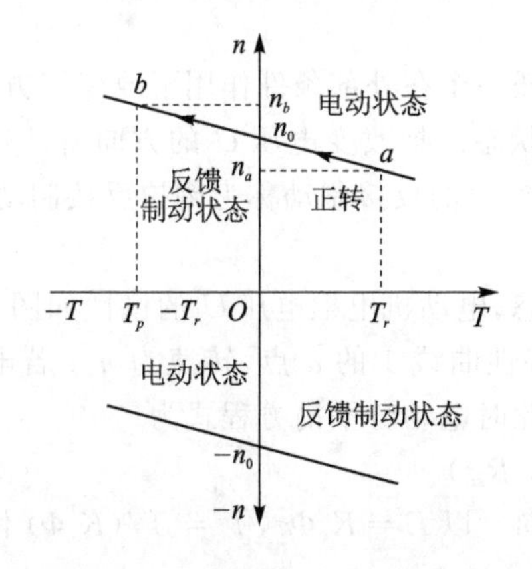

图 3-24　直流他励电动机反馈制动

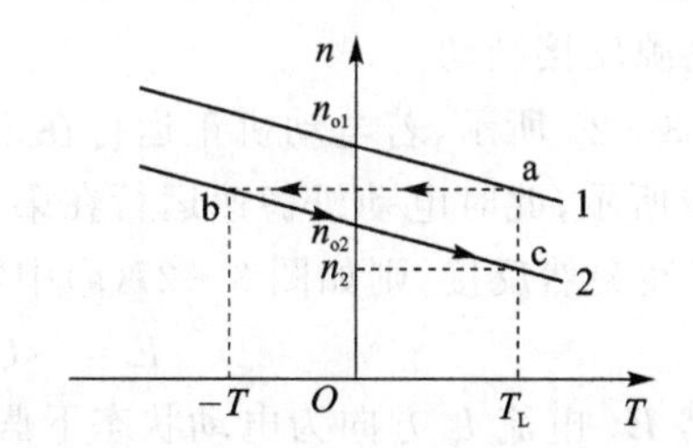

图 3-25　电枢电压突然降低时反馈制动

同样，电动机在弱磁状态用增加磁通 Φ 的方法来降速时，也能产生反馈制动过程，以实现迅速降速的目的。

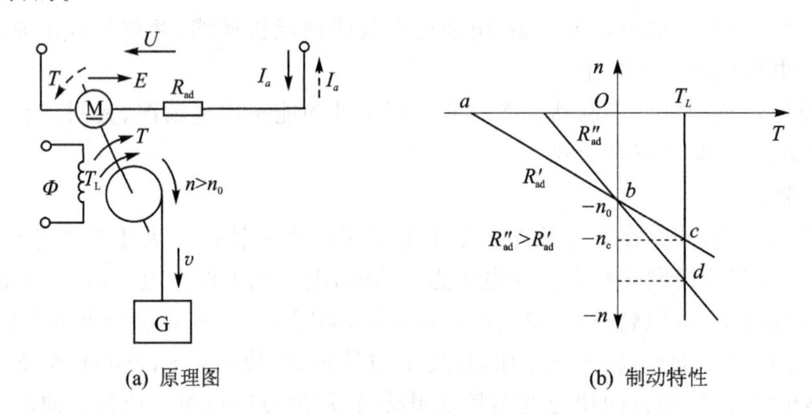

(a) 原理图 (b) 制动特性

图 3-26 下放重物时的反馈制动过程

卷扬机构下放重物时,也能产生反馈制动过程,以保持重物匀速下降,如图 3-26 所示。设电动机正转时是提升重物,机械特性曲线在第一象限;若改变加在电枢上的电压极性,其理想空载转速为 $-n_0$,特性在第三象限,电动机反转,在电磁转矩 T 和负载转矩 T_L 的共同作用下重物迅速下降,且愈来愈快,使电枢电势 $E=K_e\Phi n$ 增加,电枢电流 $I_a=(U-E)/(R_a+R_{ad})$ 减小,电动机转矩 $T=K_t\Phi I_a$ 亦减小,传动系统的状态沿其特性由 a 点向 b 点移动。由于电动机和生产机械特性曲线在第三象限没有交点,系统不可能建立稳定平衡点,所以系统的加速过程一直进行到 $n=-n_0$ 和 $T=0$ 时仍不会停止,而在重力作用下继续加速。当 $|n|>|-n_0|$ 时,$E>U$,I_a 改变方向,电动机转矩 T 变为正值,其方向与 T_L 相反,系统的状态进入第四象限,电动机进入反馈制动状态。在 T_L 的作用下,状态由 b 点继续向 c 点移动,电枢电流和它所建立的电磁制动转矩 T 随转速的上升而增大,直到 $n=-n_c$,$T=T_L$ 时为止,此时系统的稳定平衡点在第四象限的 c 点,电动机以 $n=-n_c$ 的转速在反馈制动状态下稳定运行,以保持重物匀速下降。若改变电枢电路中的附加电阻 R_{ad} 的大小,也可以调节反馈制动状态下电动机的转速,但与电动状态下的情况相反。反馈制动状态下附加电阻越大,电动机的转速越高。为使重物下降速度不致过快,串接的附加电阻不宜过大。但即使不串接任何电阻,重物下放过程中电动机的转速仍高于 n_0,如果下放的工件较重,则采用这种制动方式运行不太安全。

(2) 反接制动

当他励电动机的电枢电压 U 或电枢电势 E 中的任一个在外部条件作用下改变了方向,即由方向相反变成方向一致时,电动机运行于反接制动状态。把改变电压 U 的方向所产生的反接制动称为电源反接制动,而把改变电势 E 的方向所产生的反接制动称为倒拉反接制动。

① 电源反接制动

如图 3-27 所示,若电动机正运行在正向电动状态,电动机电枢电压 U 的极性如图 3-27(a)中虚线所示,此时电动机稳速运行在第一象限中特性曲线 1 的 a 点,转速为 n_a。若电枢电压 U 的极性突然反接,则如图 3-27(a)中实线所示,此时电动势平衡方程式为

$$E=-U-I_a(R_a+R_{ad}) \tag{3-24}$$

其中,电势 E、电流 I_a 方向为电动状态下假定的正方向。以 $E=K_e\Phi n$,$I_a=T/(K_t\Phi)$ 代入上式,便可得到电源反接制动状态的机械特性表达式为

$$n=\frac{-U}{K_e\Phi}-\frac{R_a+R_{ad}}{K_eK_t\Phi^2}T \tag{3-25}$$

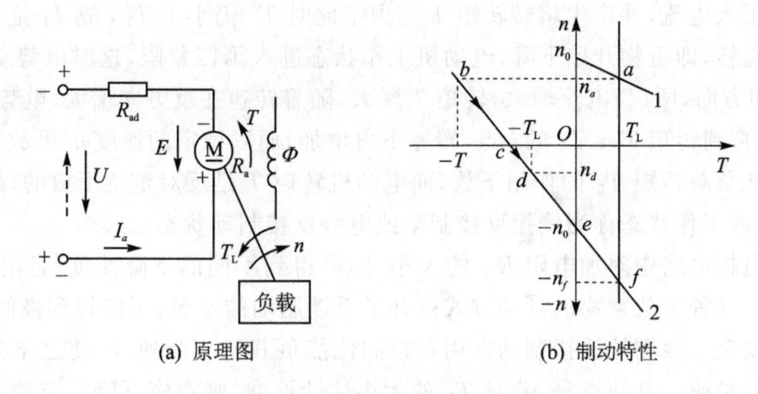

图 3-27　电源反接时的反接制动过程

可见,当理想空载转速 n_0 变为 $-n_0=-U/(K_e\Phi)$ 时,电动机的机械特性曲线为图 3-27(b)中直线 2,其反接制动特性曲线在第二象限。由于在电源极性反接的瞬间,电动机的转速和它所决定的电枢电势不能突变,若不考虑电枢电感的作用,此时系统的状态由直线 1 的 a 点变到直线 2 的 b 点,电动机发出与转速 n 方向相反的转矩 T(即 T 为负值),它与负载转矩共同作用,使电机转速迅速下降,制动转矩将随 n 的下降而减小,系统的状态沿直线 2 自 b 点向 c 点移动。当 n 下降到零时,反接制动过程结束。这时若电枢还不从电源拉开,电动机将反向启动,并将在 d 点(T_L 为反抗转矩时)或 f 点(T_L 为位能转矩时)建立系统的稳定平衡点。

电源反接制动一般应用在拖动机构要求迅速减速、停车和反向的场合以及要求经常正反转的机械上。

② 倒拉反接制动

如图 3-28 所示,在进行倒拉反接制动以前,设电动机处于正向电动状态,以转速 n_a 稳定运转,提升重物。若欲下放重物,则需在电枢电路内串入附加电阻,这时电动机的运行状态将由自然特性曲线 1 的 a 点过渡到人为特性曲线 2 的 c 点,电动机转矩 T 远小于负载转矩 T_L,因此,传动系统转速下降,即沿着特性曲线 2 向下移动。

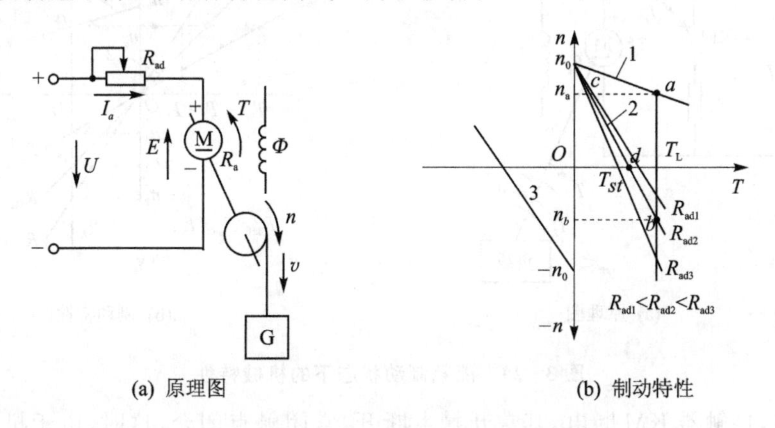

图 3-28　倒拉反接制动状态下的机械特性

由于转速下降,电势 E 减小,电枢电流增大,则电动机转矩 T 相应增大,但仍比负载转矩 T_L 小,所以,系统速度继续下降,即重物提升速度越来越慢,当电动机转矩 T 沿特性曲线 2 下降到 d 点时,电动机转速为零,即重物停止上升,电动机反电势也为零,但电枢在外加电压 U

的作用下仍有很大电流，并产生堵转转矩 T_{st}。由于此时 T_{st} 仍小于 T_L，故 T_L 拖动电动机的电枢开始反方向旋转，即重物开始下降，电动机工作状态进入第四象限，这时电势 E 的方向也反过来，E 和 U 同方向，所以，电流增大，转矩 T 增大，随着转速在反方向增大，电势 E 增大，电流和转矩也增大，直到转矩 $T=T_L$ 的 b 点，转速不再增加，而以稳定的速度 n_b 下放重物。由于这时重物是靠位能负载转矩 T_L 的作用下放，而电动机转矩 T 是反对重物下放的，故电动机这时起制动作用，这种工作状态称为倒拉反接制动或电势反接制动状态。

适当选择电枢电路中附加电阻 R_{ad} 的大小，即可得到不同的下降速度，且附加电阻越小，下降速度越低。这种下放重物的制动方式弥补了反馈制动的不足，可以得到极低的下降速度，保证了生产的安全。故倒拉反接制动常用在控制位能负载的下降速度，使之不致在重物作用下有越来越大的加速。其缺点是，若对 T_L 的大小估计不准，则本应下降的重物可能向上升的方向运动。另外，其机械特性硬度小，因而较小的转矩波动就可能引起较大的转速波动，即速度的稳定性较差。

由于图 3-28(a)中电压 U、电势 E、电流 I_a 都是电动状态下假定的正方向，所以，倒拉反接制动状态下的电势平衡方程式、机械特性在形式上均与电动状态下的相同，分别为

$$E=U-I_a(R_a+R_{ad}) \qquad n=\frac{U}{K_e\Phi}-\frac{R_a+R_{ad}}{K_eK_t\Phi^2}T \tag{3-26}$$

因在倒拉反接制动状态下电枢反向旋转，故上述各式中的转速 n、电势 E 应是负值，可见倒拉反接制动状态下的机械特性曲线实际上是第一象限中电动状态下的机械特性曲线在第四象限中的延伸；若电动机反向运转在电动状态，则倒拉反接制动状态下的机械特性曲线就是第三象限中电动状态下的机械特性曲线在第二象限中的延伸，如图 3-28(b)中曲线 3 所示。

(3) 能耗制动

电动机在电动状态运行时，若把外施电枢电压 U 突然降为零，而将电枢串接的一个附加电阻 R_{ad} 短接起来，便能得到能耗制动状态，如图 3-29 所示。

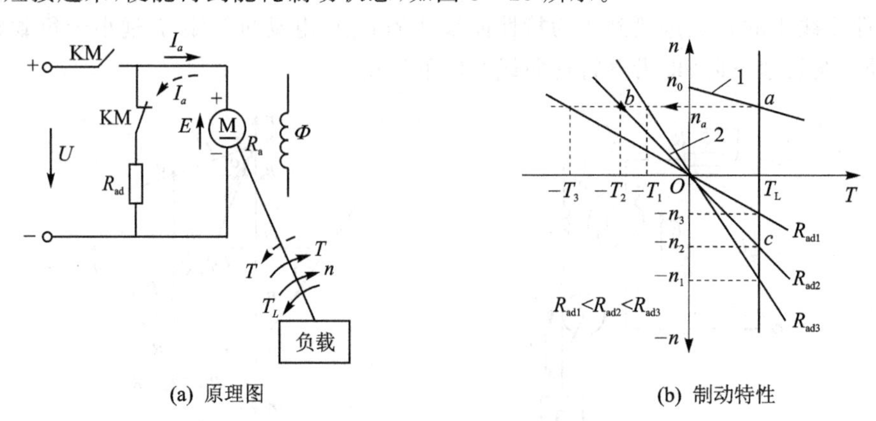

(a) 原理图　　(b) 制动特性

图 3-29　能耗制动状态下的机械特性

即制动时，接触器 KM 断电，其常开触点断开，常闭触点闭合，这时，由于机械惯性，电动机仍在旋转，磁通 Φ 和转速 n 的存在，使电枢绕组上继续有感应电势 $E=K_e\Phi n$，其方向和电动状态相同。电势 E 在电枢和 R_{ad} 回路内产生电流 I_a，该电流方向与电动状态下由电源电压 U 所决定的电枢电流方向相反，而磁通 Φ 的方向未变，故电磁转矩 $T=K_t\Phi I_a$ 反向，即 T 与 n 反向，T 变成制动转矩。这时由工作机械的机械能带动电动机发电，使传动系统储存的机械

能转变成电能通过电阻转化成热量消耗掉,故称之为"能耗"制动。

由图 3-29(a)可看出,电压 $U=0$,电势 E、电流 I_a 仍为电动状态下假定的正方向,故能耗制动状态下的电势平衡方程式为:$E=-I_a(R_a+R_{ad})$,因 $E=K_e\Phi n$,$I_a=T/(K_t\Phi)$,故

$$n=-\frac{R_a+R_{ad}}{K_eK_t\Phi^2}T \tag{3-27}$$

其机械特性曲线如图 3-29(b)中的直线 2 所示,它是通过原点,且位于第二象限和第四象限的一条直线。

如果电动机带动的是反抗性负载,它只具有惯性能量,则能耗制动的作用是消耗掉传动系统储存的动能,使电动机迅速停车。制动过程如图 3-29(b)所示,设电动机原来运行在 a 点,转速为 n_a,刚开始制动时 n_a 不变,但制动特性为曲线 2,工作点由 a 转到 b 点,这时电动机转矩为负值(因在电势的作用下,电枢电流反向),是制动转矩,在制动转矩和负载转矩共同作用下,拖动系统减速。电动机工作点沿特性 2 上的箭头方向变化,随着转速 n 的下降,制动转矩也逐渐减小,直至 $n=0$ 时,电动机产生的制动转矩也下降到零,制动作用自行结束。这种制动方式的优点之一是不像电源反接制动那样存在着电动机反向启动的危险。

如果是位能负载,则在制动到 $n=0$ 时,重物还将拖着电动机反转,使电动机向下降的方向加速,即电动机进入第四象限的能耗制动状态,随着转速的升高,电势 E 增加,电流和制动转矩也增加,系统的状态由能耗制动特性曲线 2 的 O 点向 c 点移动,当 $T=T_L$ 时,系统进入稳定平衡状态。电动机以 $-n_2$ 转速使重物匀速下降。采用能耗制动下放重物的主要优点是,不会出现像倒拉反接制动那样因对 T_L 的大小估计错误而引起重物上升的事故,运行速度也较反接制动时稳定。

能耗制动通常应用于拖动系统需要迅速而准确地停车及卷扬重物的恒速下放的场合。如图 3-29(b)所示,改变制动电阻 R_{ad} 的大小,可得到不同斜率的特性。在一定负载转矩的作用下,不同大小的 R_{ad},便有不同的稳定转速(如 $-n_1$,$-n_2$,$-n_3$);或者在一定转速下,可使制动电流与制动转矩不同(如 $-T_1$,$-T_2$,$-T_3$)。R_{ad} 越小,制动特性越平,也即制动转矩越大,制动效果越强烈。但是,为避免电枢电流过大,R_{ad} 的最小值应该使制动电流不超过电动机允许的最大电流。

所以,电动机有电动和制动两种状态,在同一接线方式下,有时既可运行在电动状态,也可运行在制动状态。对直流他励电动机,用正常的接线方法,不仅可以实现电动运转,也可以实现反馈制动和反接制动,这三种运转状态处在同一条机械特性上的不同区域。

第三节　交流电动机及其特性

直流电动机具有很好的控制和调速性能,长期以来在工业控制中得到了较为广泛的应用。但直流电机是采用电刷和换向器完成电枢电流的换向,电刷和换向器之间是滑动接触,运行中常伴随有火花和磨损,因此换向器表面和电刷都需要经常地维护和保养,以保证直流电动机的正常运行,这是直流电机的致命弱点。

而交流电动机由于无电刷和换向器,不需要维护,与直流电动机相比,输出相同功率,交流电机质量轻,而且交流电动机结构简单、坚固,适应安装环境能力强,可以承受高速运转,因此,交流电机一向被认为是一种理想的驱动元件。随着变频调速技术的进步,交流电机的控制在

大功率、高电压、高精度、快响应等领域中的应用已取得重要的进展，并逐步取代直流电机，在工业生产中得到广泛的应用。

常用的交流电动机有三相异步电动机(或称感应电动机)和同步电动机。异步电动机结构简单，维护容易，运行可靠，价格便宜，具有较好的稳态和动态特性，因此，是工业中使用得最为广泛的一种电动机。本节主要以三相异步电动机为例，介绍其工作原理、启动、制动、调速的特性和方法。

一、三相异步电动机的结构

三相异步电动机主要由定子和转子构成，定子是静止不动的部分，转子是旋转部分，在定子铁芯内圆和转子铁芯外圆之间有一定的气隙，其结构如图 3-30 所示。

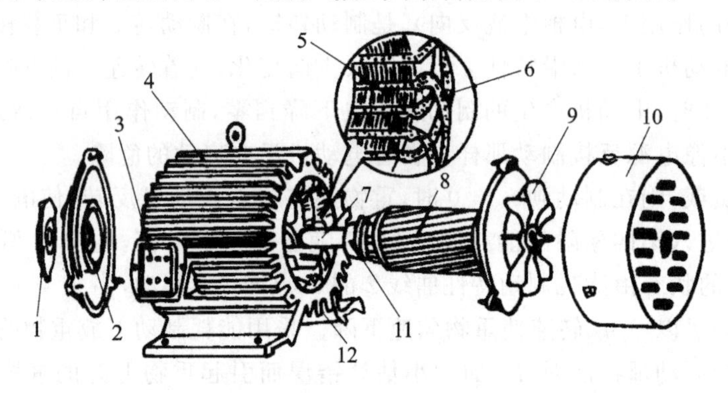

1—轴承盖；2—端盖；3—接线盒；4—散热筋；5—定子铁芯；6—定子绕组；
7—转轴；8—转子；9—风扇；10—罩壳；11—轴承；12—机座

图 3-30　三相异步电动机的结构

1. 定　子

定子由铁芯、绕组与机座三部分组成。定子铁芯是电动机磁路的一部分，由 0.5 mm 的硅钢片叠压而成，片与片之间绝缘，以减少涡流损耗和磁滞损耗，硅钢片的内圆冲有定子槽，如图 3-31 所示，槽的形状由电机的容量、电压及绕组的形式决定。槽中安放绕组，硅钢片铁芯在叠压后成为一个整体，固定于机座上。定子绕组是电动机的电路部分，由许多线圈按一定的规律嵌入定子槽中，并按一定的方式连接。每个线圈有两个有效边，分别放在两个槽里。三相对称绕组 AX、BY、CZ 可连接成星形或三角形。机座主要用于固定和支撑定子铁芯，根据不同的冷却方式可采用不同的机座型式。中小型异步电动机一般采用铸铁机座；大容量的异步电动机，一般采用钢板焊接的机座。

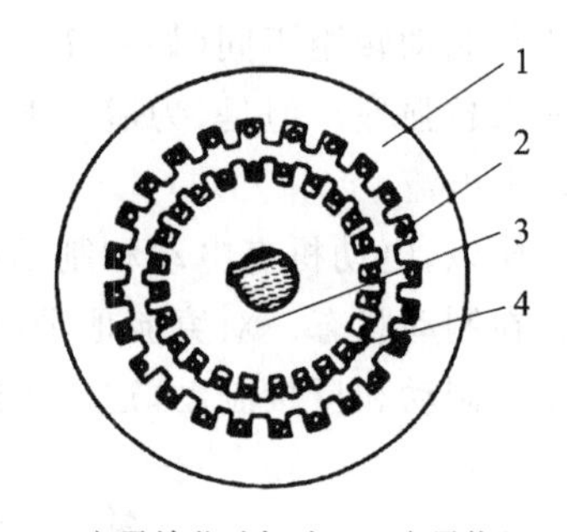

1—定子铁芯硅钢片；2—定子绕组；
3—转子铁芯硅钢片；4—转子绕组

图 3-31　定子和转子的钢片

2. 转　子

转子是电动机的旋转部分，电动机的工作转矩就是由转子轴输出的。异步电动机的转子由转子铁芯、轴和转子绕组组成。转子铁芯压装在转轴上，由硅钢片叠压而成，转子硅钢片冲片如图 3-31 所示，转子铁芯也是电动机磁路的一部分，转子铁芯、气隙与定子铁芯构成电动机的完整磁路。根据转子绕组的型式，异步电动机转子可分为鼠笼型转子和线绕式转子两大类。

鼠笼型转子是在转子铁芯槽里插入铜条，再将全部铜条两端焊接在两个铜端环上而组成的，如图 3－32 所示。假设去掉铁芯，整个绕组的外形恰似一个"鼠笼"。

线绕式转子绕组与定子绕组一样，由线圈组成绕组放入转子铁芯槽里，转子绕组一般是连接成星形的三相绕组，转子绕组组成的磁极数与定子相同，线绕式转子通过轴上的滑环和电刷在转子回路中接入外加电阻，用于改善启动性能与调节转速，如图 3－33 所示。

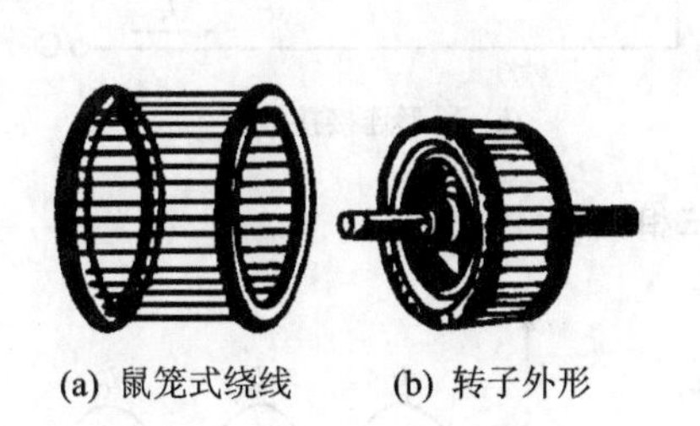

图 3－32　鼠笼式转子

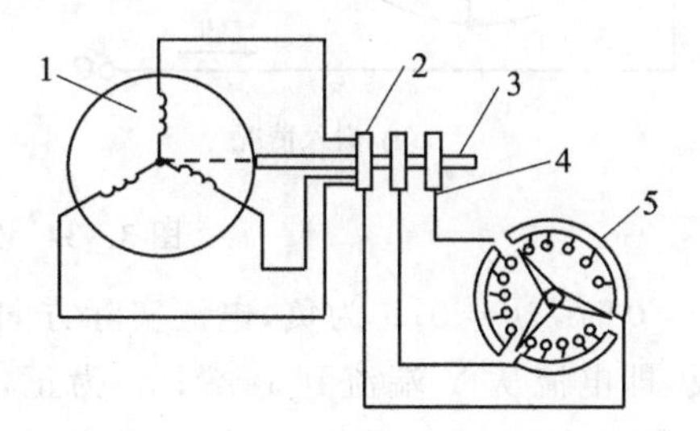

1—转子绕组；2—滑环；3—轴；4—电刷；5—变阻器

图 3－33　线绕式转子绕组外接变阻器

线绕式转子的特点是可通过集电环和电刷在转子回路中接入适当的附加电阻，以改善启动（增大启动转矩，降低启动电流）或调速性能。

鼠笼型转子的优点是结构简单，制造容易，坚固耐用，价格低，但其启动性能不如线绕式转子的电动机。在要求启动电流小，启动转矩大，或在要求一定调速范围的场合，常采用线绕式异步电动机。

二、三相异步电动机的工作原理

三相异步电动机的工作原理是基于定子旋转磁场（定子绕组内三相电流所产生的合成磁场）和转子电流（转子绕组内的电流）的相互作用。

1. 旋转磁场

要使异步电动机转动起来，必须要有一个旋转磁场。异步电动机的旋转磁场是如何产生的呢？其旋转方向和旋转速度是怎样确定的呢？

（1）旋转磁场的产生

当电动机定子绕组通以三相电流时，各相绕组中的电流都将产生自己的磁场。由于电流随时间变化，产生的磁场也将随时间变化，而三相电流产生的总磁场（合成磁场）不仅随时间变化，而且是在空间旋转的，故称旋转磁场。

为了简便起见，假设每相绕组只有一个线匝，分别嵌放在定子内圆周的 6 个凹槽之中，如图 3－34 所示，图中 A，B，C 和 X，Y，Z 分别代表各相绕组的首端和末端。定子绕组中，流过电流的正方向规定为自各相绕组的首端到其末端，并取流过 A 相绕组的电流 i_A 作为参考正弦量，即 i_A 的初相位为零，则各相电流的瞬时值可表示为（相序为 A—B—C）

$$i_A = I_m \sin \omega t \qquad i_B = I_m \sin\left(\omega t - \frac{2\pi}{3}\right) \qquad i_C = I_m \sin\left(\omega t - \frac{4\pi}{3}\right)$$

图 3－35 所示为这些电流随时间变化的曲线。

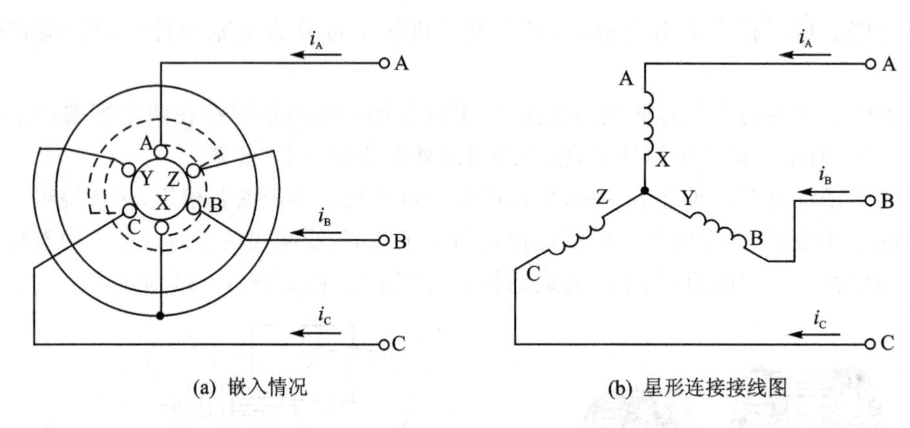

(a) 嵌入情况　　(b) 星形连接接线图

图 3-34　定子三相绕组

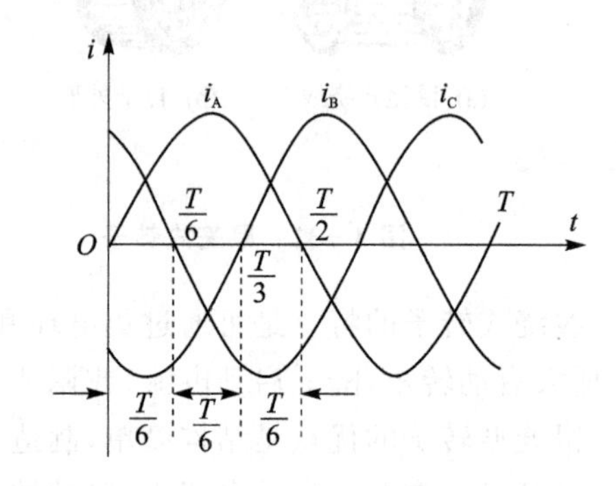

图 3-35　三相电流的波形图

在 $t=0$ 时，$i_A=0$；i_B 为负，电流实际方向与正方向相反，即电流从 Y 端流到 B 端；i_C 为正，电流实际方向与正方向一致，即电流从 C 端流到 Z 端。按照右手螺旋法则确定三相电流产生的合成磁场，如图 3-36(a)箭头所示。

当 $t=T/6$ 时，$\omega t=\omega T/6=\pi/3$；$i_A$ 为正(电流从 A 端流到 X 端)；i_B 为负(电流从 Y 端流到 B 端)；$i_C=0$。此时的合成磁场如图 3-36(b)所示，合成磁场已从 $t=0$ 瞬间所在位置顺时针方向旋转了 $\pi/3$。

当 $t=T/3$ 时，$\omega t=\omega T/3=2\pi/3$；$i_A$ 为正；$i_B=0$；i_C 为负。此时的合成磁场如图 3-36(c)所示，合成磁场已从 $t=0$ 瞬间所在位置顺时针方向旋转了 $2\pi/3$。

当 $t=T/2$ 时，$\omega t=\omega T/2=\pi$；$i_A=0$；i_B 为正；i_C 为负。此时的合成磁场如图 3-36(d)所示，合成磁场已从 $t=0$ 瞬间所在位置顺时针方向旋转了 π。

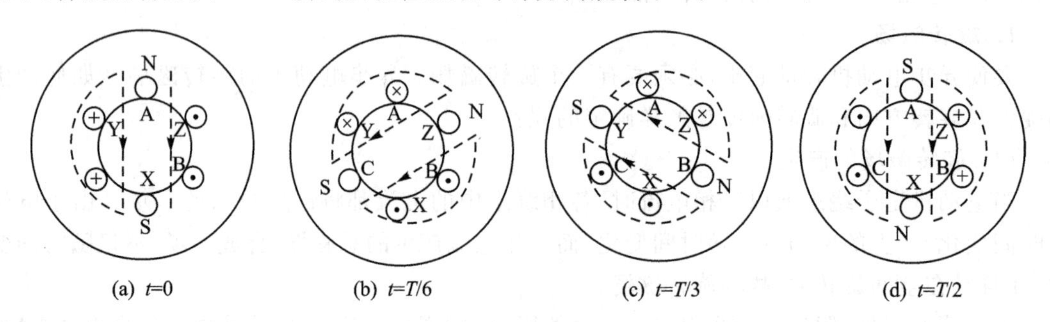

(a) $t=0$　　(b) $t=T/6$　　(c) $t=T/3$　　(d) $t=T/2$

图 3-36　两极旋转磁场

按以上分析可知：当三相电流随时间不断变化时，合成磁场的方向在空间也不断旋转，这样就产生了旋转磁场。

(2) 旋转磁场的旋转方向

由图 3-34 和图 3-35 可知，A 相绕组内的电流相位超前于 B 相绕组内的电流相位 $2\pi/3$，而 B 相绕组内的电流相位又超前于 C 相绕组内的电流相位 $2\pi/3$，同时图 3-36 中所示旋转磁场的旋转方向也是 A→B→C,即顺时针方向旋转。所以,旋转磁场旋转方向与三相电流的相序一致。

如果将定子绕组接至电源的三根导线中的任意两根线对调,例如,将 B,C 两根线对调,如图 3－37 所示。

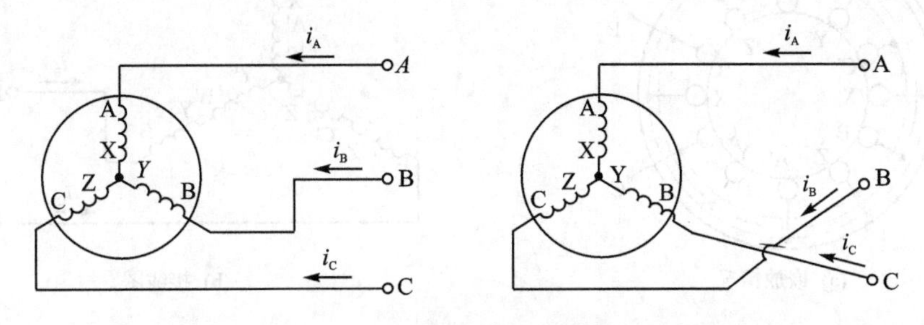

图 3－37 将 B、C 两根线对调改变绕组中的电流相序

即使 B 相与 C 相绕组中电流的相位对调,此时 A 相绕组内的电流相位超前于 C 相绕组内的电流相位 $2\pi/3$,因此,旋转磁场的旋转方向也将变为 A→C→B,向逆时针方向旋转,如图 3－38 所示,即与未对调的旋转方向相反。

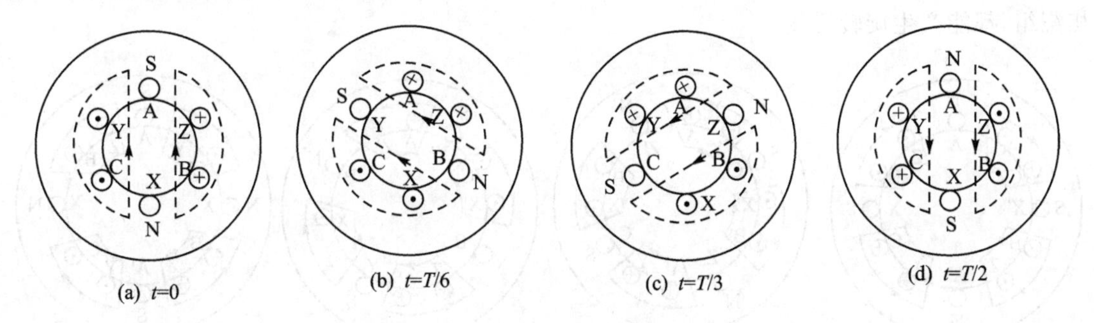

图 3－38 两极旋转磁场

由此可见,要改变旋转磁场的旋转方向(亦即改变电动机的旋转方向)时,只要把定子绕组接到电源的三根导线中的任意两根对调即可。

(3) 旋转磁场的极数与旋转速度

以上讨论的旋转磁场,具有一对磁极(磁极对数用 p 表示)即 $p = 1$。从上述分析可以看出,电流变化经过一个周期(变化 360°电角度),旋转磁场在空间也旋转了一转(360°机械角度),若电流的频率为 f,旋转磁场每分钟将旋转 $60f$ 转,以 n_0 表示,即

$$\{n_0\}_{r/min} = 60\{f\}_{Hz}$$

如果把定子铁芯的槽数增加 1 倍(12 个槽),制成如图 3－39 所示的三相绕组,其中,每相绕组由两个部分串联组成,再将这三相绕组接到对称三相电源,使之通过对称三相电流,便产生具有两对磁极的旋转磁场。

如图 3－40 所示,对应于不同时刻,旋转磁场在空间转到不同位置。电流变化半个周期,旋转磁场在空间只转过了 $\pi/2$;即 1/4 转,电流变化一个周期,旋转磁场在空间只转了 1/2 转。

由此可知,当旋转磁场具有两对磁极($p = 2$)时,其旋转速度仅为一对磁极时的一半,即每分钟 $60f/2$ 转。依此类推,当有 p 对磁极时,其转速为

$$\{n_0\}_{r/min} = 60\{f\}_{Hz}/p \tag{3-28}$$

所以,旋转磁场的旋转速度(即同步转速) n_0 与电流的频率成正比而与磁极对数成反

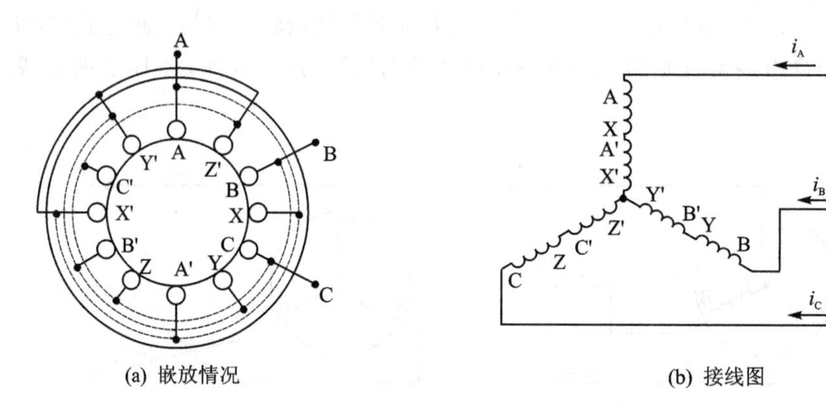

(a) 嵌放情况　　(b) 接线图

图 3-39　产生四极旋转磁场的定子绕组

比，因为标准工业频率(即电流频率)为 50 Hz，因此对应于 $p=1$、2、3 和 4，同步转速分别为 3 000 r/min、1 500 r/min、1 000 r/min 和 7 50 r/min。

实际上，旋转磁场不仅可以由三相电流来获得，任何两相以上的多相电流，流过相应的多相绕组，都能产生旋转磁场。

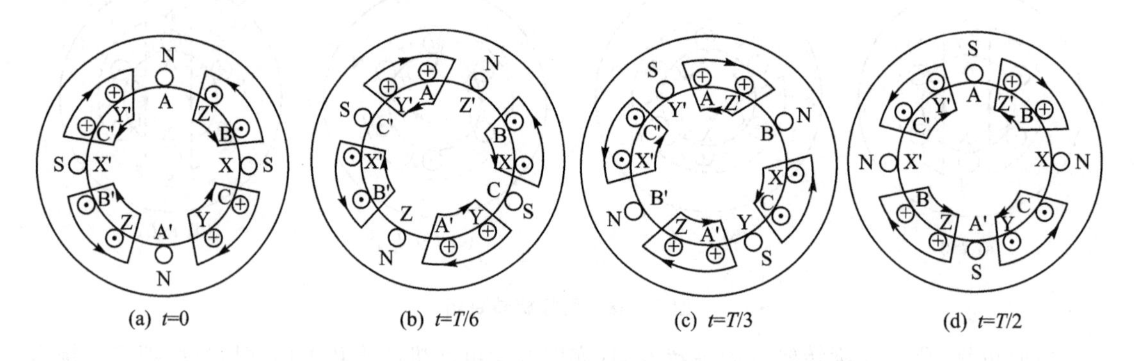

图 3-40　四极旋转磁场

2. 异步电动机工作原理

如图 3-41 所示，当定子的对称三相绕组接到三相电源上时，绕组内将通过对称三相电流，并在空间产生旋转磁场，该磁场沿定子内圆周方向旋转。

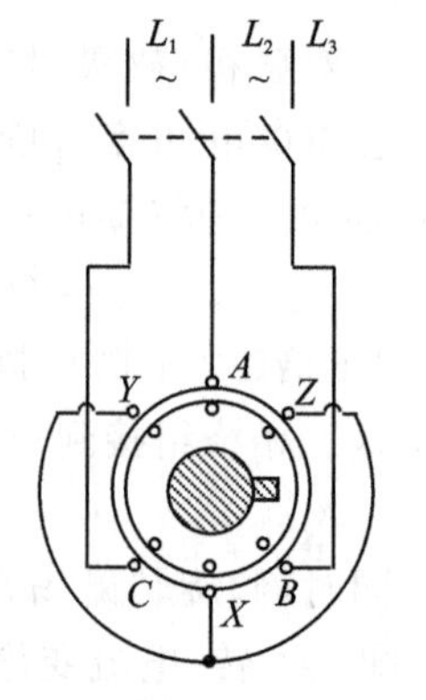

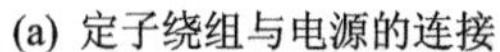

(a) 定子绕组与电源的连接

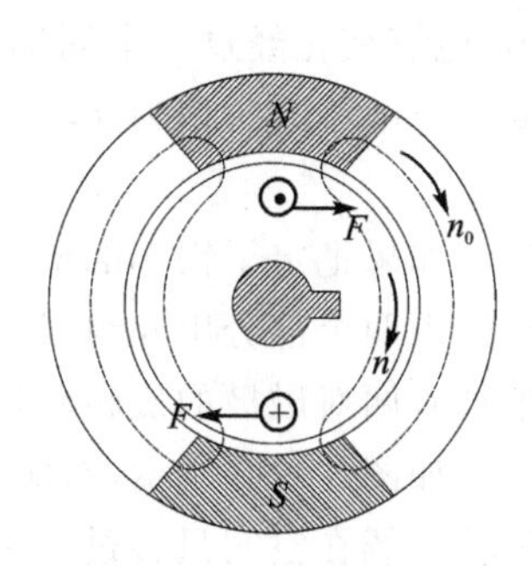

(b) 工作原理

图 3-41　三相异步电动机

当磁场旋转时，转子绕组的导体切割磁通将产生感应电势 e_2，假设旋转磁场顺时针方向旋转，则相当于转子导体逆时针方向旋转切割磁通，根据右手定则，在 N 极面下转子导体中感应电势的方向系由图面指向读者，在 S 极面下转子导体中感应电势的方向则由读者指向图面。

由于电势 e_2 的存在，转子绕组中将产生转子电流 i_2。根据安培电磁力定律，转子电流与旋转磁场相互作用将产生电磁力 F（其方向由左手定则决定，这里假定 e_2 和 i_2 同相），该力在转子的轴上形成电磁转矩，且转矩的作用方向与旋转磁场的旋转方向相同，转子受此转矩作用，便按照旋转磁场的旋转方向旋转起来。但是，转子的旋转速度 n（即电动机的转速）恒比旋转磁场的旋转速度 n_0（称为同步转速）为小，因为如果两种转速相等，转子和旋转磁场没有相对运动，转子导体不切割磁通，便不能产生感应电势 e_2 和电流 i_2，也就没有电磁转矩，转子将不会继续旋转。因此，转子和旋转磁场之间的转速差是保证转子旋转的主要因素。

由于转子转速不等于同步转速，所以把这种电动机称为异步电动机，而把转速差（n_0-n）与同步转速 n_0 的比值称为异步电动机的转差率，用 S 表示，即

$$S=\frac{n_0-n}{n_0} \tag{3-29}$$

转差率 S 是分析异步电动机运行情况的主要参数。

当转子旋转时，如果在轴上加有机械负载，则电动机输出机械能。从物理本质上来分析，异步电动机的运行和变压器相似，即电能从电源输入定子绕组（原绕组），通过电磁感应的形式，以旋转磁场作媒介，传送到转子绕组（副绕组），而转子中的电能通过电磁力的作用变换成机械能输出。由于在这种电机中，转子电流的产生和电能的传递是基于电磁感应现象，所以异步电动机又称为感应电动机。通常异步电动机在额定负载时，n 接近于 n_0，转差率 S 很小，为 0.015～0.060。

3. 定子绕组线端连接方式

三相电机的定子绕组，每相都由许多线圈（或称绕组元件）所组成，其首端和末端通常都接在电动机接线盒内的接线柱上，一般按图 3-42 所示的方法排列，这样可以很方便地接成星形（图 3-43）或三角形（图 3-44）。

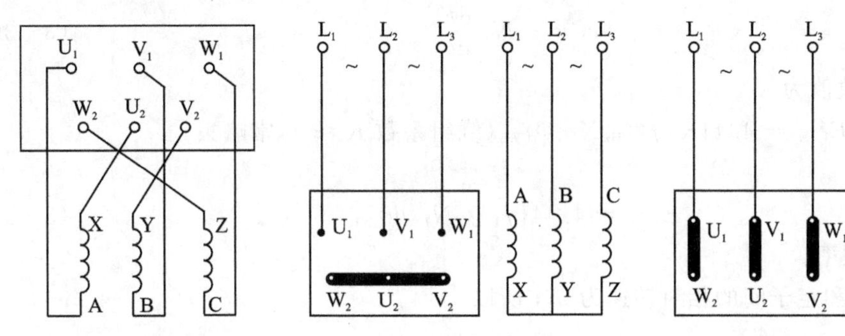

图 3-42　出线端的排列　　图 3-43　星形连接　　图 3-44　三角形连接

按照我国电工专业标准规定，定子三相绕组出现端的首端是 U_1、V_1、W_1，末端是 U_2、V_2、W_2。

定子三相绕组的连接方式（Y 形或△形）的选择，和普通三相负载一样，须视电源的线电压而定。如果电动机所接入的电源的线电压等于电动机的额定相电压（即每相绕组的额定电压），那么，其绕组应该接成三角形；如果电源的线电压是电动机额定相电压的$\sqrt{3}$倍，那么其绕组应该接成星形。通常电动机的铭牌上标有符号 Y/△和数字 380/220，前者表示定子绕组的接法，后者表示对应于不同接法应加的线电压值。

三、三相异步电动机的电路分析

1. 定子电路的分析

三相异步电动机的电磁关系同变压器类似，定子绕组相当于变压器的原绕组，转子绕组相当于副绕组。当定子绕组接上三相电源电压（相电压为 u_1）时，则有三相电流通过（相电流为 i_1），定子三相电流产生旋转磁场，其磁力线通过定子和转子铁芯而闭合，这磁场不仅在转子每相绕组中要感应出电动势 e_2，而且在定子每相绕组中也要感应出电动势 e_1（实际上三相异步电动机中的旋转磁场是由定子电流和转子电流共同产生的），如图 3-45 所示。定子和转子每相绕组的匝数分别为 N_1 和 N_2，如图 3-46 所示为三相异步电动机的一相电路图。

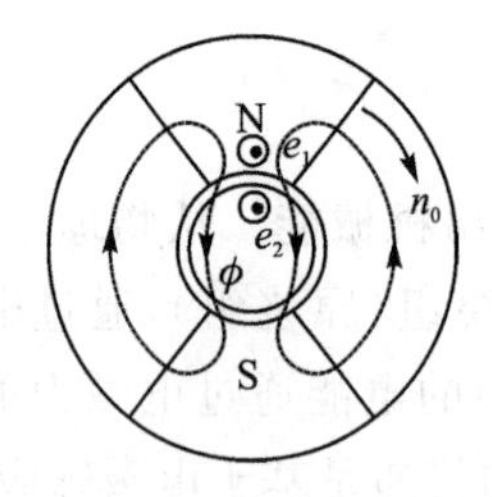

图 3-45　定子和转子电路的感应电势

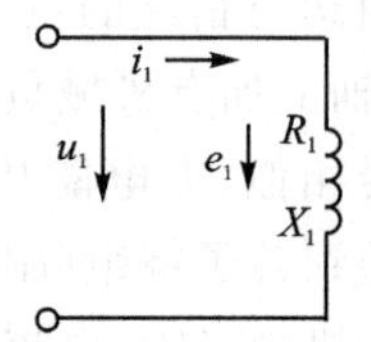

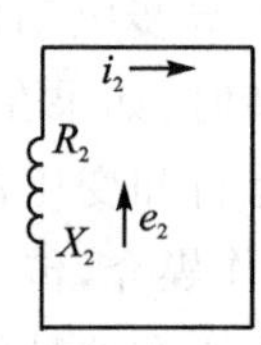

图 3-46　电动机的一相电路图

旋转磁场的磁感应强度沿定子和转子间空气隙的分布是近于按正弦规率分布的，因此，当其旋转时，通过定子每相绕组的磁通也是随时间按照正弦规率变化的，即 $\phi_1 = \Phi_m \sin \omega t$，其中，$\Phi_m$ 是通过每相绕组的磁通最大值，在数值上等于旋转磁场的每极磁通 Φ，即为空气隙中磁感应强度的平均值与每极面积的乘积。

定子每相绕组中产生的感应电动势为

$$e_1 = -N_1 \frac{\mathrm{d}\phi}{\mathrm{d}t} \tag{3-30}$$

也是正弦量，其有效值为

$$\{E_1\}_{\mathrm{v}} = 4.44K\{f_1\}_{\mathrm{Hz}}N_1\{\Phi\}_{\mathrm{Wb}}（绕组系数 K \approx 1，常略去）$$

故

$$\{E_1\}_{\mathrm{v}} = 4.44\{f_1\}_{\mathrm{Hz}}N_1\{\Phi\}_{\mathrm{Wb}} \tag{3-31}$$

式中：f_1 为 e_1 的频率。

因为旋转磁场和定子间的相对转速为 n_0，所以

$$\{f_1\}_{\mathrm{Hz}} = \frac{p(n_0)_{\mathrm{r/min}}}{60} \tag{3-32}$$

等于定子电流的频率（见式 3-28），即 $f_1 = f$。

定子电流除了产生旋转磁通（主磁通）外，还产生漏磁通 ϕ_{L1}，该漏磁通只围绕某一相的定子绕组，而与其他相定子绕组及转子绕组不交链。因此，在定子每相绕组中还要产生漏磁电动势

$$e_{\mathrm{L1}} = -L_{\mathrm{L1}} \frac{\mathrm{d}i_1}{\mathrm{d}t}$$

2. 转子电路的分析

如前所述，异步电动机之所以能够转动，是因为接上电源后，在转子绕组中产生感应电动

势，从而产生转子电流，而这电流同旋转磁场的磁通作用产生电磁转矩之故。因此，在讨论电动机的转矩之前，必须要清楚转子电路中的各个物理量——转子电动势 e_2、转子电流 i_2、转子电流频率 f_2、转子电路的功率因数 $\cos\varphi_2$、转子绕组的感抗 X_2 及其之间的相互关系。

旋转磁场在转子每相绕组中感应出的电动势为

$$e_2 = -N_2 \frac{d\phi}{dt}$$

其有效值为

$$\{E_2\}_v = 4.44\{f_2\}_{Hz} N_2 \{\Phi\}_{Wb} \tag{3-33}$$

式中：f_2 为转子电动势 e_2 或转子电流 i_2 的频率。

因为旋转磁场和转子间的相对转速为 $(n_0 - n)$，所以

$$\{f_2\}_{Hz} = \frac{p(\{n_0\}_{r/min} - \{n\}_{r/min})}{60} = \frac{\{n_0\}_{r/min} - \{n\}_{r/min}}{\{n_0\}_{r/min}} \frac{p\{n_0\}_{r/min}}{60} = S\{f_1\}_{Hz} \tag{3-34}$$

可见，转子频率 f_2 与转差率 S 有关，也就是与转速 n 有关。

$n=0$，即 $S=1$（电动机开始启动瞬间）时，转子与旋转磁场间的相对转速最大，转子导体被旋转磁力线切割得最快，所以这时 f_2 最高，即 $f_2 = f_1$。异步电动机在额定负载时，S 为 1.5%～6%，则 f_2 为 0.75～3 Hz。

将式(3-34)代入式(3-33)，得

$$\{E_2\}_v = 4.44S\{f_1\}_{Hz} N_2 \{\Phi\}_{Wb} \tag{3-35}$$

在 $n = 0$，即 $S = 1$ 时，转子电动势为

$$\{E_{20}\}_v = 4.44\{f_1\}_{Hz} N_2 \{\Phi\}_{Wb} \tag{3-36}$$

这时，$f_2 = f_1$，转子电动势最大。

由式(3-35)和式(3-36)可得

$$E_2 = SE_{20} \tag{3-37}$$

可见转子电动势 E_2 和转差率 S 有关。

和定子电流一样，转子电流也要产生漏磁通 ϕ_{L2}，从而在转子每相绕组中还要产生漏磁电动势 e_{L2}

$$e_{L2} = -L_{L2} \frac{di_2}{dt}$$

因此，对于转子每相电路，有

$$e_2 = i_2 R_2 + (-e_{L2}) = i_2 R_2 + L_{L2} \frac{di_2}{dt} \tag{3-38}$$

如用复数表示，则为

$$\dot{E}_2 = \dot{I}_2 R_2 + (-\dot{E}_{L2}) = \dot{I}_2 R_2 + j\dot{I}_2 X_2 \tag{3-39}$$

式中：R_2 和 X_2 分别为转子每相绕组的电阻和漏磁感抗。

X_2 与转子频率 f_2 有关，即

$$X_2 = 2\pi f_2 L_{L2} = 2\pi S f_1 L_{L2} \tag{3-40}$$

在 $n = 0$，即 $S = 1$ 时，转子感抗为

$$X_{20} = 2\pi f_1 L_{L2} \tag{3-41}$$

这时，$f_2 = f_1$，转子感抗最大。

由式(3－40)和式(3－41)可得

$$X_2 = SX_{20} \tag{3-42}$$

可见转子感抗和转差率 S 有关。

转子每相电路的电流可由式(3－39)得出,即

$$I_2 = \frac{E_2}{\sqrt{R_2^2 + X_2^2}} = \frac{SE_{20}}{\sqrt{R_2^2 + (SX_{20})^2}} \tag{3-43}$$

可见转子电流 I_2 也和转差率 S 有关。当 S 增大,即转速 n 降低时,转子与旋转磁场间的相对转速 $(n_0 - n)$ 增加,转子导体被磁力线切割的速度提高,于是 E_2 增加,I_2 也增加。I_2 随 S 的变化关系可用图 3－47 所示的曲线表示。当 $S = 0$,即 $n_0 - n = 0$ 时,$I_2 = 0$;当 S 很小时,$R_2 \gg SX_{20}$,$I_2 \approx SE_{20}/R_2$,即与 S 近似地成正比;当 S 接近于 1 时,$SX_{20} \gg R_2$,$I_2 \approx E_{20}/X_{20} =$ 常数。

由于转子有漏磁通 ϕ_{L2},相应的感抗为 X_2,因此,I_2 比 E_2 滞后 ϕ_2 角,因而转子电路的功率因数为

$$\cos\varphi_2 = \frac{R_2}{\sqrt{R_2^2 + X_2^2}} = \frac{R_2}{\sqrt{R_2^2 + (SX_{20})^2}} \tag{3-44}$$

也与转差率 S 有关。当 S 很小时,$R_2 \gg SX_{20}$,$\cos\varphi_2 \approx 1$,当 S 增大时,X_2 也增加,于是 $\cos\varphi_2$ 减小,当 S 接近于 1 时,$\cos\varphi_2 \approx R_2/(SX_{20})$。$\cos\varphi_2$ 与 S 的关系如图 3－47 所示。

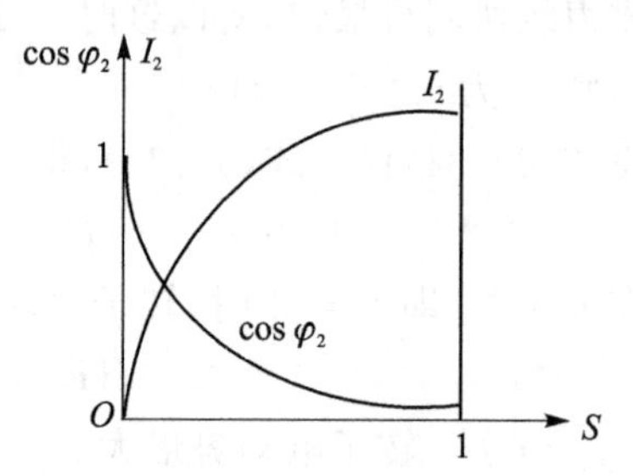

图 3－47 I^2 和 $\cos\varphi_2$ 与转差率 S 的关系

经过上述分析,转子电路的各个物理量,如电动势、电流、频率、感抗及功率因数等都与转差率有关,亦即与转速有关。

3. 三相异步电动机的转矩

电磁转矩是三相异步电动机最重要的物理量之一,由旋转磁场的每极磁通 Φ 与转子电流 I_2 相互作用而产生,与 Φ 和 I_2 的乘积成正比,此外,还与转子电路的功率因数 $\cos\varphi_2$ 有关,图 3－48 所示反映了 $\cos\varphi_2$ 对转矩的影响。

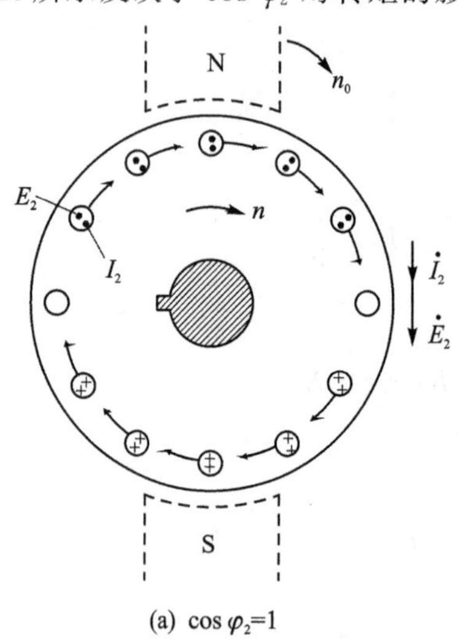

(a) $\cos\varphi_2=1$

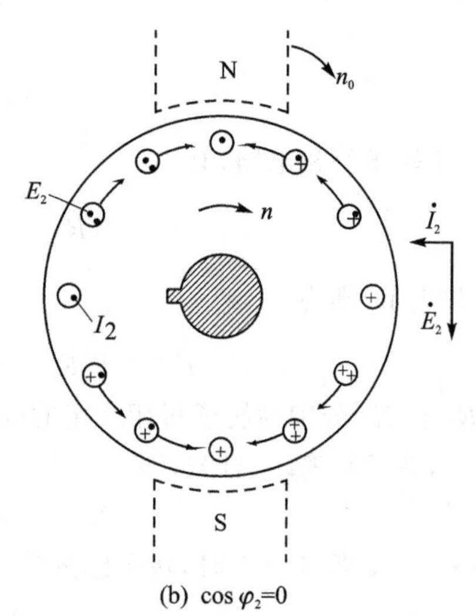

(b) $\cos\varphi_2=0$

图 3－48 $\cos\varphi_2$ 对 T 的影响

图 3-48(a)所示为假设转子感抗与其电阻相比可以忽略不计，即 $\cos\varphi_2=1$ 的情况。图中旋转磁场用虚线所示的磁极表示，根据右手定则不难确定转子导体中感应电动势 E_2 的方向(用外层记号表示)。因为，在这种情况下，$\dot{I}_2$ 与 $\dot{E}_2$ 同相，所以，I_2 的方向(用内层记号表示)与 E_2 的方向一致，再应用左手定则确定转子各导体受力的方向，如图所示，在 $\cos\varphi_2=1$ 的情况下，所有作用于转子导体的力将产生同一方向的转矩。

图 3-48(b)所示为假设转子电阻与其感抗相比可以忽略不计，即 $\cos\varphi_2=0$ 的情况，这时 $\dot{I}_2$ 比 $\dot{E}_2$ 滞后 90°。如图所示，在这种情况下，作用于转子各导体的力正好互相抵消，转矩为零。

但在实际情况中却不是上述理想状态，图 3-49 所示的是实际情况，电流 $\dot{I}_2$ 比电动势 $\dot{E}_2$ 滞后 φ_2 角，即 $\cos\varphi_2<1$。这时，转子各导体受力的方向不尽相同，在同样的电流和旋转磁通之下，产生的转矩较 $\cos\varphi_2=1$ 时为小。由此可以得出

$$T=K_t\Phi I_2\cos\varphi_2 \tag{3-45}$$

式中：K_t 为仅与电动机结构有关的常数。

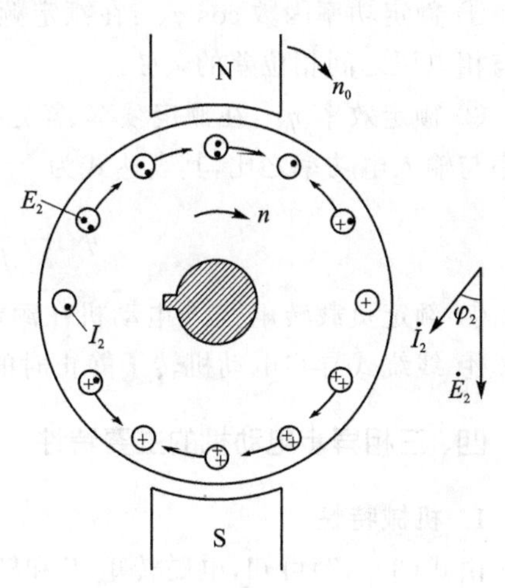

图 3-49　$\cos\varphi_2$ 对 T 影响的实际情况

将式(3-36)代入式(3-43)得

$$\{I_2\}_A=\frac{S\,(4.44\{f_1\}_{Hz}N_2\{\Phi\}_{Wb})_V}{\sqrt{\{R_2^2\}_{\Omega^2}+(S\{X_{20}\}_\Omega)^2}} \tag{3-46}$$

再将式(3-46)和式(3-44)代入式(3-45)，并考虑到式(3-31)，则可得出转矩的另外一个表达式

$$T=K\frac{SR_2U_1^2}{R_2{}^2+(SX_{20})^2}=K\frac{SR_2U^2}{R_2^2+(SX_{20})^2} \tag{3-47}$$

式中：K 为与电动机结构参数、电源频率有关的一个常数；U_1，U 分别为定子绕组相电压、电源相电压；R_2 为转子每相绕组的电阻；X_{20} 为电动机不动($n=0$)时转子每相绕组的感抗。

4. 三相异步电动机的额定值

电动机在制造工厂所拟定的情况下工作时，称为电动机的额定运行，通常用额定值来表示其运行条件，这些数据大部分都标明在电动机的铭牌上。使用电动机时，必须清楚铭牌上所标的下列数据：

① 型号。

② 额定功率 P_N：在额定运行情况下，电动机轴上输出的机械功率。

③ 额定电压 U_N：在额定运行情况下，定子绕组端应加的线电压值。如标有两种电压值，则对应于定子绕组采用 Y/Δ 连接时应加的线电压值。一般规定电动机的外加电压不应高于或低于额定值的 5%。

④ 额定频率 f：在额定运行情况下，定子外加电压的频率(f=50 Hz)。

⑤ 额定电流 I_N：在额定频率、额定电压和电动机轴上输出额定功率时，定子的线电流值。如标有两种电流值，则对应于定子绕组采用 Y/Δ 连接时应加的线电流值。

⑥ 额定转速 n_N：在额定频率、额定电压和电动机轴上输出额定功率时，电动机的转速。

与此转速相对应的转差率称为额定转差率。

⑦ 工作方式(定额)。

⑧ 温升(或绝缘等级)。

⑨ 电机质量。

一般不标在电动机铭牌上的几个额定值如下：

① 额定功率因数 $\cos\varphi_N$：在额定频率、额定电压和电动机轴上输出额定功率时，定子相电流与相电压之间相位差的余弦。

② 额定效率 η_N：在额定频率、额定电压和电动机轴上输出额定功率时，电动机输出机械功率与输入电功率之比，其表达式为

$$\eta_N = \frac{P_N}{\sqrt{3}U_N I_N \cos\varphi_N} \times 100\%$$

③ 额定负载转矩 T_N：电动机在额定转速下输出额定功率时轴上的负载转矩。

④ 线绕式异步电动机转子静止时的滑环电压和转子的额定电流。

四、三相异步电动机的主要特性

1. 机械特性

由式(3-47)可知，电磁转矩 T 和转差率 S 之间的关系 $T = f(S)$ 通常叫做 $T—S$ 曲线。在异步电动机中，转速 $n = (1-S)n_0$，为了符合习惯画法，可将 $T—S$ 曲线换成转速与转矩之间的关系 $n—T$ 曲线，即 $n = f(T)$ 称为异步电动机的机械特性，分为固有机械特性和人为机械特性。

(1) 固有机械特性

异步电动机在额定电压和额定频率下，用规定的接线方式，定子和转子电路中不串联任何电阻或电抗时的机械特性称为固有机械特性，根据式(3-47)和式(3-29)可得到三相异步电动机的固有机械特性曲线，如图 3-50 所示。从特性曲线上可以看出，其上有四个特殊点可以决定特性曲线的基本形状和异步电动机的运行性能，这四个特殊点是：

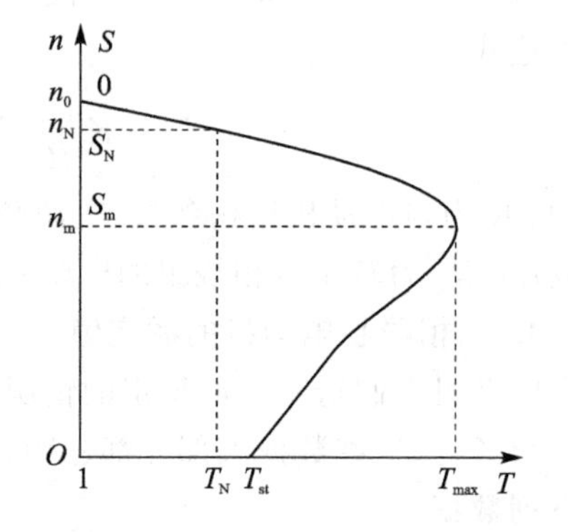

图 3-50　异步电动机的固有机械特性

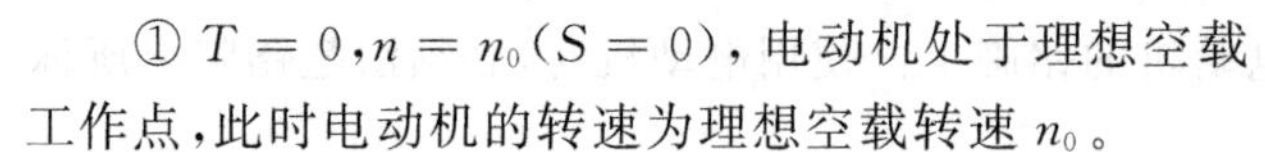

① $T = 0, n = n_0(S = 0)$，电动机处于理想空载工作点，此时电动机的转速为理想空载转速 n_0。

② $T = T_N, n = n_N(S = S_N)$，为电动机额定工作点，此时额定转矩和额定转差率为

$$\{T_N\}_{N\cdot m} = 9.55\frac{\{P_N\}_W}{\{n_N\}_{r/min}} \qquad S_N = \frac{n_0 - n_N}{n_0} \tag{3-48}$$

式中：P_N 为电动机的额定功率；n_N 为电动机的额定转速，一般 $n_N = (0.94 \sim 0.985)n_0$；$S_N$ 为电动机的额定转差率，一般 $S_N = 0.06 \sim 0.015$；T_N 为电动机的额定转矩。

③ $T = T_{st}, n = n_{st}(S = S_{st})$，为电动机启动工作点。

将 $S = 1$ 代入式(3-47)，可得

$$T_{st} = K\frac{R_2U^2}{R_2^2 + X_{20}^2} \tag{3-49}$$

可见，异步电动机的启动转矩 T_{st} 与 U、R_2 及 X_{20} 有关，当施加在定子每相绕组上的电压 U 降低时，启动转矩会明显减小；当转子电阻适当增大时，启动转矩会增大；而若增大转子电抗则会使启动转矩大为减小。通常把在固有机械特性上启动转矩与额定转矩之比 $\lambda_{st} = T_{st}/T_N$ 作为衡量异步电动机启动能力的一个重要数据，一般 $\lambda_{st} = 1.0 \sim 1.2$。

④ $T = T_{max}$，$n = n_m(S = S_m)$，为电动机的临界工作点。欲求转矩的最大值，可由式(3-47)令 $dT/dS = 0$，而得临界转差率

$$S_m = R_2/X_{20} \tag{3-50}$$

再将 S_m 代入式(3-47)，即可得

$$T_{max} = K\frac{U^2}{2X_{20}} \tag{3-51}$$

由式(3-50)和式(3-51)可知：最大转矩 T_{max} 的大小和定子每相绕组上所加电压 U 的平方成正比，这说明异步电动机对电源电压的波动是很敏感的。电源电压过低，会使轴上输出转矩明显下降，甚至小于负载转矩，而造成电机停转；最大转矩 T_{max} 的大小与转子电阻 R_2 的大小无关，但临界转差率 S_m 却正比于 R_2，对线绕式异步电动机而言，在转子电路中串接附加电阻，可使 S_m 增大，而 T_{max} 却不变。

异步电动机在运行中经常会遇到短时冲击负载，如果冲击负载转矩小于最大电磁转矩，电动机仍然能够运行，而且电动机短时过载也不会引起剧烈发热。通常把在固有机械特性上最大电磁转矩和额定转矩之比 $\lambda_m = T_{max}/T_N$ 称为电动机的过载能力系数，表征了电动机能够承受冲击负载的能力大小，是电动机的又一个重要运行参数。各种电动机的过载能力系数在国家标准中有规定，如普通的 Y 系列鼠笼式异步电动机的 $\lambda_m = 2.0 \sim 2.2$，供起重机械和冶金机械用的 YZ 和 YZR 型线绕式异步电动机的 $\lambda_m = 2.5 \sim 3.0$。

在实际应用中，用式(3-47)计算机械特性非常麻烦，如将其化成用 T_{max} 和 S_m 表示的形式，则比较方便。为此，用式(3-47)除以式(3-50)，并代入式(3-51)，经整理后可得

$$T = 2T_{max}\Big/\left(\frac{S}{S_m} + \frac{S_m}{S}\right) \tag{3-52}$$

此式为转矩—转差率特性的实用表达式，也叫做规格化转矩—转差率特性。

(2) 人为机械特性

由式(3-47)知，异步电动机的机械特性和电动机的参数有关，也与外加电源电压、电源频率有关，将关系式中的参数人为地加以改变而获得的特性称为异步电动机的人为机械特性。改变定子电压 U、定子电源频率 f、定子电路串入电阻或电抗、转子电路串入电阻或电抗等，都可得到异步电动机的人为机械特性。

① 降低电动机电源电压时的人为特性

由式(3-28)、式(3-50)和式(3-51)可以看出，电压的变化对理想空载转速 n_0 和临界转差率 S_m 不发生影响，但最大转矩 T_{max} 与 U^2 成正比，当降低定子电压时，n_0 和 S_m 不变，而 T_{max} 大大减小。在同一转差率情况下，人为特性与固有特性的转矩之比等于电压的平方之比。因此在绘制降低电压的人为特性时，是以固有特性为基础，在不同的 S 处，取固有特性上对应的转矩乘降低电压与额定电压比值的平方，即可作为人为特性曲线，如图 3-51 所示。

如当 $U_a = U_N$ 时，$T_a = T_{max}$；当 $U_b = 0.8U_N$ 时，$T_b = 0.64T_{max}$；当 $U_c = 0.5U_N$ 时，$T_c = 0.25T_{max}$。可见，电压越低，人为特性曲线越往左移。由于异步电动机对电网电压的波动非常敏感，运行时，如电压降低太多，会大大降低其过载能力和启动转矩，甚至使电动机发生带不动负载或者根本不能启动的现象。此外，电网电压下降，在负载转矩不变的条件下，将使电动机转速下降，转差率增大，电流增加，引起电动机发热甚至烧坏。

② 定子电路接入电阻或电抗时的人为特性

在电动机定子电路中外串电阻或电抗后，电动机端电压为电源电压减去定子外串电阻上或电抗上的压降，致使定子绕组相电压降低，这种情况下的人为特性与降低电源电压时的相似，如图 3－52 所示，图中实线 1 为降低电源电压的人为特性，虚线 2 为定子电路串入电阻 R_{1s} 或电抗 X_{1s} 的人为特性。从图中可以看出，所不同的是定子串入 R_{1s} 或 X_{1s} 后的最大转矩要比直接降低电源电压时的最大转矩大一些，这是因为随着转速的上升和启动电流的减小，在 R_{1s} 或 X_{1s} 上的压降减小，加到电动机定子绕组上的端电压自动增大，致使最大转矩大一些；而降低电源电压的人为特性在整个启动过程中，定子绕组的端电压恒定不变。

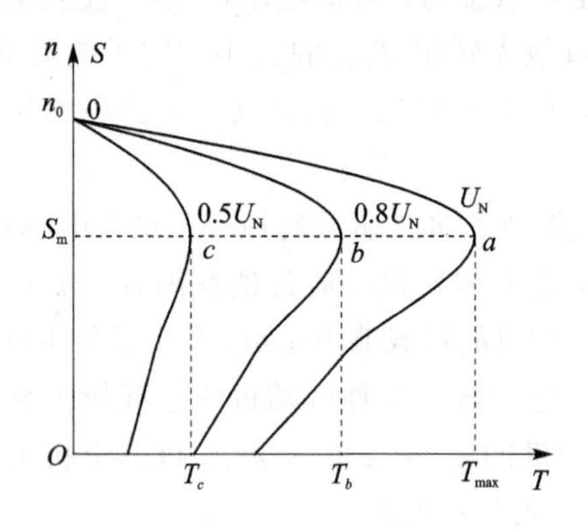

图 3－51　改变电源电压时的人为特性

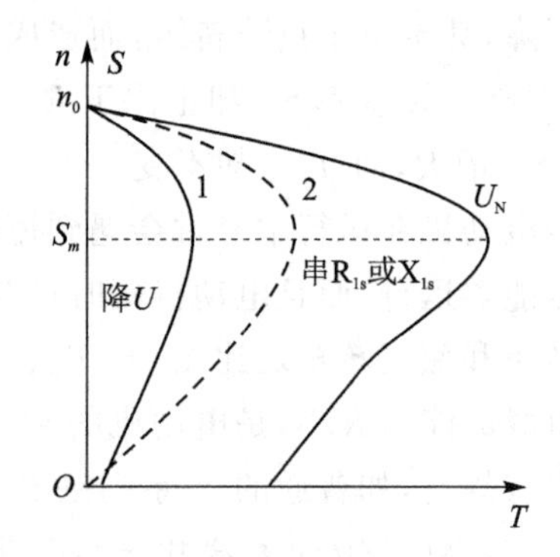

图 3－52　定子电路外接电阻或电抗时的人为特性

③ 改变定子电源频率时的人为特性

改变定子电源频率 f 对三相异步电动机机械特性的影响是比较复杂的，在此仅定性地分析 $n = f(T)$ 的近似关系。根据式(3－28)、式(3－49)和式(3－50)、(3－51)，并且 $X_{20} \propto f$，$K \propto 1/f$，且一般变频调速采用恒转矩调速，即希望最大转矩 T_{max} 保持为恒定值，为此在改变电源频率 f 的同时，电源电压 U 也要作相应的变化，使 $U/f =$ 常数，这在实质上是使电动机气隙磁通保持不变。在上述条件下就存在有 $n_0 \propto f$，$S_m \propto 1/f$，$T_{st} \propto 1/f$ 和 T_{max} 不变的关系，即随着频率的降低，理想空载转速 n_0 要减小，临界转差率要增大，启动转矩要增大，而最大转矩基本维持不变，如图 3－53 所示。

④ 转子电路串电阻时的人为特性

在三相线绕式异步电动机的转子电路中串入电阻 R_{2r} 后(如图 3－54(a)所示)，转子电路中的电阻为 $R_2 + R_{2r}$，由式(3－28)、式(3－49)和式(3－50)可以看出，R_{2r} 的串入对理想空载转速 n_0 和最大转矩 T_{max} 没有影响，但临界转差率 S_m 则随着 R_{2r} 的增加而增大，此时的人为特性将是比固有特性较软的一条曲线，如图 3－54(b)所示。

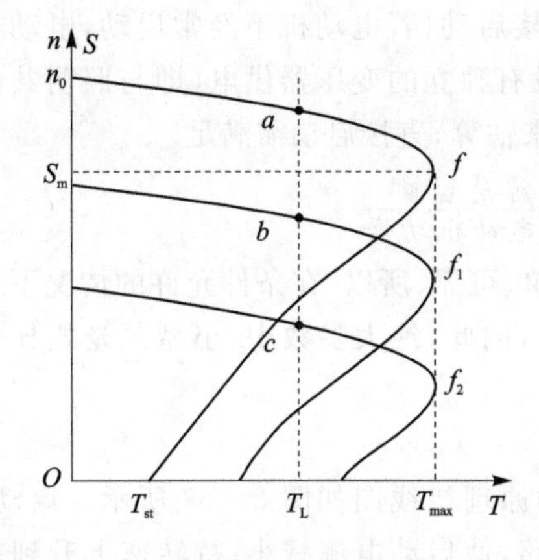

图 3-53　改变定子电源频率时的人为特性

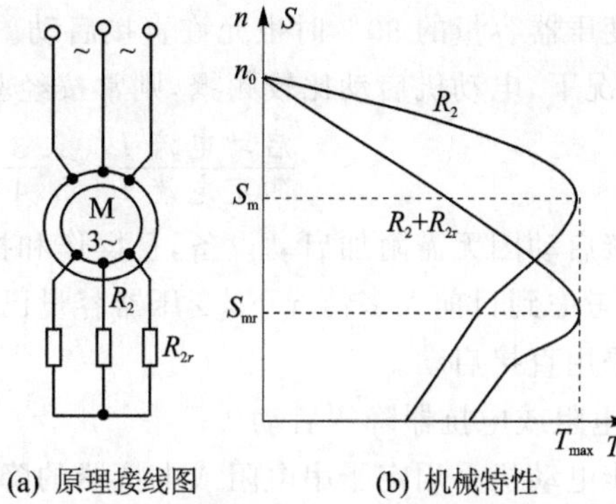

(a) 原理接线图　　(b) 机械特性

图 3-54　转子电路串电阻人为特性

2. 启动特性

采用电动机拖动负载，在启动时必须要有足够大的启动转矩(大于负载转矩)，保证负载能够正常启动；同时，在满足启动转矩要求的前提下，启动电流和功率损耗越小越好。

异步电动机在接入电网启动的瞬时，由于转子处于静止状态，定子旋转磁场以最快的相对速度(即同步转速)切割转子导体，在转子绕组中感应出很大的转子电势和电流，从而引起很大的定子电流，一般启动电流 I_{st} 可达额定电流 I_N 的 5～7 倍，但启动时 $S=1$，转子功率因数 $\cos\varphi_2$ 很低，故启动转矩 $T_{st}=K_t\Phi I_{2st}\cos\varphi_{2st}$ 却不大，一般 $T_{st}=(0.8\sim1.5)T_N$，固有启动特性如图 3-55 所示。

显然，从上述分析可知，异步电动机的这种启动性能和拖动系统的要求是相矛盾的，为了解决这些矛盾，必须根据实际情况，采取不同的启动方法。

(1) 鼠笼式异步电动机的启动方法

在一定的条件下，鼠笼式异步电动机可以直接启动，在不允许直接启动时，则采用限制启动电流的降压启动。

① 直接启动(全压启动)

所谓直接启动，就是将电动机的定子绕组通过闸刀开关或接触器直接接入电源，在额定电压下进行启动，如图 3-56 所示。

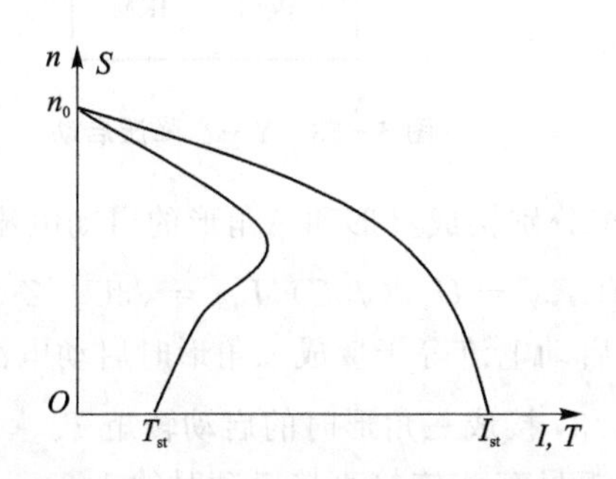

图 3-55　异步电动机的固有启动特性

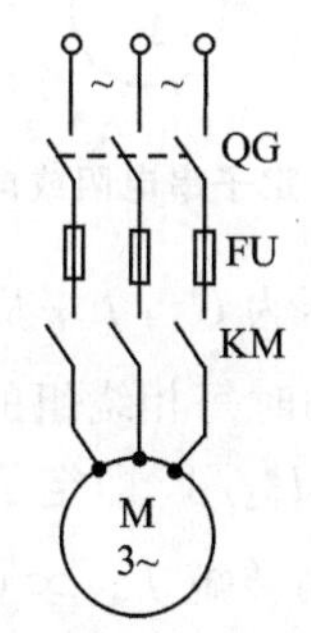

图 3-56　鼠笼式异步电机直接启动

由于直接启动的启动电流很大，因此，采用直接启动主要取决于电动机的功率与供电变压器的容量之比值。一般在有独立变压器供电(即变压器供动力用电)的情况下，若电动机启动频繁，则电动机功率小于变压器容量的 20%时允许直接启动；若电动机不经常启动，电动机功率小于变压器容量的 30%时也允许直接启动。如果没有独立的变压器供电(即与照明共用电源)的情况下，电动机启动比较频繁，则常按经验公式来估算，直接启动需满足

$$\frac{\text{启动电流 } I_{st}}{\text{额定电流 } I_N} \leqslant \frac{3}{4} + \frac{\text{电源总容量}}{4 \times \text{电动机功率}} \tag{3-53}$$

直接启动因无需附加启动设备，且操作和控制简单、可靠，所以，在条件允许的情况下应尽量采用，考虑到目前大多情况下，变压器容量已足够大，因此，绝大多数中、小型鼠笼式异步电动机都采用直接启动。

② 电阻或电抗器降压启动

异步电动机采用定子串电阻或电抗器的降压启动原理接线图如图 3-57 所示。启动时，接触器 1KM 断开，KM 闭合，将启动电阻串入定子电路，使启动电流减小；待转速上升到一定程度后再将 1KM 闭合，启动电阻被短接，电动机接上全部电压而趋于稳定运行。但这种方法也有着一定的缺点：

a. 启动转矩随定子电压的平方关系下降，故只适合于空载或轻载启动的场合；

b. 在启动过程中，电阻器上消耗能量大，不适用于经常启动的电动机，若采用电抗器代替电阻器，则所需设备费较贵，且体积大。

③ Y—△降压启动

Y—△降压启动的接线图如图 3-58 所示，启动时，接触器的触点 KM 和 1KM 闭合，2KM 断开，将定子绕组接成星形；待转速上升到一定程度后再将 1KM 断开，2KM 闭合，将定子绕组接成三角形，电动机启动过程完成而转入正常运行。这适用于电动机运行时定子绕组接成三角形的情况。

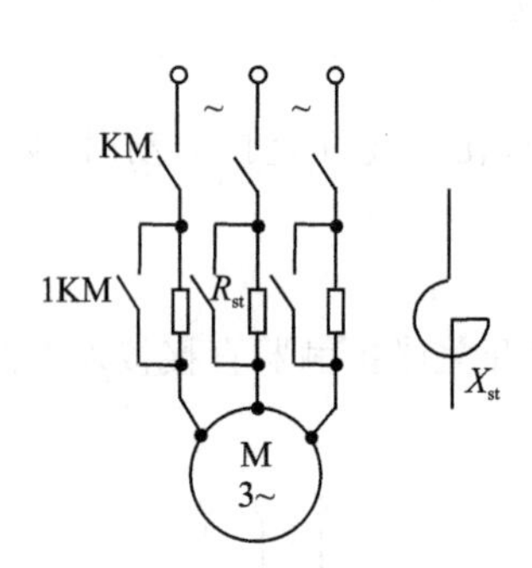

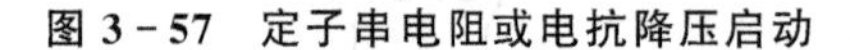
图 3-57 定子串电阻或电抗降压启动

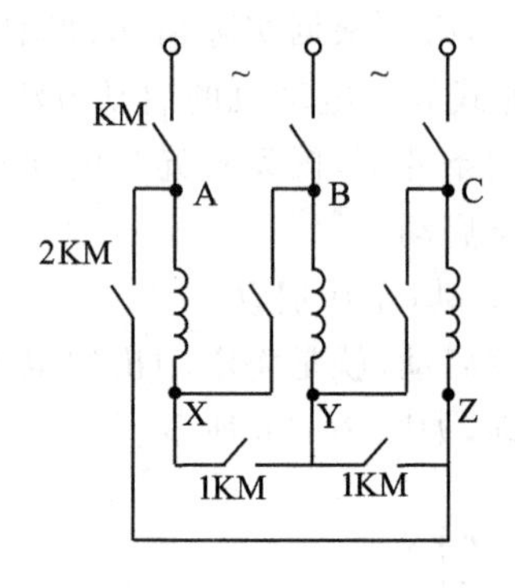

图 3-58 Y—△降压启动

设电源线电压为 U_1，I_{stY} 及 $I_{st\Delta}$ 为定子绕组分别接成星形和三角形的启动电流(线电流)，Z 为电动机在启动时每相绕组的等效阻抗，则有 $I_{stY} = U_1/(\sqrt{3}Z)$，$I_{st\Delta} = \sqrt{3}U_1/Z$

所以，$I_{stY} = I_{st\Delta}/3$，即定子接成星形时的启动电流等于接成三角形时启动电流的 1/3，而接成星形时的启动转矩 $T_{stY} \propto (U_1/\sqrt{3})^2 = U_1^2/3$，接成三角形时的启动转矩 $T_{st\Delta} \propto U_1^2$，所以，$T_{stY} = T_{st\Delta}/3$，即 Y 连接降压启动时的启动转矩只有 Δ 连接直接启动时的 1/3。

Y—△换接启动除了可用接触器控制外，尚有一种专用的手操式 Y—△启动器，其特点是体积小，质量轻，价格低，不易损坏，维修方便。

这种启动方法的优点是设备简单、经济，启动电流小；缺点是启动转矩小，且启动电压不能

按实际需要调节，故只适用于空载或轻载启动的场合，并只适用于正常运行时定子绕组按△接线的异步电动机。由于这种方法应用广泛，我国规定 4 kW 及以上的三相异步电动机，其定子额定电压为 380 V，连接方法为△。当电源电压为 380 V 时，就能采用 Y—△换接启动。

④ 自耦变压器降压启动

自耦变压器降压启动的原理接线图如图 3-59(a)所示。启动时 1KM、2KM 闭合，KM 断开，三相自耦变压器 T 的三个绕组连成星形接于三相电源，使接于自耦变压器副边的电动机降压启动，当转速上升到一定值后，1KM、2KM 断开，自耦变压器 T 被切除，同时 KM 闭合，电动机接上全电压运行。

图 3-59(b)所示为自耦变压器启动时的一相电路，由变压器的工作原理可知，此时副边电压与原边电压之比为 $K=U_2/U_1=N_2/N_1<1, U_2=KU_1$，启动时加在电动机定子每相绕组的电压是全压启动时的 K 倍，因而电流 I_2（副边电流）也是全压启动时电流 I_{st} 的 K 倍，即 $I_2=KI_{st}$；而变压器原边电流 $I_1=KI_2=K^2I_{st}$，即此时从电网吸取的电流 I_1 是直接启动时电流 I_{st} 的 K^2 倍。这与 Y—△降压启动时情况一样，只是在自耦变压器启动时的 K 是可调节的，这就是此种启动方法优于 Y—△降压启动方法之处，当然其启动转矩也是全压启动时的 K^2 倍。这种启动方法的缺点是变压器的体积大，质量大，价格高，维修麻烦，且启动时自耦变压器处于过电流（超过额定电流）状态下运行，因此，不适于启动频繁的电机。所以，在启动不太频繁，要求启动转矩较大，容量较大的异步电动机上应用较为广泛。

⑤ 延边三角形启动

延边三角形启动法就是在启动时使定子绕组的一部分作三角形连接，另一部分作星形连接，如图 3-60(a)所示。从启动时定子绕组连接的图形来看，就好像将一个三角形三边延长了一样，因此称为“延边三角形”。这种启动方法是启动时将定子绕组接成延边三角形，启动完了后将定子绕组换接成如图 3-60(b)所示的三角形。

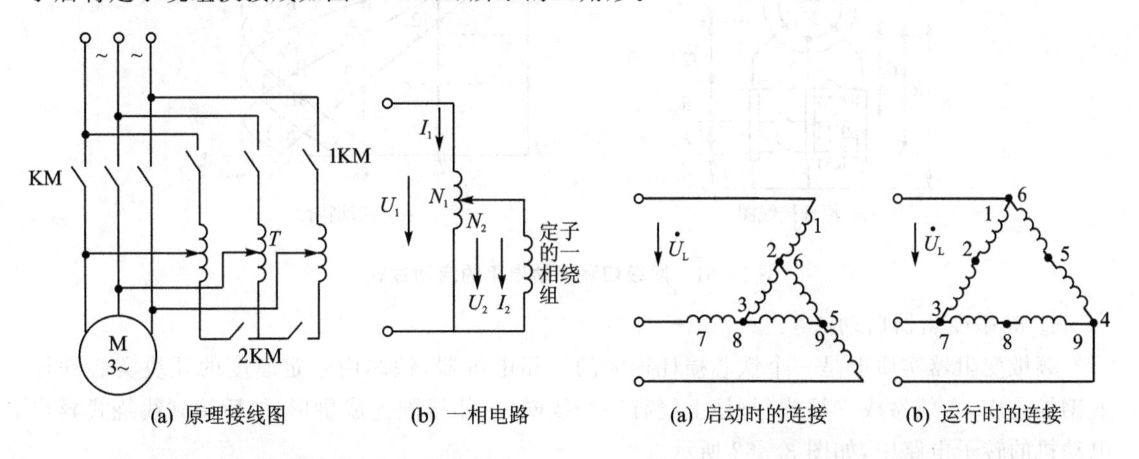

(a) 原理接线图　(b) 一相电路

图 3-59　自耦变压器降压启动

(a) 启动时的连接　(b) 运行时的连接

图 3-60　延边三角形启动时定子绕组的连接

从图中可以看出，启动时每相绕组的电压低于作三角形连接直接启动时的电压，也是属于降压启动，但这种接法与 Y—△换接启动法相比，延边三角形接法的相电压比 Y 接法的大，所以，启动电流和启动转矩都较大，具体数值则由星形部分绕组与三角形部分绕组匝数之比来确定。

(2) 线绕式异步电动机的启动方法

鼠笼式异步电动机的启动转矩小，启动电流大，因此不能满足某些生产机械需要高启动转矩、低启动电流的要求。而线绕式异步电动机由于能在转子电路中串电阻,因此具有较大的启动转矩和较小的启动电流,即具有较好的启动特性。

在转子电路中串电阻的启动方法常用的有两种:逐级切除启动电阻法和频敏变阻器启动法。

① 逐级切除启动电阻法

采用逐级切除启动电阻的方法,其目的和启动过程和他励直流电动机采用逐级切除启动电阻的方法相似,主要是为了使整个启动过程中电动机能保持较大的转速转矩。启动过程如图 3-61(a)所示。

启动开始时,触点 1KM、2KM、3KM 均断开,启动电阻全部接入,KM 闭合,将电动机接入电网。电动机的机械特性如图 3-61(b)中曲线 III 所示,初始启动转矩为 T_A,加速转矩 $T_{a1}=T_A-T_L$,这里 T_L 为负载转矩,在加速转矩的作用下,转速沿曲线 III 上升,轴上输出转矩相应下降,当转矩下降至 T_B 时,加速转矩下降到 $T_{a2}=T_B-T_L$,这时,为了使系统保持较大的加速度,让 3KM 闭合,使各相电阻中的 R_{st3} 被短接(或切除),启动电阻由 R_3 减为 R_2,电动机的机械特性曲线 III 变化到曲线Ⅱ,只要 R_2 的大小选择合适,并掌握好切除时间,就能保证在电阻刚被切除的瞬间电动机轴上输出转矩重新回升到 T_A,即使电动机重新获得最大的加速转矩。以后各段电阻的切除过程与上述相似,直到转子电阻全部被切除,电动机稳定运行在固有机械特性曲线上,即图中曲线Ⅳ上相应于负载转矩 T_L 的点 9,启动过程结束。

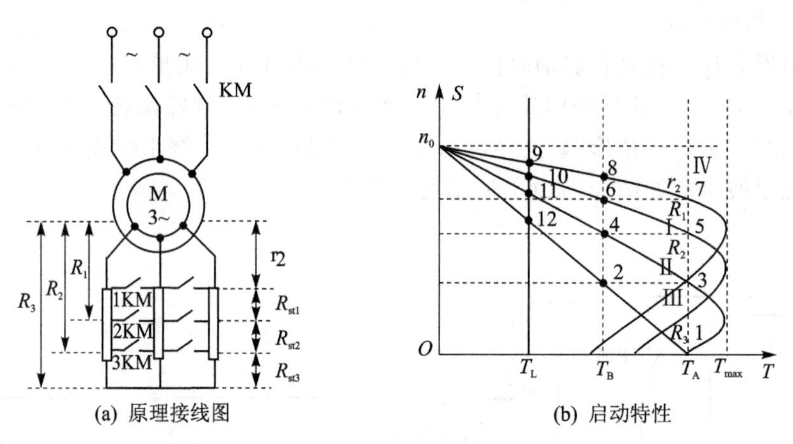

(a) 原理接线图　　(b) 启动特性

图 3-61　逐级切除启动电阻的启动过程

② 频敏变阻器启动法

频敏变阻器实质上是一个铁芯损耗很大的三相电抗器,铁芯由一定厚度的几块实心铁板或钢板叠成,一般做成三柱式,每柱上绕有一个线圈,三相线圈连成星形,然后接到线绕式异步电动机的转子电路中,如图 3-62 所示。

在频敏变阻器的线圈中通过转子电流时,将在铁芯中产生交变磁通,在交变磁通的作用下,铁芯中就会产生涡流,涡流使铁芯发热,从电能损失的观点来看,这和电流通过电阻发热而损失电能一样,所以,可以把涡流的存在看成是一个电阻 R。另外,铁芯中交变的磁通又在线圈中产生感应电势,阻碍电流流通,因而有感抗 X(即电抗)存在。所以,频敏变阻器相当于电阻 R 和感抗 X 的并联电路。启动过程中频敏变阻器内的实际电磁过程如下:

启动开始时,$n=0$,$S=1$,转子电流的频率($f_2=Sf$)高,铁损大(铁损与 $f_2{}^2$ 成正比),

相当于R大，且$X \propto f_2$，所以X也很大，即等效阻抗大，从而限制了启动电流。另一方面由于启动时铁损大，频敏变阻器从转子取出的有功电流也较大，从而提高了转子电路的功率因数，增大了启动转矩。随着转速的逐步上升，转子频率f_2逐渐下降，从而使铁损减少，感应电势也减小，即由R和X组成的等效阻抗逐渐减少，这就相当于启动过程中逐渐自动切除电阻和电抗。当转速$n = n_N$时，f_2很小，R和X近似为零，这相当于转子被短路，启动完毕，进入正常运行。这种电阻和电抗对频率的"敏感"作用，就是"频敏"变阻器名称的由来。

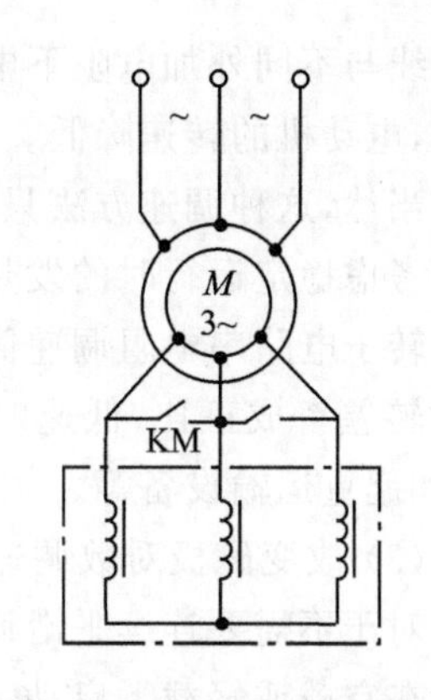

图 3-62　频敏变阻器接线图

和逐级切除启动电阻的启动方法相比，采用频敏变阻器的主要优点是：具有自动平滑调节启动电流和启动转矩的良好启动特性，结构简单，运行可靠，无需经常维修。其缺点是：功率因数低（一般为 0.3～0.8），因而启动转矩的增大受到限制，且不能用作调速电阻。因此，频敏变阻器用于对调速没有什么要求，启动转矩要求不大，经常正反向运转的线绕式异步电动机的启动是比较合适的。

3. 调速特性

根据式(3-52)可以在已知T的条件下求出S为

$$S = S_m\left[\frac{T_{max}}{T} - \sqrt{\left(\frac{T_{max}}{T}\right)^2 - 1}\right] \tag{3-54}$$

又根据式(3-28)和式(3-29)可得

$$\{n\}_{r/min} = \{n_0\}_{r/min}(1-S) = \frac{60\{f\}_{Hz}}{p}(1-S) \tag{3-55}$$

再将S代入式(3-55)便可得到电动机在稳定运行时的条件($T = T_L$)下的转速n。由此可见，如在一定负载下，欲得到不同的转速n，可以由改变T_{max}、S_m、f和p四个参数入手，则相应地有以下几种速度控制方法。

(1) 改变定子电压的速度控制

把图 3-51 改变电源电压时的人为机械特性重画在图 3-63 中，可见，电压改变时，T_{max}变化，而n_0和S_m不变。对于恒转矩负载T_L，由负载特性曲线 1 与不同电压下电动机的机械特性的交点，可以有a、b、c点所决定的速度，其调速范围很小；离心式通风机型负载曲线 2 与不同电压下电动机的机械特性的交点为d、e、f，可以看出，调速范围稍大。

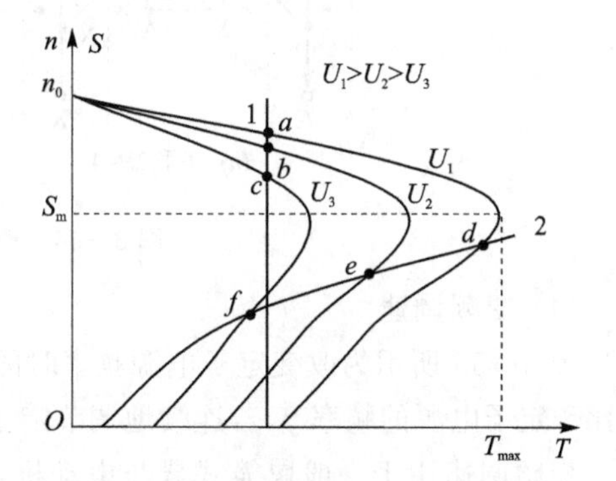

图 3-63　调压调速时的机械特性

这种调速方法能够无级调速，但当降低电压时，转矩也按照电压的平方比例减小，所以，调速范围不大。在定子电路中串电阻（或电抗）和用晶闸管调压调速都是属于这种调速方法。

(2) 转子电路串电阻调速

这种调速方式的原理接线图和机械特性如图 3-61 所示，从图中可看出，转子电路串不同的电阻，其n_0和T_{max}不变，但S_m随着外加电阻的增大而增大。对于恒转矩负载T_L，由负载特性曲线与不同外加电阻下电动机机械特性的交点（9、10、11 和 12 等点）可知，随着外加电阻的增大，电动机的转速降低。

当然，这种调速方法只适用于线绕式异步电动机，其启动电阻可兼作调速电阻用，不过此时要考虑稳定运行时的发热，应适当增大电阻的容量。

转子电路串电阻调速简单可靠，但为有级调速，随转速降低，特性变软。转子电路电阻损耗与转差率成正比，低速时损耗大。所以，这种调速方法大多用在重复短期运转的生产机械中，如起重运输设备等。

(3) 改变磁极对数调速

对于不需要连续平滑调速、只需几种特定转速的生产机械，并且对启动性能要求不高，一般只在空载或轻载下启动，常用变极对数调速的多速鼠笼式异步电动机。

根据式(3－28)可知，同步转速 n_0 与极对数 p 成反比，故改变极对数即可改变电动机的转速。

以单绕组双速电机为例，对变极调速的原理进行分析，如图 3－64 所示。

为简便起见，将一个线圈组集中起来用一个线圈代表。单绕组双速电动机的定子每相绕组由两个相等圈数的"半绕组"组成。图 3－64(a)中两个"半绕组"串联，其电流方向相同；图 3－64(b)中两个"半绕组"并联，其电流方向相反。它们分别代表两种极对数，即 $2p=4$ 与 $2p=2$。可见，改变极对数的关键在于使每相定子绕组中一半绕组内的电流改变方向，即可用改变定子绕组的接线方式来实现。若在定子上装两套独立绕组，各自具有所需的极对数，两套独立绕组中每套又可以有不同的连接，这样就可以分别得到双速、三速或四速等电动机，通称为多速电动机。

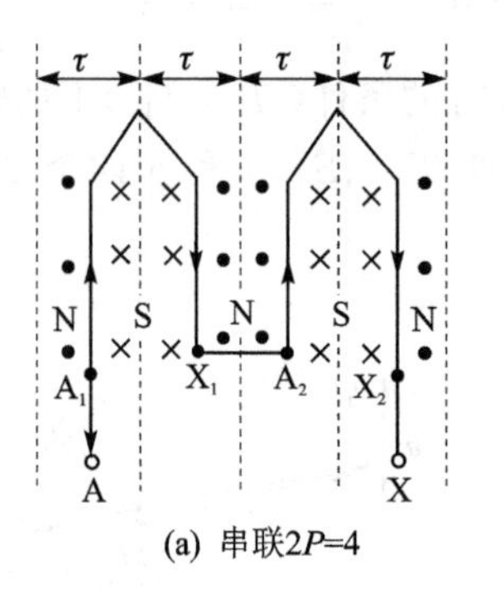

(a) 串联2P=4

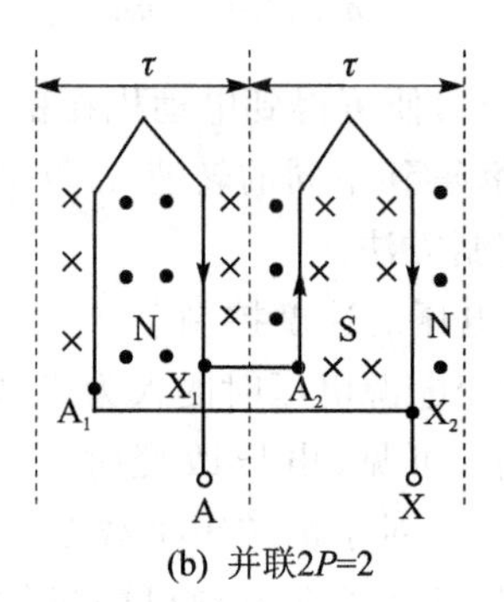

(b) 并联2P=2

图 3－64　改变极对数调速的原理

(4) 变频调速

图 3－53 所示为改变定子电源频率时的人为机械特性，从图中可以看出，异部电动机的转速正比于定子电源的频率 f，若连续地调节定子电源频率，即可实现连续地改变电动机的转速。

变频调速用于一般鼠笼式异步电动机，采用一个频率可以变化的电源向异步电动机定子绕组供电，这种变频电源为晶闸管或晶体管变频装置。

4. 制动特性

异步电动机和直流电动机一样，亦有三种制动方式：反馈制动、反接制动和能耗制动。

(1) 反馈制动

由于某种原因异步电动机的运行速度高于其同步速度，即 $n>n_0$，$S=(n_0-n)/n_0<0$ 时，

异步电动机就进入发电状态。显然,这时转子导体切割旋转磁场的方向与电动状态时的方向相反,电流 I_2 改变了方向,电磁转矩 $T=K_m\Phi I_2\cos\varphi_2$ 也随之改变方向,即 T 与 n 的方向相反,T 起制动作用。反馈制动时,电机从轴上吸取功率后,一部分转换为转子铜耗,大部分则通过空气隙进入定子,并在供给定子铜耗和铁耗后,反馈给电网,所以,反馈制动又称为发电制动,这时异步电动机实际上是一台与电网并联运行的异步发电机。由于 T 为负,$S<0$,所以,反馈制动的机械特性是电动状态机械特性向第二象限的延伸,如图 3-65 所示。

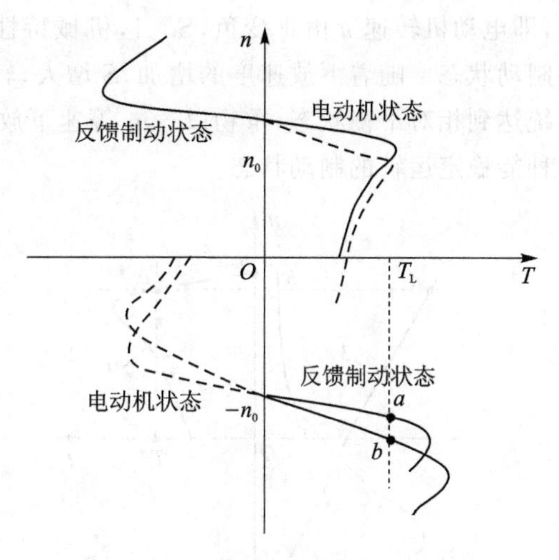

图 3-65　反馈制动状态异步电动机的机械特性

异步电动机的反馈制动运行状态有两种情况：

一种是负载转矩为位能性转矩的起重机械在下放重物时的反馈制动运行状态。开始在反转电动状态工作,电磁转矩和负载转矩方向相同,重物快速下降,直至$|-n|>|-n_0|$,即电动机的实际转速超过同步转速后,电磁转矩成为制动转矩,当 $T=T_L$ 时,达到稳定状态,重物匀速下降,如图中的 a 点。改变转子电路内的串入电阻,可以调节重物下降的稳定运行速度,如图中的 b 点,转子电阻越大,电机转速就越高,但为了不致因电机转速太高而造成运行事故,转子附加电阻的值不允许太大。

另一种是电动机在变极调速或变频调速过程中,极对数突然增多或供电频率突然降低,使同步转速突然降低时的反馈制动运行状态。

(2) 反接制动

① 电源反接

如果正常运行时异步电动机三相电源的相序突然发生改变,即电源反接,这就改变了旋转磁场的方向,电动机状态下的机械特性曲线就由第一象限的曲线 1 变成了第三象限的曲线 2,如图 3-66 所示。但由于机械惯性的原因,转速不能突变,系统运行点 a 只能平移至特性曲线 2 之 b 点,电磁转矩由正变负,则转子将在电磁转矩和负载转矩的共同作用下迅速减速,在从点 b 到点 c 的整个第二象限内,电磁转矩 T 和转速 n 的方向都相反,电机进入反接制动状态。待 $n=0$ 时(点 c),应将电源切断,否则电动机将反向启动运行。

由于反接制动时电流很大,对鼠笼式电动机常在定子电路中串接电阻;对线绕式电动机则在转子电路中串接电阻,这时的人为特性如图中曲线 3 所示,制动时工作点由 a 点转换到 d 点,然后沿特性 3 减速,至 $n=0$(e 点),切断电源。

② 倒拉制动

倒拉制动出现在位能负载转矩超过电磁转矩的时候,例如起重机下放重物,为了使下降速度不致太快,就常用这种工作状态。若起重机提升重物时稳定运行在特性曲线 1 的 a 点(如图 3-67所示),欲使重物下降,就在转子电路内串入较大的附加电阻,此时系统运行点将从特性曲线 1 之 a 点移至特性曲线 2 之 b 点,负载转矩 T_L 将大于电动机的电磁转矩 T,电动机减速到 c 点,这时由于电磁转矩 T 仍小于负载转矩 T_L,重物将迫使电动机反向旋转,重物被下放，即电动机转速 n 由正变负，$S>1$，机械特性由第一象限延伸到第四象限，电动机进入到反接制动状态。随着下放速度的增加，S 增大，转子电流 I_2 和电磁转矩随之增大，直至 $T=T_L$，系统达到相对平衡状态，重物以 $-n_s$ 等速下放。可见，与电源反接的过渡制动状态不同，这是一种能稳定运转的制动状态。

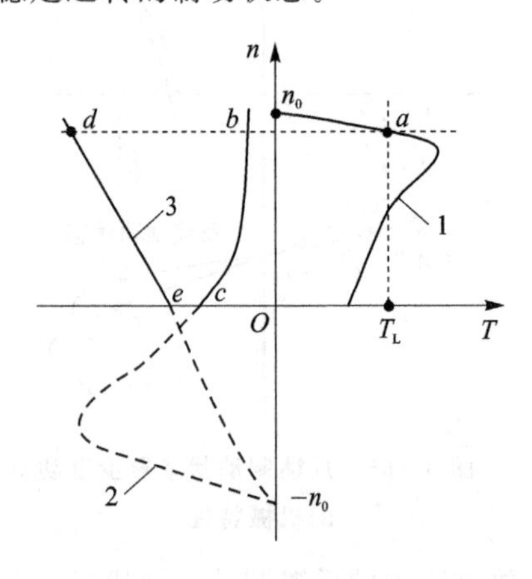

图 3-66　电源反接制动的机械特性

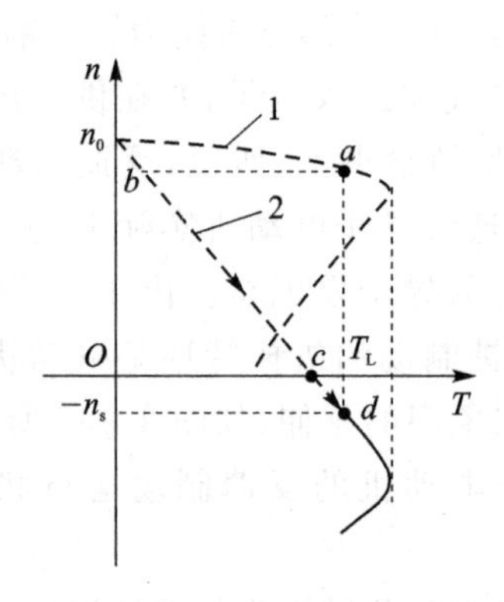

图 3-67　倒拉反接制动的机械特性

在倒拉制动状态下，转子轴上输入的机械功率转变成电功率后，连同从定子输送来的电磁功率一起，消耗在转子电路的电阻上。

(3) 能耗制动

异步电动机的反接制动用于准确停车有一定的困难，因为它容易造成反转，而且电能损耗也比较大；反馈制动虽是比较经济的制动方法，但只能在高于同步转速下使用；能耗制动却是比较常用的准确停车的方法。

异步电动机能耗制动的原理线路图一般如图 3-68(a)所示，进行能耗制动时，首先将定子绕组从三相交流电源断开(1KM 打开)，接着立即将一低压直流电源通入定子绕组(2KM 闭合)。直流电流通过定子绕组后，在电动机内部建立一个固定不变的磁场，由于转子在运动系统储存的机械能维持下继续旋转，转子导体内就产生感应电势和电流，该电流与恒定磁场相互作用产生作用方向与转子实际旋转方向相反的制动转矩，在其作用下，电动机转速迅速下降，此时运动系统储存的机械能被电动机转换成电能后消耗在转子电路的电阻中。

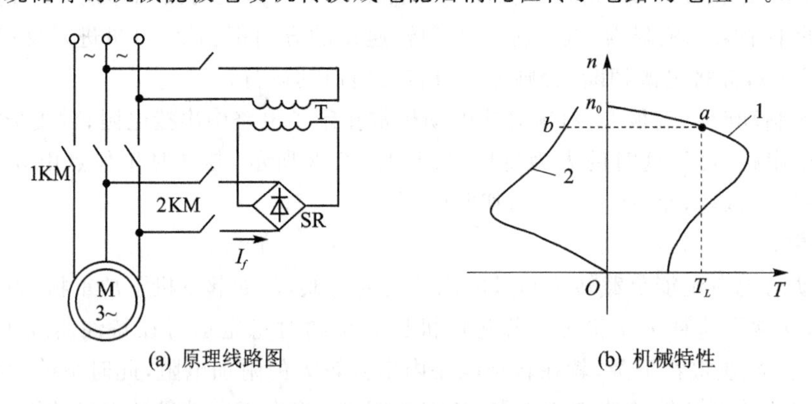

(a) 原理线路图　　(b) 机械特性

图 3-68　能耗制动时的原理线路图及机械特性

能耗制动时的机械特性如图 3-68(b)所示，制动时系统运行点从特性 1 之 a 点平移至特性 2 之 b 点，在制动转矩和负载转矩的共同作用下沿特性 2 迅速减速，直至 $n=0$，当 $n=0$ 时，$T=0$。所以，能耗制动能准确停车，不像反接制动那样，如不及时切断电源会使电动机反转。不过当电动机停止后不应再接通直流电源，因为那样将会烧坏定子绕组。另外，制动的后阶段，随着转速的降低，能耗制动转矩也很快减小，所以，制动较平稳，但制动效果则比反接制动差。可以用改变定子励磁电流 I_f 或转子电路串入电阻(线绕式异步电动机)的大小来调节制动转矩，从而调节制动的强弱，由于制动时间很短，所以，通过定子的直流电流 I_f 可以大于电动机的定子额定电流，一般取 $I_f=(2\sim3)I_{1N}$。

第四节　伺服电机及其控制

“伺服”也即跟随，即被控电机严格地执行频繁变化的位置或者速度指令，精确地控制机械系统运动的位移或角度，这种自动系统称为伺服系统或随动系统。伺服系统工作时，首先接收控制器的指令信息，经变换和放大后，通过驱动元件准确控制机械系统执行机构的位移和角度，不仅能控制执行机构的位移和角度，而且还能控制位置和一系列位置所形成的轨迹，并保证动作迅速、准确和高效。通常，以直流伺服电动机为驱动元件的伺服系统称为直流伺服系统，以交流电动机为驱动元件的伺服系统称为交流伺服系统。

伺服电动机也称为执行电动机，在控制系统中用作执行元件，将电信号转换为轴上的转角或转速，以带动控制对象。伺服电动机的最大特点是可控：在有控制信号输入时，伺服电动机就转动，没有控制信号输入，则停止转动，改变控制信号的大小和相位(或极性)就可改变伺服电动机的转速和转向。因此，与普通电动机相比，伺服电动机具有以下特点：

① 调速范围广，伺服电动机的转速随着控制信号改变，能在宽广的范围内连续调节；

② 转子的惯性小，即能实现迅速启动、停转；

③ 带负载能力强，在足够宽的调速范围内，能带动工作负载；

④ 稳定性和可靠性高，能长期稳定可靠地工作，并且维护方便。

一、直流伺服电动机与控制

直流伺服电动机是用直流电供电的电动机，在机电一体化设备中作为驱动元件时，其功能是将输入的受控电压/电流能量，转换为电枢轴上的角位移或角速度输出。

直流伺服电动机的结构和工作原理与普通直流电动机基本相同，给电动机定子的励磁绕组通以直流电或用永久磁铁，会在电动机中产生极性不变的磁场。当电枢绕组两端加直流控制电压时，电枢绕组中便产生电枢电流。电枢通过导件在磁场中受到电磁力的作用，产生电磁转矩，驱动电动机转动起来。当电动机稳定运行时，电磁转矩与空载阻力转矩和负载转矩相平衡。当电枢控制电压或负载转矩发生变化时，电动机输出的电磁转矩随之发生变化，电动机将由一种稳定运行状态过渡到另一种稳定运行状态，达到新的平衡。

1. 直流伺服电动机的分类与结构

直流伺服电动机的品种很多，按照励磁方式不同分为电磁式和永磁式两类。电磁式大多是他励式直流伺服电动机；电磁式和一般永磁直流电动机一样，用氧化体、铝镍钴等磁材料产生励磁磁场。根据结构的不同，分为一般电枢式、无刷电枢式、绕线盘式和空心杯电枢式等。

为避免电刷换向器的接触，还有无刷直流伺服电动机。根据控制方式的不同，可分为磁场控制和电枢控制方式。永磁直流伺服电动机采用电枢控制方式，电磁式直流伺服电动机多用电枢控制式。各种直流伺服电动机的结构特点如表3-1所列。

表3-1 各种直流伺服电动机的结构特点

分　类	结构特点
永磁式伺服电动机	与普通直流电动机相同，但电枢铁长度与直径之比较大，气隙较小，磁场由永久磁钢产生，无需励磁电源
电磁式伺服电动机	定子通常由硅钢片冲制叠压而成，磁极和磁轭整体相连，在磁极铁芯上套有励磁绕组，其他同永磁式直流电动机
电刷绕组伺服电动机	采用圆形薄板电枢结构，轴向尺寸很小，电枢用双面敷铜的胶木板制成，上面用化学腐蚀或机械刻制的方法制成印制绕组。绕组导体裸露，在圆盘两面呈放射形分布。绕组散热好，磁极轴向安装，电刷直接在圆周盘上滑动，圆盘电枢表面上有裸露导体部分起着换向器的作用
无槽伺服电动机	电枢采用无齿槽的光滑圆柱铁芯结构，电枢制成细而长的形状，以减小转动惯量，电枢绕组直接分布在电枢铁芯表面，用耐热的环氧树脂固化成形。电枢气隙尺寸较大，定子采用高电磁的永久磁钢励磁
空心杯形电枢伺服电动机	电枢绕组用漆包线绕在线模上，再用环氧树脂固化成杯形结构，空心杯电枢内外两侧由定子铁芯构成磁路，磁极采用永久磁钢，安放在外定子上
直流力矩伺服电动机	主磁通为径向盘式结构，长、径比为1∶5，扁平结构易于定子安装多块磁极，电枢选用多槽、多换向片和多串联导体数。有分装式和组装式两种，定子磁路有凸极和稳极式
直流无刷伺服电动机	它由电动机主体、位置传感器、电子换向开关三部分组成。电动机主体由一定极对数的永磁钢转子（主转子）和一个多向的电枢绕组定子（主定子）组成，转子磁钢有二极或多极结构。位置传感器是一种无机械接触的检测转子位置的装置，由传感器转子和传感器定子绕组串联，各功率元件的导通与截止取决于位置传感器的信号

2. 直流伺服电动机的特点

① 稳定性好。直流伺服电动机具有较好的机械特性，能在较宽的速度范围内稳定运行；

② 可控性好。直流伺服电动机具有线性的调节特性，能使转速正比于控制电压的大小，其转向取决于控制电压的极性（或相位），控制电压为零时，转子惯性很小，能立即停止；

③ 响应迅速。直流伺服电动机具有较大的启动转矩和较小的转动惯量，在控制信号增加、减小或消失的瞬间，直流伺服电动机能快速启动、快速增速、快速减速和停止；

④ 控制功率低，损耗小；

⑤ 转矩大。直流伺服电动机广泛应用在宽调速系统和精确位置控制系统中，其输出功率一般为1～600 W，也有达数千瓦。

3. 直流伺服电动机的控制特性

直流伺服电动机的工作原理与普通直流他励电动机相同，其机械特性公式与他励直流电动机机械特性公式相同，即

$$n=\frac{U_c}{K_e\Phi}-\frac{R}{K_eK_t\Phi^2}T \tag{3-56}$$

式中：U_c 为电枢控制电压；R 为电枢回路电阻；Φ 为每极磁通；K_eK_t 分别为电动机结构常数。

由式(3-56)可见,改变电枢控制电压 U_c 或改变电动机气隙间的磁通 Φ 都可以控制直流伺服电动机的转速和转向,前者称为电枢控制,后者称为磁场控制。由于电枢控制具有响应迅速,机械特性硬,调速特性线性度好的优点,在实际应用过程中大都采用电枢控制方式。

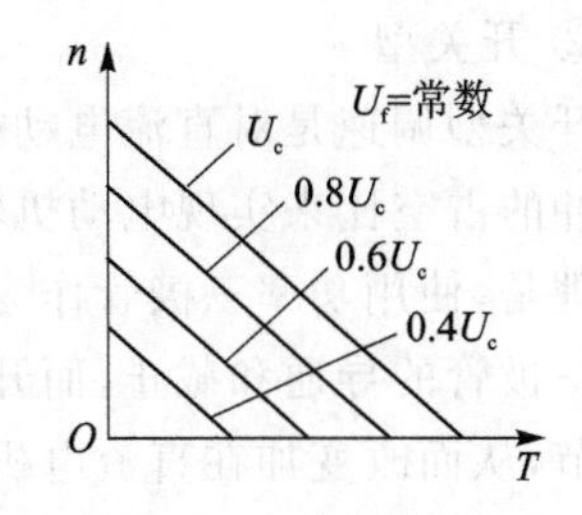

图 3-69　直流伺服电动机的 $n=f(T)$ 曲线

图 3-69 所示为直流伺服电动机机械特性曲线。从图中可以看出,在一定负载转矩下,当磁通 Φ 不变时,如果升高电枢电压 U_c,电动机的转速就上升;反之,转速下降;当 $U_c=0$ 时,电动机立即停止。

4. 直流伺服电动机的速度控制

在实际应用中,很多机械设备都要求速度保持恒定,并且具有一定的精度,当采用直流伺服电动机进行驱动时,在明确被驱动机械的负载转矩、运动规律和控制要求的前提下,需要考虑速度控制的技术指标。

对于直流伺服电动机的速度控制,通常考虑调速范围 D、静差度 S 和调速平滑性 Q 三个技术指标。调速范围是指电机在额定负载下最高转速与最低转速的比值;静差度是指电动机由理想空载状态增加到额定负载时的转速降与理想空载转速之比,即

$$S=\frac{n_0-n_c}{n_0}=\frac{\Delta n_e}{n_0}\times 100\% \tag{3-57}$$

静差度 S 用来衡量直流伺服电动机调速系统在负载变化时转速的稳定度,与电机的机械特性的软硬度有关,机械特性越硬,静差度越小,转速稳定度也就越高。

调速平滑性 Q 是用两个相近转速之比来表示,即

$$Q=\frac{n_i}{n_{i-1}} \tag{3-58}$$

Q 值越接近 1,表明调速平滑性越好。

(1) 直流伺服电动机调速

直流伺服电动机的速度调节通常是固定定子绕组的励磁电流 I_f 即保持磁通 Φ 不变,通过调节电枢电压 U_a 和电枢电流 I_a 来调节电机转速。直流电机带动机械负载工作,需要较大的电流和功率,因此在直流电动机速度控制系统中,需要引入功率放大环节,对控制信号进行功率驱动。目前对直流伺服电动机利用功率驱动实现调速的方法主要有以下三种模式:

① 线性型

线性型功率驱动模式主要是利用功率三极管作为功率放大器的输出控制直流电动机,电路如图 3-70 所示。其工作原理为一般的三极管放大电路,集电极输出电压的大小正比于基极的控制信号。线性型驱动的电路结构和原理简单,成本低,加速能力强,但功率损耗大,特别是在低速大转矩运行时,通过电阻 R 的电流较大,引起热损大,故这种驱动形式一般适用于小功率低惯量直流电动机。

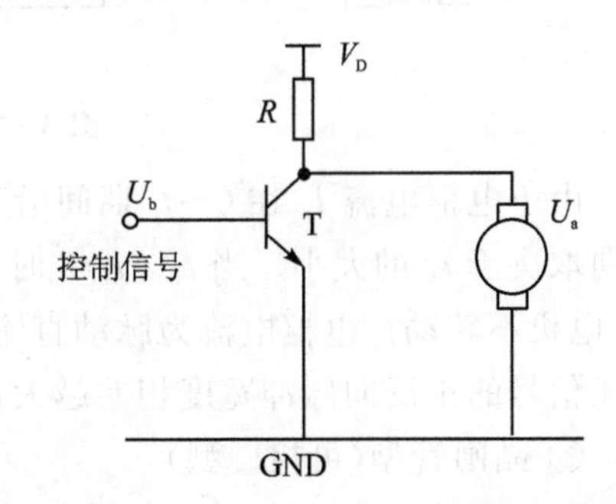

图 3-70　直流伺服电机线性型驱动原理

② 开关型

开关型调速是对直流电动机采用脉冲方式供电，通过改变供电脉冲的宽度，即改变供电电压脉冲的占空比来实现电动机转速的调节，这种方法也称为脉冲宽度调制（PWM）调速。其基本原理是，使用功率三极管作为功率驱动元件，三极管基极加入频率固定的开关脉冲信号控制功率三极管的导通和截止，而开关脉冲信号的占空比（脉宽）按输入的指令中控制电压的要求来调节，从而改变加在直流电机电枢两端控制电压的大小和极性，以此来调节直流伺服电动机的速度和转动方向。相比较而言，PWM 调速功率损耗小，运行效率高，加减速性能好，在低速大转矩连续运行的场合下，对于中小惯量的直流电动机常用这种方式进行速度调节。

PWM 调速电路按照工作方式可分为可逆调速和不可逆调速两种形式，可逆调速又有双向式、单向式和有限单向式等多种电路。本节以双向式 PWM 可逆调速电路为例，分析其调速过程和原理。

如图 3-71 所示，功率三极管基极加上脉冲控制电压信号，且 $U_{b1}=U_{b4}$，$U_{b2}=U_{b3}=-U_{b1}$。当 $0<t<t_1$ 时，$U_{b1}=U_{b4}$ 为正值，T_1 和 T_4 饱和导通；$U_{b2}=U_{b3}$ 为负值，T_2 和 T_3 截止，电枢电压为 U，电枢电流 I_a 沿着电源正端、功率三极管 T_1、电枢绕组、功率三极管 T_4、电源负端的路径流通。当 $t_1<t<t_f$ 时，$U_{b1}=U_{b4}$ 为负值，T_1 和 T_4 截止；$U_{b2}=U_{b3}$ 为正值，但是 T_2 和 T_3 并不能立即导通，因为电枢电感储存的能量会使电枢电流 I_a 经二极管 D_2、D_3 继续流动，使 T_2 和 T_3 承受反压。如果负载较大，即感应电流 I 较大，在续流阶段，电枢电流 I_a 方向始终保持不变，电机始终工作在电动机状态。如果负载较小，在续流过程中电枢电流 I_a 可能为 0，使 T_2 和 T_3 导通，电枢电流反向，会沿着功率三极管 T_3、电枢绕组、功率三极管 T_2、电源负端的路径流通，此时电机工作在反接制动状态。然后，在下一个周期，重复上述过程。

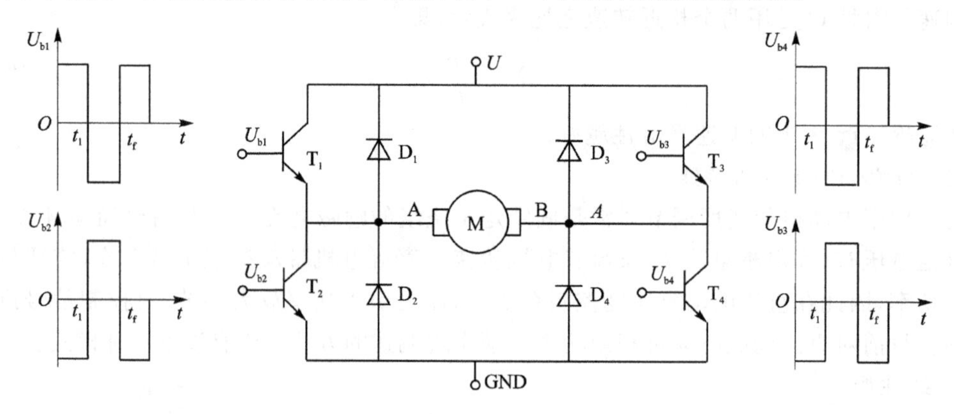

图 3-71　双向式 PWM 调速电路

由于电枢电流 I_a 在 $0\sim t_f$ 期间沿正反两个方向流动，故称为双向式 PWM 调速，电机转动方向取决于 t_1 的大小。当 $t_1>t_f/2$ 时，电机正向转动；当 $t_1<t_f/2$ 时，电机反向转动；当 $t_1=t_f/2$ 时，电机不转动。电枢电流为脉动直流，电机转速的大小取决于电枢电流的平均值，控制脉冲电压信号的正反向脉冲宽度相差越大，电枢电流的平均值就越大，从而电机的转速就越高。

③ 晶闸管型（可控硅型）

使用可控硅作为功率驱动元件，控制其导通的相位角，来改变输出的直流电压，从而调节电机的转速。直流电动机可控硅驱动电路常分为单相、三相、可逆式和不可逆式四种型式，由于可控硅元件输出功率大，电流大，因此适用于大功率大惯量的直流电动机的调速。

(2) 直流伺服电动机闭环速度控制

由于开环控制速度调节精度低，调速范围窄，因此对直流伺服电动机的调速控制通常采用闭环控制模式。如图 3-72 所示，控制调速时，利用测速传感器检测电动机的转速，然后将测量的速度信号与速度指令值进行比较，将差值 ΔU 送入速度控制器，按照设定的控制规律输出控制信号，经功率放大器放大，驱动电动机工作，循环往复，直到电动机的转速与给定的速度指令值相等，达到平衡状态。

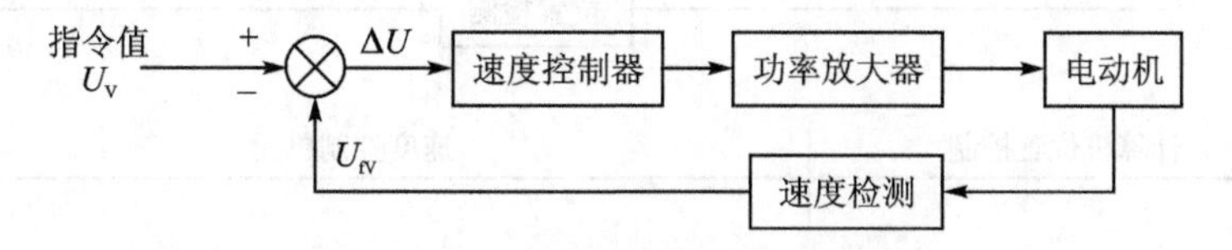

图 3-72　单环负反馈速度控制系统

当然，图 3-72 所示的速度负反馈控制系统，由于没有限制功率放大器主回路电流，当电机的实际转速与速度指令值差值较大时，尤其是在电机启动时，电路电流往往会超过功率三极管的最大允许电流，造成功率三极管的损坏。为保证设备的运行安全，优化动态特性，常在上述控制回路中加入电流负反馈环节，形成双环速度控制系统，如图 3-73 所示。该控制系统是在图 3-72 所示的速度控制系统的基础上加入电流负反馈环节所形成的，从功率放大器的主电路取出电流信号反馈，与速度控制器输出信号 U_I 进行比较，然后送给电流控制器进行处理，输出的控制信号 U_K 进行功率放大后去驱动电动机工作。

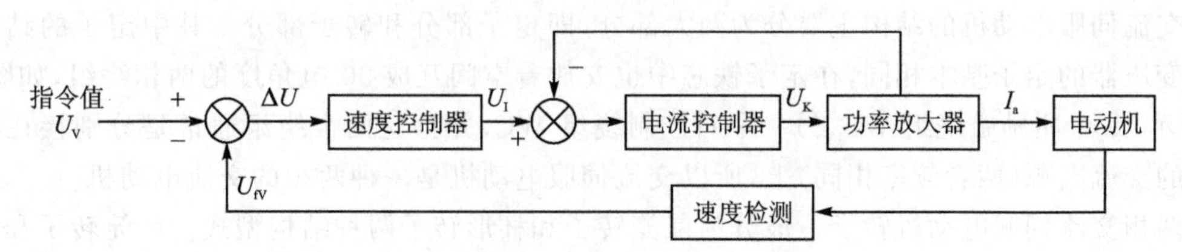

图 3-73　双环负反馈速度控制系统

(3) 直流电机的位置伺服控制

直流电机的位置控制通常是在调速控制系统的基础上，加入位置信号检测装置和负反馈环节而形成的，其组成框图如图 3-74 所示。利用速度控制单元进行速度控制，利用计算机软件实现位置控制，位置检测传感器一般选用光电编码器或旋转变压器。

在进行位置伺服控制时，如果实际检测的位置值和位置指令值不相等，位置控制器首先计算出偏差，然后根据偏差计算出速度指令值，作为速度控制器的输入，经电流负反馈环节后进行电机的速度控制，如此循环，直到最后电机的位置与位置指令值相等，电机达到平衡状态。当然，根据位置偏差计算速度指令时，可以将偏差分为大偏差区域(远离目标位置)、中偏差区域(离目标位置较近)、靠近目标位置和停止位置。在大偏差区域，电机启动后直接加速到最大转速并保持恒定，以提高工作效率；在中偏差区域，电机转速逐渐下降，减速度的大小取决于伺服放大器、电机的额定电流、电机和负载的转动惯量；在靠近目标位置区域，电机以随时都能停止的恒速进行控制；在到达目标位置后，电机停止转动并产生一定的定位力矩。

随着工业控制技术的发展，目前对机械系统进行位置控制时，大都通过选用位置伺服模块，配之以工业控制计算机，可以得到精度高，可靠性好的位置伺服控制系统。

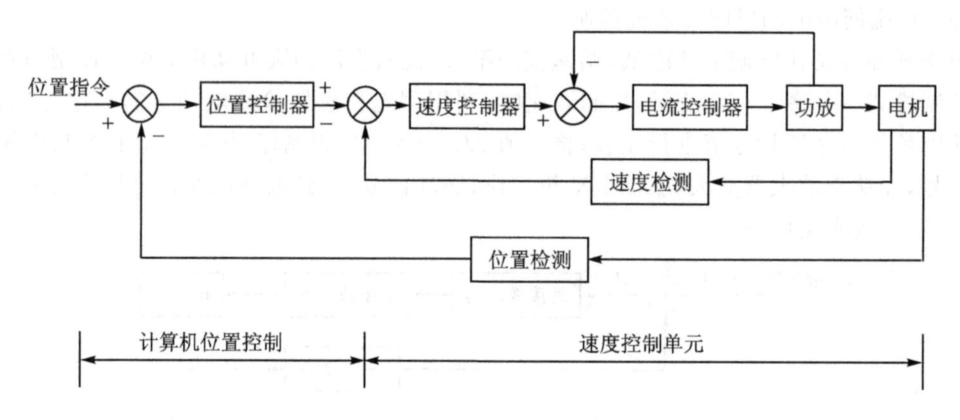

图 3－74　直流电机位置伺服控制系统组成框图

二、交流伺服电动机与控制

由于具有结构简单，维修方便，工作可靠，价格低等优点，特别是随着功率半导体的出现，微电子技术、微型计算机技术的迅速发展，以及现代控制理论的应用，使得交流电动机与变频调速系统的理论和实践更加完善，致使交流伺服电动机无论是在数量上、装机容量上或在应用范围方面，在拖动系统中迅速地取代直流调速系统而占据主导地位。

1. 交流伺服电动机的结构

交流伺服电动机的结构主要分为两大部分，即定子部分和转子部分。其中定子的结构与旋转变压器的定子基本相同，在定子铁芯中也安放着空间互成 90°电角度的两相绕组，如图 3－75 所示，一个叫励磁绕组 WF，另一个叫控制绕组 WC，并且这两个绕组通常是分别接在两个不同的交流电源（两者频率相同）上，所以交流伺服电动机是一种两相的交流电动机。

两相交流伺服电动机转子一般分为鼠笼转子和杯形转子两种结构型式。鼠笼转子和三相鼠笼式电动机的转子结构相似，杯形转子伺服电动机的结构如图 3－76 所示。杯形转子通常用铝合金或铜合金制成空心薄壁圆筒，为了减少磁阻，在空心杯形转子内放置固定的内定子。不同结构型式的转子都制成具有较小转动惯量的细长形。

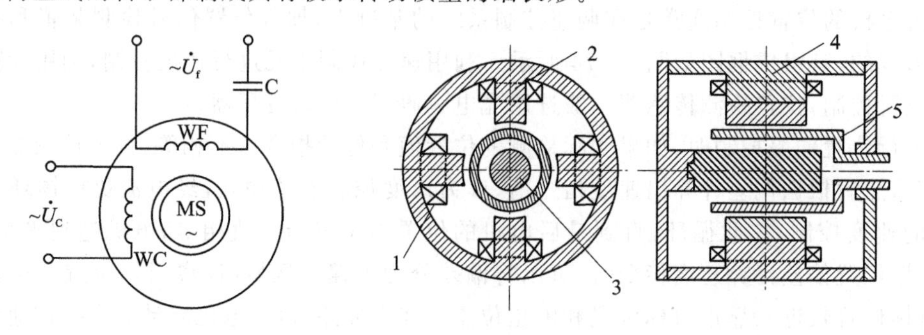

图 3－75　交流伺服电动机的接线图

1—励磁绕组；2—控制绕组；3，4—内、外定子；5—转子

图 3－76　杯形转子伺服电动机的结构图

目前用得最多的是鼠笼转子的交流伺服电动机，其特点和应用范围如表 3－2 所列。

表 3-2　交流伺服电动机的特点和应用范围

种　类	产品型号	结构特点	性能特点	应用范围
鼠笼式转　子	SL	与一般鼠笼式电机结构相同，但转子做得细而长，转子导体用高电阻率的材料	励磁电流较小，体积较小，机械强度高，但是低速运行不够平稳，有时快时慢的抖动现象	小功率的自动控制系统
空心杯形转子	SK	转子做成薄壁圆筒形，放在内、外定子之间	转动惯量小，运行平滑，无抖动现象，但励磁电流较大，体积也较大	要求运行平滑的系统

2. 基本工作原理

两相交流伺服电动机是以单相异步电动机原理为基础的，在讲解交流伺服电动机的工作原理之前，简要介绍一下单相异步电动机的基本原理，在此基础上，再分析两相交流伺服电动机的工作原理。

(1) 单相异步电动机

单相异步电动机，是一种从几瓦到几百瓦，由单相交流电源供电的旋转电机，具有结构简单，成本低廉，运行可靠等一系列优点，广泛用于电风扇、洗衣机、电冰箱、医疗器械及自动控制装置中。

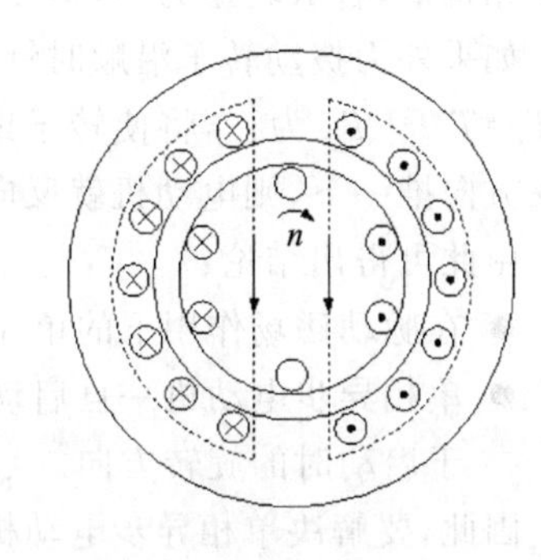

图 3-77　单向异步电动机

① 单相异步电动机的磁场

单相异步电动机的定子绕组为单相，转子一般为鼠笼式，如图 3-77 所示。当接入单相交流电源时，会在定、转子气隙中产生一个如图 3-78(a)所示的交变脉动磁场。该磁场在空间并不旋转，只是磁通或者磁感应强度的大小随时间作正弦变化，即

$$B = B_m \sin \omega t \tag{3-59}$$

式中：B_m 为磁感应强度的幅值；ω 为交流电源角频率。

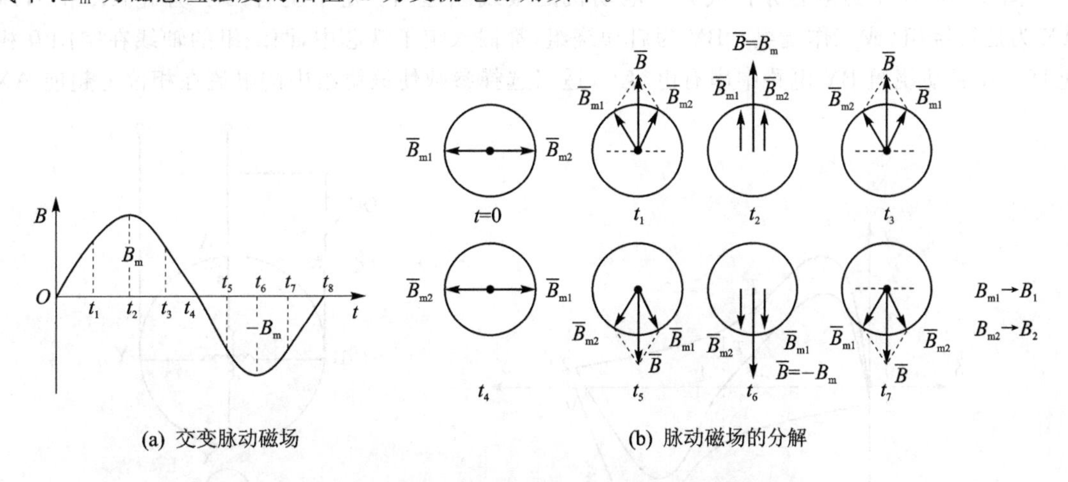

图 3-78　脉动磁场分成两个转向相反的旋转磁场

如果仅有一个单相绕组，则在通电前转子原来是静止的，通电后转子仍将静止不动。若此时用手拨动它，转子便顺着拨动方向转动起来，最后达到稳定运行状态。可见这种结构的电动

机没有启动能力，但一经推动后，却能转动起来，这是为什么？

可以证明，一个空间轴线固定而大小按照正弦规律变化的脉动磁场，可以分解为两个转速相等而方向相反的旋转磁场 $\bar{B}_{m1}$ 和 $\bar{B}_{m2}$，如图 3-78(b)所示，磁感应强度的大小为

$$B_{m1} = B_{m2} = B_m/2 \tag{3-60}$$

当脉动磁场变化一个周期，对应的两个旋转磁场正好各转一圈，若交流电源的频率为 f，定子绕组的磁极对数为 p，则两个旋转磁场的同步转速为

$$\{n_0\}_{r/min} = \pm 60\{f\}_{Hz}/p \tag{3-61}$$

与三相异步电动机的同步转速相同。

两个旋转磁场分别作用于鼠笼式转子而产生两个方向相反的转矩，如图 3-79 所示。

图中，T^+ 为正向转矩，由旋转磁场 $\bar{B}_{m1}$ 产生；T^- 为反向转矩，由反向旋转磁场 $\bar{B}_{m2}$ 产生，而 T 为单相异步电动机的合成转矩，S 为转差率。

从曲线 1 可以看出，在转子静止时($S=1$)，由于两个电磁转矩大小相等方向相反，故其作用互相抵消，合成转矩为零，即 $T=0$，因而转子不能自行启动。

如果外力拨动转子沿顺时针方向转动，则此时正向转矩 T^+ 大于反向转矩 T^-，其合成转矩 $T=T^+-T^-$ 为正，将使转子继续沿顺时针方向旋转，直至达到稳定运行状态。同理，如果沿反方向推一下，则电动机就反向旋转。

由此可得出结论：

- 在脉动磁场作用下的单相异步电动机没有启动能力，即启动转矩为零；
- 单相异步电动机一旦启动，能自行加速到稳定运行状态，其旋转方向不固定，完全取决于启动时的旋转方向。

因此，要解决单相异步电动机的应用问题，首先必须解决启动转矩问题。

② 单相异步电动机的启动

单相异步电动机在启动时若能产生一个旋转磁场，就可以建立启动转矩而自行启动，下面介绍一种最为常见的单相异步电动机——电容分相式异步电动机。

图 3-80 所示为电容分相式异步电动机的接线原理图。定子上有两个绕组 AX 和 BY，AX 为运行绕组(或工作绕组)，BY 为启动绕组，都嵌入定子铁芯中，两绕组的轴线在空间互相垂直。在启动绕组 BY 电路中串有电容 C，适当选择参数使该绕组中的电流在相位上超前 AX

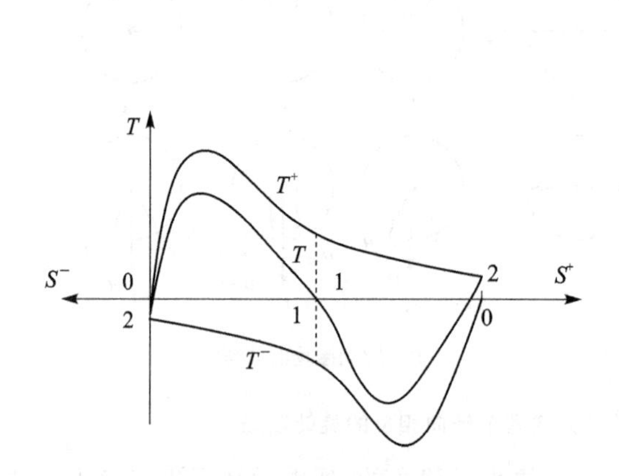

图 3-79 单相异步电动机的 $T=f(S)$ 曲线

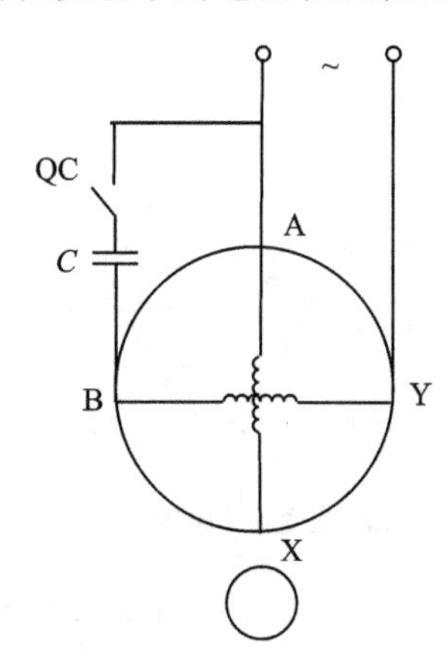

图 3-80 电容分相式异步电动机

绕组中的电流 90°，其目的在于，通电后能在定、转子气隙内产生一个旋转磁场，使其自行启动。根据两个绕组的空间位置及图 3-81(a)所示的两相电流之波形，画出 t 为 $T/8$，$T/4$，$T/2$ 各时刻磁力线的分布如图 3-81(b)所示。从该图可以看出磁场是旋转的，且旋转磁场旋转方向的规律和三相旋转磁场一样。是由 BY 到 AX，即由电流超前的绕组转向电流滞后的绕组。在此旋转磁场作用下，鼠笼转子将跟着旋转磁场一起旋转，若在启动绕组 BY 支路中，接入离心开关 QC，如图 3-80 所示。电动机启动后，当转速达到额定值附近时，借助离心力的作用，将 QC 打开，此后电动机就成为单相运行了，此种结构形式的电动机，称为电容分相启动电动机。也可不用离心开关，即在运行时并不切断电容支路，称为电容分相运转电动机。

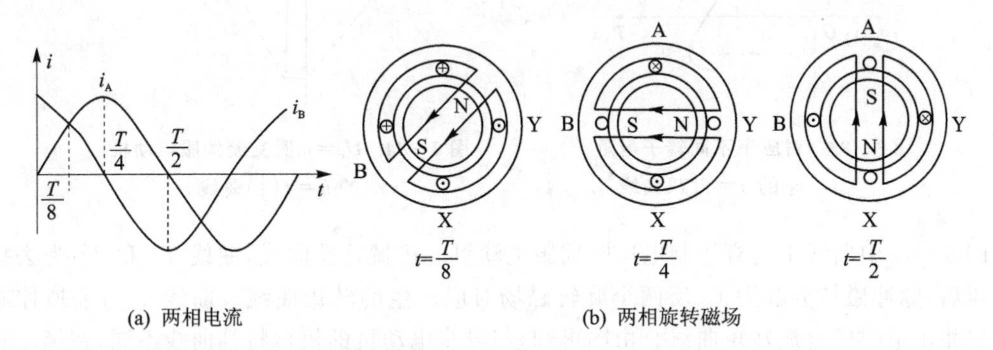

图 3-81　电容分相式异步电动机旋转磁场的产生

当然，欲使电动机反转，不能像三相异步电动机那样换掉两根电源线来实现，必须以换掉电容器 C 的串联位置来实现，如图 3-82 所示，即改变 QB 的接通位置，就可改变旋转磁场的方向，从而实现电动机的反转。

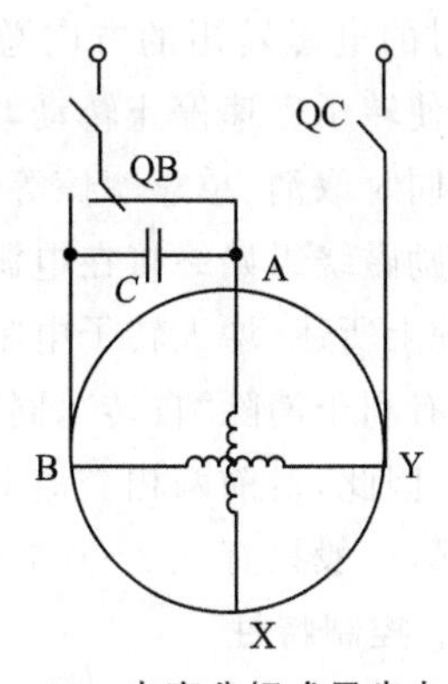

图 3-82　电容分相式异步电动机正反转接线原理图

(2) 两相交流伺服电动机

前已述及，两相交流伺服电动机是以单相异步电动机原理为基础的，由图 3-75 可知，励磁绕组接到电压一定的交流电网上，控制绕组接到控制电压 U_c 上，当有控制信号输入时，两相绕组便产生旋转磁场。该磁场与转子中的感应电流相互作用产生转矩，使转子跟着旋转磁场以一定的转差率转动起来，其同步转速 $\{n_0\}_{r/min}=60\{f\}_{Hz}/p$，转向与旋转磁场的方向相同，把控制电压的相位改变 180°，则可改变伺服电动机的旋转方向。

对伺服电动机的要求是控制电压一旦取消，电动机必须立即停转。根据单相异步电动机的原理，电动机转子转动以后，再取消控制电压，仅剩励磁电压单相供电，它将继续转动，即存在“自转”现象，这也就意味着控制失去作用，因此，必须采取措施，消除自转现象。

为了消除自转现象，就要使转子导条具有较大电阻，从三相异步电动机的机械特性可知，转子电阻对电动机的转速转矩特性影响很大(如图 3-83 所示)，转子电阻增大到一定程度，如图中 r_{23} 时，最大转矩可出现在 $S=1$ 附近。

为此目的，把伺服电动机的转子电阻 r_2 设计得很大，使电动机在失去控制信号，即成单相运行时，正转矩或负转矩的最大值均出现在 $S_m>1$ 之处，这样可得出图 3-84 所示的机械特性曲线。

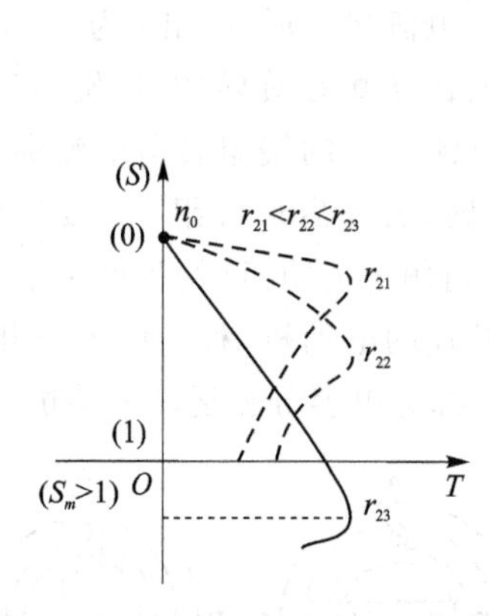

图 3－83　对应于不同转子电阻 r_2 的 $n=f(T)$ 曲线

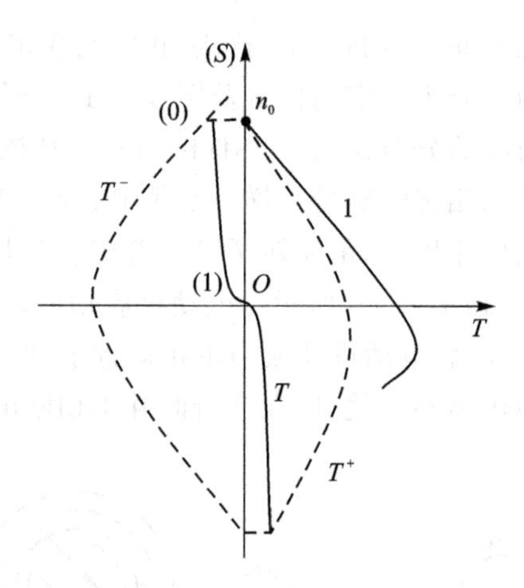

图 3－84　$U_c=0$ 时交流伺服电动机的 $n=f(T)$ 曲线

图 3－84 中曲线 1 为有控制电压时伺服电动机的机械特性曲线，曲线 T^+ 和 T^- 为去掉控制电压后，脉冲磁场分解为正、反两个旋转磁场对应产生的转矩曲线。曲线 T 为去掉控制电压后单相供电时的合成转矩曲线。由图可知，与异步电动机的机械特性曲线不同，在第二和第四象限内。当速度 n 为正时，电磁转矩 T 为负，当 n 为负时，T 为正，即去掉控制电压后，单相供电时的电磁转矩的方向总是与转子转向相反，所以，是一个制动转矩。由于制动转矩的存在，可使转子迅速停止转动，保证了不会存在"自转"现象。停转所需要的时间，比两相电压 U_c 和 U_f 同时取消、单靠摩擦等制动方法所需的时间要少得多。这正是两相交流伺服电动机在工作时，励磁绕组始终接在电源上的原因。

综上所述，增大转子电阻 r_2，可使单相供电时合成电磁转矩在第二和第四象限，成为制动转矩，有利于消除"自转"，同时 r_2 的增大，还使稳定运行段加宽、启动转矩增大，有利于调速和启动。因此，目前两相交流伺服电动机的鼠笼导条，通常都是用高电阻材料制成，杯形转子的壁很薄，一般只有 0.2～0.8 mm，因而转子电阻较大，且惯量很小。

3. 控制特性

两相交流伺服电动机的控制方法有三种：①幅值控制；②相位控制；③幅值-相位控制。在实际拖动过程中，运用最多的是幅值控制，在此以幅值控制法为例，分析交流伺服电动机的控制特性。

图 3－85 所示接线图为幅值控制的一种接线图，从图中看出，两相绕组接于同一单相电源，适当选择电容 C，使 U_f 和 U_c 相角差 90°，改变 R 的大小，即改变控制电压 U_c 的大小，可以得到图 3－86 所示的不同控制电压下的机械特性曲线簇。由图 3－86 可见，在一定负载转矩下，控制电压越高，转差率越小，电动机的转速就越高，不同的控制电压对应着不同的转速。这种维持 U_f 和 U_c 相位差 90°，利用改变控制电压幅值大小来改变转速的方法，称为幅值控制方法。

利用控制电压 U_c 的有无，可以方便地对交流伺服电动机进行启动、停止控制；利用改变电压的幅值或相位可以调节电动机的转速；利用改变控制电压 U_c 的极性来改变电动机的转动方向，其典型控制框图如图 3－87 所示。

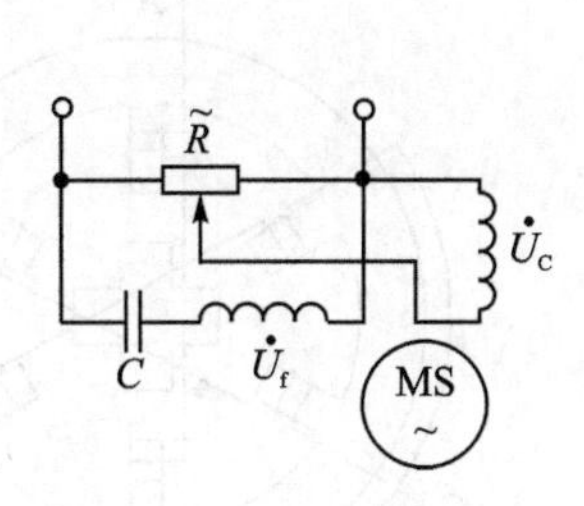

图 3-85　幅值控制接线图

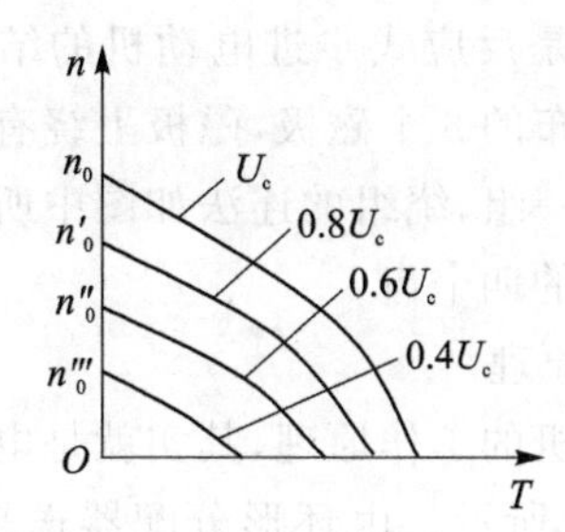

图 3-86　不同控制电压下的 $n=f(T)$ 曲线

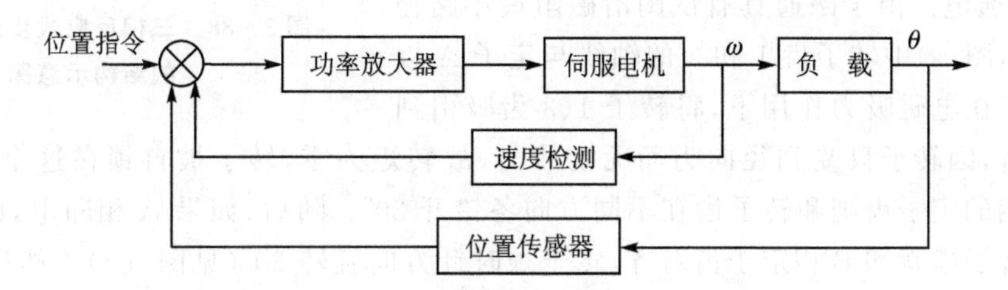

图 3-87　交流伺服电动机典型应用框图

交流伺服电动机的输出功率一般是 0.1～100 W，其电源频率有 50 Hz、400 Hz 等几种，在需要功率较大的场合，则应采用直流伺服电动机。

三、步进电机与控制

步进电动机是一种用电脉冲信号进行控制，并将电脉冲信号转换成相应的角位移或线位移的执行元件。由专用电源供给电脉冲，每输入一个脉冲，步进电动机就运行一步。这种电动机的运动形式与普通匀速旋转的电动机有一定的差别，是步进式运动，所以称为步进电动机。又因其绕组上所加的电源是脉冲电压，有时也称为脉冲电动机。

步进电动机的位移量与输入脉冲数严格成比例，不会引起误差的积累，其转速与脉冲频率和步距角有关。控制输入脉冲数量、频率及电动机各相绕组的接通次序，可以得到各种需要的运行特性。尤其是当与其他数字系统配套时，将体现出更大的优越性，因而广泛地用于数字控制系统中，例如，在数控机床中，将零件加工的要求编制成一定符号的加工指令，或编成程序软件存放在磁带上，然后送入数控机床的控制箱，其中的数字计算机会根据纸带上的指令，或磁带上的程序，发出一定数量的电脉冲信号，步进电动机就会作相应的转动，通过传动机构，带动刀架做出符合要求的动作，自动加工零件。

1. 步进电机的结构和工作原理

(1) 结构特点

步进电机和一般旋转电动机一样，分为定子和转子两大部分。定子由硅钢片叠成，装上一定相数的控制绕组，由环形分配器送来的电脉冲对多相定子绕组轮流进行励磁；转子用硅钢片叠成或用软磁材料做成凸极结构，转子本身没有励磁绕组的叫做"反应式步进电动机"，用永久磁铁做转子的叫做"永磁式步进电动机"。

步进电机的种类虽然很多，但工作原理都相同，下面仅以三相反应式步进电动机为例，说明其结构和工作原理。

图 3－88 是反应式步进电动机的结构示意图。定子具有均匀分布的 6 个磁极，磁极上绕有绕组。两个相对的磁极组成一组，绕组的连法如图中所示。假定转子具有均匀分布的四个齿。

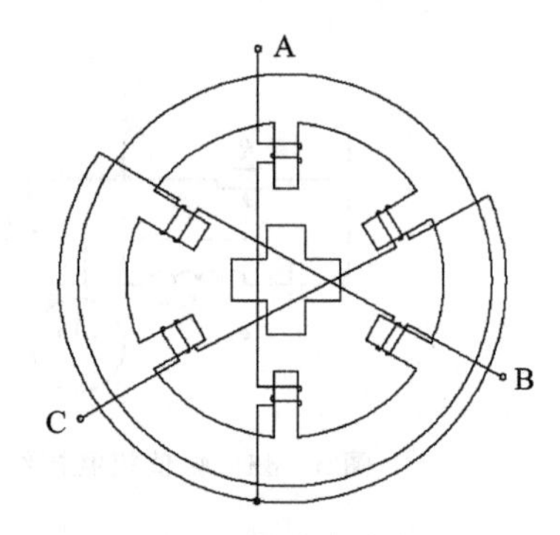

图 3－88 三相反应式步进电机的结构示意图

(2) 工作原理

步进电动机的工作原理，其实就是电磁铁的工作原理，如图 3－89 所示。由环形分配器送来的脉冲信号，对定子绕组轮流进行通电，设先对 A 相绕组通电，B 相和 C 相都不通电。由于磁通具有试图沿磁阻最小路径通过的特点，图(a)中转子齿 1 和 3 的轴线与定子 A 极轴线对齐，即在电磁吸力作用下，将转子 1、3 齿吸引到 A 极下，此时，因转子只受到径向力而无切线力，故转矩为零，转子被自锁在这个位置上，此时，B、C 两相的定子齿则和转子齿在不同方向各错开 30°。随后，如果 A 相断电，B 相控制绕组通电，则转子齿就和 B 相定子齿对齐，转子顺时针方向旋转 30°(见图(b))。然后使 B 相断电，C 相通电，同理转子齿就和 C 相定子齿对齐，转子又顺时针方向旋转 30°(见图(c))。可见，当通电顺序为 A—B—C—A 时，转子便按照顺时针方向一步一步转动。每换接一次，转子前进一个步距角。电流换接三次，磁场旋转一周，转子前进一个齿距角(此例中转子有四个齿时为 90°)。

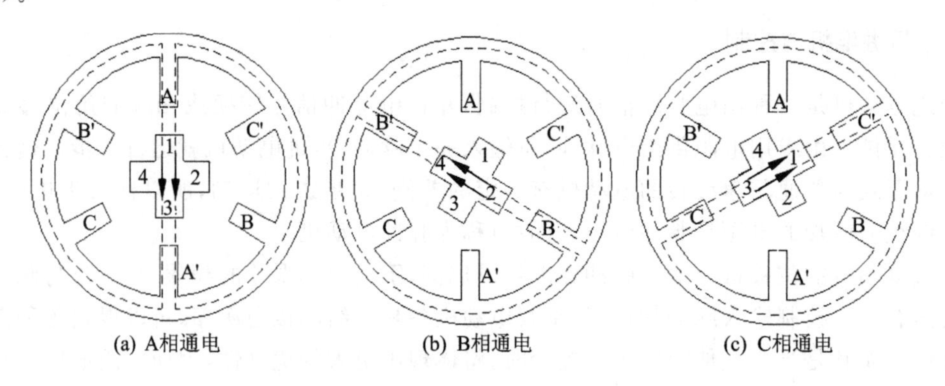

图 3－89 单三拍通电方式转子的位置

欲改变旋转方向，则只要改变通电顺序即可，例如通电顺序改为 A—C—B—A，转子就反向转动。

(3) 通电方式

步进电动机的转速既取决于控制绕组通电的频率，也取决于绕组通电方式，三相步进电动机一般有单三拍、单双六拍及双三拍等通电方式，"单"、"双"、"拍"的意思是："单"是指每次切换前后只有一相绕组通电，"双"就是指每次有两相绕组通电；而从一种通电状态转换到另一种通电状态就叫做一"拍"。

步进电动机若按 A—B—C—A 方式通电，因为定子绕组为三相，每一次只有一相绕组通电，而每一个循环只有三次通电，故称为三相单三拍通电。如果每次都是两相通电，即按 A、B→B、C→C、A→A、B→…的顺序通电，则称为双三拍方式。如果按 A→A、B→B→B、C→C→C、A→A…的顺序轮流通电，如图 3－90 所示，则转子便顺时针方向一步一步地转动，步距角为 15°。电流换接六次，磁场旋转一周，转子前进了一个齿距角。如果按 A→A、C→C→C、B→B→B、A→A…的顺序通电，则电机转子逆时针方向转动。这种通电方式称为三相六拍方式。

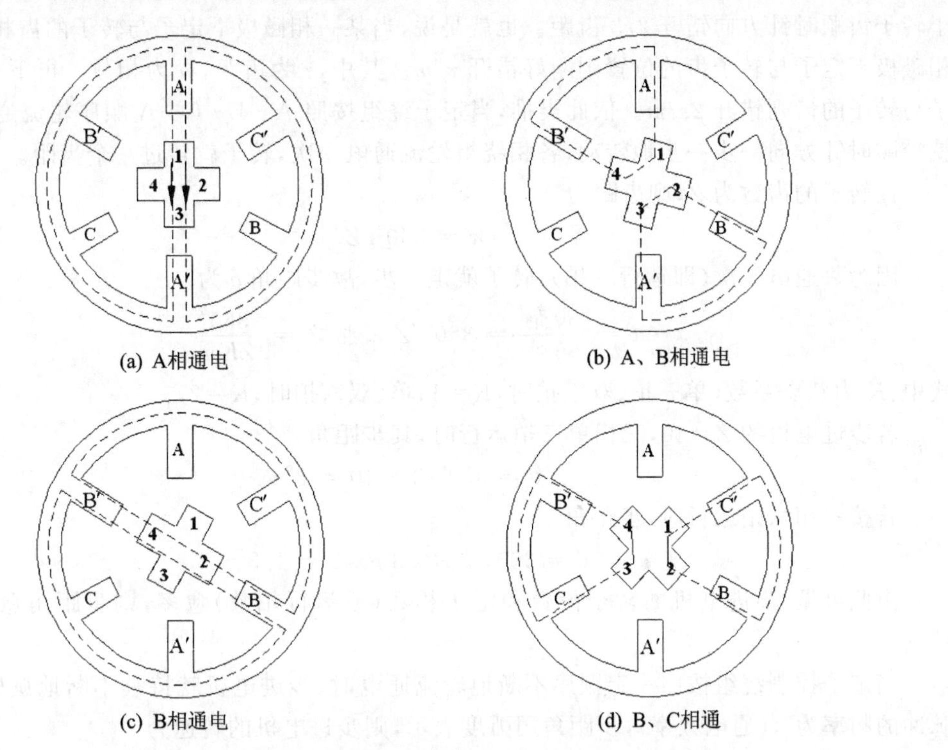

图 3-90　六拍通电方式时转子的位置

在工作时，设 A 相首先通电，转子齿与定子 A、A′对齐，如图 3-90(a)所示。然后在 A 相继续通电的情况下接通 B 相，这时定子 B、B′极对转子齿 2、4 产生磁拉力，使转子顺时针方向转动，但是 A、A′极继续拉住齿 1、3。因此，转子转到两个磁拉力平衡时为止。这时转子的位置如图 3-90(b)所示，即转子从图(a)位置顺时针转过了 15°。接着 A 相断电，B 相继续通电，这时转子齿 2、4 和定子 B、B′极对齐(图 c)，转子从图(b)的位置又转过了 15°。而后接通 C 相，B 相仍然继续通电，这时转子又顺时针转过了 15°，其位置如图 3-90(d)所示。当 A 和 B 两相同时通电时，转子稳定位置将会停留在 A、B 两定子磁极对称的中心位置上。

由图 3-89 和图 3-90 可明显看出：采用单三拍和双三拍方式时转子走三步前进一个齿距角，每走一步前进了三分之一齿距角；采用六拍方式时，转子走六步前进了一个齿距角，每走一步前进了六分之一齿距角。因此，对上述转子，三相三拍步距角为 30°；三相六拍步距角为 15°。上述步距角显然太大，不符合一般用途的要求。

(4) 小步距角步进电动机

图 3-91 所示为一个实际的小步距角步进电动机，可以看出，其定子内圆和转子外圆均有齿和槽，而且定子和转子的齿宽和齿距相等。定子上有三对磁极，分别

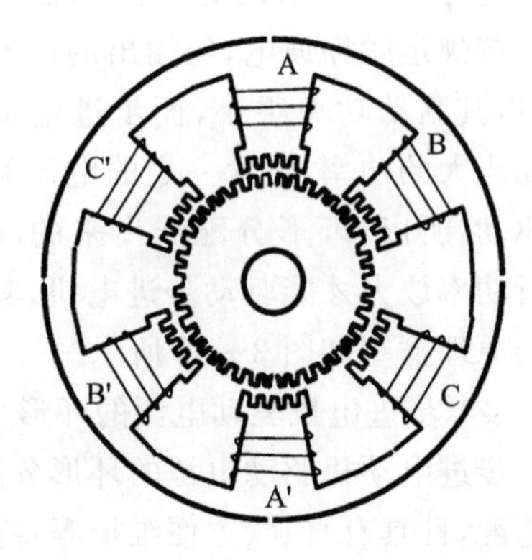

图 3-91　小步距角电动机结构示意图

绕有三相绕组，定子极面小齿和转子上的小齿位置要符合下列规律：当 A 相的定子齿和转子齿对齐时，B 相的定子齿应相对于转子齿顺时针方向错开 1/3 齿距，而 C 相的定子齿又应相对于转子齿顺时针方向错开 2/3 齿距。也就是说，当某一相磁极下定子与转子的齿相对时，下一相磁极下定子与转子齿的位置则刚好错开 τ/m。其中，τ 为齿距，m 为相数。再下一相磁极定子与转子的齿则错开 $2\tau/m$。依此类推，当定子绕组按照 A—B—C—A 顺序轮流通电时，转子就沿顺时针方向一步一步地转动，各相绕组轮流通电一次，转子就转过一个齿距。

设转子的齿数为 Z，则齿距为

$$\tau = 360°/Z \tag{3-62}$$

因为每通电一次(即运行一拍)，转子就走一步，故步距角 θ 为

$$\theta = \frac{\text{齿距}}{\text{拍数}} = 360°/Z \times \text{拍数} = \frac{360°}{ZKm} \tag{3-63}$$

式中：K 为状态系数(单三拍、双三拍时，$K=1$；单、双六拍时，$K=2$)。

若步进电机的 $Z=40$，三相单三拍运行时，其步距角

$$\theta = 360°/3 \times 40 = 3°$$

若按三相六拍运行时，步距角

$$\theta = 360°/2 \times\times 3 \times 40 = 1.5°$$

由此可见，步进电机的转子齿数和定子相数(或运行拍数)愈多，则步距角愈小，控制越精确。

当定子控制绕组按照一定顺序不断地轮流通电时，步进电机就持续不断地旋转。如果电脉冲的频率为 f(通电频率)，步距角用弧度表示，则步进电机的转速为

$$\{n\}_{\mathrm{r/min}} = \frac{\{\theta\}_{\circ}\{f\}_{\mathrm{Hz}}}{2\pi} \times 60 = \frac{2\pi/KmZ\{f\}_{\mathrm{Hz}}}{2\pi} \times 60 = \frac{60}{KmZ}\{f\}_{\mathrm{Hz}} \tag{3-64}$$

2. 步进电机的环形分配器

(1) 步进电机的驱动

步进电动机绕组是按一定通电方式工作的，为实现这种轮流通电，需将控制脉冲按照规定的通电方式分配到电动机的每相绕组。这种分配可以用硬件来实现也可以用软件来实现。实现脉冲分配的硬件逻辑电路称为环形分配器。在计算机数字控制系统中，采用软件实现脉冲分配的方式称作软件环分。

经分配器输出的脉冲能保证步进电机绕组按规定顺序通电，但输出的脉冲未经放大时，其驱动功率很小，而步进电机绕组需要相当大的功率，包含一定的电流和电压才能驱动，所以，环形分配器出来的脉冲还需进行功率放大才能驱动步进电机，其驱动系统的原理框图如图 3-92 所示。

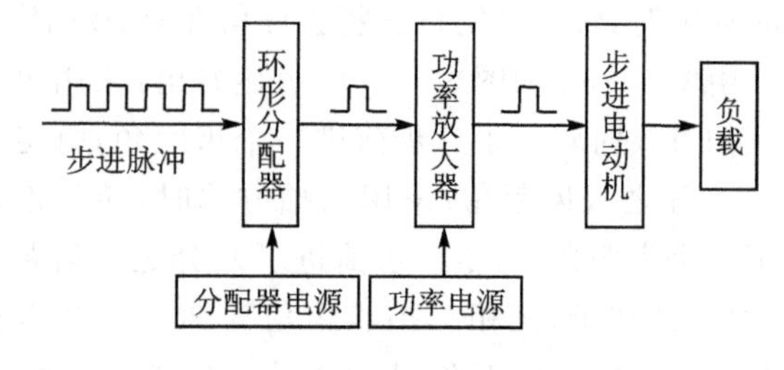

图 3-92 步进电机驱动系统方框图

(2) 步进电机驱动电源的环形分配器

步进电动机驱动电源的环形分配器有硬件和软件两种方式。硬件环形分配器有较好的响应速度，且具有直观、方便维护等特点；软件环分则往往受到微型计算机运算速度的限制，有时难以满足高速实时控制的要求。

① 硬件环形分配器

硬件环形分配器需根据步进电动机的相数和要求的通电方式设计，图 3－93 所示为一个三相六拍的环形分配器。

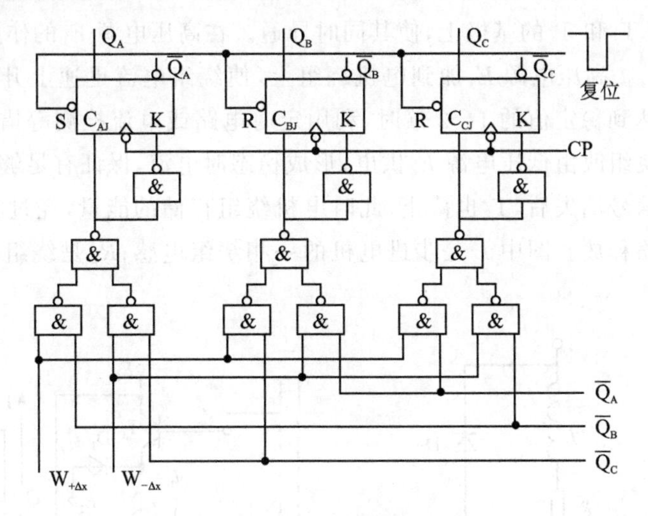

图 3－93　三相六拍环形分配器

分配器的主体是三个 J－K 触发器，其输出端分别经各自的功放线路与步进电机 A、B、C 三相绕组连接。当 $Q_A=1$ 时，A 相绕组通电；$Q_B=1$ 时，B 相绕组通电；$Q_C=1$ 时，C 相绕组通电。$W_{+\Delta x}$ 和 $W_{-\Delta x}$ 是步进电机的正、反转控制信号。通过编写相应逻辑状态真值表，以及根据 J－K 触发器的逻辑关系，可以得出三个触发器 J 端和 K 端的触发信号。

正转时，各相通电顺序为 A→A、B→B→B、C→C→C、A→A。

反转时，各相通电顺序为 A→A、C→C→C、B→B→B、A→A。

② 软件环形分配器

对于不同的计算机和接口器件，软件环形分配器有不同的形式。但主要思路是在选定驱动接口电路以后，建立环形分配表，然后编写相应的环形分配子程序，当需要正转时，调用正转子程序，当需要反转时，调用反转子程序。

3. 步进电机的驱动电路

步进电机的驱动电路实际上是一种脉冲放大电路，使脉冲具有一定的功率驱动能力。由于功率放大器的输出直接驱动电动机绕组，因此，功率放大电路的性能对步进电机的运行性能影响很大。对驱动电路要求的核心问题则是如何提高步进电机的快速性和平稳性。

(1) 单电压功率放大电路

电路原理如图 3－94 所示。电路的电压 E 一般选择为 10～100 V，有的高达 200 V，这要视应用场合、步进电机的功率和实际要求而定。这是步进电机控制中最简单的一种驱动电路。实质上是一个简单的反相器。晶体管 T 用作开关；L 是步进电机的一相绕组电感；R_L 是绕组电阻；R_C 是外接电阻，也是限流电阻；D 是续流二极管。

单电压功率放大器的最大特点是结构简单，缺点是工作效率低，高频时效率尤其低。电阻 R_C 消耗相当大的一部分能量，且 R_C 的发热直接影响电路的稳定工作状态，所以单电压功率放大电路一般只用来驱动小功率步进电机。

(2) 双电压功率放大电路

双电压功率放大电路就是采用高压和低压两种电源电压供电的功放电路，其结构如图 3－95 所示。图中有高压电源 E_1 和低压电源 E_2，来自脉冲分配器的工作脉冲 V_h 和 V_l，经电流放大后，加到功率三极管 T_1 和 T_2 的基极上，使其同时导通。在高压电源 E_1 的作用下，二极管 D_2 截止，隔离低压电源 E_2。高压电源 E_1 加到电机绕组上，使绕组电流迅速上升，形成前沿很陡的电流波形。当电流达到稳定值的 1～2 倍时，利用定时电路或电流检测等措施，使 T_1 截止，T_2 仍导通。这时电机绕组改由低压电源 E_2 供电，形成稳态时电流，保证有足够的转矩，同时降低功耗。当工作脉冲信号消失后，T_2 也截止，此时电机绕组存储的能量，经过 $R_L \rightarrow R_C \rightarrow D_2 \rightarrow E_1$ 内阻组成的放电回路释放。图中 L 是步进电机的一相绕组电感；R_L 是绕组电阻；R_C 是外接电阻，也是限流电阻。

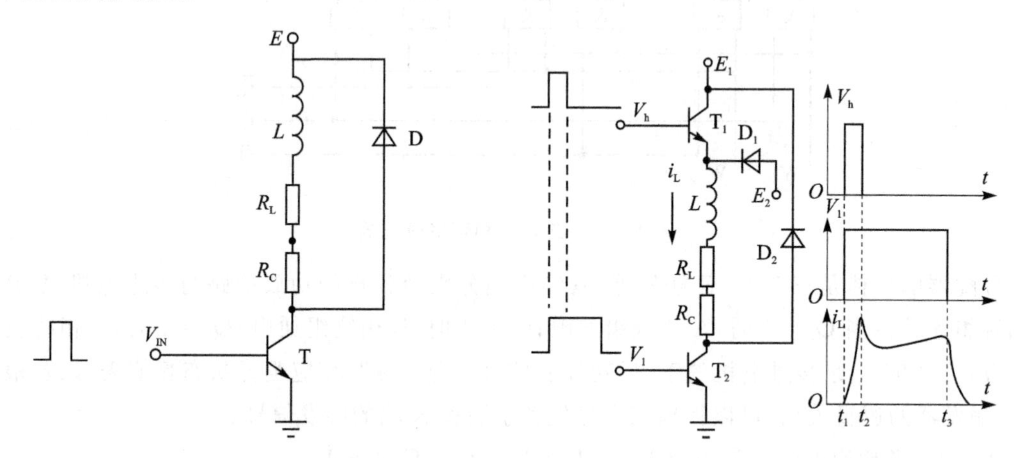

图 3－94　步进电机一相绕组的开关电路图　　　　**图 3－95　双电压功率放大电路图**

双电压功率放大电路与单电压功率放大电路比较，具有功耗小，效率高的特点，而且使步进电机的启动频率和连续运行频率大为提高，因此适用于驱动功率较大的步进电机。

4. 步进电机的运行特性

(1) 步进电机的基本特点

反应式步进电机可以按特定指令进行角度控制，也可进行速度控制。角度控制时，每输入一个脉冲，定子绕组换接一次，输出轴就转过一个角度，其步数与脉冲数一致，输出轴转动的角位移与输入脉冲数成正比。速度控制时，各相绕组不断地轮流通电，步进电机就连续转动。因为反应式步进电机转速只取决于脉冲频率、转子齿数和拍数，而与电压、负载、温度等因素无关，故当步进电机的通电方式选定后，其转速只与输入脉冲频率成正比，改变脉冲频率就可以改变转速，所以可进行无级调速，调速范围很宽。同时步进电机具有自锁能力，当控制电脉冲停止输入，而让最后一个脉冲控制的绕组继续通入直流时，则电动机可以保持在固定的位置上，这样，步进电动机可以实现停车时转子定位。

综上所述，步进电机工作时的步数或转速既不受电压波动和负载变化的影响(在允许负载范围内)，也不受环境条件(温度、压力、冲击和振动等)变化的影响，只与控制脉冲同步，同时，又能按照控制的要求进行启动、停止、反转或改变速度，这就是它被广泛地应用于各种数控系统中的原因。

(2) 矩角特性

矩角特性反映步进电机电磁转矩 T 随偏转角 θ 变化的关系。定子一相绕组通以直流电后,如果转子上没有负载转矩的作用,转子齿和通电相磁极上的小齿对齐,这个位置称为步进电机的初始平衡位置。当转子有负载作用时,转子齿就要偏离初始位置,由于磁力线有力图缩短的倾向,从而产生电磁转矩,直到这个转矩与负载转矩相平衡。转子齿偏离初始平衡位置的角度就叫转子偏转角 θ(空间角),若用电角度 θ_e 表示,则由于定子每相绕组通电循环一周(360°电角度),对应转子在空间转过一个齿距(空间角度),故电角度是空间角度的 Z 倍,即 $\theta_e=Z\theta$。而 $T=f(\theta_e)$ 就是矩角特性曲线。可以证明,此曲线可近似地用一条正弦曲线表示,如图 3-96 所示。从图中可以看出,θ_e 达到 $\pm\pi/2$ 时,即在定子齿与转子齿错开 1/4 个齿距时,转矩 T 达到最大值,称为最大静转矩 $T_{s/max}$,它反映了步进电机承受负载的能力。步进电机的负载转矩必须小于最大静转矩,否则,根本带不动负载。

为了能稳定运行,负载转矩一般只能是最大转矩的 30%～50%。因此,这一特性反映了步进电机带负载的能力,通常在技术数据中都有说明,是步进电机的最主要的性能指标之一。

(3) 脉冲信号频率对步进电机运行的影响

当脉冲信号频率很低时,控制脉冲以矩形波输入,电流波形比较接近于理想的矩形波,如图 3-97(*a*)所示。如果脉冲信号频率增高,由于电动机绕组中的电感有阻止电流变化的作用,因此电流波形发生畸变,变成图 3-97(*b*)所示波形。在开始通电瞬间,由于电流不能突变,其值不能立即升起,故使转矩下降,使启动转矩减小,有可能启动不起来,在断电的瞬间,电流也不能迅速下降,而产生反转矩致使电动机不能正常工作。如果脉冲频率很高,则电流还来不及上升到稳定值 I 就开始下降,于是,电流的幅值降低,变成图 3-97(c)所示波形。因而产生的转矩减小,致使带负载的能力下降。故频率过高会使步进电机启动不了或运行时失步而停下。因此,对脉冲信号频率是有限制的。

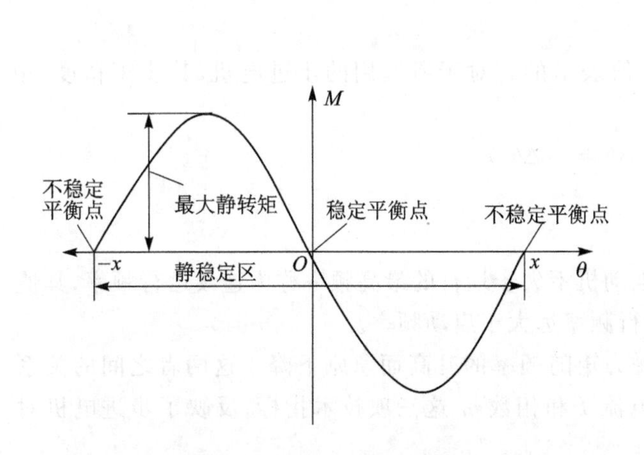

图 3-96　步进电机的矩角特性

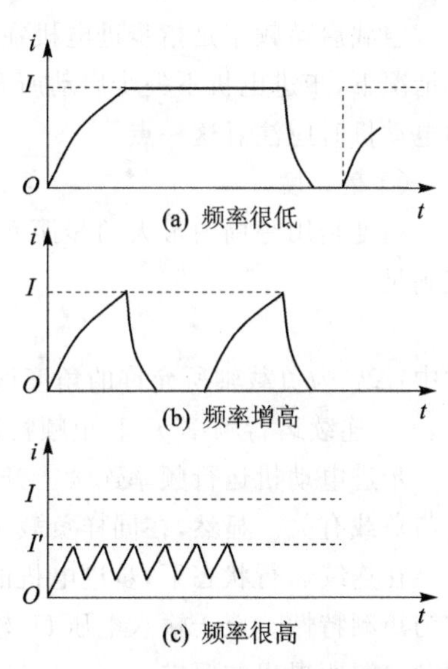

图 3-97　脉冲信号的畸变

(4) 转子机械惯性对步进电机运行的影响

从物理学可知,机械惯性对瞬时运动的物体要发生作用,当步进电机从静止到起步,由于转子部分的机械惯性作用，转子一下子转不过来，因此，要落后于它应转过的角度，如果落后不太大，还会跟上来，如果落后太多，或者脉冲频率过高，电动机将会启动不起来。

另外，即使电动机在运转，也不是每走一步都迅速地停留在相应的位置，而是受机械惯性的作用，要经过几次振荡后才停下来，如果这种情况严重，就可能引起失步。因此，步进电动机都采用阻尼方法，以消除（或减弱）步进电机的振荡。

5. 步进电机的主要性能指标与使用

（1）步进电机的主要性能指标

① 步距角 θ

步距角是步进电机的主要性能指标之一，不同的应用场合，对步距角大小的要求不同，它的大小直接影响步进电机的启动和运行频率，因此，在选择步进电动机的步距角 θ 时，若通电方式和系统的传动比已初步确定，则步距角应满足

$$\theta \leqslant i\theta_{\min}$$

式中：i 为传动比；$\theta_{\min}$ 为负载轴要求的最小位移增量（或称脉冲当量，即每一个脉冲所对应的负载轴的位移增量）。

② 最大静转矩 $T_{\mathrm{s\,max}}$

负载转矩与最大静转矩的关系为

$$T_{\mathrm{L}} = (0.3 \sim 0.5)T_{\mathrm{s\,max}}$$

为保证步进电机在系统中正常工作，还必须满足

$$T_{\mathrm{st}} > T_{\mathrm{L\,max}}$$

式中：T_{st} 为步进电机启动转矩；$T_{\mathrm{L\,max}}$ 为最大静负载转矩。

通常取 $T_{\mathrm{L}}=T_{\mathrm{L\,max}}/(0.3\sim0.5)$，以便有相当的力矩储备。

③ 空载启动频率 $f_{0\mathrm{st}}$

空载启动频率是指步进电机在空载情况下，不失步启动所能允许的最高频率。由于在负载情况下，步进电机不失步启动所允许的最高频率是随负载的增加而显著下降的。因此，在选用电动机时应注意这一点。

④ 精　度

精度是用一周内最大的步距角误差值表示的。对于所选用的步进电机，其步矩精度 $\Delta\theta$ 应满足

$$\Delta\theta = i(\Delta\theta_{\mathrm{L}})$$

式中：$\Delta\theta_{\mathrm{L}}$ 为负载轴所允许的角度误差。

⑤ 连续运行频率 f_{c} 和矩频特性

步进电动机运行频率连续上升时，电动机不失步运行的最高频率称为连续运行频率，其值也与负载有关。显然，在同样负载下，运行频率远大于启动频率。

在连续运行状态下，步进电机的电磁力矩随频率的升高而急剧下降。这两者之间的关系称为矩频特性。至于输入电压 U、输入电流 I 和相数 m 这三项技术指标，反映了步进电机对驱动电源所提出的要求。

（2）步进电机的使用注意事项

① 驱动电源的优劣对步进电机控制系统的运行影响极大，使用时要特别注意，需根据运行要求，尽量采用先进的驱动电源，以满足步进电机的运行性能。

② 若所带负载转动惯量较大，则应在低频下启动，然后再上升到工作频率，停车时也应从工作频率下降到适当频率再停车。

③ 在工作过程中，应尽量避免由于负载突变而引起的误差。

④ 若在工作中发生失步现象，首先，应检查负载是否过大，电源电压是否正常，再检查驱动电源输出波形是否正常，在处理问题时不应随意变换元件。

思考题

1. 作用在机械装置上的常见载荷有哪几种？

2. 写出单轴机电传动系统的运动方程式，并说明各符号的含义，各转矩的符号是如何定义的？

3. 什么是拖动系统的机械特性？典型的机械特性有哪几类，各有什么特点？

4. 简述直流电动机中定子、转子的作用和组成。

5. 什么是直流电动机的固有机械特性和人为机械特性？

6. 电动机的两种运行状态——电动状态和制动状态，各有什么特点？

7. 三相异步电动机的旋转磁场是如何产生的？其旋转方向如何控制？转速如何计算？

8. 根据图 3－50 所示异步电动机的固有机械特性，说明哪 4 个特殊点可以决定异步电动机的运行性能？

9. 根据图 3－58，分析异步电动机 Y—Δ 降压启动的原理。

10. 采用电枢控制方式的直流伺服电机的机械特性有什么特点？

11. 什么是交流伺服电机的“自转”现象，如何消除？

12. 根据图 3－88，简述三相反应式步进电机的结构、通电方式及其基本工作原理？

13. 什么是步进电机的步距角？如何计算？

14. 步进电机的输出转矩与其工作频率有什么关系？

参考文献

[1] 刘锦波，张承慧，等. 电机与拖动[M]. 北京：清华大学出版社，2006.

[2] 孙旭东，王善铭. 电机学[M]. 北京：清华大学出版社，2006.

[3] 杨耕，罗应立，等. 电机与运动控制系统[M]. 北京：清华大学出版社，2006.

[4] 李发海，王岩. 电机与拖动基础[M]. 北京：清华大学出版社，2005.

[5] 李宁，刘启新. 电机自动控制系统[M]. 北京：机械工业出版社，2003.

[6] 芮延年，姚寿广. 机电传动控制[M]. 北京：机械工业出版社，2006.

[7] 邓星钟，周祖德，邓坚. 机电传动控制[M]. 3 版. 武汉：华中科技大学出版社，2001.

第四章 继电器控制技术

机电设备传动控制的基本目的是将电能转化为机械能，为了实现控制过程自动化的要求，机电传动不仅包括拖动机械装置的电动机，而且还包含控制电动机的一整套控制系统，整个系统由控制器实现协调与匹配，使整体处于最优工况，实现相应的功能。以电动机作为原动机时，根据工作需要，常需要对电动机的启动、调速、反转、制动等过程加以控制。对机电传动系统的控制通常有两种模式：手动控制和自动控制。手动控制是指操作者以简单的控制电器如闸刀开关、转换开关等手控电器来实现电力拖动控制；而用自动电器等来实现电力拖动的控制，称为自动控制。

最早的自动控制是20世纪20～30年代出现的传统继电接触器控制，可以实现对控制对象的启动、停止、调速、自动循环及保护等控制。这种控制方式的优点在于所使用的控制器件结构简单，价格低廉，控制方式直观，易掌握，工作可靠，易维护等，并且能够满足机械装置一般的要求，因此，在设备控制上得到了广泛的应用。本章主要介绍几种常用控制电器的结构与工作原理、自动控制的基本线路以及交直流电动机的继电器控制。

第一节 常用控制电器

控制电器不仅可以用来控制电能的传输、分配、调节和变换，并且还可以用来对电能的应用过程进行实时监测、故障诊断和安全保护，从而实现电气控制系统的自动化和智能化。

控制电器实质上是一种电气设备、装置或部件，品种规格繁多。一般而言，控制电器的基本功能在于依据输入的控制信号（如电压信号、电流信号、温度信号、速度信号、时间信号等）控制电路的通断。机械设备中所用的控制电器多属低压电器，是指电压在500 V以下，用来接通或断开电路，以及用来控制、调节和保护用电设备的电气器具。

由于控制电器品种规格较多，分类方式也各有不同，通常按照动作机理可将控制电器分为手动控制电器和自动控制电器两类。其中，手动控制电器没有动力机构，依靠人力或其他外力来接通或切断电路，如闸刀开关、转换开关、行程开关等；自动控制电器有电磁铁等动力机构，按照指令、信号或参数变化而自动动作，使工作电路接通和切断，如接触器、继电器、自动开关等。

电器按照用途又可分为控制电器、保护电器和执行电器三类：其中控制电器常用来控制电动机的启动、反转、调速、制动等动作，如磁力启动器、接触器、继电器等；保护电器常用来保护电动机，使其安全运行，以及保护机械设备使其不受损坏，如熔断器、电流继电器、热继电器等；执行电器常用来操纵、带动机械设备和支撑与保持机械装置在固定位置上的一种执行元件，如电磁铁、电磁离合器等。

大多数电器既可作控制电器，亦可作保护电器，它们之间没有明显的界限。如电流继电器既可按“电流”参量来控制电动机，又可用来保护电动机不致过载。

一、手动控制电器

1. 闸刀开关

闸刀开关一般用来通断控制不需要经常切断与闭合的交、直流低压(≤500 V)电路，直接用手操纵闸刀开关的手柄进行合闸和断闸操作，在额定电压下其工作电流不能超过额定值。

闸刀开关的基本结构如图 4-1 所示，主要由动触头、静触头、手柄、绝缘底板等组成。动触头与手柄相连，操作手柄便可使动触头闭合和分离静触头，从而通断其所在电路。闸刀开关分单极、双极和三极，常用的三极闸刀开关长期允许通过电流有 100 A、200 A、400 A、600 A 和 1 000 A 五种，应根据工作电流和电压来选择。

在电气传动控制系统图中，刀开关用图 4-2 的符号表示，文字符号用 Q 或 QG 表示。

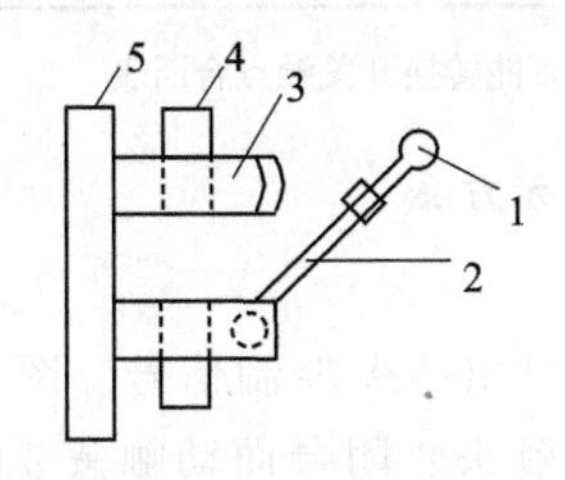

1—刀极支架和手柄；2—刀极(动触头)；
3—静触头；4—接线端子；5—绝缘底板

图 4-1　一般刀开关

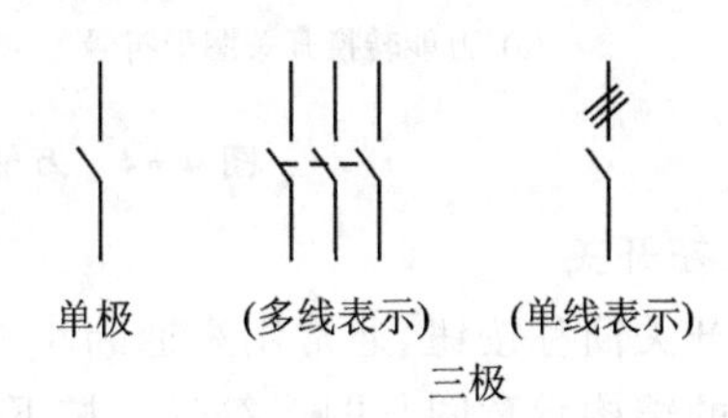

图 4-2　刀开关表示符号

2. 转换开关

闸刀开关作为隔电用的配电电器是恰当的，但在小电流的情况下用来作为线路的接通、断开和换接控制时就显得不太灵巧和方便，所以，在一些装置上广泛地用转换开关(又称组合开关)代替闸刀开关。转换开关基于扭簧储能作用，能快速通断动作，因此常用于不太频繁的通断控制电路中，并且还可降低容量，用于直接启停小容量的异步电动机。

图 4-3 所示为一种盒式转换开关结构示意图，它有许多对动触片，中间以绝缘材料隔开，装在胶木盒里，故称盒式转换开关，常用型号有 HZ5、HZ10 系列。由一个或数个单线旋转开关叠成的，用公共轴的转动进行控制。转换开关可制成单极和多极的，多极的装置是：当轴转动时，一部分动触片插入相应的静触片中，使对应的线路接通，而另一部分断开，当然也可使全部动、静触片同时接通或断开。因此转换开关既起断路器的作用，又起转换器的作用。在转换开关的上部装有定位机构，以使触点处在一定的位置上，并使之迅速地转换而与手柄转动的速度无关。

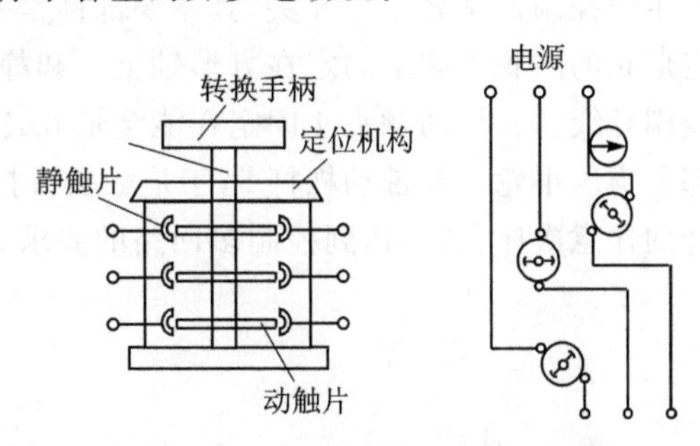

图 4-3　盒式转换开关结构示意图

盒式转换开关除了作电源的引入开关外，还可用来控制启动次数不多、7.5 kW 以下的三相鼠笼式感应电动机，有时也作控制线路及信号线路的转换开关。

转换开关的图形符号，如用在主电路中则用刀开关，用在控制电路中则同万能转换开关，如图 4－4 所示。转换开关的文字符号用 QB 表示。

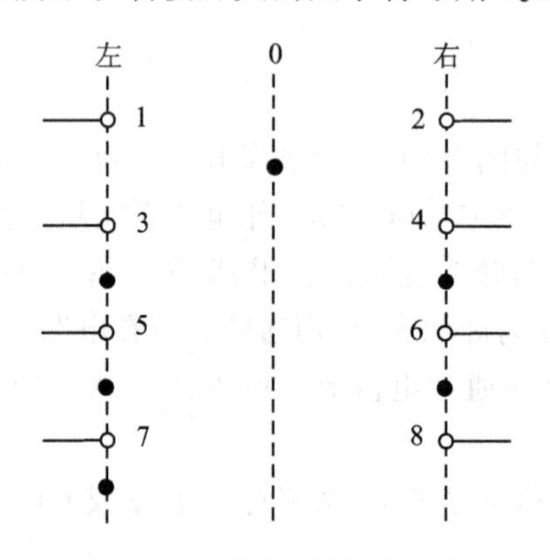

(a) 万能转换开关图形符号

线路编号	触点	左	0	右
1	1—2		×	
2	3—4	×		×
3	5—6	×		×
4	7—8	×		

(b) 万能转换开关触点合断表

图 4－4　万能转换开关图形表示方法

3. 按钮开关

按钮开关简称按钮，通常用来通断小电流控制电路，发出主令控制信号。图 4－5 所示为按钮开关的结构示意图与图形符号。按下按钮帽 1，动合触头 4 闭合而动触头 3 断开，从而同时控制了两条电路；松开按钮帽，则在弹簧 2 的作用下使触头恢复原位。按钮开关的文字符号用 SB 表示。

按钮一般用来遥控接触器、继电器等，从而控制电动机的启动、反转和停转，因此一个按钮盒内常包括两个以上的按钮元件，在线路中各起不同的作用。最常见的是由两个按钮元件组成“启动”、“停止”的双联按钮，以及由三个按钮元件组成“正转”、“反转”、“停止”的三联按钮。

4. 主令控制器

主令控制器是一种可用来频繁切换复杂多路控制电路的控制电路，通常用于调速性能要求较高的场合或需多重联锁的控制场合，但因触点容量较小，一般不直接用于控制负载电路。

主令控制器又名主令开关，其主要部件是一套接触元件，其中的一组如图 4－6 所示，具有一定形状的凸轮 1 和 7 固定在方形轴上。和静触头 3 相连的接线头 2 上连接被控制器所控制的线圈导线。桥形动触头 4 固定在能绕轴 6 转动的支杆 5 上。当转动凸轮 7 的轴时，使其突出部分推压小轮 8 并带动杠杆 5，于是触头被打开，按照凸轮的形状不同，可以获得触头闭合、打开的任意次序，从而达到控制多回路的要求。它最多有 12 个接触元件，能控制 12 条电路。

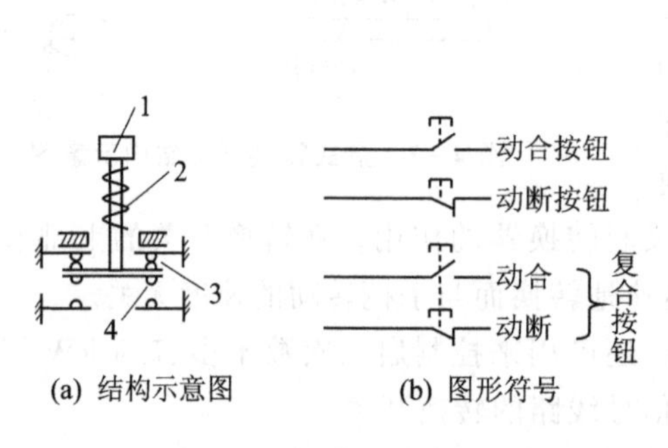

(a) 结构示意图　　(b) 图形符号

图 4－5　按钮开关

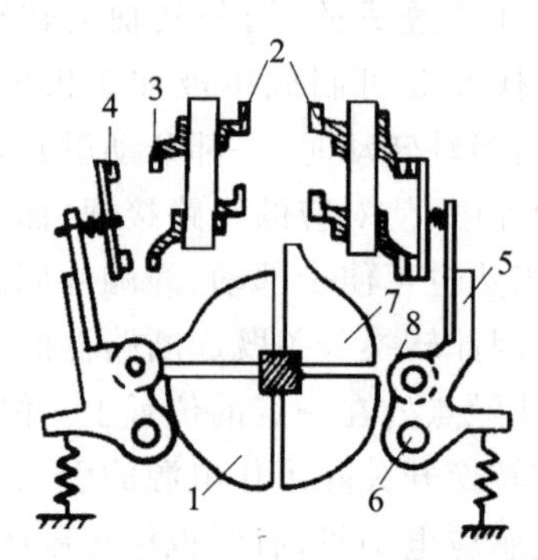

图 4－6　主令控制器原理示意图

二、自动控制电器

随着控制对象的容量、运动速度、动作频率等不断增大，运动部件也不断增大，要求各运动部件间实现连锁控制和远距离集中控制，显然上述手控电器由于每小时的关合次数有限、操作较笨重、工作不太安全等因素，不能适应要求，因此，就要用到自动控制电器，如接触器、反映各种信号的继电器和其他完成各种不同任务的控制电器。

1. 接触器

接触器是在外界输入信号下能够自动地接通或断开带有负载的主电路（如电动机）的自动控制电器，可利用电磁力来使开关打开或闭合。适用于频繁操作，远距离控制强电流电路，并具有低压释放的保护性能，工作可靠，寿命长和体积小等优点。接触器是继电器—接触器控制系统中最重要和常用的元件之一，工作原理如图 4－7 所示。当按下按钮时，线圈通电，静铁芯被磁化，并把动铁芯（衔铁）吸上，带动转轴使触头闭合，从而接通电路。当放开按钮时，过程与上述相反，使电路断开。

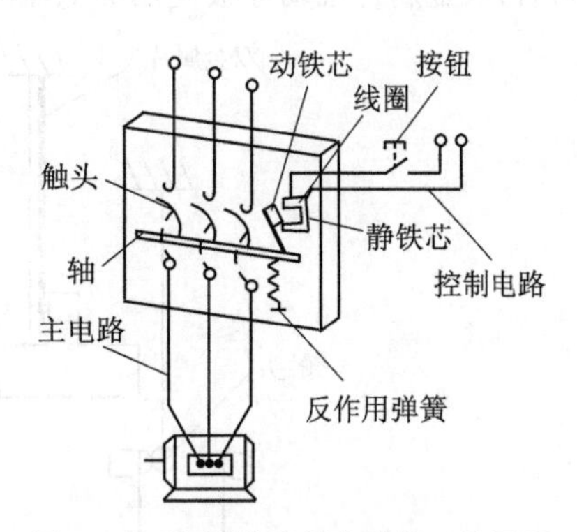

图 4－7　接触器控制电路的工作原理

接触器的文字符号用 KM 表示，图形符号如图 4－8 所示。

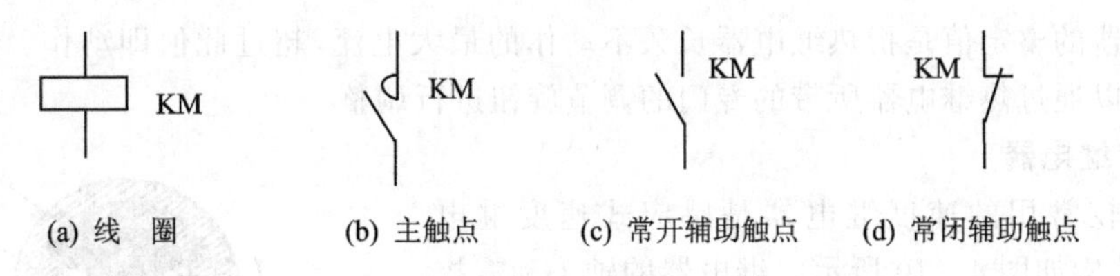

图 4－8　接触器符号

2. 继电器

接触器虽已将电动机的控制由手动变为自动，但还不能满足复杂工艺过程自动化的要求，如执行机构自动地前进和后退，而且前进和后退的速度不同，能自动地加速和减速，这些要求，必须要有整套自动控制设备才能满足，而继电器就是这种控制设备中的主要元件，其实质是一种传递信号的电器，可根据输入的信号达到不同的控制目的。

继电器的种类很多，按反映信号的种类可分为电流、电压、速度、压力、热继电器等；按动作时间分为：瞬时动作和延时动作（时间继电器）；按作用原理分为电磁式、感应式、电动式、电子式和机械式等，其中电磁式继电器工作可靠，结构简单，应用最为广泛，其主要结构和工作原理与接触器基本相同。

3. 热继电器

热继电器（Thermal over－load Relay）是利用电流的热效应原理来工作的保护电器，在电路中用作三相异步电动机的过载保护。

热继电器的测量元件通常用双金属片，由主动层和被动层组成。主动层材料采用较高膨胀系数的铁镍铬合金，被动层材料采用膨胀系数很小的铁镍合金。因此，这种双金属片在受热后将向膨胀系数较小的被动层一面弯曲。

双金属片有直接、间接和复式 3 种加热方式。直接加热就是把双金属片当作发热元件，让电流直接通过；间接加热是用与双金属片无电联系的加热元件产生的热量来加热；复式加热是直接加热与间接加热两种加热形式的结合。

热继电器的基本工作原理如图 4-9 所示。发热元件串联于电动机工作回路中。电机正常运转时，热元件仅能使双金属片弯曲，还不足以使触头动作。当电动机过载时，即流过热元件的电流超过其整定电流时，热元件的发热量增加，使双金属片弯曲得更厉害，位移量增大，经一段时间后，双金属片推动导板使热继电器的动断触头断开，切断电动机的控制电路，使电机停车。

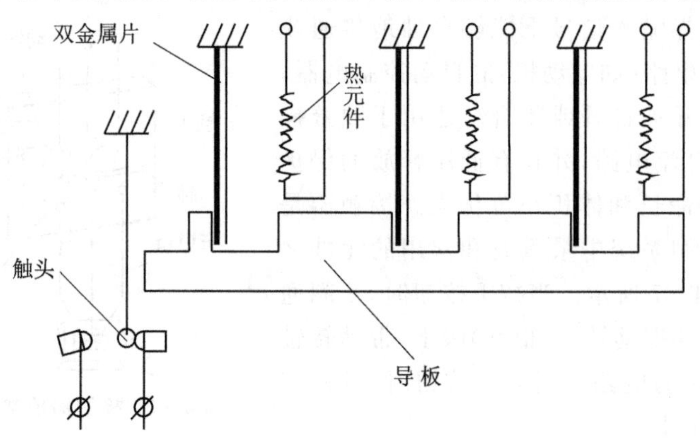

图 4-9　热继电器原理

热继电器的整定值是指热继电器长久不动作的最大电流，超过此值即动作。热继电器的整定电流可以通过热继电器所带的专门的调节旋钮进行调整。

4. 速度继电器

目前比较常用的速度继电器是感应式速度继电器，其原理结构如图 4-10 所示。继电器的轴 1 和需控制速度的电动机轴相连接，在轴 1 上装有转子 2，它是一块永久磁铁，定子圆环 3 固定在另一套轴承上，此轴承则装在轴 1 上。圆环内部装有绕组 4，其结构与鼠笼式异步电动机的转子绕组类似，故其工作原理也与鼠笼式异步电动机完全一样。当轴转动时，永久磁铁也一起转动，这相当于旋转磁场，在绕组 4 里感应出电势和电流，使定子有趋势和转子一起转动，于是杠杆 5 触动弹簧片 8 或 9，使触头系统 6 或 7 动作（视轴的旋转方向而定）。当转轴接近停止时，动触点跟着弹簧片恢复原来的位置，与两个靠外边的静触点分开，而与靠内侧的静触点闭合。

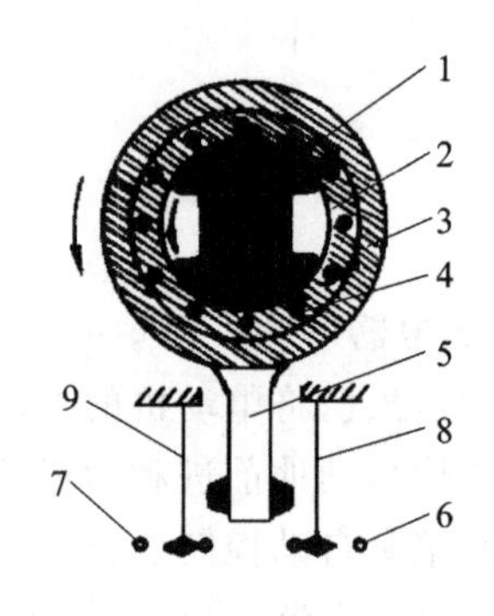

1—轴；2—转子；3—定子；4—绕组
5—定子柄；6、7—静触头；8—弹簧片

图 4-10　感应式速度继电器

5. 时间继电器

凡是在敏感元件获得信号后，执行元件要延迟一段时间才动作的继电器叫时间继电器(Time Delay Relay)。这里指的延时区别于一般电磁继电器从线圈得到电信号到触点闭合的固有动作时间。时间继电器是一种既可瞬时（立即）输出信号又可延时输出信号的控制电器，即当时间继电器得到输入信号（其励磁线圈通断电）时，其有些触点立即通断（瞬时输出信号），而有些触点延时一会儿通断（延时输出信号），因此时间继电器具有时序控制功能。时间继电器一般有通电延时型和断电延时型，其符号如图 4－11 所示。时间继电器种类很多，常用的有空气阻尼式、电磁阻尼式、电动式，新型的有电子式、数字式等时间继电器。

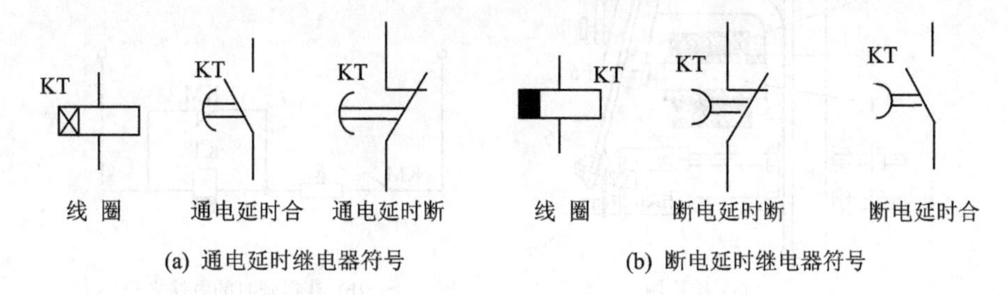

图 4－11 时间继电器符号

（1）空气式时间继电器

空气式时间继电器是利用空气阻尼作用而制成的。图 4－12 所示为 JS7－A 型空气式时间继电器的结构示意图，主要由电磁铁、空气室和工作触头 3 部分制成，工作原理如下：

线圈通电后，衔铁吸下，胶木块支撑杆间形成一个空隙距离，胶木块在弹簧作用下向下移动，但胶木块通过连杆与活塞相连，活塞表面上敷有橡皮膜，因此当活塞向下时，就在气室上层造成稀薄的空气层，活塞受其下层气体的压力而不能迅速下降，室外空气经由进气孔调节螺钉逐渐进入气室，活塞逐渐下移，移动至最后位置时，挡块撞及微动开关，使其触点动作输出信号。这段时间为自电磁铁线圈通电时刻起至微动开关触点动作时为止的时间。

通过调节螺钉，调节进气孔气隙的大小就可以调节延时时间；电磁铁线圈失电后，依靠恢复弹簧复原，气室空气经由出气孔迅速排出。

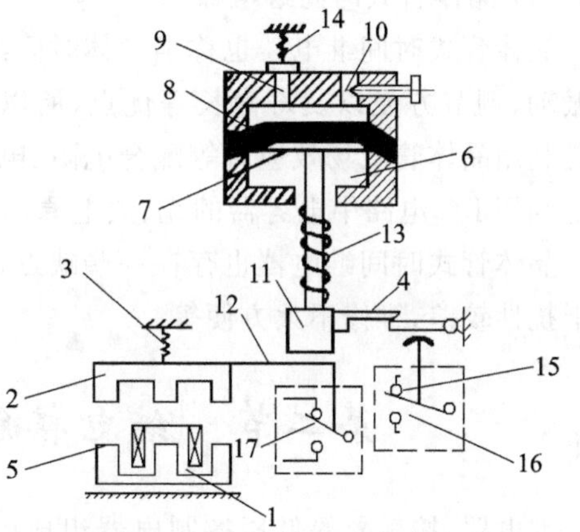

1—吸引线圈；2—衔铁；3、13、14—弹簧；4—挡块；5—铁芯；6—气室；7—伞形活塞；8—橡皮膜；9—出气孔；10—进气孔；11—胶木块；12—挡架；15—延时断开的常闭触点；16—延时闭合的常开触点；17—瞬时触点

图 4－12 JS7－A 型空气式时间继电器的结构图

（2）电磁式时间继电器

电磁式时间继电器的结构与一般电磁继电器（如电压继电器）相似，如图 4－13(a)所示，它也由铁芯、线圈与触点 3 部分组成的。所不同的仅在于为了获得延时，通常还采用两种方法：一是将线圈短接，如图 4－13(b)所示，在接触器 KM 断电使时间继电器 KT 线圈断电时，由于自感电势继续维持电流流通，致使衔铁延时释放；另一种是在铁芯上插入短路铜套，当线圈断电时，磁通开始衰减，在铜套内产生电势和电流，此电流所产生的磁通反对磁通的减少，从而导致衔铁的延时释放。调节弹簧的松紧或改变铁芯与衔铁间非磁性垫片的厚度，可以调节延时的长短。

（3）电动式时间继电器

电动式时间继电器是利用电动机（常用微型同步电动机）的转动来产生延时的装置。电动式时间继电器的特点是延时精确度高，在需要准确延时动作的控制系统中，常采用这种时间继电器。此外，它还具有延时时间调节范围广（可在几秒至几个小时范围内调节）的优点。其主

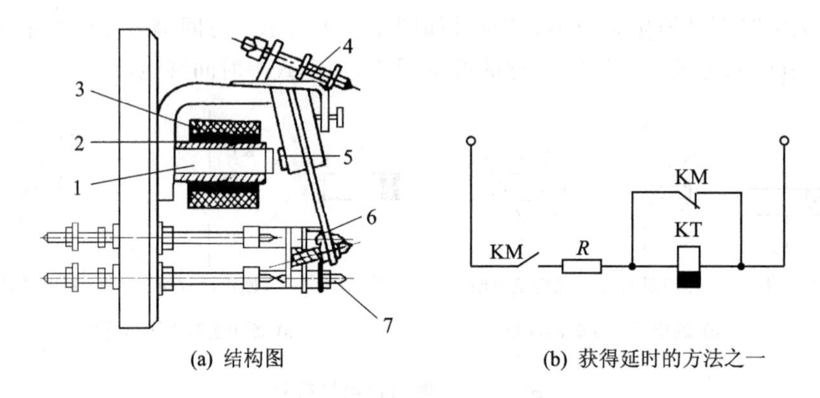

(a) 结构图 (b) 获得延时的方法之一

1—铁芯 2—铜套 3—线圈 4—调整弹簧 5—垫片 6—动合触点 7—动断触点

图 4-13 电磁式时间继电器

要缺点是机械结构复杂，寿命较短，不适于频繁操作，体积较大，成本高等。

(4) 晶体管式时间继电器

晶体管式时间继电器也称半导体时间继电器，具有延时范围广，精度高，体积小，质量轻，耐振动，调节方便以及寿命长等优点，所以发展很快，在自动控制系统中获得了广泛的应用。它是利用晶体管或场效应管等配合电阻、电容等组成，虽然所用元件各不相同，但其延时原理都是利用 RC 电路中电容器的充、放电原理来获得延时的。

晶体管式时间继电器也存在一些缺点，主要是延时易受温度变化和电源电压波动的影响，抗干扰性较差，维修不太方便等。

第二节 继电接触器控制常用基本线路

继电器、接触器等低压控制电器组成的电气控制线路，具有线路简单，维护方便，操作简便，性价比高等诸多优点，在电气控制系统中得到了广泛应用。虽然，各种被控系统要求的控制电路复杂多样，但是基本控制环节的功用大致相同，并且功能复杂的电气控制电路通常是由若干个基本环节组合而成的。

一、电气控制线路图绘制规则

由于目前控制系统日趋复杂，使用的电器元件越来越多，使安装图中相交的线很多，阅读起来很不方便。为便于有规律地阅读或者拟定原理图，需要了解绘制原理图的基本规则。电路原理图是用来表征电气控制系统组成和连接关系的，目的在于便于阅读和分析控制电路工作原理，因此应简明扼要。原理图中包括了控制系统所有电器元件和接线端子，但并不是按照电器元件的实际位置来绘制，也不反映电器元件的实际大小。绘制控制线路图时应遵循以下原则：

① 为了区分主电路与控制电路，在绘制线路图时主电路(电机、电器及连接线等)，用粗线表示，而控制电路(电器及连接线等)用细线表示。通常习惯将主电路放在线路图的左边(或上部)，而将控制电路放在右边(或下部)。

② 在原理图中，控制线路中的电源线分列两边，各控制回路基本上按照各电器元件的动作顺序由上而下平行绘制。

③ 在原理图中各个电器并不按照实际的布置情况绘制在线路上，而是采用同一电器的各部件分别绘制在它们完成作用的地方。

④ 为区别控制线路中各电器的类型和作用，每个电器及其部件用一定的图形符号表示，且给每个电器有一个文字符号，属于同一个电器的各个部件都用同一个文字符号表示，而作用相同的电器都用一定的数字序号表示。

⑤ 因为各个电器在不同的工作阶段分别作不同的动作，触点时闭时开，而在原理图内只能表示一种情况，因此，规定所有电器的触点均表示正常位置，即各种电器在线圈没有通电或机械尚未动作时的位置。

⑥ 为了查线方便，在原理图中两条以上导线的电气连接处要打一圆点，且每个节点要标一个编号，编号的原则是：靠近左边电源线的用单数标注，靠近右边电源线的用双数标注，通常都是以电器的线圈或电阻作为单、双数的分界线，故电器的线圈或电阻应当尽量放在各行的一边——左边或右边。

⑦ 对具有循环运动的机构，应给出工作循环图，万能转换开关和行程开关应绘出动作程序和动作位置。

二、继电接触器控制的基本线路

本节以电动机为控制对象，主要介绍继电接触器控制线路的启动、保护、点动及连锁控制等基本线路。

1. 启动控制线路

图 4-14 所示为拖动系统中常用的“鼠笼式异步电动机启停控制线路”，将线路中的控制设备组成一体称作不可逆磁力启动器，它包括一个接触器 KM、一个热继电器 FR 和一个双联按钮（启动按钮 1SB 和停止按钮 2SB）。图中，QG 是刀开关，FU 是熔断器。接触器的吸引线圈和一个动合辅助触头接在控制电路中，三个动合主触头接在主电路中。

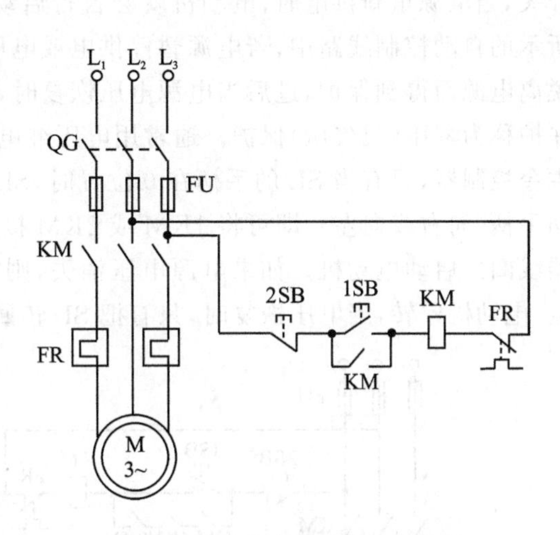

图 4-14　电机直接启动控制线路

合上开关 QG（作启动准备），按下 1SB，接触器 KM 的吸引线圈有电，衔铁吸上，其主触头闭合，电动机开始转动起来，与此同时，KM 的辅助触头也闭合，将启动按钮 1SB 短接，这样当松开 1SB 时接触器仍旧有电，像这样利用电器自己的触头保持自己的线圈得电，从而保证长期工作的线路环节称为自锁环节，这种触头称为自锁触头。按下 2SB，KM 的线圈断电，其主触头打开，电动机便停转，同时 KM 的辅助触头也打开，故松手后，2SB 虽仍闭合，但 KM 的线圈不能继续得电，从而保证了电动机不会自行启动，若使电动机再次工作，可再按 1SB。

2. 保护环节

为了免除电动机、控制电器等电气设备和整个机械设备、操作者受到不正常工作状态的有害影响，使工作更为可靠，在自动控制线路中必须具有完成各种保护作用的保护装置。

(1) 短路电流的保护装置

短路保护在于防止电动机突然流过短路电流而引起电动机绕组、导线绝缘及机械上的严重损坏，或防止电源损坏。此时，保护装置应立即可靠地使电动机与电源断开。

常用的短路保护元件有熔断器、过电流继电器、自动开关等。

(2) 长期过载保护装置

所谓长期过载是指电动机带有比额定负载稍高一点[(115%～125%)I_N]的负载长期运行，这样会使电动机等电气设备因发热而导致温度升高，甚至会超过设备所允许的温升而使电动机等电气设备的绝缘损坏，因而必须给予保护。

长期过载的保护装置目前使用最多的是热继电器 FR。如图 4-15 所示，热继电器 FR 的发热元件串在电动机的主回路中，而其触点则串在控制电路内。如果热继电器动作，其动断触点断开，接触器线圈失电，其主触点断开，电动机停转。

热继电器还可以保护电动机单相运行。但如果电动机单相运行时，热继电器也失灵了，电动机仍然会烧坏，若采用长期过载与缺相双重保护的控制线路就可以防止这种故障。在这个线路中，当电动机的电源断了一相时，继电器 1KV 和 2KV 至少有一个失电，其常开触点使接触器 KM 失电，从而使电动机得到保护。

(3) 零压(或欠压)保护

零压(或欠压)保护的作用在于防止因电源电压消失或降低而可能发生的不容许故障。如因某种原因使变电所的开关跳闸，暂时停止供电，对于手控电器，此时若未拉开刀开关或转换开关，当电源重新供电时，电动机就会自行启动，可能会造成设备或人身事故。但在图 4-14 所示的自动控制线路中，若电源暂停供电或电压降低时，接触器线圈就失电，触点断开，电动机脱离电源而得到保护，过后当电源电压恢复时，不重按启动按钮，电动机就不会自动启动，这种保护称为零压(或欠压)保护。通常用电压继电器作为零压保护元件，如图 4-16 所示：SL 是主令控制器，只有当 SL 的手柄在 0 位置时，SL1 接通，这时零电压继电器 KUV 接通，而后转动手柄(向右或向左)，即可将 1KM 或 2KM 接通(1KM 和 2KM 是控制电动机正、反转的接触器线圈)，启动电动机。如果电源电压消失，则 KUV 失电而断开其触点，因 1KM 或 2KM 断电，电动机停转，当电压恢复时，只有把 SL 转回到 0 位置时，电动机才能再启动。

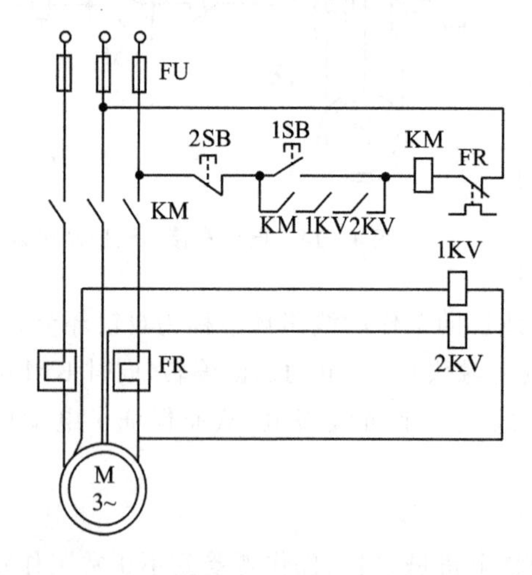

图 4-15 长期过载与缺相双重保护控制线路

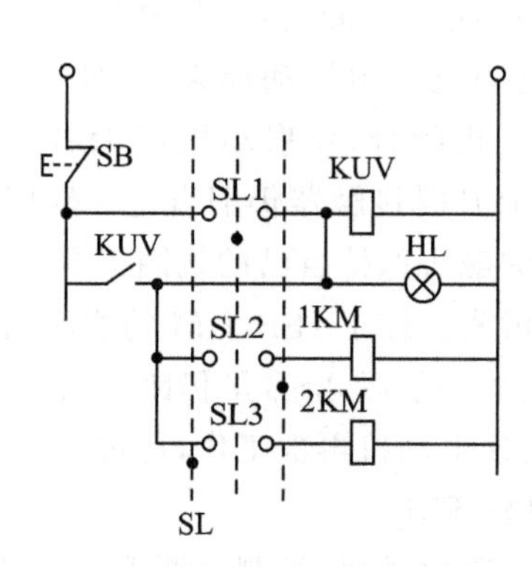

图 4-16 零压保护线路

(4) 零励磁保护

直流电动机除了短路保护和过载保护外，还应有零励磁保护。这是因为直流电动机在运行中，若失去励磁电流或励磁电流减小很多，则轻载时将产生超速运行甚至发生飞车；重载时则使电枢电流迅速增加，电枢绕组会因为发热而损坏，所以要采用零励磁保护，如图 4－17 所示。当合上开关 QF 后，电动机励磁绕组 WF 中通过额定励磁电流，此电流使电流继电器 KUC 动作，其常开触头 KUC 闭合。当按下启动按钮 1SB 时，接触器 KM 动作，直流电动机 M 即可运行，若运行中励磁电流消失或降低太多，就会使电流继电器 KUC 释放，常开触头 KUC 打开，从而使接触器 KM 释放，电动机脱离电源而停车。

3. 点动控制线路

采用可逆与不可逆磁力启动器可以控制电动机长期工作。除长期工作状态外，拖动系统还有一种调整工作状态，它对电动机的控制要求是一点一动，即按一次按钮动一下，连续按则连续动，不按则不动，这种动作常称为"点动"或"点车"。图 4－18 所示是实现点动的最简单的控制线路，在此，只要不用自锁回路便可得到点动的动作。

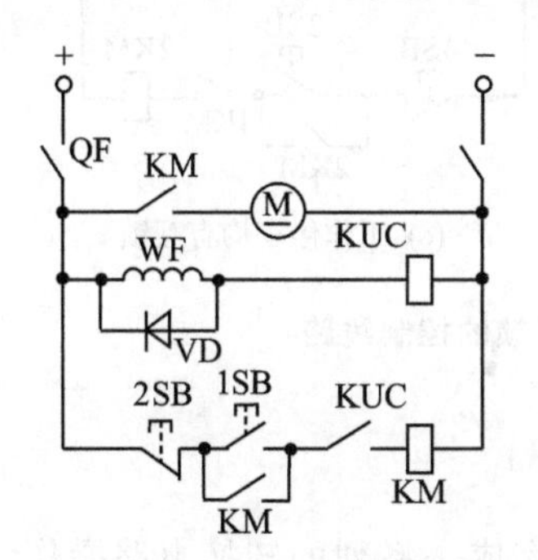

图 4－17　零励磁保护线路

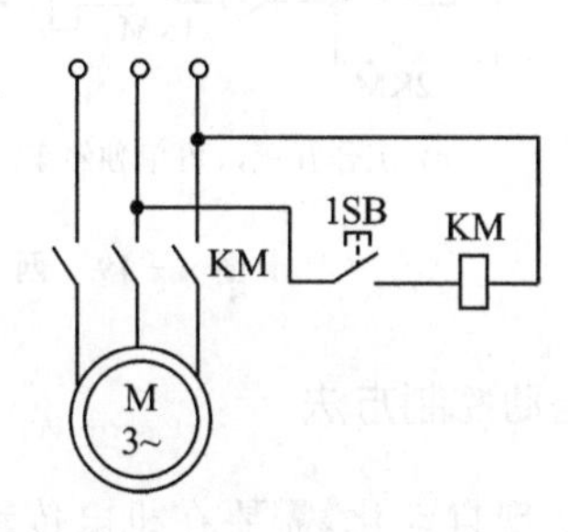

图 4－18　点动控制线路

4. 多电动机的连锁控制线路

上面介绍的是单电动机拖动的控制线路，实际上，机械设备已经广泛采用多电动机拖动，在一台设备上采用几台、甚至几十台电动机拖动各个部件，而设备的各个运动部件之间是相互联系的，为实现复杂的工艺要求和保证可靠地工作，各部件常常需要按一定的顺序工作或连锁工作。使用机械方法来完成这项工作将使机构异常复杂，有时尚不易实现，而采用继电接触器控制却极为简单，在此以两台电动机的互锁控制为例，简要介绍其控制线路。

机床主传动与润滑油泵传动间的连锁就是一种最常见的连锁。例如，当车床主轴工作时，首先要求在齿轮箱内有充分的润滑油；龙门刨床工作台移动时，导轨内也必须先有足够的润滑油。因此要求主传动电动机应该在润滑油泵工作后才准启动，这样的连锁采用图 4－19(a)所示的自动控制线路即可满足，图中，2M 为主传动电动机，1M 为润滑油泵电动机，因只有当 1KM 动作后，2KM 才能动作。

机械设备上还要求有另一种连锁，例如，铣床中不仅要求进给装置只有在主轴旋转后方能工作和两者能同时停车，而且要求在主轴旋转时进给装置可以单独停车，采用如图 4－19(b)所示的线路即可满足要求，这里 1M 代表主轴电动机，2 M 代表进给电动机。

上述两种线路都是 2M 受 1M 的约束，而 1M 不受 2M 的约束。有时要求两者相互受约束，如上述铣床不仅要求主轴旋转后才允许进给装置工作，而且最好能满足只有在进给装置停止后,才允许主轴旋转停止,采用图 4-19(c)所示的控制线路即可满足这种要求。

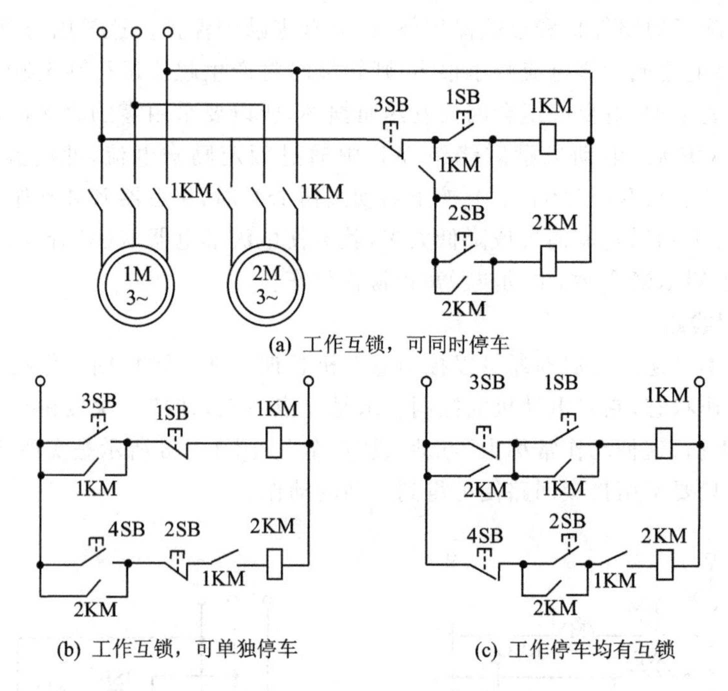

图 4-19　两台电动机互锁的控制线路

三、常用自动控制方法

为使机械实现自动化,需要在机电传动系统中完成一系列的转换电路操作,这些操作应该按一定次序并在需要的时间内完成。为了满足这些复杂的要求,仅仅依靠一些简单的连锁控制显然是不够的,还必须利用电动机启动、变速、反转和制动过程中的各种变化因素和机械设备的工作状态等来控制电动机。因此,就出现了各式各样的控制方法,下面将通过一些基本线路环节来说明这些方法。

1. 按行程的自动控制

为满足控制流程的要求,机械装置的工作部分要做各种移动或转动,要求实现自动地启动、停止、反向和调速的控制,这就需要按照行程进行自动控制,为了实现这种控制,就要有测量位移的元件——行程开关。通常把放在终端位置用以限制机械设备的极限行程的行程开关称为终端开关或极限开关。所谓按行程的自动控制,就是根据机械装置要求运动的位置通过行程开关发出信号,再经过控制电路中的电器和接触器来控制电动机的工作状态。

(1) 行程开关

行程开关有机械式和电子式两种,机械式又有按钮式和滑轮式等。

① 按钮式行程开关:构造与按钮相仿,但不是用手按,而是由运动部件上的挡块移动碰撞,其触头分合速度与挡块的移动速度有关,若移动速度过慢,触头不能瞬时切换电路,电弧在触头上停留的时间较长,容易烧坏触头,因此,不宜用在移动速度小于 0.4 m/min 的运动部件上。但其结构简单,价格便宜。

② 滑轮式行程开关:其结构如图 4-20 所示,是一种快速动作的行程开关。当行程开关

的滑轮受挡块触动时，上转臂向左转动，由于盘形弹簧的作用，同时带动下转臂转动，在下转臂未推开爪钩时，横板不能转动，因此钢球压缩了下转臂中的弹簧，使此弹簧积储能量，直至下转臂转过中点推开爪钩后，横板受弹簧的作用，迅速转动，使触点断开或闭合电路。因此，触点分合速度不受部件速度的影响，故常用于低速度的机床工作部件上。

③ 微动开关：要求行程控制的准确度较高时，可采用微动开关，它具有体积小，质量轻，工作灵敏等特点，且能瞬时动作。微动开关还用来做其他电器（如空气式时间继电器、压力继电器等）的触头。

④ 接近开关：行程开关与微动开关工作时均有挡块与触杆的机械碰撞和触点的机械分合，在动作频繁时，易于产生故障，工作可靠性较低。接近开关是无触点行程开关，有高频振荡型、电容型、感应电桥型、永久磁铁型及霍尔效应型等多种。其中，以高频振荡型最为常用，是由装在运动部件上的一个金属片移近或离开振荡线圈来实现控制的，其图形和文字符号如表 4-1 所列。

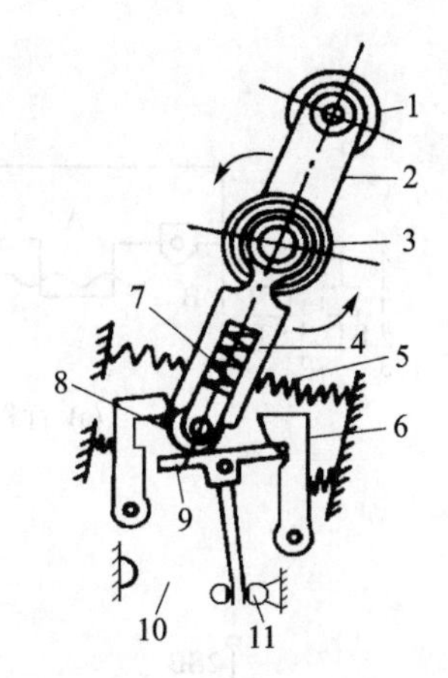

1—滑轮；2—上转臂；3—盘形弹簧；4—杠杆；5—恢复弹簧；6—爪钩；7—弹簧；8—钢球；9—横板；10—动合触点；11—动断触点

图 4-20　滑轮式行程开关

表 4-1　行程开关等的符号

名　称	图形符号		文字符号
	动合触点	动断触点	
行程开关			ST
微动开关			SM
接近开关			SQ

(2) 按行程控制的基本线路

① 按预定位置的自行停车与终端保护控制：机械装置常要求其工作部件移动至预定位置时自行停车，其传动电动机停转。控制线路如图 4-21 所示，当按下 SB 时，由电动机所驱动的工作部件 A 从点 1 开始移动直到点 2，在这里挡块 B 压下行程开关 ST 使工作部件停止移动。在此图中，行程开关 ST 的动断触点自动地起了一个“停止”按钮的作用。

如果工作部件 A 的工作较频繁，则 ST 的动作次数很多，使可靠性大为降低，为了保证工作部件可靠工作而不致跑出导轨，可再装一个极限开关 STL 作限位（终端）保护。

② 工作循环后停在原位的控制：在许多场合下，为了减少能量的消耗和提高机械装置操作的安全，往往要求当机械工作部件完成了工作循环而回到原来位置时，即断开电动机。如工作部件由电动机拖动，电动机只朝一个方向旋转，借凸轮或曲柄机构之助使工作部件作往复运动。为了实现工作循环后停在原位的要求，可以采用图 4-22(a)示的控制线路。

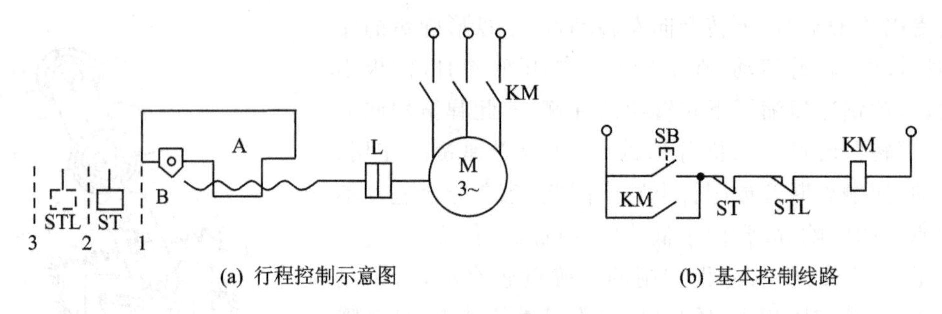

(a) 行程控制示意图　　(b) 基本控制线路

图 4-21　行程控制

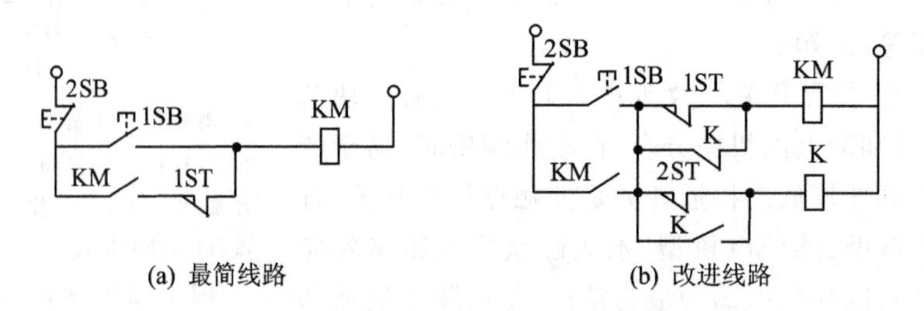

(a) 最简线路　　(b) 改进线路

图 4-22　循环工作时的行程控制

按下 1SB,KM 得电并自锁,电动机带动工作部件运动,当工作循环结束回到原位时,挡块压下 1ST,使 KM 断电,电动机停车,工作部件停在原位。下次工作再按 1SB 即可。但此线路的缺点是要求按 1SB 的时间长,否则,会因为 1ST 未复位(工作部件还在原位,1ST 仍受压而断开)使 KM 不能自锁,放开 1SB 电动机又停止工作,使操作不太方便。

要克服上述缺点可采用图 4-22(b)所示的线路,图中 1ST 和 2ST 都是工作部件在原位时受压的,压的次序是:工作部件回原位时先压 2ST(断开),后压 1ST(断开)。而当工作部件从原位离开时二者松开的次序是:先松 1ST(闭合),后松 2ST(闭合)。此线路既符合动作要求,又便于操作,所以是一个比较完善的线路,只是多用了一个行程开关和一个中间继电器。

③ 程序控制:在自动化的生产中,根据加工工艺的要求,加工需按一定的程序进行,即工步要依次转换,一个工步完成后,能自动转换到下一个工步。图 4-23 所示为加热炉推料机自

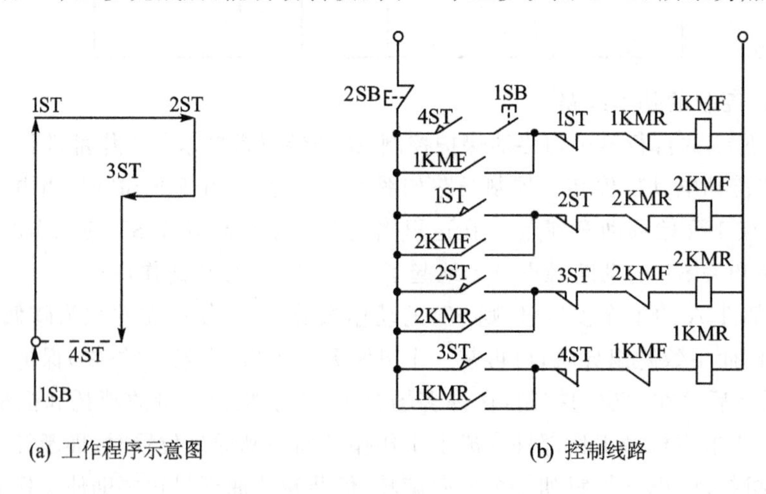

(a) 工作程序示意图　　(b) 控制线路

图 4-23　加热炉自动上料控制

动上料控制线路。炉门关闭时 4ST 受压;按启动按钮 1SB,使炉门开启的接触器 1KMF 接通,炉门打开;当炉门全打开后,挡块压下行程开关 1ST,1ST 常闭触头将 1KMF 切断,炉门停;同时,推料机前进接触器 2KMF 接通,推料机前进,将料推入炉内;推料到位,2ST 动作,切断 2KMF,推料机前进停止;同时,2ST 接通 2KMR,推料机退回,推料机退到原位,3ST 动作,2KMR 失电,推料机停止;同时,使炉门关闭的接触器 1KMR 接通,关炉门,当炉门关闭后压下 4ST,使 1KMR 失电,这一循环结束。4ST 常开触头闭合为下次循环做好准备,下次工作时再按启动按钮。

2. 按时间的自动控制

按行程的自动控制,特点是命令信号直接由运动部件发出,但在某些机械装置中不能由运动部件直接给信号,例如,电动机启动电阻的切除,需要在电动机启动后隔一定时间切除,这就产生了按时间的自动控制方法。

图 4-24 所示为电流表延时接入电路的控制线路。用电流表测量鼠笼式异步电动机的电流,为防止电流表被启动电流冲击损坏,在电动机启动过程中将电流表用时间继电器 KT 的常闭触头短路,经过一定时间后电动机启动完毕,KT 延时动作,常闭触头断开,电流表自动接入电路。另外,在电磁铁和电磁离合器的控制电路中,为加快其启动过程,常采用强迫励磁,也常用此电路来切换强迫励磁电路。

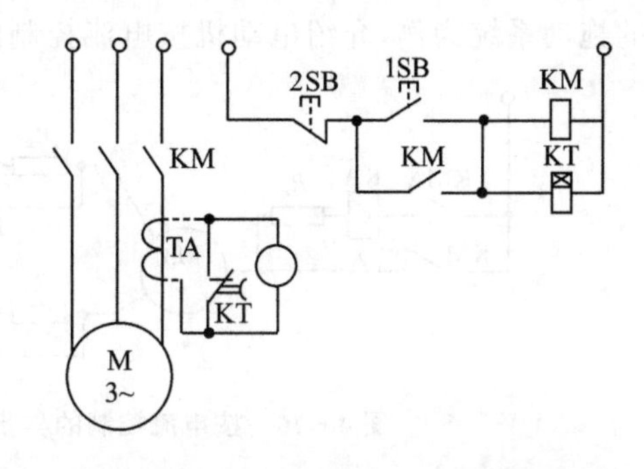

图 4-24　电流表延时接入的控制线路

3. 按速度的自动控制

由于电动机的启动或制动时间与负载力矩的大小等因素有关,因此,按时间方法控制电动机的启动或制动过程是不够准确的,在反接制动的情况下,甚至有使电动机反转的可能。为了准确地控制电动机的启动和制动,需要直接测量速度信号,再用此速度信号进行控制,这就产生了按速度的自动控制。

目前比较广泛地应用速度继电器实现电动机反接制动的自动控制,图 4-25 所示线路为交流异步电动机反接制动的自动控制线路。

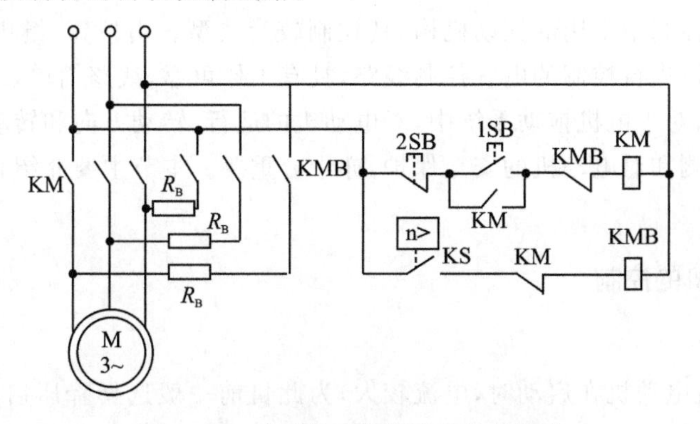

图 4-25　电动机反接制动的控制线路

当按下启动按钮 1SB,KM 得电使电动机旋转。KM 的动断触点断开,使制动接触器 KMB 没有可能得电。当电动机启动至一定转速时速度继电器 KS 动作,将动合触点 KS 闭合，为 KMB 的通电做好准备。因此当按 2SB 时，KM 失电，其动断触点闭合，使 KMB 得电，电动机反接制动，转速迅速下降。当转速接近于零时，KS 的动合触点断开，KMB 失电，从而将电动机自电网上切除。

由于在反接制动时，电动机电流很大，因此在控制容量较大的电动机时，反接制动过程中需要串入反接制动电阻 R_B。

4. 按电流的自动控制

在机床电气控制系统中，除按测量其位移、速度、时间等进行自动控制外，还可以测量电动机的电流来进行控制，如电动机的启动过程可以根据电流的大小进行控制，以逐步切除启动电阻，进行启动。有时根据需要，还要求测量出负载的机械力大小进行控制，而机床的负载与机械力，在交流异步电动机或直流他励电动机中，往往与电流成正比，因此，测量电流值即能反映负载或机械力大小，电流值可以采用电流继电器、电流互感器等元件进行测量。以图 4－26 所示的拖动系统为例，介绍电动机按电流控制的自动控制线路。

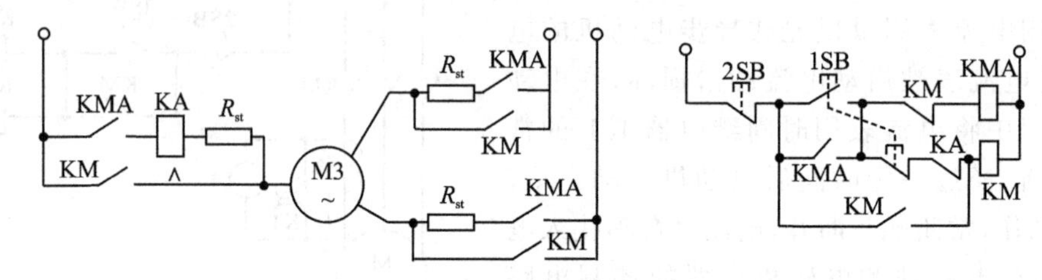

图 4－26　按电流控制的异步电动机定子串电阻启动的控制线路

按下启动按钮 1SB，加速接触器 KMA 得电并自锁(此时 KM 不可能得电，因复合按钮 1SB 将其电路已断开)，使得电动机定子绕组串入电阻 R_{st}，接上电源进行降压启动。在刚接通瞬间，启动电流较大，电流继电器 KA 得电动作，其动断触点是打开的，KM 在 1SB 复位后也不能得电动作。只有当电动机达到相当高的转速时，定子电流下降到使 KA 释放，其动断触点闭合，KM 才得电并自锁，KM 的动合触点把 R_{st} 短接，使电动机加上额定电压正常运行。

第三节　电动机的继电器控制

电动机是电气控制中常用的拖动机构，其控制较为典型。由按钮、继电器、接触器等低压电器组成的对电动机进行控制的电气控制线路，具有工作可靠，线路简单，维修方便，价格低廉等许多优点。同时，对于电机拖动系统中，对电动机的运行、转动方向和转动速度的控制，对电动机工作状态的检测和对电动机的安全保护，亦十分重要。本节主要介绍直流、交流电动机的继电器典型控制。

一、直流电动机的控制

1. 启动控制

前已述及，直流电动机在启动时，电流较大，为此目前一般选择降压启动或者在电枢回路中串接外加电阻启动。

图 4－27 所示为具有三段启动电阻的原理线路和启动特性，T_1、T_2 分别称为尖峰(最大)转矩和换接(最小)转矩，启动过程中，接触器 KM_1，KM_2，KM_3 依次将外接电阻 R_1，R_2，R_3 短

接，n 和 T 沿着箭头方向在各条特性曲线上变化。

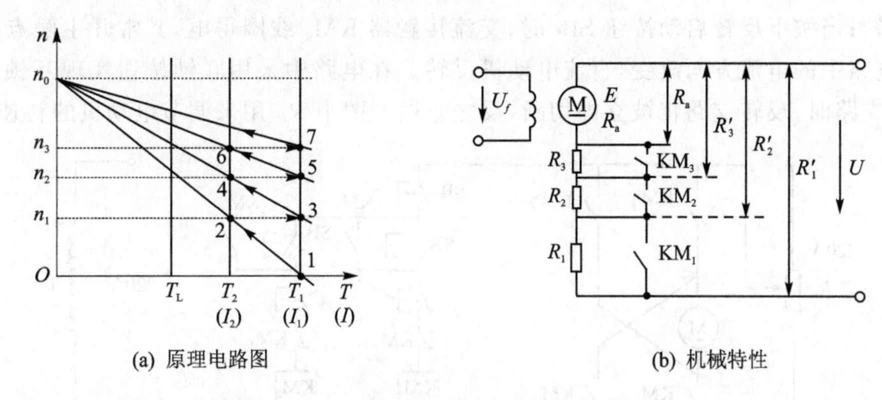

(a) 原理电路图　　　　(b) 机械特性

图 4-27　具有三段启动电阻的他励电动机

启动时，KM_1、KM_2、KM_3 的常开触点均处在断开状态，将 R_1、R_2、R_3 三段电阻全部串入启动回路中，此时启动电阻最大，特性曲线为图中最下方曲线。电机启动后，当 KM_1 触点闭合时，将电阻 R_1 短路，此时启动电路中包含两段启动电阻（R_2、R_3），而特性曲线变缓，启动转矩增大。当 KM_2 触点也闭合时，又将电阻 R_2 短路，特性曲线再次变缓，此时启动转矩又增大，反复调整后，直到最后一段电阻被切除，电机稳定运行。这种逐级切除启动电阻的方法，使得电机启动时的冲击电流变小。并且启动级数越多，T_1、T_2 越与平均转矩 $T_{av}=(T_1+T_2)/2$ 接近，启动过程就快而平稳，但所需的控制设备也就越多。

当然，上述在电枢回路中串电阻启动的方法，对控制过程要求较为严格，即电机应当迅速启动，但电枢串电阻启动慢，为解决此问题，电动机电枢回路所串电阻启动至一定时刻应自动分段切除。图 4-28所示线路为实现上述要求的按时间控制的自动控制线路。

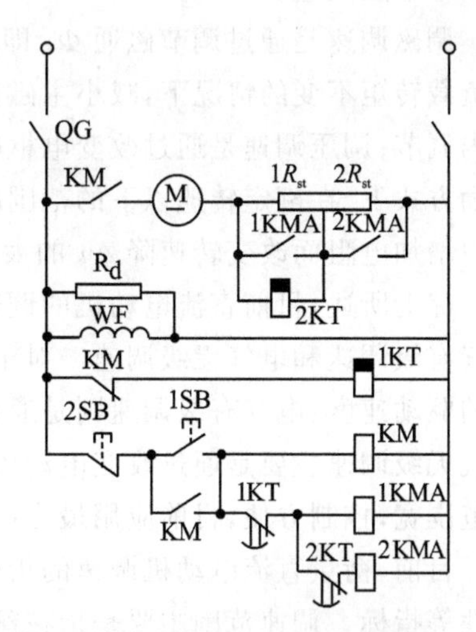

图 4-28　电动机反接制动的控制线路

合上闸刀，电动机励磁绕组 WF 就有电，准备工作，同时时间继电器 1KT 得电，将其延时闭合的动断触点瞬时断开。当按下启动按钮 1SB，KM 得电，其触点闭合，电动机启动，此时启动电流很大，但由于串入了电阻 $1R_{st}$、$2R_{st}$ 两段启动电阻，电流被限制在换向的允许范围内，启动电流在 $1R_{st}$ 上引起的电压降则使 2KT 动作，其延时闭合的动断触点瞬时断开；KM 的动断触点使 1KT 失电，经一段延时后将其延时闭合的动断触点闭合，使 1KMA 得电，其主触点将 $1R_{st}$ 和 2KT 短接，前者使电动机加速启动，后者使 2KT 延时一段时间后才将其延时闭合的动断触点闭合，从而使 2KMA 得电，将第二段启动电阻 $2R_{st}$ 短接，电动机启动完毕。

由于电动机励磁绕组的电感很大，在拉开闸刀时，易于产生高压将励磁绕组绝缘击穿，为避免这类事故，在励磁绕组两端并联放电电阻 R_d，其大小一般选择为励磁绕组电阻的 4～5 倍。

2. 正反转控制

以他励直流电动机的控制为例，说明其正反转控制过程。如图 4-29 所示，在控制回路中，当按下正转启动按钮 SB_2 时，交流接触器 KM_1 线圈得电，其常开主触点 KM_1 接通，直流电动机正转；当按下反转启动按钮 SB_3 时，交流接触器 KM_2 线圈得电，其常开主触点 KM_2 接通，电枢电路中的电流方向改变，直流电动机反转。在电路中采用联锁按钮实现互锁功能，当接通正转支路时，反转支路将被立即切断，反之亦然。图中 R_P 用来调节电动机的转速。

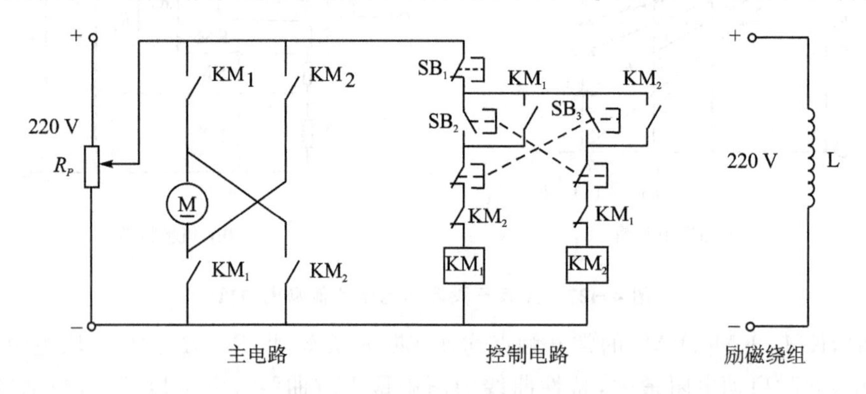

图 4-29　他励直流电动机正反转控制线路

3. 调速控制

根据前面分析，电动机的调速就是在一定的负载条件下，人为地改变电动机的电路参数，以改变电动机的稳定转速，对于直流电动机，通常有三种调速方法：调磁调速、调压调速和电枢回路串电阻调速。

调磁调速是通过调节磁通 Φ，即通过改变励磁电流实现转速的调节，一般是在直流电压和负载转矩不变的情况下，减小主磁通 Φ，从而使转速增加，通常适用于在额定转速以上的范围内调节；调压调速是通过改变电枢电压 U 来调节转速，一般使 U 增大而使转速升高，适用于他励方式下、在额定转速以下的范围内调速；电枢回路串电阻调速方法，主要是通过在电枢回路中增加电阻而改变转速降 Δn 的大小，从而达到调节转速的目的。

综上所述，目前直流电动机的调速分为机械调速和电气调速两种形式，而电气调速又分为电气有级调速和电气无级调速。对于机械调速，一般采用齿轮箱，通过齿轮箱的变速比获得不同的驱动速度；电气有级调速则是通过改变齿轮变速比和改变电动机本身的转速配合来实现；电气无级调速主要是通过改变电动机的驱动电源来实现的。对比而言，电气无级调速由于调速范围宽，控制方便，目前应用最为广泛。

目前，衡量直流电动机调速的指标主要包括调速范围、静差度、调速的平滑性和调速的经济性等指标。调速范围主要是指在额定负载下，最高转速与最低转速之间的比值；静差度是指负载变化对速度的影响，即速度的稳定度；调速的平滑性一般用两个相近转速之比表示，即用从一个转速可能调节到的最近转速来评价，转速改变的越小，调速的平滑性就越好；调速的经济性主要用设备费用、电力消耗、维护及运转的费用等进行评价。

下面以直流电动机电枢电压调速回路为例，来分析直流电动机的调速控制。如图 4-30 所示，该电枢电压调速回路主要由电枢回路、励磁回路和控制回路 3 部分组成。

在图 4-30 中，电枢回路主要由调压器 T、整流桥 AB_1、交流接触器主触点 KM_1～KM_4、直流电动机电枢 ZD_1～ZD_4 等组成，通过调节调压器改变整流桥 AB_1 的输出电压，从而改变电枢回路中的电压，达到调节电动机转速的目的。励磁回路由单独的电源给励磁绕组进行供

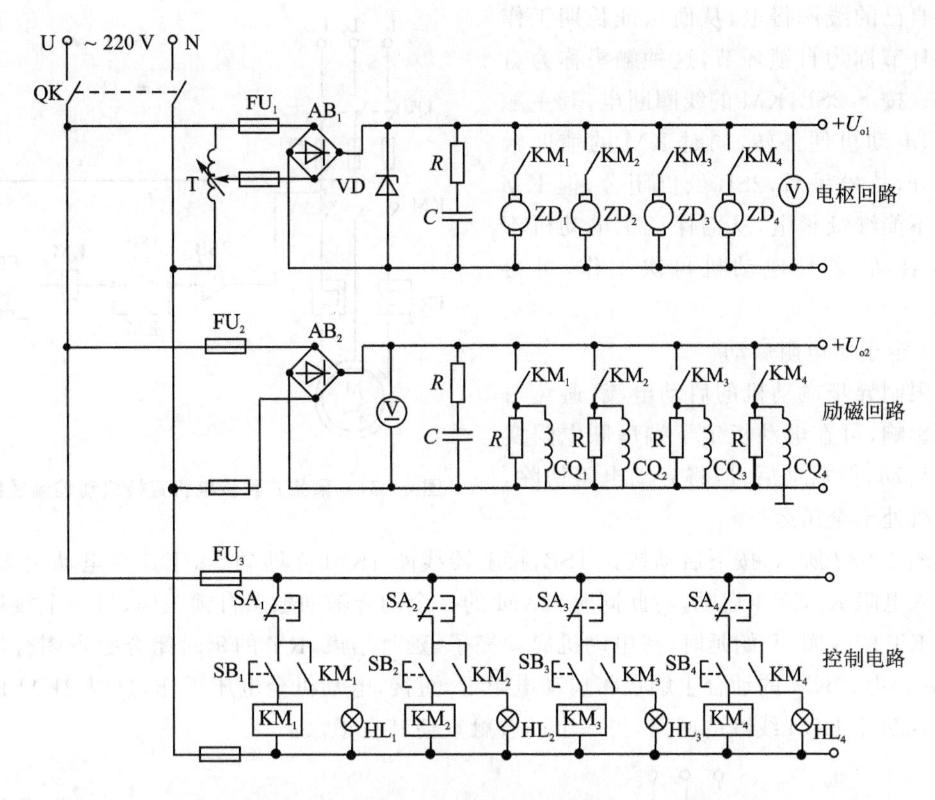

图 4-30　直流电动机电枢电压调速控制线路

电，其供电电压由整流桥 AB_2 提供，CQ_1～CQ_4 为励磁绕组，R 为放电电阻，KM_1～KM_4 为励磁绕组中交流接触器的常开辅助触点。控制电路由四个交流接触器、启动与停机控制按钮及指示灯等部分组成，分别用于控制电枢回路和励磁回路的工作状态。该回路可以同时控制 4 台直流电动机的调速控制，也可控制单台电动机。以单台电动机控制为例，当按下启动按钮 SB_1 时，交流接触器 KM_1 线圈得电，其常开辅助触点 KM_1 闭合，形成自锁回路，灯泡 HL_1 亮，用于指示电动机的运行状态；当交流接触器 KM_1 线圈得电时，其励磁回路中常开辅助触点 KM_1 闭合，用于将励磁绕组电源接通；同时电枢回路中交流接触器 KM_1 的主触点 KM_1 闭合，用于沟通电枢供电回路，电动机便进行运转起来。通过改变调压器可调电阻，使得整流桥 AB_1 输出电压改变，从而改变加到电枢上的电压，达到调速的目的。

二、三相异步电动机的控制

1. 启动控制

前已述及，在一定条件下，鼠笼式异步电动机可以直接启动，在不允许直接启动时，则采用限制启动电流的降压启动，本节主要以鼠笼式异步电动机为例，介绍启动控制方法。

(1) 直接启动控制

如图 4-31 所示，当采用直接启动时，合上开关 QG(作启动准备)，按下 1SB，接触器 KM 的吸引线圈有电，衔铁吸上，其主触头闭合，电动机开始转动起来，与此同时，KM 的辅助触头也闭合，将启动按钮 1SB 短接，这样当松开 1SB 时接触器仍旧有电，像这样利用电器自己的触头保持自己的线圈得电，从而保证长期工作的线路环节称为自锁环节，这种触头称为自锁触头。按下 2SB，KM 的线圈断电，其主触头打开，电动机便停转，同时 KM 的辅助触头也打开，故松手后，2SB 虽仍闭合，但 KM 的线圈不能继续得电，从而保证了电动机不会自行启动，若使电动机再次工作，可再按 1SB。

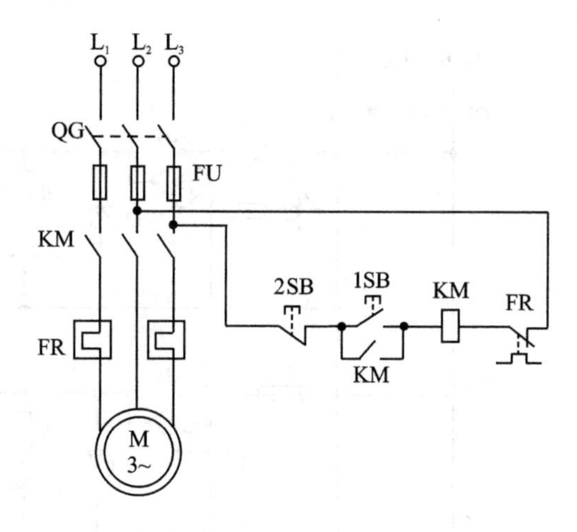

图 4－31　鼠笼式异步电机直接启动控制线路

(2) 定子串电阻启动

为限制异步电动机的启动电流，避免对电网的影响，可在电动机定子端串联电阻实行降压启动，但启动后，应将启动电阻切除，使电动机处于全压运行。

如图 4－32 所示，按下启动按钮 1SB，接触器线圈 1KM 立即动作，于是在电动机 M 的定子中串入电阻 R_{st}，降压启动，与此同时，1KM 的一个动合辅助触点自锁工作，另一个接通时间继电器 KT 的线圈，开始延时，待电动机启动完了，延时结束，KT 的延时闭合触点闭合使接触器 2KM 得电，2KM 的动合主触点将启动电阻 R_{st} 短接，电动机全电压工作，这时 2KM 的动断辅助触点断开 1KM 线圈的回路，另一个动合触点使其自锁。

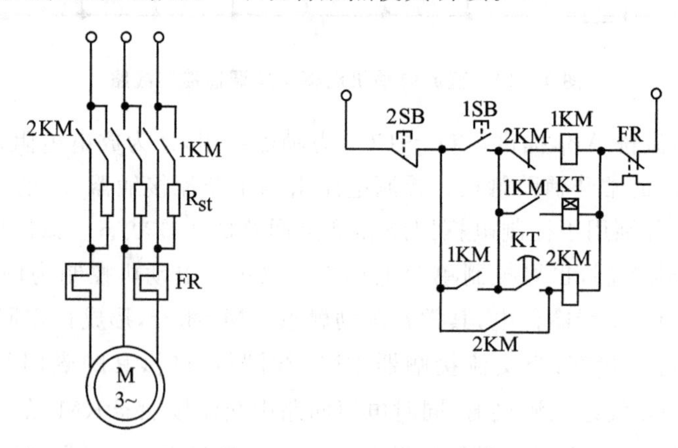

图 4－32　鼠笼式异步电动机定子串电阻降压启动的控制线路

(3) Y—△换接启动

如果电动机定子绕组在正常工作时是作三角形连接的，那么在启动时可先把定子绕组接成星形再接入电源进行降压启动，等到电动机达到运行的转速时，再把定子绕组接成三角形加上全电压运行。图 4－33 所示线路为实现上述要求的按时间控制的一种自动控制线路。

按下启动按钮 1SB，时间继电器 KT 得电，KT 的延时断开的动合触点瞬时闭合，使 1KM 得电，1KM 的两个动合触点使定子绕组接成星形，另一个使 3KM 得电，3KM 的动合主触点把电动机接上电源进行降压启动，其动合辅助触点自锁，动断触点使 KT 失电，经过一段延时后，电动机已经达到运行转速，此时 KT 的延时断开动合触点断开，使 1KM 失电，接着 2KM 得电，使电动机定子绕组由星形换接到三角形连接而加上全电压运行。

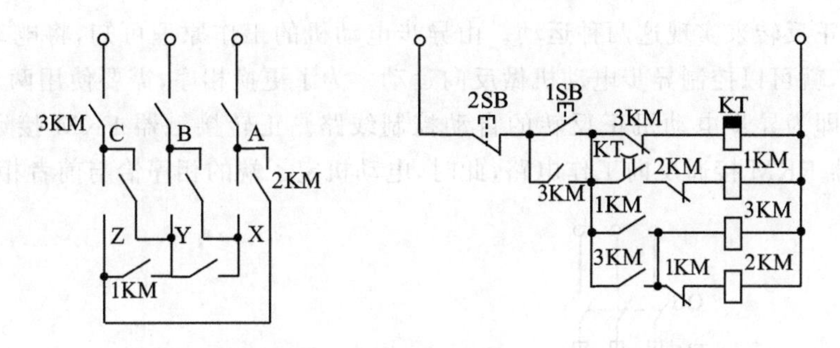

图 4-33　按时间控制的鼠笼式异步电动机 Y—△换接启动的控制线路

(4) 线绕式异步电动机转子串电阻启动

线绕式异步电动机的启动是采用转子电路内串联电阻的方法进行的，即启动时，在转子电路内接入全部启动电阻，然后将定子接入电源开始启动，然后再逐步减少启动电阻，使电动机的转速不断上升，到启动终了时，将启动电阻全部从转子电路切除，而使转子绕组短接，电动机进入正常运行。

如图 4-34 所示，按下启动按钮 1SB，KM 得电并自锁，KM 的动合主触点闭合，使电动机带有全部启动电阻接入电源开始启动，KM 的动合辅助触点使时间继电器 1KT 得电，经过一段延时后，电动机已升到一定值，此时 1KT 的延时闭合的动合触点才闭合，使 1KMA 得电，其动合触点闭合，一则切除一段启动电阻 $1R_{st}$，使电动机加速启动，二则接通 2KT。再经过一段延时后，电动机的转速已进一步上升，2KT 的延时闭合的动合触点才闭合，使 2KMA 得电，其动合触点将全部启动电阻切除，而使转子绕组短接，电动机再一次加速启动，直到正常运行。2KMA 的动断触点使 1KT、1KMA 失电，从而延长了这两个电器的寿命和节约了电能。

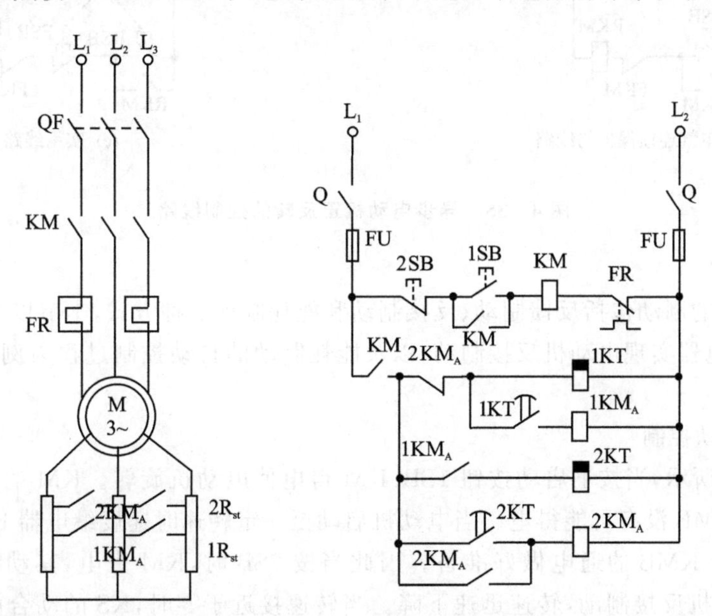

图 4-34　按时间控制的线绕式异步电动机转子串电阻启动的控制线路

2. 正反转控制

许多拖动系统运动部件，根据工艺要求经常需要进行正反方向两种运动，采用电力拖动时可借电动机的正反转来实现这两种运动。由异步电动机的工作原理可知，将电动机的供电电源的相序倒接，就可以控制异步电动机做反向运动。为了更换相序，需要使用两个接触器来完成。图 4－35 即为异步电动机正反转的自动控制线路。正转接触器 FKM 接通正向工作电路，反转接触器 RKM 接通反向工作电路，此时，电动机定子端的相序恰与前者相反。

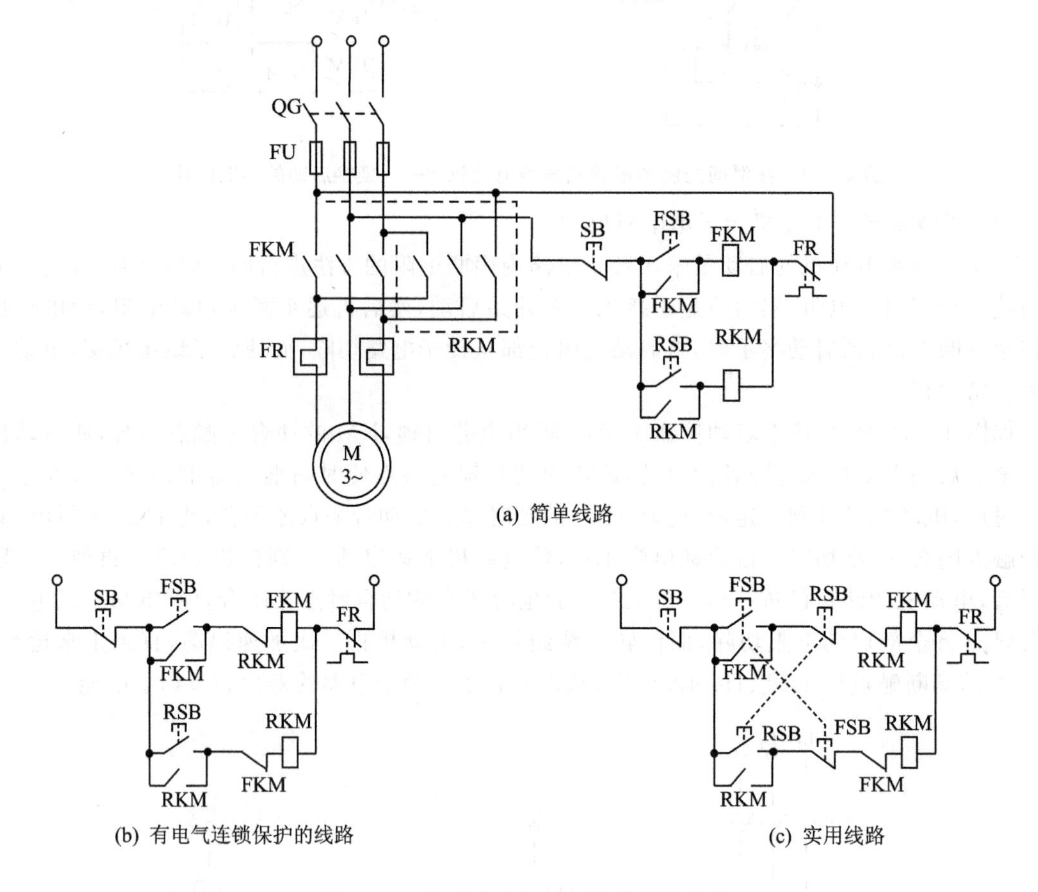

图 4－35　异步电动机正反转的控制线路

3. 制动控制

异步电动机的制动包括反馈制动、反接制动和能耗制动 3 种方式，本节以目前应用比较广泛的、以速度继电器实现电动机反接制动、以及能耗制动的自动控制过程为例，介绍制动控制过程。

(1) 反接制动控制

如图 4－36 所示，当按下启动按钮 1SB，KM 得电使电动机旋转。KM 的动断触点断开，使制动接触器 KMB 没有可能得电。当电动机启动至一定转速时速度继电器 KS 动作，将动合触点 KS 闭合，为 KMB 的通电做好准备。因此当按 2SB 时，KM 失电，其动断触点闭合，使 KMB 得电，电动机反接制动，转速迅速下降。当转速接近于零时，KS 的动合触点断开，KMB 失电，从而将电动机自电网上切除。

由于在反接制动时，电动机电流很大，因此在控制容量较大的电动机时，反接制动过程中需要串入反接制动电阻 R_B。

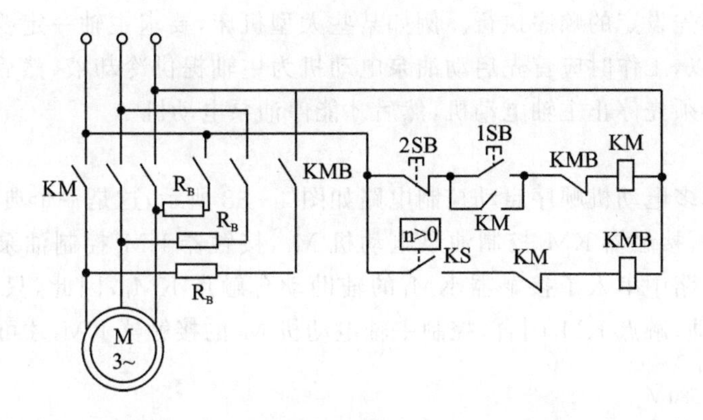

图 4-36　交流异步电动机反接制动的控制线路

(2) 能耗制动控制

如图 4-37 所示，当停车时，按下停止按钮 FB_2，KM_1、KT 失电释放，此时 KT 延时断开触点仍然闭合，使得制动接触器 KM_2 得电动作，电源经制动接触器接到电动机的两相绕组上，另一相经整流管回到零线。当达到整定时间后，KT 常开触点断开，KM_2 失电释放，制动过程结束。在此过程中，产生与转子转动方向相反的力矩，从而使转子尽快停止转动，转子的动能消耗在转子回路中，因此称为能耗制动。

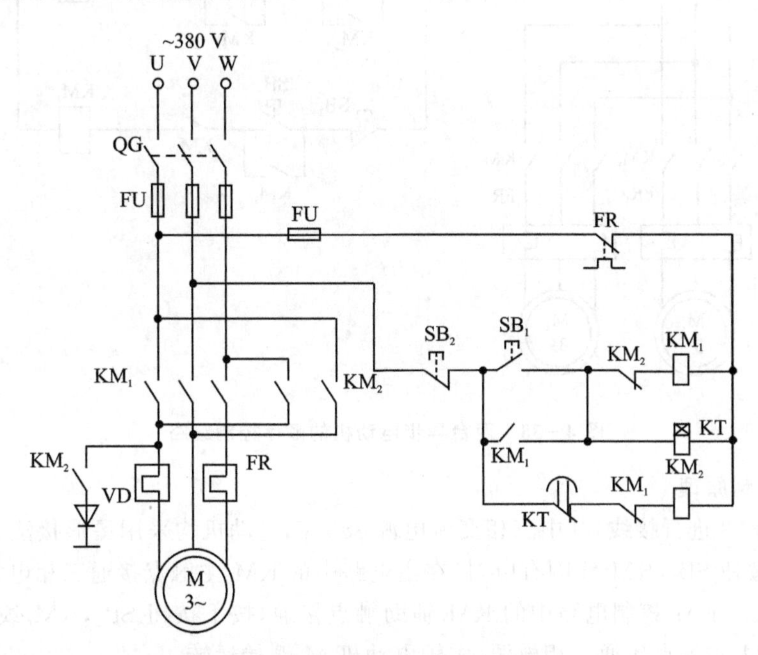

图 4-37　交流异步电动机能耗制动的控制线路

这种制动方式线路较为简单，体积小，成本低，常用于 10 kW 以下电动机且对制动要求不高的场合。

三、多电动机的顺序控制

在许多工作场合，需要多台电动机配合协调工作，根据工艺流程需求，各台电动机的启动和停止必须按照事先设定的顺序执行。例如某些大型机床,要求主轴一定要在有冷却液的情况下才能工作,所以,工作时应首先启动油泵电动机为主轴提供冷却液,然后才能启动主轴电动机;在停止时,必须先停止主轴电动机,然后才能停油泵电动机。

1. 电路组成

某大型机床的多电动机顺序启动控制电路如图 4 - 38 所示,这是一个典型的启动、停止顺序控制电路。图中,接触器 KM_1 控制油泵电动机 M_1,接触器 KM_2 控制油泵电动机 M_2,在主轴电动机的控制电路中串入了接触器 KM_1 的辅助动合触点 KM_1,因此,只有接触器 KM_1 动作,油泵电动机启动,触点 KM_1 闭合,控制主轴电动机 M_2 的接触器 KM_2 才可能接通。

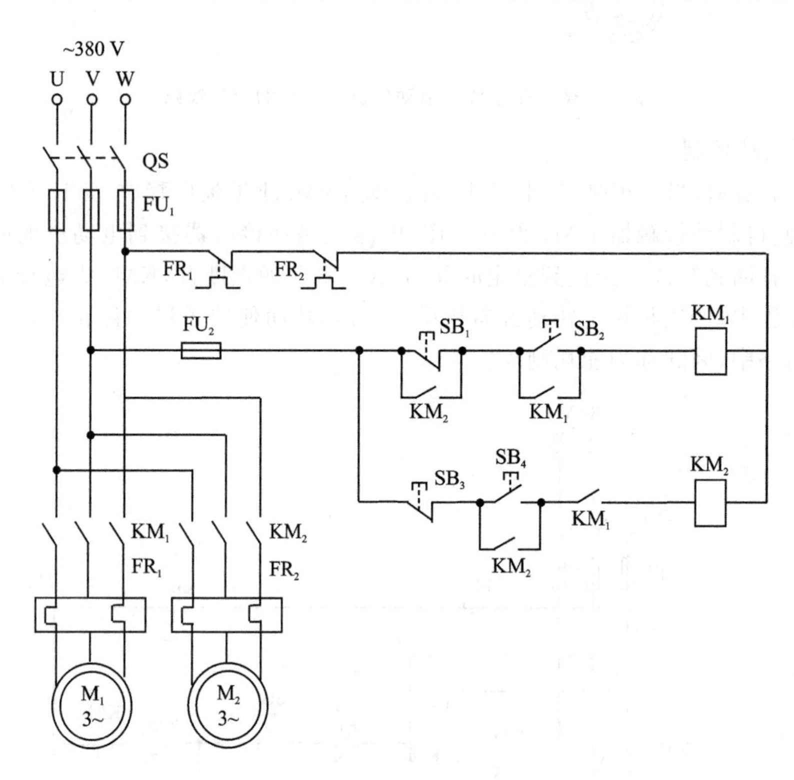

图 4 - 38　两台异步电动机的顺序控制线路

2. 顺序控制原理

根据图 4 - 38 进行接线,其中三相交流电源 380 V,电动机均采用星形接法。合上刀开关 QS,按下启动按钮 SB_2,KM_1 线圈有电,接在主电路中的 KM_1 主触点接通三相电源,电动机 M_1 开始运转;串接在 KM_2 控制电路中的 KM_1 辅助触点接通,按下按钮 SB_4,KM_2 线圈得电,接在主电路中的 KM_2 主触点接通三相电源,主轴电动机 M_2 开始运转。

停机时,接触器 KM_2 的辅助动合触点 KM_2 与油泵电动机的停止按钮 SB_1 并联,因此,当按下停止按钮 SB_3,主轴电动机 M_2 断电停止。只有当主轴电动机 M_2 停止后,与 SB_1 并联的动合触点 KM_2 断开,然后才能用停止按钮 SB_1 使油泵电动机停止。因此整个系统的停机顺序为,必须先停主泵电动机 M_2,然后才能停油泵电动机 M_1。

思考题

1. 什么是控制电器？可以怎样分类？
2. 继电器主要起什么作用？是如何分类的？
3. 简述接触器的功用与工作原理。
4. 根据图 4－28 简述他励直流电动机启动控制线路的原理。
5. 根据图 4－32 说明鼠笼式异步电动机定子串电阻降压启动控制线路的工作原理。
6. 根据图 4－33 说明鼠笼式异步电动机 Y—△换接启动控制线路的工作原理。
7. 根据图 4－35 说明异步电动机正反转控制线路的工作原理。
8. 根据图 4－37 说明异步电动机能耗制动控制线路的工作原理。
9. 根据图 4－38 说明两台电动机互锁的顺序控制线路的工作原理。

参考文献

[1] Giorgio Rizzoni. 电气工程原理与应用[M]. 郭福田，等译. 北京：电子工业出版社，2004.
[2] 高钟毓. 机电控制工程[M]. 北京：清华大学出版社，2002.
[3] 赵先仲. 机电系统设计[M]. 北京：机械工业出版社，2004.
[4] 赵敏，刘丽. 电气控制与自动控制系统[M]. 成都：西南交通大学出版社，2006.
[5] 林明星，董爱梅，张华强，等. 电气控制及可编程序控制器[M]. 北京：机械工业出版社，2004.
[6] 刘顺禧. 电气控制技术[M]. 北京：北京理工大学出版社，2000.

第五章　PLC 控制技术

可编程控制器(Programmable Logic Controller，简称 PLC)是微型计算机技术与继电器控制技术相结合的产物,是在顺序控制器的基础上发展起来的新型控制器,是一种以微处理器为核心用作数字控制的专用计算机,在顺序控制领域应用广泛。本章首先介绍顺序控制的概念及顺序控制过程的描述方法,以及 PLC 的结构与工作原理,进而介绍 PLC 输入/输出模块的原理和应用程序设计方法,最后给出 PLC 在机电控制系统中的典型应用实例。

第一节　顺序控制概述

一、顺序控制的概念与分类

1. 顺序控制的概念

顺序控制是工业生产过程、工程机械设备等领域中的一种典型控制方式,在工业生产和日常生活中应用非常广泛,例如搬运机械手的运动控制、包装生产线的控制、交通信号灯的控制等。分析这类系统的控制特点,可以看出,顺序控制是指根据预先规定好的时间或条件,按照预先确定的操作顺序,对开关量实现有规律的逻辑控制,使控制过程依次进行的一种控制方法。

2. 顺序控制的分类

按照顺序控制系统实现顺序控制的特征,可以将顺序控制划分为时间顺序控制、逻辑顺序控制和条件顺序控制三类。

(1) 时间顺序控制

以执行时间为依据,每个设备的运行与停止都与时间有关。

以图 5-1 所示交通信号灯的控制为例。虽然不同十字路口的时间设置是不一样的,但是对于一个确定的路口,南北和东西方向的红、黄、绿三个信号灯点亮的时间是按照严格的时间顺序确定的,比如:

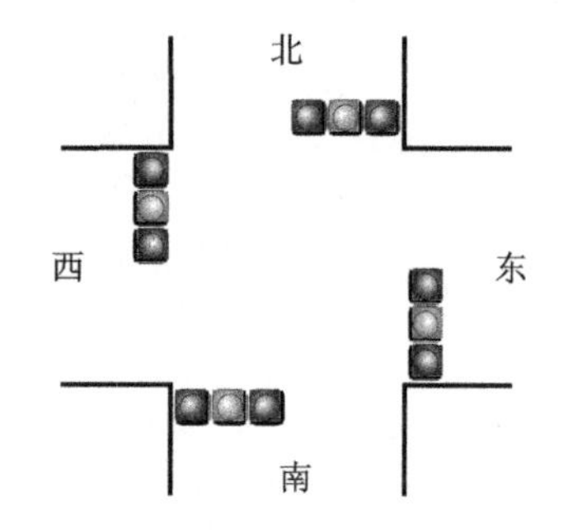

图 5-1　十字路口的交通信号灯

南北向:绿灯亮 30 s→黄灯亮 3 s→红灯亮 35 s→绿灯亮 30 s→ ……

东西向:红灯亮 35 s→绿灯亮 30 s→黄灯亮 3 s→红灯亮 35 s→ ……

(2) 逻辑顺序控制

按照逻辑先后关系顺序执行操作指令,与执行时间无严格关系。

以图 5-2 所示化学反应池的液位控制为例。在化学反应池中,基料和辅料以一定的比例混合,在加热的情况下产生化学反应并生成最终产品。开始时,基料泵工作,基料进入,到达液位 1 后,搅拌机启动并开始搅拌;当液位上升到 2 时,基料泵停止工作,辅料泵工作,辅料进入;

当液位到达 3 时，辅料泵停止工作，加料完成，开始加热，进行化学反应。

整个加料过程看似也是按照时间先后顺序完成的，但仔细分析可知，实际上整个加料过程是按照逻辑顺序关系完成的，与时间无严格关系。也就是说，基料或辅料从开始加入到停止加入，用 1 min 还是 5 min，与生产效率有关，而与结果无关。

(3) 条件顺序控制

根据条件是否满足执行相应的操作指令。

以图 5-3 所示的电梯运行控制为例。如果某层乘客按了向上的按钮，电梯控制器要根据电梯当前层和乘客所在层的位置关系，来决定上升还是下降。即：

电梯在乘客所在层之上：下降；电梯在乘客所在层之下：上升。

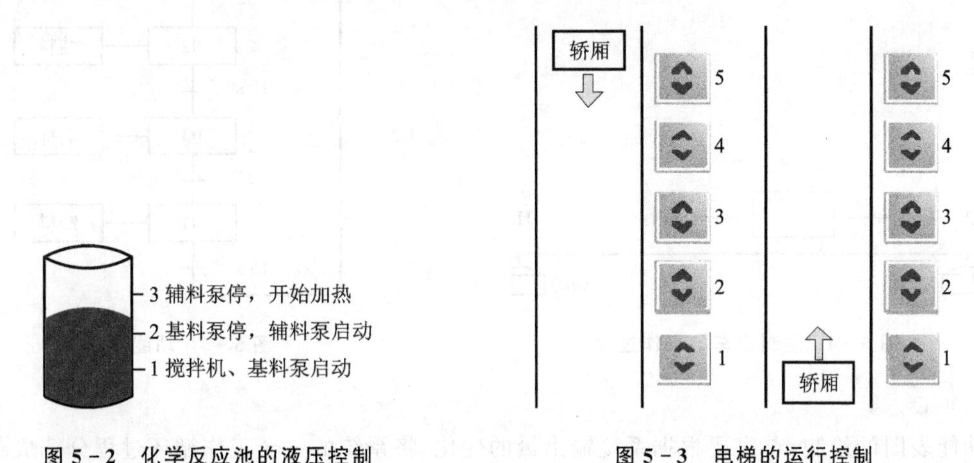

图 5-2　化学反应池的液压控制　　图 5-3　电梯的运行控制

二、顺序控制过程的描述

根据前面的分析，顺序控制是按照生产工艺预先规定的顺序，在各个输入信号的作用下，根据内部状态和时间的顺序，在生产过程中各个执行机构自动地有秩序地进行操作。为了便于表述和交流，可以采用功能表图对顺序控制过程进行图形化描述。

功能表图表示顺序控制过程的基本思想是：将系统的一个工作周期划分为若干个顺序相连的阶段，这些阶段称为工步(Step)，工步是根据输出量的状态变化来划分的，在任何一步之内，各输出量“ON/OFF”状态不变，但是相邻两步输出量的状态是不同的；工步的这种划分使代表各步的编程元件的状态与各输出量的状态之间有着极为简单的逻辑关系。使系统由当前步进入下一步的信号称为转换条件，转换条件可以是外部输入信号，如按钮、指令开关、限位开关的接通/断开等，也可以是控制器内部产生的信号，如定时器、计数器常开触点的接通等，还可能是若干个信号的与、或、非逻辑组合。

功能表图是描述控制系统的控制过程、功能和特性的一种图形，是描述顺序控制过程的一种有效工具。需要指出的是，它并不涉及所描述控制功能的具体技术，是一种通用的技术语言，可以供进一步设计和不同专业人员之间进行技术交流之用。

随着功能表图应用的日益广泛，1994 年 5 月公布的 IEC 可编程序控制器标准(1ECl131)中，顺序功能图被确定为可编程序控制器的标准编程语言之一。我国也颁布了顺序功能图的国家标准 GB6988.6—1986。

1. 功能表图的基本元素

功能表图主要由工步、有向连线、转换、转换条件和动作(或命令)组成。以图 5-4 所示送料小车的控制为列,系统的工作过程为:送料小车起动运行后,首先左行,在到位开关 J2 处装料,10 s 后装料结束,开始右行;小车右行至到位开关 J1 处,停下来卸料,15 s 后卸料结束,再左行;左行至到位开关 J2 处再装料。这样不停地循环工作,直到按下停止按钮。图 5-5 是描述该系统工作过程的功能表图。

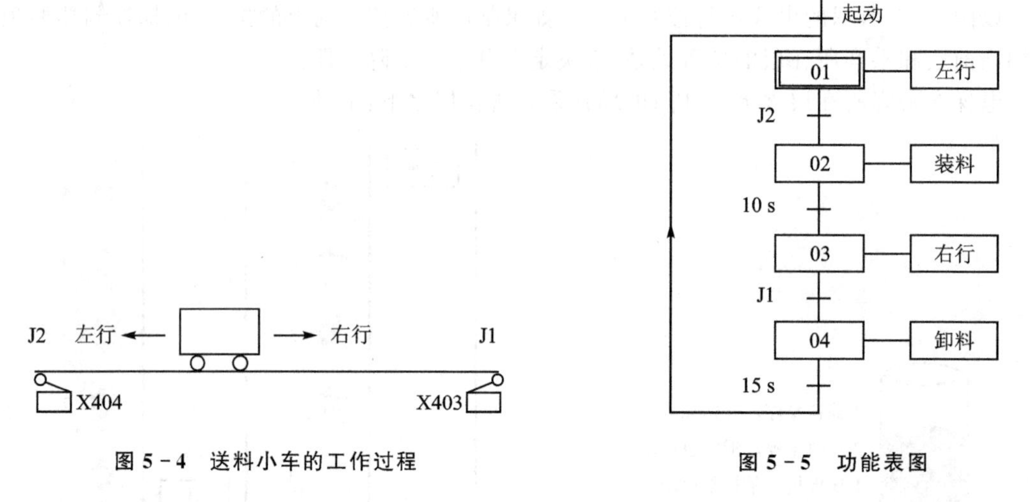

图 5-4　送料小车的工作过程　　　图 5-5　功能表图

(1) 工　步

功能表图的绘制,首先要根据系统输出量的变化,将系统的一个工作循环过程分解成若干个顺序相连的阶段,这些阶段就称为“工步”。在功能表图中,工步用方框表示,方框中的数字是工步的编号。

与系统的初始状态相对应的步称为“初始步”,初始状态一般是系统等待启动命令的相对静止的状态。初始步用双线方框表示,每一个顺序功能图至少应该有一个初始步。当系统正处于某一步所在的阶段时,该步处于活动状态,称该步为“活动步”。步处于活动状态时,相应的动作被执行;处于非活动状态时,相应的非存储型动作被停止执行。

(2) 动　作

一组动作或命令与功能表图中的某一个工步相对应。

可以将一个控制系统划分为被控系统和施控系统,例如在数控车床系统中,数控装置是施控系统,而车床是被控系统。对于被控系统,在某一步中要完成某些“动作”(action);对于施控系统,在某一步中则要向被控系统发出某些“命令”(command)。为了叙述方便,以下将动作或命令统称为“动作”,并用矩形框中的文字或符号表示,该矩形框应与相应的工步相连。

如果某一步有几个动作,可以用图 5-6 中的两种画法来表示,但是并不隐含这些动作之间的任何顺序。说明命令的语句应清楚地表明该命令是存储型的,还是非存储型的。例如某步的存储型命令“打开 1 号阀并保持”,是指该步活动时 1 号阀打开,该步不活动时继续打开;非存储型命令“打开 2 号阀”,是指该步活动时打开,不活动时关闭。

除了以上的基本结构之外,使用动作的修饰词(如表 5-1 所列)可以在一步中完成不同的动作。修饰词允许在不增加逻辑的情况下控制动作。例如,可以使用修饰词 L 来限制配料阀打开的时间。

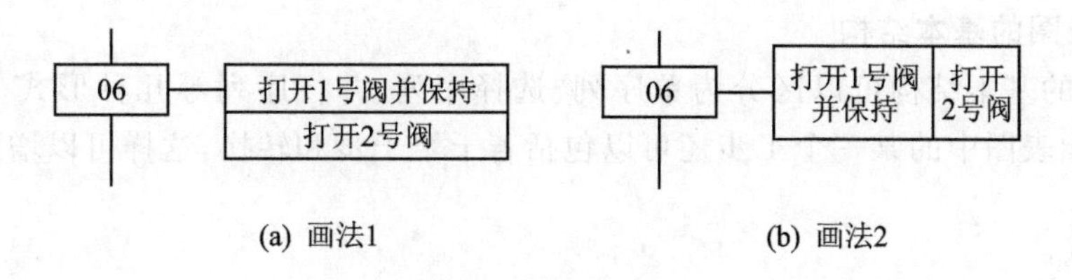

图 5-6　多个动作的画法

表 5-1　动作的修饰词

修饰词	名　称	含　义
N	非存储型	当所属步变为不活动步时动作终止
S	置位(存储)	当所属步变为不活动步时动作继续,直到动作被复位
R	复位	终止被修饰词 S、SD、SL 或 DS 启动的动作
L	时间限制	所属步变为活动步时动作被启动,直到所属步变为不活动步或设定时间到
D	时间延迟	所属步变为活动步时延迟定时器被启动,如果延迟之后所属步仍然是活动的,动作被启动和继续,直到所属步变为不活动步
P	脉冲	当所属步变为活动步动作被启动,并且只执行一次
SD	存储与时间延迟	在时间延迟之后动作被启动,一直到动作被复位
DS	延迟与存储	在延迟之后,如果所属步仍然是活动的,动作被启动直到被复位
SL	存储与时间限制	所属步变为活动步时动作被启动,一直到设定的时间到或动作被复位

(3) 有向连线

在功能表图中,随着时间的推移和转换条件的实现,将会发生工步活动状态的变化,这种变化按有向连线规定的路线和方向进行。在画顺序功能图时,将代表各工步的方框按其成为活动步的先后次序顺序排列,并用有向连线将其连接起来。

工步的活动状态习惯的进展方向是从上到下或从左至右,在这两个方向有向连线上的箭头可以省略。如果不是上述的方向,应在有向连线上用箭头注明进展方向。在可以省略箭头的有向连线上,为了更易于理解,也可以加箭头。

(4) 转换及转换条件

转换用有向连线上的短划线(与有向连线垂直)来表示,用于将相邻两工步分隔开,步的活动、状态的变化是由转换的实现来完成的,并与控制过程的发展相对应。

转换条件是与转换相关的逻辑命题,转换条件可以用文字语言、布尔代数表达式或图形符号标注在表示转换的短线的旁边,如图 5-7 所示。在转换条件中,可以用“X”和“$\overline{X}$”分别表示当输入信号为“1”和“0”时,转换实现;用符号“X↑”和“X↓”分别表示当输入信号状态从“0→1”和“1→0”时,转换实现。

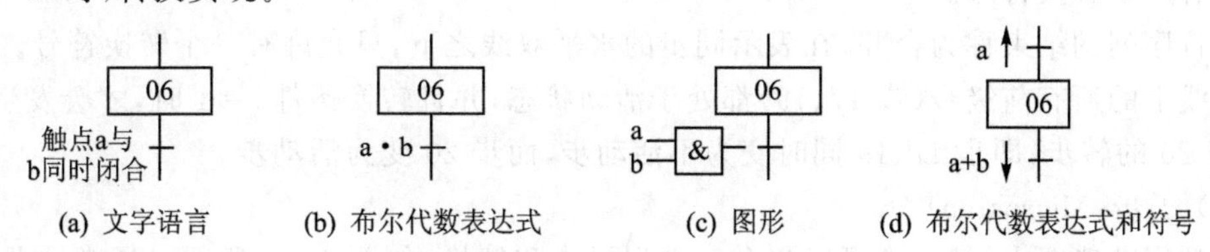

图 5-7　转换条件的几种表达方式

2. 功能表图的基本结构

功能表图的基本结构可以区分为单序列、选择序列、并行序列等几种形式，如图 5 - 8 所示。同时，功能表图中的某一个工步还可以包括若干个子步和转换，这样可以增强描述问题的层次性。

(1) 单序列

图 5 - 8(a)所示为单序列的结构形式，由一系列相继激活的步组成，每一步的后面仅有一个转换，每一个转换的后面只有一个步。

(2) 选择序列

图 5 - 8(b)所示为选择序列的结构形式。选择序列的开始称为分支，转换符号只能标在水平连线之下。如果步 07 是活动步，并且转换条件 $h=1$，则发生由步 07→步 08 的转换；如果步 07 是活动步，并且转换条件 $k=1$，则发生由步 07→步 10 的转换。

选择序列的结束称为合并，几个选择序列合并到一个公共序列时，用和需要重新组合的序列相同数量的转换符号和水平连线来表示，转换符号只允许标在水平连线之上。如果步 09 是活动步，并且转换条件 $j=1$，则发生由步 09→步 12 的转换；如果步 11 是活动步，并且转换条件 $m=1$，则发生由步 11→步 12 的转换。

(3) 并行序列

当转换的实现导致几个序列同时激活时，这些序列称为并行序列，用来表示系统的几个同时工作的独立部分的工作情况，其结构形式如图 5 - 8(c)所示。

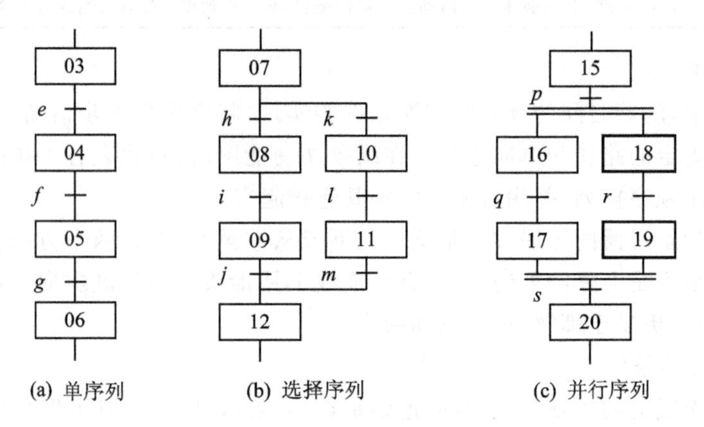

图 5 - 8　功能表图的基本结构

并行序列的开始称为分支。当步 15 是活动的，并且转换条件 $p=1$ 时，16 和 18 这两步同时变为活动步，同时步 15 变为不活动步。步 16、18 被同时激活后，每个序列中活动步的进展将是独立的。为了强调转换的同步实现，水平连线用双线表示，在表示同步的水平双线之上，只允许有一个转换符号。

并行序列的结束称为合并，在表示同步的水平双线之下，只允许有一个转换符号。当直接连在双线上的所有前级步(步 17、19)都处于活动状态，并且转换条件 $s=1$ 时，才会发生步 17、19 到步 20 的转步，即步 17、19 同时变为不活动步，而步 20 变为活动步。

(4) 子步(Microstep)

在顺序功能图中，某一步可以包含一系列子步和转换，如图 5 - 9 所示。通常这些序列表示系统的一个完整的子功能。

子步的使用极大地方便了顺序功能图的编写，使系统的设计者在总体设计时容易抓住系统的主要矛盾，用更加简洁的方式表示系统的整体功能和概貌，而不是一开始就陷入某些细节之中。

设计者可以从最简单的对整个系统的全面描述开始，然后画出更详细的顺序功能图，子步中还可以包含更详细的子步。这种设计方法的逻辑性很强，可以减少设计中的错误，缩短总体设计和查错需要的时间。

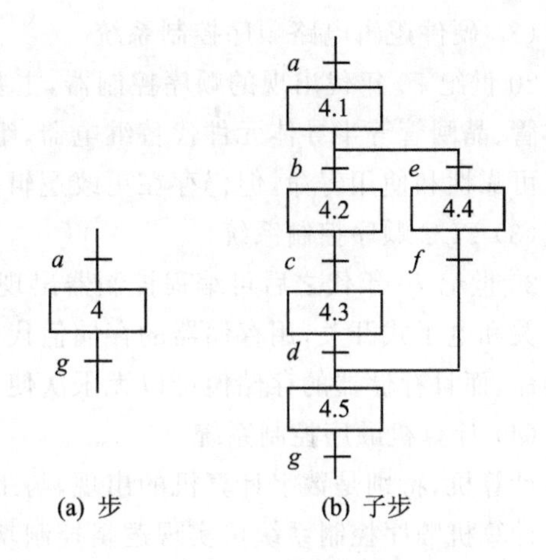

图 5-9　步与子步

3. 功能表图中转换实现的基本规则

(1) 转换实现的条件

在顺序功能图中，步的活动状态的进展是由转换的实现来完成的。转换实现必须同时满足两个条件：

◇ 该转换所有的前级步都是活动步；

◇ 相应的转换条件得到满足。

如果转换的前级步或后续步不止一个，转换的实现称为同步实现，为了强调同步实现，有向连线的水平部分应用双线表示。

(2) 转换实现时应完成的操作

转换实现时，应完成以下两个操作：

◇ 使所有由有向连线与相应转换符号相连的后续步都变为活动步；

◇ 使所有由有向连线与相应转换符号相连的前级步都变为不活动步。

以上规则可以用于任意结构中的转换，其区别如下：

◇ 在单序列中，一个转换仅有一个前级步和一个后续步；

◇ 在并行序列的分支处，转换有几个后续步，在转换实现时应同时将其变为活动步；在并行序列的合并处，转换有几个前级步，其均为活动步时才有可能实现转换，在转换实现时应将其全部变为非活动步；

◇ 在选择序列的分支与合并处，一个转换实际上只有一个前级步和一个后续步，但是一个步可能有多个前级步或多个后续步。

转换实现的基本规则是根据功能表图设计梯形图的基础，适用于顺序功能图中的各种基本结构和下一节介绍的各种顺序控制梯形图的编程方法。

三、顺序控制系统的实现方式

顺序控制系统有多种实现方法，包括：

(1) 继电器顺序控制系统

在继电器组成的顺序控制系统中，所有的操作和逻辑关系都是由硬件完成的，即由继电器的常开、常闭触点，延时断开、延时闭合触点，接触器、开关等元件完成系统所需要的逻辑功能。在继电器控制系统中，受继电器机械触点的寿命和可靠性限制，此类系统的可靠性较差，使用寿命短，更改逻辑关系不方便，只用在一些老式的或简单的控制系统中。

(2) 硬件逻辑电路顺序控制系统

20 世纪 70 年代出现的顺序控制器，主要由分立元件和中小规模集成电路组成，由于采用晶体管、晶闸管等半导体元件代替继电器，组成无触点顺序逻辑控制电路，使逻辑控制系统提高了可靠性和使用寿命，但仍存在更改逻辑关系不方便的缺点，目前也较少使用。

(3) PLC 顺序控制系统

20 世纪 70 年代之后可编程控制器出现并逐步得到广泛应用，PLC 用存储器代替了机械式开关和电子式开关，用存储器的存储值代替了开光的状态，提高了开关的可靠性，延长了使用寿命，而且存储器的存储值可以无限次使用，只要改变控制程序就可以实现更改逻辑关系。

(4) 计算机顺序控制系统

计算机，特别是数字计算机的出现，与工业控制相结合，形成了不同种类的计算机控制系统。计算机顺序控制系统可实现逻辑控制功能，通常用于集散控制系统中，适合于大型和逻辑关系复杂的系统。

第二节　PLC 基础

一、PLC 的发展历史

从 20 世纪 20 年代开始，人们将各类继电器、接触器、定时器及其触点按一定的逻辑关系连接起来组成控制系统，来控制各种生产机械，这就是传统的继电器控制系统。由于这类系统具有结构简单，价格低廉，容易掌握等特点，在一定范围内能满足控制要求，因而获得了广泛应用，在工业控制领域中一直占有主导地位。

随着工业自动化程度的提高，设备和生产过程越来越复杂。复杂的系统可能使用成百上千个各式各样的继电器，由成千上万根导线连接起来，来执行相当复杂的控制任务。作为单台装置，继电器本身是比较可靠的，但系统复杂性的提高，继电器控制系统的两个重要缺点越来越突出：

(1) 可靠性差，排除故障困难。继电器控制系统是接触控制，机械性触点长期使用后易损坏。如果某一个继电器损坏，甚至某一个继电器的某一对触点接触不良，都会影响整个系统的正常运行。查找和排除故障往往是非常困难的，有时可能会花费大量的时间。

(2) 灵活性差，总体成本高。继电器本身并不贵，但是控制柜内部的安装、接线工作量极大，因此整个控制柜的价格是相当高的。如果工艺要求发生变化，则控制柜内的元件和接线也需要作相应的变动，存在改造工期长、费用高等问题。

现代制造业要对市场作出迅速的反应，生产出小批量、多品种、多规格、低成本和高质量的产品，传统的继电器控制系统不能适应这一要求。以汽车制造为例，20 世纪 60 年代，汽车生产流水线的自动控制系统基本上都是由继电器控制装置构成的。20 世纪 60 年代末期，美国的汽车制造业竞争激烈，各生产厂家的汽车型号不断更新，必然要求加工的生产线亦随之改变，以及对整个控制系统重新配置。随着生产的发展，汽车型号更新的周期愈来愈短，这样，继电器控制装置就需要经常地重新设计和安装，十分费时、费工、费料，甚至阻碍了更新周期的缩短。为了改变这一状况，美国通用汽车公司(GM)在 1968 年公开招标，要求用新的控制装置取代继电器控制装置，并提出了十项招标指标，即：

① 编程方便，现场可修改程序；
② 维修方便，采用模块化结构；
③ 可靠性高于继电器控制装置；
④ 体积小于继电器控制装置；
⑤ 数据可直接送入管理计算机；
⑥ 成本可与继电器控制装置竞争；
⑥ 输入可以为市电；
⑧ 输出为市电，容量要求在 2 A 以上，能直接驱动电磁阀，接触器等；
⑨ 在扩展时，原系统只须做很小变更；
⑩ 用户程序存储器容量至少能扩展到 4 KB。

这就是著名的“GM 十条”。这些要求实际上提出了将继电器控制系统的简单易懂，使用方便的优点，与计算机的功能完善、灵活性和通用性好的优点结合起来，将继电器硬连线逻辑控制转变为计算机的软逻辑控制的设想。

1969 年，美国数字设备公司(DEC)研制出第一台 PLC，在美国通用汽车自动装配线上试用，获得了成功。这种新型的工业控制装置以其简单易懂，操作方便，可靠性高，通用灵活，体积小，使用寿命长等一系列优点，很快在美国其他工业领域推广应用。这一新型工业控制装置的出现，也受到了世界其他国家的高度重视。1971 日本从美国引进了这项新技术，研制出了日本第一台 PLC。1973 年，西欧国家也研制出第一台 PLC。我国从 1974 年开始研制，1977 年开始工业应用。

早期的可编程控制器主要用来代替继电器实现逻辑控制，因此称为可编程逻辑控制器(Programmable Logic Controller，简称 PLC)。PLC 问世以来，尽管时间不长，但发展迅速。为了使其生产和发展标准化，美国电气制造商协会 NEMA(National Electrical Manufactory Association)经过四年的调查工作，于 1984 年首先将其正式命名为 PC(Programmable Controller)，并作了如下定义：

➢ PC 是一个数字式的电子装置，使用了可编程序的记忆体储存指令，用来执行诸如逻辑、顺序、计时、计数与演算等功能，并通过数字或类似的输入/输出模块，以控制各种机械或工作程序。一部数字电子计算机若是从事执行 PC 之功能，亦被视为 PC，但不包括鼓式或类似的机械式顺序控制器。

随着技术的发展，现代可编程控制器的功能已经大大超过了逻辑控制的范围，但是为了避免与个人计算机(Personal Computer)的简称混淆，通常还是将可编程控制器简称为 PLC。1982 年，国际电工委员会(International Electrical Committee，IEC)颁布了 PLC 标准草案，并在 1987 年的第 3 版中对 PLC 作了如下的定义：

➢ PLC 是一种专门为在工业环境下应用而设计的进行数字运算操作的电子装置。它采用可以编制程序的存储器，用来在其内部存储执行逻辑运算、顺序运算、定时、计数和算术运算等操作的指令，并能通过数字式或模拟式的输入和输出，控制各种类型的机械或生产过程。

二、PLC 的功用

PLC 是一台专用计算机，是一种专为工业环境应用而设计制造的计算机，具有丰富的输入/输出接口，并且具有较强的驱动能力。当然，PLC 并不针对某一具体工业应用，实际应用时，其硬件需根据实际需要进行选用配置，其软件需根据控制要求进行设计编制。

目前，PLC 的功用主要体现在以下几个方面：

(1) 逻辑控制

PLC 具有很强的逻辑运算功能，设置有“与”、“或”、“非”等逻辑运算指令，能够描述继电器触点的串联、并联、串并联、并串联等各种连接，因此可以代替继电器进行组合逻辑和顺序逻辑控制。

(2) 定时控制

PLC 具有定时控制功能，为用户提供若干个定时器并设置了定时指令。定时器时间可由用户在编程时设定，并能在运行中被读出和修改，定时时间的最小单位也可在一定的范围内进行选择，因此，使用灵活，操作方便。

(3) 计数控制

PLC 具有计数控制功能，为用户提供若干个计数器并设置了计数指令。计数值可由用户在编程时设定，并在运行中被读出和修改。

(4) A/D、D/A 转换

大多数 PLC 具有 A/D、D/A 转换功能，能完成对模拟量的检测与控制，实现较为复杂的工业控制。

(5) 定位控制

有些 PLC 具有步进电动机和伺服电动机控制功能，能组成开环系统或闭环系统，实现位置控制。

(6) 通信与联网

有些 PLC 具有通信与联网功能，可以进行远程 I/O 控制，多台 PLC 之间可以进行同位链接，还可以与计算机进行上位链接。由一台计算机和多台 PLC 可以组成“集中管理、分散控制”的分布式控制网络，以完成较大规模的复杂控制。

(7) 数据处理功能

大多数 PLC 具有数据处理功能，能进行数据并行传送、比较运算；BCD 码的加、减、乘、除等运算；还能进行字的按位与、或、异或、求反、逻辑移位、算术移位、数据检索、比较、数制转换等操作。

当然，随着科学技术的不断发展，PLC 的功能也在不断拓展与增强。

三、PLC 的结构

PLC 的品种众多，大、中、小型 PLC 的功能也不尽相同，其结构也有所不同，但主体结构形式大体上是相同的，由中央控制单元、电源、输入/输出电路及编程器等构成，结构框图如图 5－10 所示。

(1) 中央控制单元

中央控制单元一般为微型计算机系统，包括微处理器、系统程序存储器、用户程序存储器、计时器和计数器等。

系统程序存储器用来存放系统程序。系统程序是 PLC 研制厂家所编写的程序，主要包括监控程序、解释程序、自诊断程序、标准子程序及各种管理程序。系统程序用来管理、协调可编

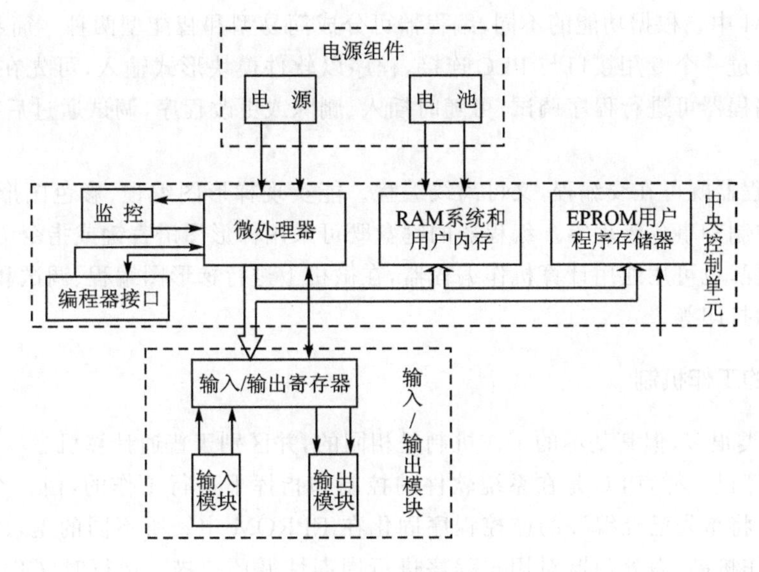

图 5-10　PLC的基本结构

程序控制器各部分的工作，翻译和解释用户程序，进行故障诊断等。

用户存储器可分为两大部分：一部分用来存储用户程序，常称为用户程序存储器，具有掉电保护功能；另一部分则作为系统程序和用户程序的缓冲单元，常称为用户程序变量存储器，在这一部分中，有些具有掉电保护功能。

用户存储器用来存放正在进行调试的用户程序，掉电保护功能使程序的修改、完善、扩充变得十分方便。微处理器对变量存储器某一部分可进行字操作，而对另一部分可进行位操作。在可编程序控制器中，对可进行字操作的缓冲单元常称为字元件(数据寄存器)，对可进行位操作的缓冲单元常称为位元件(也称为中间继电器)。

(2) 输入/输出模块

输入模块是PLC与外部连接的输入通道。输入信号(如按钮、行程开关及传感器输出的开关信号、脉冲信号、模拟量等)经过输入模块转换成中央控制单元能接受和处理的数字信号。

输出模块是PLC向外部执行部件输出相应控制信号的通道。经过输出模块，PLC可对外部执行部件(如直流或交流接触器、电磁阀、继电器、指示灯、步进电动机、伺服电动机等)进行控制。

输入/输出模块根据其功能的不同可分为数字量输入、数字量输出、模拟量输入、模拟量输出、计数、位置控制、通信等各种类型。在PLC中，有时把除数字量输入/输出、模拟量输入/输出模块以外的其他输入/输出电路称为功能模块。

(3) 电源部件

电源部件能将交流或直流电转换成中央控制单元、输入/输出部件所需要的直流电源，能适应电网波动、温度变化的影响，对电压具有一定的保护能力，以防止电压突变时损坏中央控制器。另外，电源部件内还装有备用电池，以保证在断电时存放在RAM中的信息不致丢失。因此，用户程序在调试过程中，可采用RAM储存，便于修改保存程序。

(4) 编程器

编程器是PLC的重要外围设备，能对程序进行编写、调试、监视、修改、编辑，最后将程序固化在 EPROM 中。根据功能的不同,编程器可分成简易型和智能型两种。简易型编程器只能在线编程,通过一个专用接口与 PLC 连接,程序以软件模块形式输入,可先在编程器 RAM 区存放,利用编程器可进行程序调试,可随时插入、删除或更改程序,调试通过后转入 EPROM 中储存。

智能型编程器既可在线编程,又可离线编程。能实现梯形图编程、彩色图形显示、通信联网、打印输出控制和事务管理等。编程器的键盘既可采用梯形图语言键或指令语言键,通过屏幕对话进行编程,也可用通用计算机作编程器,在微机上进行梯形图编程、调试和监控,实现人机对话、通信和打印等。

四、PLC 的工作机制

PLC 的种类很多,但其基本的工作机制是相同的,并区别于普通计算机。

与普通计算机一样,PLC 是在系统软件的控制和指挥下进行工作的,由一个专用微处理器来管理程序,将事先已经编好的监控程序固化在 EPROM 中。所不同的是,PLC 采用的是"巡回扫描"工作机制,微处理器对用户程序进行周期性循环扫描。运行时,CPU 逐条地解释用户程序,并加以执行;程序中的数据并不直接来自于输入或输出模块的端口,而是来自数据寄存器区,该区中的数据在输入采样和输出锁存时周期性地不断刷新。

PLC 的扫描可按固定的顺序进行,也可按用户程序指定的可编程序进行。而顺序扫描的工作方式简单直观,既可简化程序的设计,也可提高 PLC 运行的可靠性。

通常对用户程序的循环扫描过程,分为三个阶段:即输入采样阶段、程序执行阶段和输出刷新阶段,如图 5-11 所示。

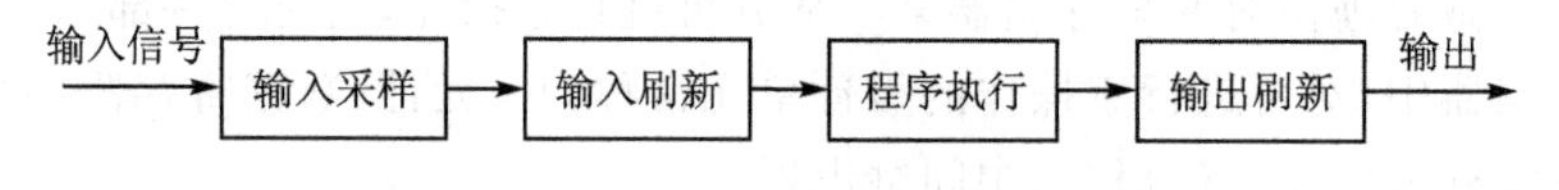

图 5-11　PLC 程序执行过程原理框图

(1) 输入采样阶段

当 PLC 开始工作时,微处理器首先按顺序读入所有输入端的信号状态,并逐一存入输入状态寄存器中,在输入采样阶段才被读入。在下一步程序执行阶段,即使输入状态变化,输入状态寄存器的内容也不会发生改变。

(2) 程序执行阶段

采样阶段输入信号被刷新后,送入程序执行阶段。组成程序的每条指令都有顺序号,指令按照顺序号依次存入储存单元。程序执行期间,微处理器将指令顺序调出并执行,并对输入和输出状态进行"处理",即按照程序进行逻辑、算术运算,再将结果存入输出状态寄存器中。

(3) 输出刷新阶段

在所有的指令执行完毕后,输出状态寄存器中的状态通过输出锁存电路转换成被控设备所能接收的电压或电流信号,以驱动被控设备。

PLC 经过这三个阶段的工作过程为一个扫描周期。由此可见,全部输入、输出状态的改变需要一个扫描周期,也就是输入、输出状态的保持为一个扫描周期。PLC 的执行程序就是一个扫描周期接着一个扫描周期,直到程序停止运行为止。

五、PLC的分类

目前,PLC的种类很多,规格和性能不一,通常可以根据其结构形式、容量或功能进行分类。

按照硬件的结构形式,可分为:

① 整体式PLC:这种结构的PLC将电源、CPU、输入/输出部件等集中配置在一起,装在一个箱体内,通常称为主机。整体式结构的PLC具有结构紧凑,体积小,质量轻,价格较低等特点,但主机的I/O点数固定,使用上不太灵活。小型的PLC通常使用这种结构,适用于比较简单的控制场合。

② 模块式PLC:也称为积木式结构,即把PLC的各组成部分以模块的形式分开,如电源模块、CPU模块、输入模块、输出模块等,把这些模块插在底板上,组装在一个机架内。这种结构的PLC配置灵活,装配方便,便于扩展,但结构较复杂,价格较高。大型的PLC通常采用这种结构,适用于比较复杂的控制场合。

③ 叠装式PLC:这是一种新的结构形式,吸收了整体式和模块式PLC的优点,如三菱公司的FX2系列PLC,其基本单元、扩展单元和扩展模块等高等宽,但是长度不同。它们不用基板,仅用扁平电缆,紧密拼装后组成一个整齐的长方体,输入、输出点数的配置也相当灵活。

PLC的容量主要是指其输入/输出点数。按容量大小,PLC可分为:

① 小型PLC:I/O点数一般在256点以下。

② 中型PLC:I/O点数一般在256~1024点之间。

③ 大型PLC:I/O点数在1024点以上。

按功能上的强弱,PLC可分为:

① 低档机:具有逻辑运算、计时、计数等功能,有的有一定的算术运算、数据处理和传送等功能,可实现逻辑、顺序、计时计数等控制功能。

② 中档机:除具有低档机的功能外,还具有较强的模拟量输入/输出、算术运算、数据传送等功能,可完成既有开关量又有模拟量的控制任务。

③ 高档机:除具有中档机的功能外,增设有带符号运算、矩阵运算等功能,运算能力更强,还具有模拟量调节、强大的联网通信等功能,能进行智能控制、远程控制、大规模控制,可构成分布式控制系统,实现工厂自动化管理。

六、PLC的特点

PLC具有可靠性高、适应工业现场的高温、冲击和振动等恶劣环境的特点,因而在工业生产控制与管理过程中应用十分广泛。同时,PLC可以取代继电器控制装置完成顺序控制和程序控制,进行PID回路调节,也可以构成高速数据采集与分析系统,实行开环的位置控制和速度控制。与计算机联网通信,可以构成由计算机集中管理,用PLC进行分散控制的分布式控制管理系统。

概括地讲,PLC的主要特点有以下几个方面:

(1) 工作可靠,抗干扰能力强,环境适应性好

工作可靠是PLC最突出的优点之一。PLC是专门为工业控制而设计的,在设计和制造中均采用了诸如屏蔽、滤波、隔离、无触点、精选元器件等多层次有效的抗干扰措施,因此可靠

性很高。此外,PLC 具有很强的自诊断功能,可以迅速、方便地判断出故障,减少故障排除时间,可在各种恶劣环境中使用。

(2) 可以与工业现场信号直接连接

PLC 的输入/输出模块设计上充分考虑到工业现场应用的需求,有丰富的输入/输出模块可供选择。因此,PLC 最大的特点之一是针对不同的现场信号(如直流和交流、开关量和模拟量、电压和电流等)有相应的输入/输出单元(模块)可与工业现场的器件(如按钮、行程开关、传感器、电磁阀、电动机启动或控制阀等)直接连接,并通过数据总线与处理器模块相连接。

(3) 编程容易

PLC 摒弃了计算机常用编程语言的表达形式,采用了与继电器控制电路有很多相似之处的梯形图作为程序的主要表达方式,清晰直观,指令简单易学,编程步骤和方法容易理解和掌握,易于现场操作人员理解与操作。

(4) 安装简单,维护方便

PLC 对现场环境要求不高,使用时只需将检测器件及执行设备与 PLC 的 I/O 端子连接无误,系统便可工作。由于采用模块化、组合式结构,用户可通过更换模块迅速恢复生产,压缩故障停机时间。

(5) 具有完善的监视和诊断功能

各类 PLC 都配有醒目的内部工作状态、通信状态、I/O 点状态和异常状态等显示,也可以通过局部通信网络,由高分辨率彩色图形显示系统监视网内各台 PLC 的运行参数和报警状态等;具有完善的诊断功能,可诊断编程的语法错误、数据通信异常、内部电路运行异常、RAM 后备电池状态异常、I/O 模块配置变化等。

(6) 应用灵活

PLC 的用户程序可简单方便地修改,以适应各种不同工艺流程变更的要求;PLC 组件品种多,可由各种组件灵活组成不同的控制系统。同一台 PLC 只要改变控制程序就可实现控制不同的对象或不同的控制要求,构成一个实际的可编程控制器控制系统,一般不需要很多配套的外围设备。

正是由于 PLC 的高可靠性、灵活可扩展性,使其迅速发展,PLC 成了实现机电一体化的重要手段和发展方向,已成为我国机电一体化重点发展产业之一。

第三节　PLC 的输入/输出模块

一、输入/输出模块的功用与分类

输入/输出模块是 PLC 的 CPU 与现场用户设备进行联系的桥梁。PLC 系统通过其 I/O 接口模板检测被控对象的各种参数,并以这些现场数据作为控制器对被控对象进行控制的信息。同时,控制器通过 I/O 模板将控制器的处理结果送给被控对象,以驱动各种执行机构实现控制。

由于被控对象状态参量和控制参量的多样性,及现场工作环境的不同,一般的 PLC 都提供了具有各种操作电平与输出驱动能力的 I/O 模块和各种用途的功能模块,以方便用户的选用。这些模板一般都插在模板框架中,框架后面有连接总线板,每块模板与 CPU 的相对插入位置,决定I/O的各点地址号,这些地址号是用户编程的重要参数。通常,这些模板的前面板上均有状态显示及接线端子。

从信号类型上看,PLC的I/O模块通常包括:开关量输入模块、开关量输出模块、模拟量输入模块、模拟量输出模块等类型,这些模板又有直流和交流、电压和电流类型之分,每个类型又有不同的参数等级,分别用于联系不同类型及大小的外部信号。

一般的PLC输入/输出模块均具有I/O电平转换及电气隔离功能:

◇ 输入电平转换:将PLC输入端的不同电压或电流信号转换成CPU所能接受的低电平信号;

◇ 输出电平转换:将PLC微处理器控制的低电平信号转换为控制设备所需要的电压或电流信号;

◇ 电气隔离:指在PLC的CPU与I/O回路之间采用的防干扰措施,以隔离CPU与I/O回路之间的联系,在强的外部干扰情况下防止PLC故障或误动作。

大型PLC中还有一些扩展I/O模块,如高速计数模板、PID控制模板、中断控制模板等,一般是为了提高PLC的实时控制功能和过程控制功能而专门设计的。这些模板的特点是:本身就是一个独立的计算机系统,有自己的CPU、系统程序和存储器,通过系统总线与PLC的CPU相连接,并在CPU模板的协调管理下独立地进行工作。

二、开关量I/O模块

1. 模块功用及接线方式

开关量I/O模块的输入/输出信号仅有接通和断开两种状态。为适应被控对象的不同,I/O模块的输入/输出电压等级通常有直流5 V、12 V、24 V、48 V和交流110 V、220 V等,输入/输出电压的允许范围都较宽,每块I/O模块上的输入/输出点数通常有4、8、16、32、64点等多种规格,以适应不同规模的应用和系统需求。

开关量输入模块的作用是:连接外部开关信号,如按钮、转换开关、行程开关、继电器触点、接触器触点等,将这些信号转换成PLC的CPU模块所需要的标准电平信号,并将输入信号锁存,以便于CPU通过系统总线适时读入。为了保证外部干扰信号不影响PLC的可靠工作,开关量输入模块还要对输入信号采取必要的滤波和隔离措施。

开关量输出模块的输出端与外部执行元件相连,其作用是:将CPU模块送来的各输出点的输出信号进行锁存,并转换成外部过程所需要的信号电平,并以此来驱动外部过程的执行机构、显示灯及各种负载。

每块I/O模块上通常都有接线端子,用于与外部I/O设备的连线。一些PLC的I/O模块还使用了可拆装的插座型端子板,在不拆去端子板上的外部连线的情况下,可以迅速地更换模块。在I/O模块的前面板上,一般还设有发光二极管或其他元件来指示各I/O点的通/断状态。

各种PLC的I/O模块的接线方式有所不同,归结起来可分为汇点式、分组式和分隔式三种,如图5-12所示。

① 汇点式:各I/O电路有一个公共点,各输入点或输出点共用一个电源,这样可以简化电路。

② 分组式:I/O电路分为若干个组,每组的I/O电路有一个公共点并共用一个电源;各组

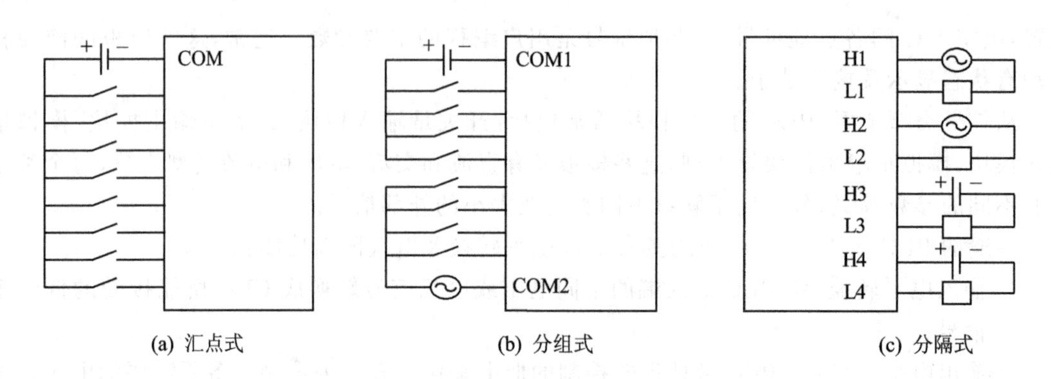

(a) 汇点式　(b) 分组式　(c) 分隔式

图 5-12　开关量 I/O 模块的接线方式

之间的电路是分隔开的,可以分别使用不同的电源。

③ 分隔式:各 I/O 电路之间都是相互隔离的,其优点是每一个 I/O 点都可以使用单独的电源。

2. 直流开关量输入模块

直流开关量输入模块用于将设备现场的开关量信号转换为标准信号传送给 CPU,并保证现场信息的正确与控制器不受其干扰。图 5-13 所示为 PLC 直流输入模块的一个电路示例,分为内部电路和外部电路两部分。图中右侧的内部回路包括信号锁存器、译码器和总线驱动控制器等,用于将有关信息按时分组送到 CPU。左侧部分是外部电路,用于外界信号的输入,下面以图中第一路信号输入电路为例进行重点分析。

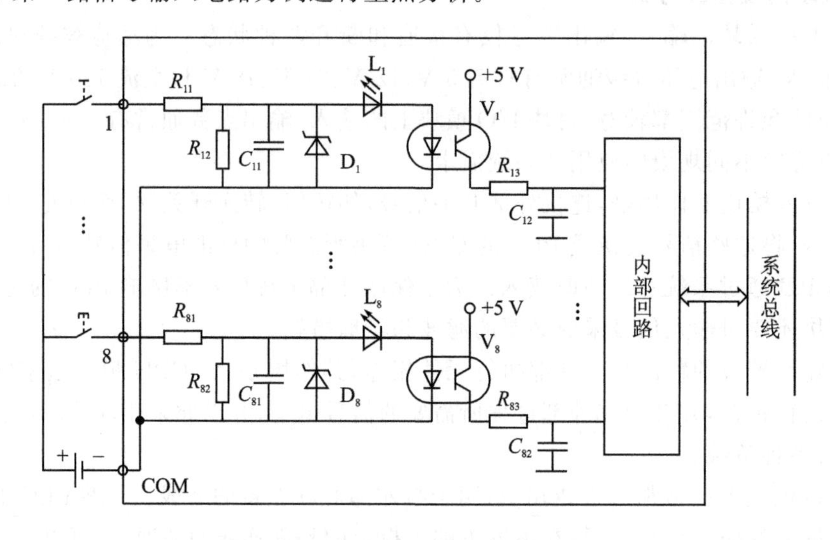

图 5-13　直流输入模块的原理示意图

① 外界开关的一端接外部直流电源的正极,一端接 PLC 输入模板的一个信号输入端子,24V 直流电源的负端接 PLC 输入模板的公共端 COM。

② 当外部开关闭合后,24 V 直流电经电阻 R_{11}、电阻 R_{12}、电容 C_{11}、稳压管 D1 的分压、滤波和稳压后,形成 3 V 左右的稳定电压供给光电耦合器 V1 的光电二极管。

③ 光电耦合器起电信号的隔离作用。当光电二极管通电发光时,V1 另一侧的光电三极管接通,内部+5 V 电经过 R_{13} 电阻与 C_{12} 电容的滤波,形成适合 CPU 需要的标准信号,接到内

部回路中锁存器的输入端。同时，接在输入回路中的发光二极管 L_1 亮，指示该路输入信号的状态。

④ 模块内部回路中的锁存器将送入的信号暂存，信号何时及如何送到 CPU，由 PLC 的 CPU 模块来决定，CPU 模块则是通过地址信号和控制信号实现数据读入。

还可以看出，对于需要外接输入电源的 PLC，现场检测开关的公共接点接在直流电源的正端，直流电源的负端接到模块的公共端上。在确定外接电源的功率时，用户需要知道在外部开关信号闭合时每一路输入电路的电流，及同时接通路数的最大值。当输入电源由 PLC 提供时，只要将图中的外部输入电源取消，将现场检测开关的公共接点直接接入模块的公共输入点即可。

3. 交流开关量输入模块

当外部检测开关的接点上加入的是交流电压时，需要使用交流开关量输入模块进行信号检测。交流输入模块将外部交流信号转换成 CPU 模块所需要的电信号，如图 5－14 所示为交流开关量输入模块的一个电路示例。

仍然以第一路信号输入电路为例对交流开关量输入模板的工作原理进行分析。由于 PLC 的 CPU 只能接收与处理标准的直流信号，因此交流输入模板首先要解决限流与整流问题。图中是通过电阻 R_{11} 来限流，通过整流桥将交流变为直流信号，这样经过光电隔离器的光电二极管的电流就是一个具有适当大小的直流电流，保证安全与有效地工作。在该模板中，电阻 R_{12} 和电容 C_{11}、电阻 R_{13} 和电容 C_{12}、电阻 R_{14} 和电容 C_{13} 分别形成交流与直流三级阻容滤波。与 24 V 直流输入模块一样，该路输入信号的状态由发光二极管 L_1 指示；信号送入内部回路中的锁存器锁存，并等待 CPU 的读取。

图 5－14 所示交流开关量输入模块的输入端子与外部输入开关接点的连接方法是分离式的，各输入点电路相互独立。当然，交流电源也可多组输入使用。输入电源一般由用户提供，并需要合理确定外接交流电源容量。

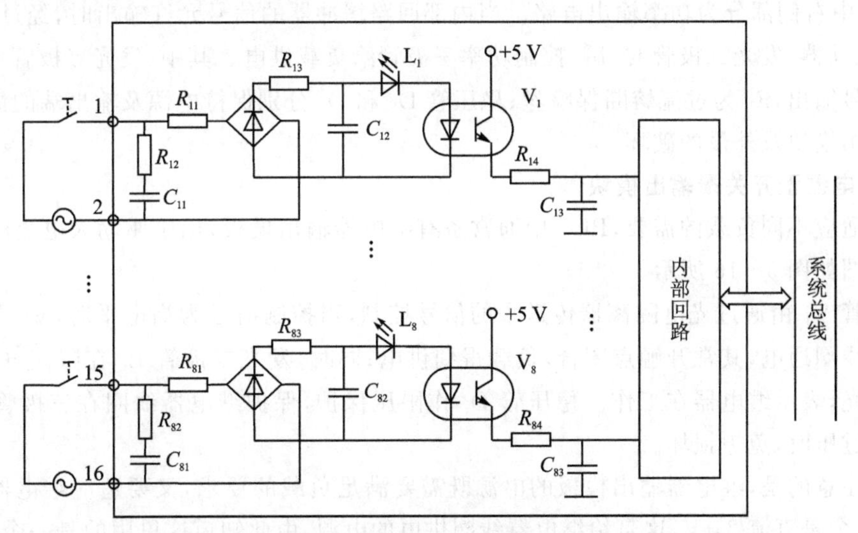

图 5－14　交流开关量输入模块的原理示意图

可以看出，交流输入模块与直流输入模块的不同在于，交流输入模块多了整流电路部分。实际上，在上述两种输入模块的基础上，确定并适当调整电路参数，就可以得到不同规格的输入模块，如 12 V、24 V、48 V 直流输入模块，及 110 V、220 V 交流输入模块等。

4. 晶体管型开关量输出模块

和输入模板一样，为了适应设备现场各种执行机构的需要，数字量输出模板也具有多种参数和规格。

根据驱动负载的功率输出电路的不同，PLC 的开关量输出模块可分为晶体管型、继电器型、可控硅型等不同的类型，常用的是晶体管型和继电器型开关量输出模块。晶体管型开关量输出模块用于驱动如信号指示灯、继电器等小电流负载，图 5-15 所示为直流 24 V 晶体管型开关量输出模块的原理示意图。

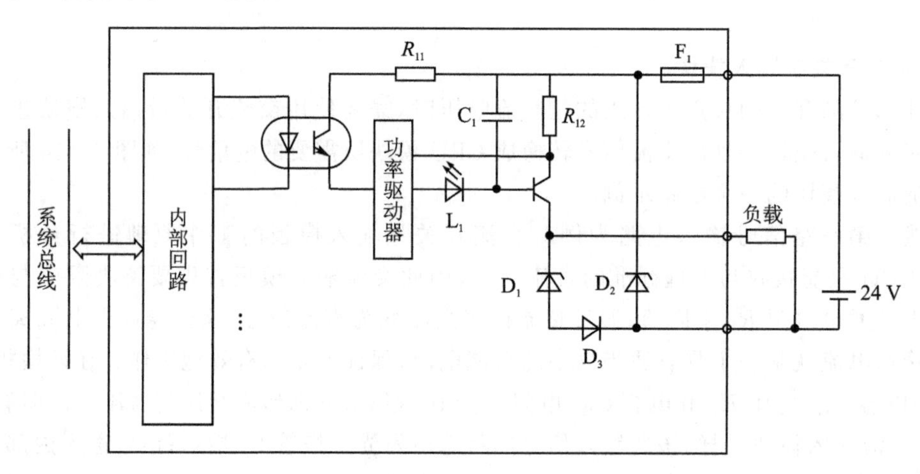

图 5-15　晶体管型直流输出模块的原理示意图

① 图中左侧部分的内部回路为控制部分。与输入模块类似，内部回路也包括译码器、控制驱动器和缓冲锁存器等，但这里的数据流向是输出。

② 图中右侧部分为功率输出电路。当内部回路缓冲器的信号允许输出时，经过光电隔离器、功率驱动器、发光二极管 L_1 后，控制功率三极管给负载供电。其中，发光二极管 L_1 用于显示有无信号输出，F_1 为过流熔断保险丝；稳压管 D_1 和 D_2 分别保持电源及输出端的恒压，以防过压对输出模块及外设的破坏。

5. 继电器型开关量输出模块

为了适应不同负载的需要，PLC 中通常备有继电器输出模板，用于驱动大电流的负载，其原理示意图如图 5-16 所示。

三极管 V_1 由通过光电隔离器传送来的信号控制，当控制信号为高电平时，V_1 导通，从而使继电器线圈通电，其常开触点闭合，负载得到供电；同时，发光二极管 L_1 在限流电阻的作用下导通发光，表示继电器在工作。稳压管 D_1 作限压保护，保护继电器线圈在三极管 V_1 截止断电产生过压时，免遭损坏。

需要注意的是，继电器输出模板的电源既需要满足负载的要求，又要适应继电器的要求。在图中，一个是直流 24 V，这是给继电器线圈供电的电源，由此知道这里用的是一个直流电压继电器；另一个是供负载用的，一般可以选用交流或直流电源，但由于负载回路是由继电器触点控制的，因此在考虑模板电源时必须结合负载性质和继电器触点通过电流的能力一起来考虑。

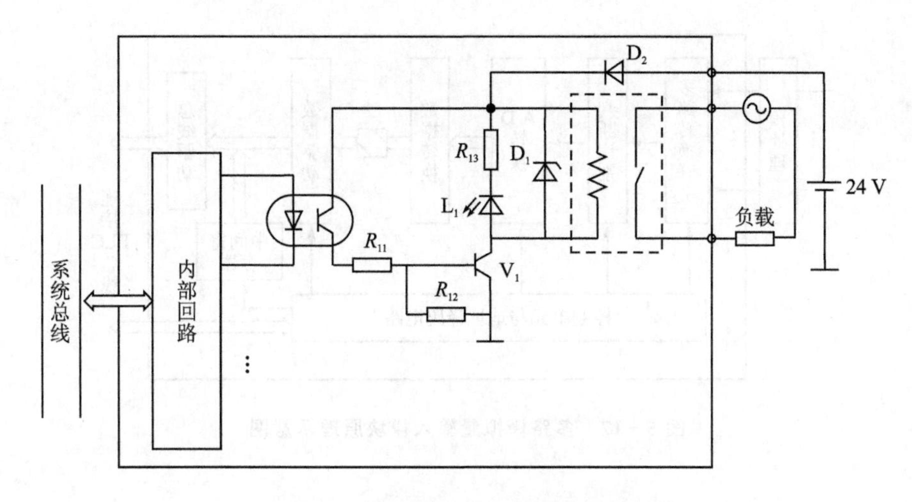

图 5－16　继电器型输出模板原理示意图

三、模拟量 I/O 模块

1. 模块的功用与种类

在工业控制中，某些输入量(如压力、温度、流量、转速等)是模拟量信号，某些执行机构(如伺服电动机、调节阀、记录仪等)要求 PLC 输出模拟信号，而 PLC 的 CPU 只能处理数字量信号。模拟量首先被传感器和变送器转换为标准的电流或电压信号，送至 PLC 后，用 A/D 转换器变成数字量。D/A 转换器则是将 PLC 的数字输出量转换为模拟量的电压或电流信号，再去控制执行机构。

模拟量 I/O 模块的主要任务就是完成 A/D 转换(输入)和 D/A 转换(输出)。A/D、D/A 转换器的二进制位数反映了其分辨率，位数越高，则分辨率越高。例如，8 位 A/D 转换器的分辨率为 $1/2^8=0.38\%$。

小型 PLC 往往没有模拟量 I/O 模块，或者只有通道数有限的 8 位 A/D、D/A 模块。大中型 PLC 可以配置更多的模拟量通道，其 A/D、D/A 转换器一般是 10 位或 12 位的。

模拟量 I/O 模块的模拟输入、输出信号可以是电压，也可以是电流。可以是单极性的，如 0～5 V、0～10 V、1～5 V、4～20 mA；也可以是双极性的，如 ±50 mV、±5 V、±10 V 和 ±20 mA。有的模块还可以直接连接热电偶。模块一般可以输入多种量程的电流或电压。每块模拟量 I/O 模块可能有 2、4、8、16 个通道，有的模块既有输入通道，又有输出通道。

以下分别介绍 PLC 的典型模拟量输入模块和模拟量输出模块的工作原理与特点。

2. 模拟量输入模块

模拟量输入模板是将设备现场连续变化的物理量，转变为 PLC 可以处理的数字信息。设备现场中的模拟量也是多种多样的，类型和参数大小都不同，因此这种模板一般需要备有预处理模块，使之变成输入模块适合处理的参数。

一般情况下，模拟量输入模板内设有多路转换开关，可分时输入多个信号。选中的模拟量经 A/D 转换器变成数字量，经驱动器输出或锁存，待 CPU 读取。为了操作能有秩序地进行，还需要控制单元提供各种控制信号来保证。其原理性框图如图 5－17 所示。

图中的多路转换开关、A/D 转换器、数据驱动及控制单元均属一般常规结构，其他部分的

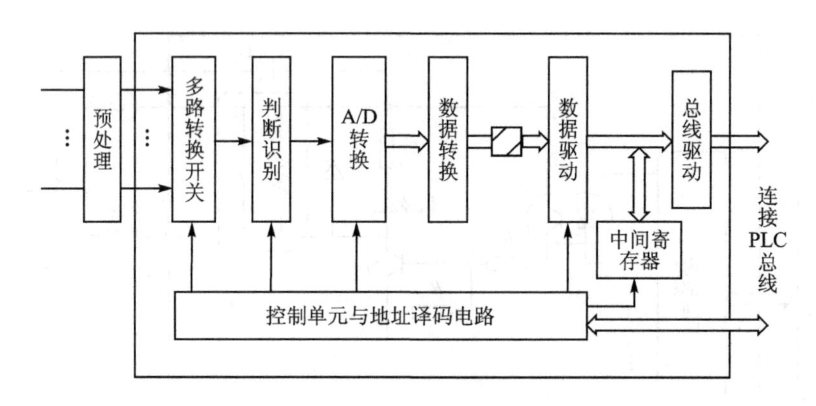

图 5－17　多路模拟量输入模块原理示意图

作用如下：

① 判断识别：是用以判断输入模拟信号的真伪，防止输入信号在变换过程或在通道上的故障处成为一个伪信号，一般的判断方法是由输入模板反向输出一个恒定电流，在正常情况下应形成一个定值电压，通过与标准电压相比较而判断线路连接是否正常，当发现输入数值不正常时，则按照事先规定给予异常处理。

② 数据转换：这是由于在 PLC 内部数据处理中，并不是都用带符号的二进制数码表示，有时是以补码或 BCD 码等表示。A/D 转换器输出的数字量一般均为带符号的二进制码，因此，应在其参与运算或被处理之前转换成适合的数码。

③ 光电隔离器：经过数据转换的二进制数，经过光电隔离器后，才进入数据驱动单元。光电隔离器主要起隔离作用，防止干扰信号输入控制器，以提高系统的抗干扰能力。

模拟量信号的输入过程如下：

① 当 PLC 用户程序运行并执行模拟量输入指令时，根据指令所指定的输入通道号，经控制与译码电路的工作，选中某一路输入信号。

② 被选中的这一路输入信号经预处理电路转换成 PLC 可接受的电平信号，再通过多路转换开关进入 A/D 转换器。

③ A/D 转换器把这个输入采样值(模拟量)转换为带符号的二进制数，再由数据转换电路进行转换后，经过光电隔离器进入数据驱动单元。

④ 进入数据驱动单元的数据可按系统的控制要求传送到总线驱动器中，然后送到 PLC 系统内部数据总线上，也可传送到中间寄存器中，等待 CPU 模板的命令再读入。

选择模拟量输入模块时，需要考虑以下几方面的问题：输入路数的多少，输入电压、电流信号的类型，模/数转换的精度，模/数转换的速度。

3. 模拟量输出模块

模拟量输出模块的作用是控制一些连续动作的执行机构，如电机转速的速度给定、各种位置运动的距离给定、电动阀(阀门有各种大小开度)等。

各种 PLC 的模拟量输出模块的组成结构各不相同，但工作原理大同小异。PLC 模拟量输出模板的原理框图如图 5－18 所示，包括：数据缓冲器、中间寄存器、D/A 转换器、多路开关、光电隔离电路、功率放大电路以及控制单元与地址译码电路等。

将 PLC 内部经过运算处理的数字结果转换成模拟量信号输出的过程如下：

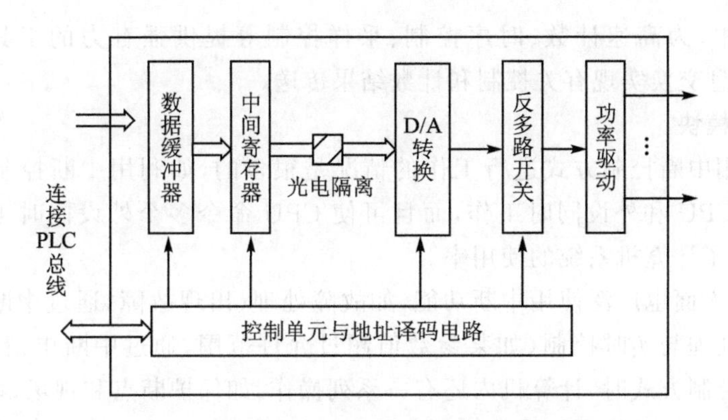

图 5-18 多路模拟量输出模块原理示意图

① 当运行 PLC 用户程序的模拟量输出指令时，根据指令所指定的存贮输出数据的地址，将其中的数据取出送到模块内的缓冲器中；

② 进入缓冲器的数据按照控制信号的要求传送到中间寄存器；

③ 中间寄存器中的二进制数经过光电隔离后，进入 D/A 转换器，进行数字量到模拟量的转换；

④ 经过转换后的模拟信号，根据模拟量输出指令所指定的输出通道号控制多路转换开关将该路接通，模拟信号由该路输出。

为了提高输出信号的带负载能力，信号输出之前一般要进行功率放大。

以上介绍的几种开关量和模拟量的输入/输出模板，电路结构并不是唯一的，各生产厂家有自己的电路特点，也有一些共同点：

- 电路中的防干扰隔离措施很突出，如光电隔离、阻容滤波等。
- 输入、输出模板具有适应各种信息的输入与控制能力。

这两点是 PLC 得到广泛应用的原因所在，整个系统 CPU、存储器等环境与普通计算机差不多，但 PLC 可以在相当恶劣的工作环境中正常运行，主要是由上述两个条件来保证，前者保证了工作的可靠，后者适应了控制对象的需要。

四、扩展 I/O 模块

1. 高速计数模块

在 PLC 内部一般均设有计数器，这种计数器可接收外部现场送来的计数脉冲信号，但计数脉冲的宽度应大于 PLC 的一个扫描周期才能正确计数。如果计数脉冲频率太高，脉冲宽度小于 PLC 的扫描周期，用一般计数器计数就会导致大批脉冲丢失，造成计数错误。

为了解决这类问题，有的 PLC(如 F1 系列 PLC)对某些计数器可用程序设定为“高速计数方式”，使指定输入点的输入滤波器常数自动地呈现最小值，执行中断计数和中断复位；PLC 可并行地执行用户程序，这样可提高计数速度，计数频率可达 2 kHz。为了更进一步提高计数速度，不少 PLC 都开发有专门用于高速计数的“高速计数模块”。

高速计数模块是一种智能模块。本身具有 CPU 和系统软件，可与 PLC 中的 CPU 并行工作，因而能满足快速变化过程的需要。其响应的延迟仅受电路中硬件器件的影响，而与 PLC 的扫描周期无关。可用于脉冲和方波计数器、实时时钟、脉冲发生器、图形码盘译码、机电开关等信号处理过程中，为高速计数、时序控制、采样控制等提供强有力的工具。它与 PLC 的 CPU 之间通过信息交换实现有关控制和计数结果传送。

2. 中断输入模块

计算机中利用中断控制方式进行工作的情况是很多的，如利用中断控制 I/O 传输数据，这样不但可以使 CPU 和外设同时工作，而且可使 CPU 命令多个外设同时工作，实现分时操作，从而大大提高了计算机系统的使用率。

此外，在其他方面也广泛使用中断功能，如故障处理（出现故障，通过中断申请，作出相应处理）、实时数据处理与实时控制（如某参数值超过允许范围，通过中断申请，发出报警信号）等。在实现中断控制方式时，计算机内还有一系列操作，如保护断点和现场，恢复断点和现场，寻找中断服务程序和中断优先权排队等等。

目前，许多中、大型 PLC 都提供了中断输入模块。例如，日本三菱公司 A 系列 PLC 配有 AL－61 中断模块，该模块适用于要求快速响应的设备的控制。当收到中断输入信号时，AL－61 暂时停止 PLC 中正常运行程序的执行，按照中断的要求执行中断程序。中断启动条件是根据所连接设备的类型，通过内部开关进行选择的。中断可在输入脉冲的前沿或后沿起动，中断响应时间约 0.2 ms 或更短。

3. 闭环控制模块

用 PLC 实现以开关量为主的自动控制是非常方便的。也就是说 PLC 能方便地根据工艺要求，按照逻辑运算，顺序操作，定时和计数等规则控制执行机构按预定程序动作，如控制继电器接通或断开、电磁阀打开或关闭、电动机启动或停止等。然而，早期 PLC 的模拟量处理，特别是闭环控制功能较弱。为了适应工业生产自动控制的需要，现在中型以上 PLC 大都开发了能实现闭环控制功能的模块。

PLC 实现闭环控制的方法各不相同，一般来说可分为两大类。

一类称为“完全软件实现法”，主要是利用所开发的模拟量输入与输出模块来构成闭环控制系统。在软件上开发了比较完善的实现各种控制算法的应用软件。也可由用户自行根据需要编制。采用这一类办法的有美国 GE 公司和日本三菱公司等。如三菱公司在 A 系列 PLC 上配置多通道 A/D、D/A 转换模块 A616，可用于实现建筑物的温度调节，另外三菱公司在 F 系列上配置的 F2－6A－E 模拟量输入/输出模块有四路模拟量输入和二路模拟量输出，也可构成闭环控制系统。

另一类称为“硬、软件结合法”，专门开发有实现闭环控制的硬件模块，并配有适应各种控制方案的软件功能块，共同实现闭环控制。采用这一类办法的有西门子公司、美国 AB 公司等的 PLC

为适应自动控制的需要，PLC 开发有不同用途的闭环控制模块，如三菱公司 A 系列 PLC 的定位控制模块 AD7l、AOJ2－D71、AD72，适用于诸如伺服马达系统，进行闭环精密定位控制；西门子公司 S 系列 PLC 开发有专用的闭环控制模块，如温度控制模块、位置控制模块和通用闭环控制模块。

4. BCD 码输入/输出模块

PLC 所连接的设备中，有一些是通过 BCD 码完成信息的输入或输出的，如拨码开关、LED 数码管等。在进行 BCD 码信息的输入，或通过 BCD 码进行信息显示时，可以通过专用的 BCD 码输入/输出模块直接完成，以简化中间的操作。

例如，一些 PLC（如 GE-I 型 PLC）可用拨码开关模块通过拨码直接给 PLC 内的某些器件（定时器、计数器等）置数。这样，使用拨码盘时，可直接按十进制拨数，数制转换用户不需考虑，由内部自动完成。

5. 温度控制模块

温度控制模块相当于温度变送器加 A/D 转换器，可以直接与热电偶、铂电阻等温度检测元件相连，接收来自温度传感器的信号并传送给 PLC。

以西门子公司的温度控制模块为例，主要有 EM231 热电偶模块和 EM231 热电阻模块。EM231 热电偶模块用于连接热电偶，具有特殊的冷端补偿电路，提供隔离的接口，用于 7 种类型的热电偶：S、T、R、E、N、K、J，允许连接±80 mV 的微小模拟量信号，分辨率为 15 位加符号位。使用时，可以通过 DIP 开关来选择热电偶的类型、断线检查、测量单位、冷端补偿等。EM231 热电阻模块又称为 EM231 RTD 模块，提供与多种热电阻的连接接口，分辨率为 15 位加符号位。使用时，可以通过 DIP 开关来选择热电阻的类型、接线方式、测量单位等。

6. 数据通信模块

用单台 PLC 来完成单机自动控制或生产过程自动控制是非常方便的。但随着生产自动化的发展，控制对象的增多，控制要求愈来愈复杂，用 1 台 PLC 来完成这样的控制任务或者是难于完成，或者是不合理的。

为了实现更高层次自动化的要求，集散系统、分级分布式计算机控制系统、计算机网络相继出现并迅速发展。PLC 控制也是这样，对于较多对象和较复杂控制任务的情况，就可能用 2 台或更多台 PLC 与其他计算机共同组成控制系统。在这种情况下，在 PLC 之间、PLC 与其他计算机之间的数据交换是整个系统中不可缺少的部分。

例如，要生产某一产品，需要经过三道工序，每一工序用一台 PLC 控制，工序中 PLC 的有关参数设定，需要根据前一工序完成后的产品检测情况来确定。这样，在各 PLC 之间用通信网络联系起来，则各个工序之间的数据可以共享，整个生产过程便可以自动完成。由此，可以看出数据通信的必要性。为了完善 PLC 的功能，方便用户实现 PLC 的数据通信，不少 PLC 产品都开发有专门的数据通信模块。

第四节　PLC 控制应用程序设计

一、PLC 的编程语言

PLC 是专为工业自动控制而开发的装置，主要使用对象是广大工程技术人员及操作维护人员。为了满足他们的传统习惯和掌握能力，PLC 通常不直接采用微机的编程语言，而常常采用面向控制过程、面向问题的“自然语言”编程。

为电子技术所有领域制订全球性标准的世界性组织 IEC（国际电工委员会）于 1994 年 5 月公布了可编程控制器标准（IEC1131），该标准鼓励不同种类的 PLC 制造商提供在外观和操作上相似的指令。该标准的第三部分（IEC1131-3）是 PLC 的编程语言标准，定义了 5 种 PLC 编程语言的表达方式：梯形图 LAD（Ladder Diagram）、语句表 STL（Statement List）、功能块图 FBD（Function Block Diagram）、结构文本 ST（Structured Text）和顺序功能图 SFC（Sequential Function Chart）。

1. 梯形图

梯形图是在传统的电器控制系统电路图的基础上演变而来的，在形式上类似于电器控制电路，由触点、线圈和用方框表示的功能块等组成。

◇ 触点：代表逻辑输入条件，如外部的开关、按钮和内部条件等；

◇ 线圈：代表逻辑输出结果，用来控制外部的负载或内部的输出条件；

◇ 功能块：用来表示计数器、计时器或者数学运算等功能指令。

图 5－19 所示为一个继电器控制电路图与相应梯形图的比较示例。可以看出，梯形图是用图形符号连接而成，这些符号与继电器控制电路图中的常开接点、常闭接点、并联连接、串联连接、继电器线圈等是相对应的，每一个接点和线圈对应有一个编号。

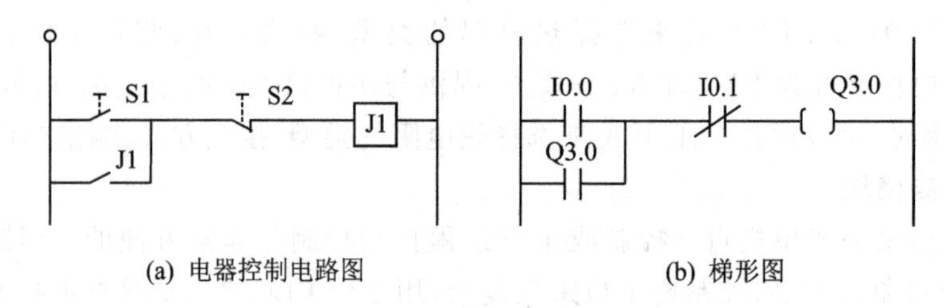

图 5－19 电器控制电路图与梯形图比较

梯形图具有形象、直观的特点，为广大电气工程技术人员所熟悉，特别适用于开关量逻辑控制，是 PLC 的主要的编程语言。有时把梯形图也称为电路或程序。

2. 语句表

PLC 的指令又叫做语句，若干条指令组成的程序叫做语句表程序，每条语句表示给 CPU 一条指令，规定 CPU 如何操作。PLC 的语句表采用与微机的汇编语言中指令相似的助记符表达式，由操作码和操作数两部分组成：

◇ 操作码：用助记符表示，表明 CPU 要完成的某种操作功能；

◇ 操作数：包括为执行某种操作所必需的信息。

各类 PLC 的语句表在功能上大同小异，在具体表述上却有所不同。对于 SIMENS 公司 S7 系列的 PLC，与图 5－19(b)所示梯形图相对应的语句表如下：

```
0  LD  I0.0
1  O   Q3.3
2  AN  I0.1
3  =   Q3.0
```

可见，PLC 语句表类似于计算机的汇编语言，但比汇编语言通俗易懂，配上带有 LED 指示器的简易编程器即可使用，因此也是应用很多的一种编程语言。

语句表比较适合于熟悉可编程控制器和逻辑程序设计的经验丰富的程序员，可以实现某些不能用梯形图或功能块图实现的功能。

3. 功能块图

功能块图是一种与逻辑控制电路图结构相类似的图形编程语言，有数字电路基础的编程人员很容易掌握。

对于 SIMENS 公司 S7 系列的 PLC，与图 5－19(a)所示电路图相对应的功能块图如

图 5-20 所示。用类似"与门"、"或门"的方框来表示逻辑运算关系,方框的左侧为逻辑运算的输入变量,右侧为输出变量,输入输出端的小圆圈表示"非"运算,方框由"导线"连接在一起,信号自左向右流动。

4. 结构文本

结构文本(ST)是与 PASCAL 类似的一种高级文本编程语言,是为 IEC1131-3 标准创建的专用高级语言。与梯形图相比,其结构简单、标准,能实现复杂的数学运算,使用直观灵活。

5. 顺序功能图

顺序功能图又叫做状态转移图,是描述控制系统的控制过程、功能和特性的一种图形,也是设计 PLC 顺序控制程序的一种有力工具。

顺序功能图提供了一种组织程序的图形方法,如图 5-21 所示,工步、转换条件和动作构成了顺序功能图中的三种主要元素。根据它描述的顺序控制系统的功能,可以很容易地画出对应的梯形图。顺序功能图并不涉及所描述的控制功能的具体技术,是一种通用的技术语言,可以供进一步的设计和不同专业的人员之间进行技术交流用。

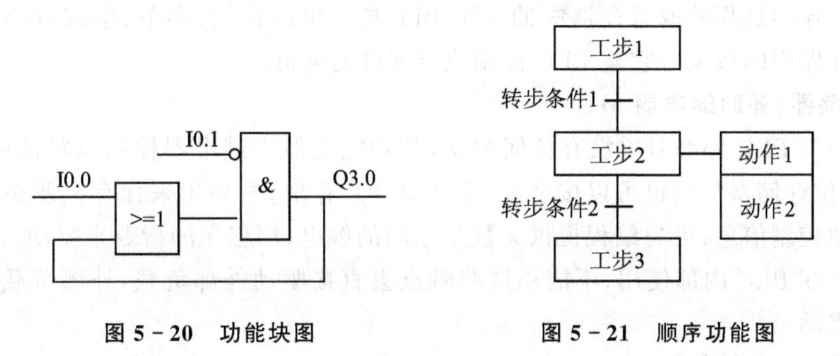

图 5-20　功能块图　　**图 5-21　顺序功能图**

综上所述,PLC 的编程语言有多种,并且仍在发展。发展趋势是采用多种语言作支持,以便取长补短,实际应用中也常把几种语言结合起来使用。例如,SIMENS 的 STEP 7 编程软件,就包括了梯形图、语句表、控制系统流程图等多种编程方法,并能自动进行几种语言的互译。

当前,梯形图和语句表程序仍是 PLC 的主要编程语言。梯形图程序中输入信号与输出信号之间的逻辑关系一目了然,易于理解,并与继电器电路图的表达方式相似。因此,在设计以开关量控制为主的控制程序时,建议使用梯形图。语句表程序较难阅读,其中的逻辑关系很难一眼看出,不适于有复杂逻辑关系的开关量控制程序设计。但是,语句表程序可以处理一些梯形图不易处理的问题,并且输入快捷,还可以加上注释。在设计通信、数学运算等高级应用程序时,建议使用语句表编程。

二、PLC 的编程元素

PLC 中的指令大多数都要涉及 PLC 内部的编程元素(编程元件及其地址编号)。为了编程方便,对 PLC 内部的编程元素一般使用较形象的电气名称来命名,如辅助继电器等,它们实际上就是 PLC 存储器内的某个相应位,具有"0"和"1"两种状态,有继电器的功能。熟悉这些编程元素(包括元件的工作特点及地址编号),对理解 PLC 的指令系统和正确设计 PLC 的应用程序是十分重要的。

由于各类PLC对编程元素的表示方法不尽相同,下面以SIMENS公司S7系列PLC为例进行说明。S7系列PLC中的编程元素的名称是由字母和数字表示,分别表示元件的类型和元件的地址编号,如I0.1和Q3.1等。

1. 输入过程映像寄存器(输入继电器I)

在每次扫描周期的开始,CPU对物理输入点进行采样,并将采样值写入输入过程映像寄存器中,每一个开关量输入端子都唯一对应着输入过程映像寄存器中一个BIT位,它是PLC接收外部输入的开关量信号的窗口。模块的输入端子可以外接常开触点或常闭触点,PLC将外部触点的通断状态读入并存储在输入过程映像区中,触点接通对应的输入过程映像为ON(1状态),反之为OFF(0状态)。用户程序可以按位、字节、字或双字来读取输入过程映像寄存器。

2. 输出过程映像寄存器(输出继电器Q)

在循环扫描期间,逻辑运算的结果存入输出过程映像寄存器。在循环扫描周期的结尾,CPU将输出过程映像寄存器中的数值复制到模块的物理输出端子上,每一个开关量输出端子都唯一对应着输出过程映像寄存器中的一个BIT位。可以按位、字节、字或双字来读写输出过程映像寄存器中的数据。它是PLC控制执行元件的通道。

3. 位存储器(辅助继电器M)

位存储器与PLC外部对象没有任何关系,其功能类似于继电器控制电路的中间继电器,虽然被称为"位存储器",但也可以按字节、字和双字来存取,主要用来保存控制逻辑的中间操作状态和其他控制信息,可为编程提供无数量限制的触电,用程序的指令来驱动。其常开触点和常闭触点可在PLC内部使用,不能用这些触点去直接驱动外部负载,外部负载必须通过输出继电器去驱动。

4. 定时器(T)与计数器(C)

定时器相当于电气控制系统中的时间继电器,用于实现和监控时间序列。S7－300/400 PLC提供了多种形式的定时器,如脉冲定时器(SP)、接通延时定时器(SD)等。定时器的时间值以二进制或BCD码存取。计数器用来累计其计数上升沿的次数,S7－300/400 PLC提供了三种形式的计数器,即加计数器(CU)、减计数器(CD)和加减计数器(CUD)。计数器的计数值以二进制或BCD码存取。

三、PLC的指令系统

PLC的指令系统是PLC全部编程指令的集合。

PLC有各种不同类型的语言,即使是同一种编程语言在不同类型的PLC上也有不同的表示方法。PLC指令的功能及其表示方法由各制造厂家在其进行系统设计时分别确定下来,所以各种类型的PLC的指令系统存在一定的差异。

各种类型PLC指令系统的差异主要表现在指令表达式、指令功能及功能的完整性等方面。一般来说,各种PLC都能满足基本控制要求的逻辑运算、计时、计数等基本指令,而且这些基本指令在简易编程器上的指令键上都能找到,它们是一一对应的。对于数字运算,一般的PLC也有,但在计算精度、计算类型的多少上各有不同。对其他一些增强功能的控制指令,有的PLC较多,有的可能少些。

虽然各种PLC的指令系统存在这样或那样的不同,但总的来说,PLC的编程语言都是面向生产过程、面向工程技术人员的，各种 PLC 命令的主要功能及其编程的主要规则也是大同小异的，对电气技术人员来讲是比较容易掌握的。

以 SIMENS 公司 S7 系列的 PLC 为例，其指令可以分为：基本指令和功能指令，下面主要介绍常用的基本指令，这些指令用于完成触点的连接、逻辑运算结果的输出、计时计数和程序控制等功能。表 5－2 所列为一些基本指令的简要说明。

表 5－2　S7 系列 PLC 的基本指令表

指　令	功　能	目标元素	说　明
LD	逻辑运算开始	I、Q、M、T、C	常开触点
LDN	逻辑非运算开始	I、Q、M、T、C	常闭触点
A	逻辑"与"	I、Q、M、T、C	常开触点
AN	逻辑"与非"	I、Q、M、T、C	常闭触点
O	逻辑"或"	I、Q、M、T、C	常开触点
ON	逻辑"或非"	I、Q、M、T、C	常闭触点
=	逻辑输出	Q、M、T、C	驱动线圈
S	置位	I、Q、M、T、C	置位指定的位或设置计数器初值
R	复位	I、Q、M、T、C	复位指定的位或计数器、定时器
L	装载	定时时间值或计数初值	
SD	接通延时计数器	定时器号	以接通延时方式启动指定定时器
CD	减值计数器	计数器号	指定计数器的计数值减 1
NOP	空操作	常数 0～255	
END	程序结束	无	

1. "LD、LDN、＝"指令

◇ LD：将常开触点与母线相连。

◇ LDN：将常闭触点与母线相连。

◇ ＝：驱动线圈的输出指令，用于逻辑运算结果的输出。

上述 3 条指令用于逻辑输入与输出，图 5－22 所示为这 3 条指令在梯形图中的应用示例及相应的语句表程序。

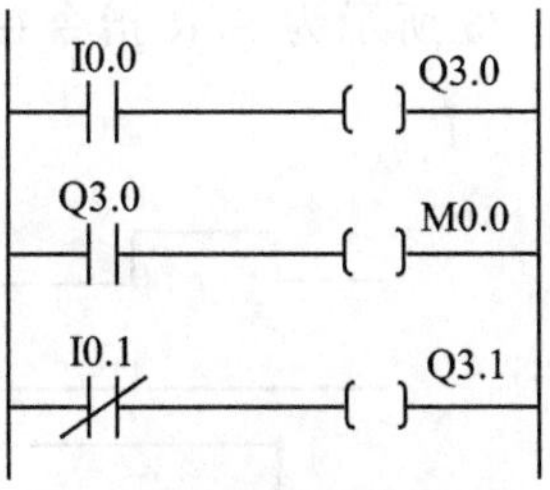


```
0 LD    I0.0
1 =     Q3.0
2 LD    Q3.0
3 =     M0.0
4 LDN   I0.1
5 =     Q3.1
6 END
```

图 5－22　"LD、LDN、＝"指令的应用

2. “A、AN”指令

◇ A:与指令。用于常开触点的串联,完成逻辑“与”运算。

◇ AN:与非指令。用于常闭触点的串联,完成逻辑“与非”运算。

用 A/AN 指令将触点与左边的元件相串联,串联触点的个数没有限制。图 5-23 所示为这 2 条指令在梯形图中的应用示例及相应的语句表程序。

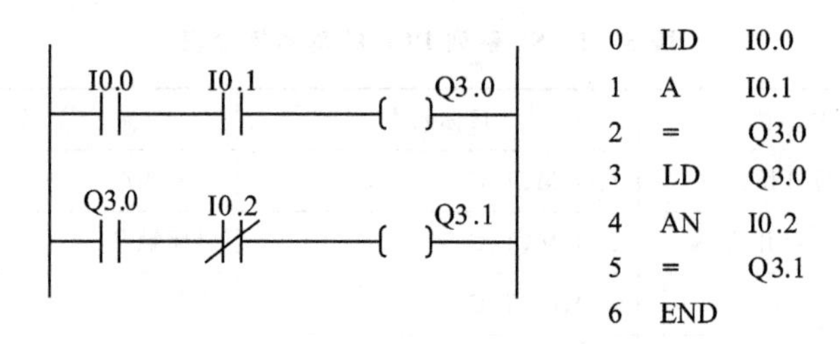

图 5-23　“A、AN”指令的应用

3. “O、ON”指令

O:或指令。用于常开触点的并联,完成逻辑“或”运算。

ON:或非指令。用于常闭触点的并联,完成逻辑“或非”运算。

用 O/ON 指令将单个触点与前面元件的并联,并联的次数没有限制。并联触点的左端接到 LD 点上,右端与前一条指令对应的触点的右端相连。图 5-24 所示为这 2 条指令在梯形图中的应用示例及相应的语句表程序。

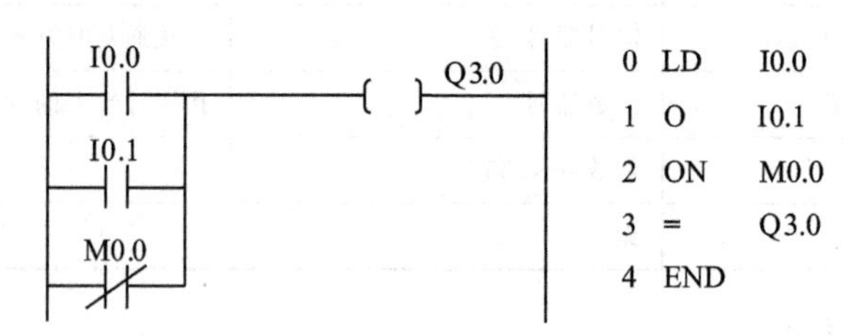

图 5-24　“O、ON”指令的应用

4. “S、R”指令

◇ S(Set):输出保持指令。

◇ R(Reset):输出复位指令。

对输出过程映像寄存器、状态器和位寄存器,用 S 指令可使其线圈接通并自保,即一直处于接通状态,直到用 R 指令消除自保。图 5-25 所示为 S/R 指令在梯形图中的应用示例、相应的语句表程序及时序图。

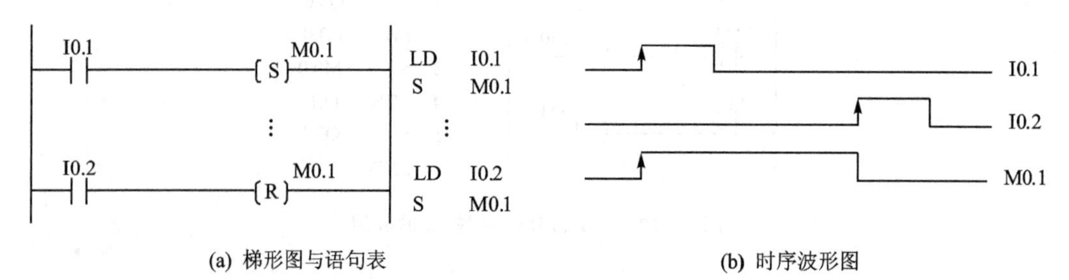

(a) 梯形图与语句表　　(b) 时序波形图

图 5-25　“S、R”指令的应用

5. 定时器的编程

定时器、计数器是控制中的基本元件，PLC 中一般均有这些功能。所不同的是，有的 PLC 有专门的定时器、计数器指令，如欧姆龙 C 系列 PLC 中的 TIM 指令和 CNT 指令，有的 PLC 是将有关指令进行组合后完成定时、计数功能的。

S7 系列 PLC 的“定时器”可以实现电气控制系统中的时间继电器的功能，对定时器的时间常数进行设定，可得到不同时间的延时。S7 系列 PLC 的定时器有 5 类：脉冲定时器（SP）、延时脉冲定时器（SE）、延时接通定时器（SD）、保持型延时接通定时器（SS）、延时断开定时器（SF）。

图 5－26 所示使用了延时接通定时器（SD），当 I0.0 接通时，定时器 T0 线圈接通，按设定时间值开始定时；定时时间到后，T0 线圈的触点动作，即常开触点接通、常闭触点断开。指令中“S5T＃”用于设定时间常数，格式为 S5T＃ aD_bH_cM_dS_eMS，其中 a、b、c、d、e 分别是日、小时、分、秒、毫秒的数值，输入时可以省掉下划线，如 S5T＃4S30MS＝4s30ms。

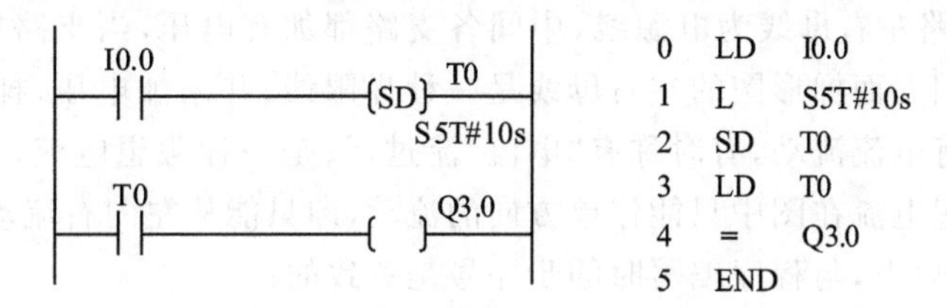

图 5－26　定时器（接通延时）的应用

6. 计数器的编程

计数器指令一般分为三种：加计数器、减计数器、加减计数器。计数器的初值用 BCD 码格式表示，计数范围是 0～999。如 C＃100 表示计数器初值为十进制的 100。计数器的线圈分为：设定初值线圈（SC）、加计数器线圈（CU）、减计数器线圈（CD）。

图 5－27 所示为一个减计数器的应用例子。当执行计数器复位指令（R）时，计数器 C1 复位。计数器复位的含义有两方面：一是计数器输出触点恢复初始状态，即常开触点断开，常闭触点闭合；二是复位线圈接通，等到执行计数器置初值指令时，把计数设定值写入到当前值寄存器中。

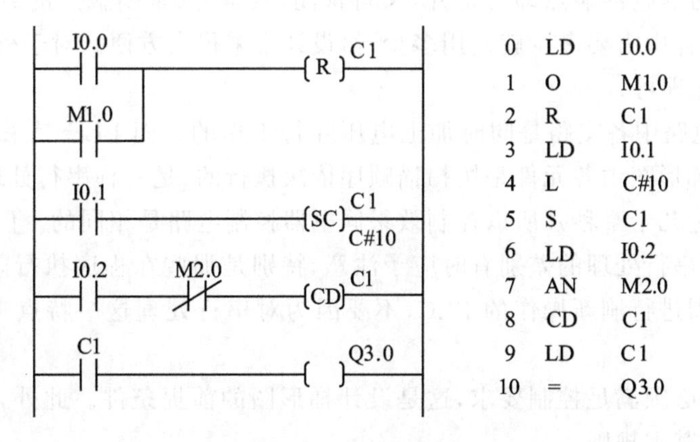

图 5－27　反向计数器

当计数器 C1 的计数输入端由断到通变化一次时，如果此时复位线圈未接通，计数器就计数 1 次（对减计数器，就是计数器当前值减 1）。当计数器当前值达到 0，计数器常开触点闭合，常闭触点断开。

四、梯形图的编程规则

梯形图形象、直观和实用，并且与继电器控制电路图很相似，很容易将继电器控制电路图转化为梯形图。对一般的电气工程技术人员来讲，对继电器控制电路图都很熟悉，因此国内大多是以梯形图为 PLC 的主要编程语言。但是梯形图与继电器电路图毕竟不同，有其自己的特点及编程的基本规则。

参照图 5－27，对梯形图编程的一些特点加以简单说明：

① PLC 的梯形图是"从上到下"按行绘制的，两侧的竖线类似电器控制图的电源线，通常称作母线（BUS BAR）；梯形图的每一行是"从左到右"绘制，左侧总是输入接点，最右侧为输出元素；

② 电器控制电路左右母线为电源线，中间各支路都加有电压，当支路接通时有电流流过支路上的触点与线圈。而梯形图的左右母线是一种界限线，并未加电压，梯形图中的支路（逻辑行）接通时，并没有电流流动，有时称有"电流"流过，只是一种假想电流，是为了分析叙述方便。梯形图中的假想电流在图中只能作单方向的流动，即只能从左向右流动。层次改变（接通的顺序）也只能先上后下，与程序编写时的步序号是一致的；

③ 梯形图中的输入接点如 I0.0、I0.1 等，输出线圈如 Q3.0 等不是物理接点和线圈，而是输入、输出存贮器中输入、输出点的状态，并不是解算时现场开关的实际状态；输出线圈只对应输出映象区的相应位，该位的状态必须通过 I/O 模板上对应的输出单元才能驱动现场执行机构；

④ 梯形图中使用的各种 PLC 内部器件，如辅助继电器、计时器、计数器等，也不是真的电器器件，但具有相应的功能，因此通常按电气控制系统中相应器件的名称称呼它们。梯形图中每个继电器和触点均为 PLC 存储器中的一位，相应位为"1"，表示继电器线圈通电，或常开接点闭合，或常闭接点断开；相应位为"0"，表示继电器线圈断电，或常开接点断开，或常闭接点闭合；

⑤ 梯形图中的继电器触点即可常开，又可常闭，其常开、常闭触点的数目是无限的（也不会磨损），梯形图设计中需要多少就使用多少，给设计带来很大方便。对于外部输入信号，只要接入单触点到 PLC 即可；

⑥ 电器控制电路中各支路是同时加上电压并行工作的。而 PLC 是采用不断循环、顺序扫描的方式工作，梯形图中各元件是按扫描顺序依次执行的，是一种串行处理方式。由于扫描时间很短（一般不过几十毫秒），所以控制效果同电器控制电路是相同的。但在设计梯形图时，对这种并行处理与串行处理的差别有时应予注意，特别是那些在程序执行阶段还要随时对输入、输出状态存储器进行刷新操作的 PLC，不要因为对串行处理这一特点考虑不够而引起偶然的误动作。

梯形图的设计必须满足控制要求，这是设计梯形图的前提条件。此外，在绘制梯形图时，还要遵循以下几个基本规则：

① 梯形图按"自上而下，从左到右"的顺序绘制。与每个继电器线圈相连的全部支路形成一个逻辑行，即一层阶梯。它们形成一组逻辑关系，控制一个动作。如图 5－28 所示，每一逻

辑行起于左母线，终于右母线。继电器线圈与右母线直接连接，不能在继电器线圈与右母线之间连接其他元素。

② 在每一个逻辑行上，当几条支路并联时，串联触点多的应安排在上面。

③ 梯形图中的触点应画在水平支路上，不应画在垂直支路上；不包含触点的支路应放在垂直方向，不应放在水平方向，如图 5－29 所示。这样，梯形图中的逻辑关系清楚，可以方便编程。

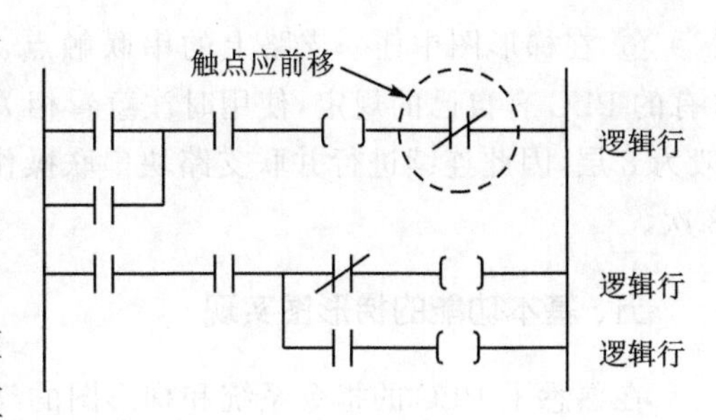

图 5－28　梯形图绘制规则

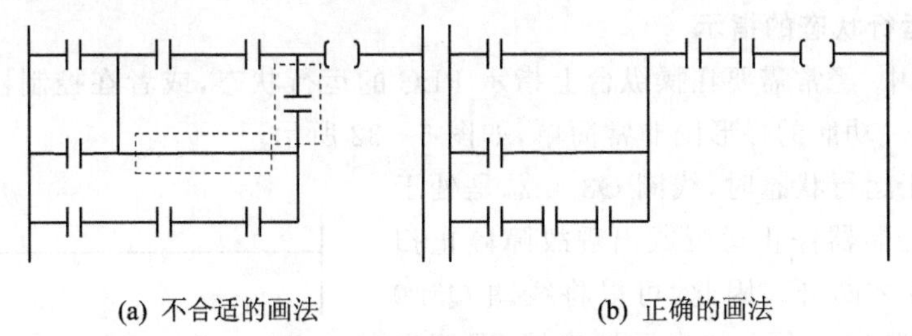

(a) 不合适的画法　　(b) 正确的画法

图 5－29　梯形图绘制规则

④ 在梯形图中的一个触点上不应有双向电流通过，如图 5－30(a)中元件 3 所示，这种情况下不可编程。遇到这种情况，应将梯形图进行适当变化，变为逻辑关系明晰的支路串、并联关系，并按前面的几项原则安排各元件的绘制顺序，如图 5－30(b)所示。

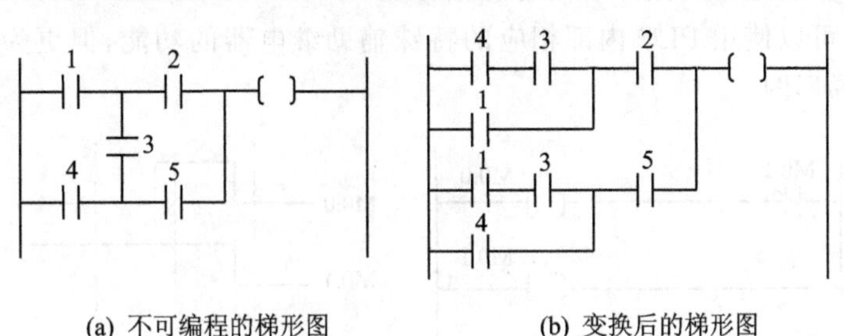

(a) 不可编程的梯形图　　(b) 变换后的梯形图

图 5－30　梯形图绘制规则

⑤ 在梯形图中，如果两个逻辑行之间互有牵连，逻辑关系又不清晰，应将梯形图进行变化，以便于编程。如图 5－31(a)所示，可变化为图 5－31(b)所示的梯形图。

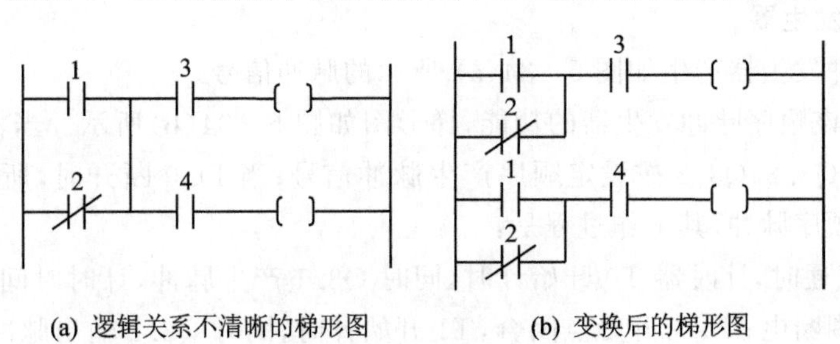

(a) 逻辑关系不清晰的梯形图　　(b) 变换后的梯形图

图 5－31　梯形图绘制规则

⑥ 在梯形图中任一支路上的串联触点、并联触点及内部并联线圈的个数一般不受限制(有的 PLC 有自己的规定,使用时注意看相关的说明书)。在中小型 PLC 中,由于堆栈层次一般为 8 层,因此连续进行并联支路块串联操作、串联支路块并联操作等的次数,一般应不超过 8 次。

五、基本功能的梯形图实现

在熟悉了 PLC 的指令系统和梯形图的编程规则后,就可以针对在实际系统中常见的控制功能,编制相应的梯形图。这些针对常见功能的设计方法和技巧适用于一般的 PLC 系统,是进行实际 PLC 控制系统应用程序设计的基础。

1. 控制器运行状态的指示

在实际系统中,经常需要在操纵台上指示 PLC 的运行状态,或者在控制器出现故障时进行报警。实现这一功能的梯形图非常简单,如图 5－32 所示。

当 PLC 处于运行状态时,线圈 Q3.0 总是处于接通状态,只要控制器停止运行或出现故障停止扫描时,线圈 Q3.0 才断开。因此,可以将线圈 Q3.0 对应的输出端子与操纵台上的指示灯连接,即可完成控制器运行状态的指示功能。

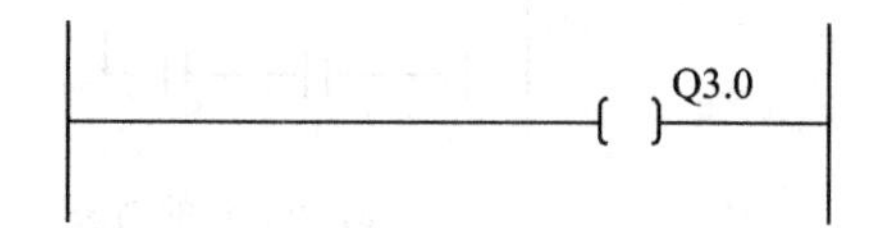

图 5－32　控制器的状态指示

2. 单一脉冲发生器

在某些控制回路中,为了使断电保持寄存器在电源接通时能够初始复位,或进行初始化设定,有时要求在电源接通时产生一个单脉冲信号。

这种情况下,可以使用 PLC 内部相应的特殊辅助继电器的功能,但更为通用的方法是用图 5－33 所示的梯形图。

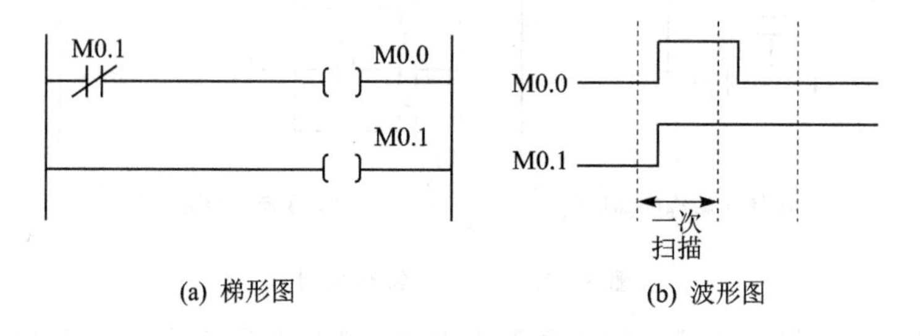

图 5－33　单一脉冲发生器梯形图

3. 顺序脉冲发生器

要求顺序脉冲发生器产生如图 5－34(a) 所示的脉冲信号。

用 PLC 实现该顺序脉冲发生器的功能,梯形图如图 5－34(b)所示。当输入 I0.0 触点闭合时,输出 Q3.1、Q3.2、Q3.3 按设定顺序产生脉冲信号;当 I0.0 断开时,所有输出复位。用计时器产生这种顺序脉冲,其工作过程是:

① 当 I0.0 接通时,计时器 T0 开始计时,同时 Q3.1 产生脉冲,计时时间到时,T0 常闭触点断开,Q3.1 线圈断电;T0 常开触点闭合,T1 开始计时,同时 Q3.2 输出脉冲;

② T1 计时时间到时,其常闭触点断开,Q3.2 输出也断开;同时,T1 常开触点闭合,T2 开始计时,Q3.3 输出脉冲;

③ T2 计时时间到时，Q3.3 输出断开。此时，如果 I0.0 还接通，则重新开始产生顺序脉冲。

如此反复下去，直到 I0.0 断开为止。

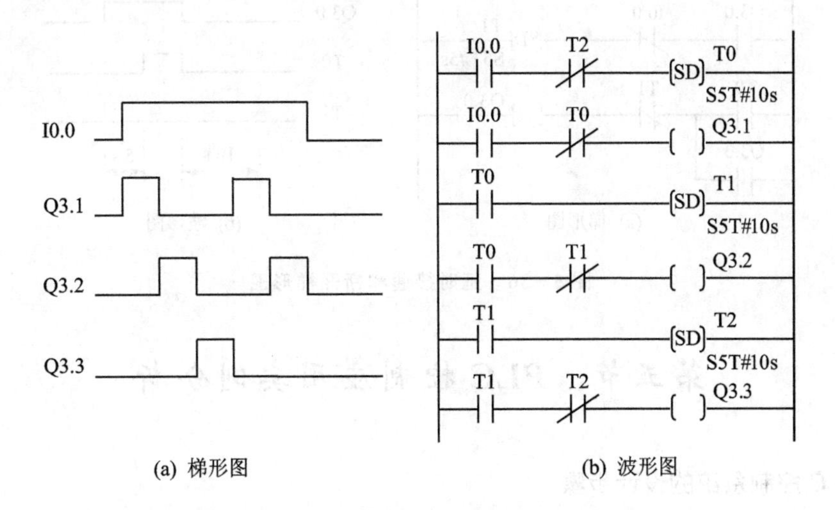

(a) 梯形图　　(b) 波形图

图 5-34　顺序脉冲发生器梯形图

4. 启动、保持和停止回路

启动、保持和停止回路是电动机等电气设备控制中常用的控制回路，常简称为启保停回路。应用 PLC 可以方便地实现对电动机等设备的启动、保持和停止的控制，控制梯形图如图 5-35 所示。

按下启动按钮 I0.0，输出 Q3.0 接通，其常开触点 Q3.0 闭合自保，即使 I0.0 断开，输出 Q3.0 也依然保持接通。直到按下停止按钮 I0.1，输出 Q3.0 才会断开。

图 5-35 中(a)、(b)两图的逻辑功能是相仿的。不同点是：当启动按钮、停止按钮同时按下时，图(a)中的输出 Q3.0 为断开，称为“关断从优形式”；图(b)中的输出 Q3.0 为接通，称为“开启从优形式”。

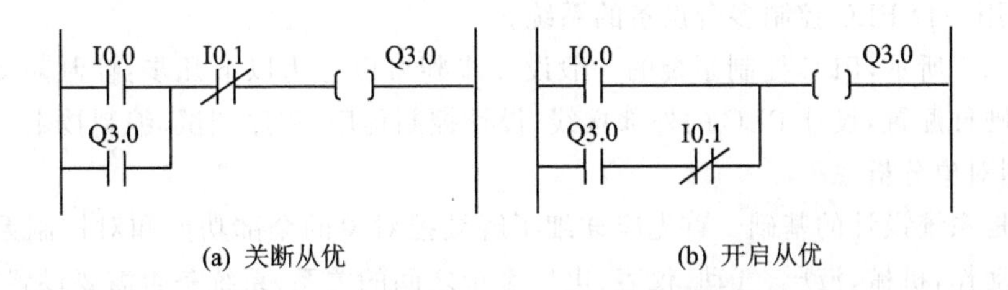

(a) 关断从优　　(b) 开启从优

图 5-35　启动、保持和停止控制梯形图

5. 延时接通和断开回路

通常，用一个定时器就可以实现触点的延时接通、延时断开功能。当需要实现延时接通、延时断开功能时，可用图 5-36 所示的梯形图程序，图中使用了两个定时器。

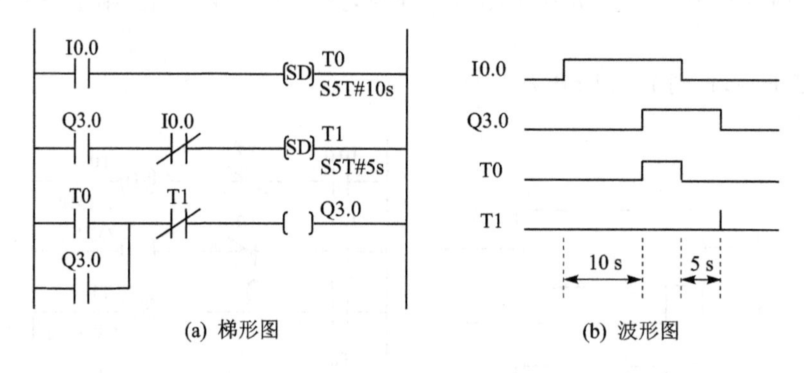

(a) 梯形图 (b) 波形图

图 5-36 延时接通和断开梯形图

第五节 PLC 控制应用实例分析

一、PLC 控制系统的设计步骤

PLC 作为一种计算机化的控制器，相对继电器而言价格相对较高。因此，在应用 PLC 之前，首先应考虑是否有必要使用 PLC。如果被控系统很简单，I/O 点数很少，或者 I/O 点数虽多，但是控制要求并不复杂，各部分的相互联系也很少，可以考虑采用继电器控制的方法，而没有必要使用 PLC。

在下列情况下，可以考虑使用 PLC：

◇ 系统的开关量 I/O 点数很多，控制要求复杂。如果用继电器控制，需要大量的中间继电器、时间继电器、计数器等器件；

◇ 系统对可靠性的要求高，继电器控制不能满足要求；

◇ 由于生产工艺流程或产品的变化，需要经常改变系统的控制关系，或需要经常修改多项控制参数；

◇ 可以用一台 PLC 控制多台设备的系统。

如图 5-37 所示，PLC 控制系统的一般设计步骤可以分为以下几步：控制对象分析，PLC 选型及确定硬件配置，设计 PLC 的外部接线，设计控制程序，程序调试，编制技术文件。

(1)控制对象分析

这一步是系统设计的基础。首先应详细了解被控对象的全部功能和对控制系统的要求，例如机械的动作，机械、液压、气动、仪表、电气系统之间的关系，系统是否需要设置多种工作方式(如自动、半自动、手动等)，PLC 与系统中其他智能装置之间的关系，是否需要通信联网功能，是否需要报警，电源停电及紧急情况的处理等等。

在这一阶段，还要选择用户输入设备(按钮、操作开关、限位开关、传感器等)、输出设备(继电器、接触器、信号指示灯等执行元件)，以及由输出设备驱动的控制对象(电动机、电磁阀等)。

此时，还应确定哪些信号需要输入给 PLC，哪些负载由 PLC 驱动，并分类统计出各输入量和输出量的性质，是开关量还是模拟量，是直流量还是交流量，以及电压的大小等级，为 PLC 的选型和硬件配置提供依据。

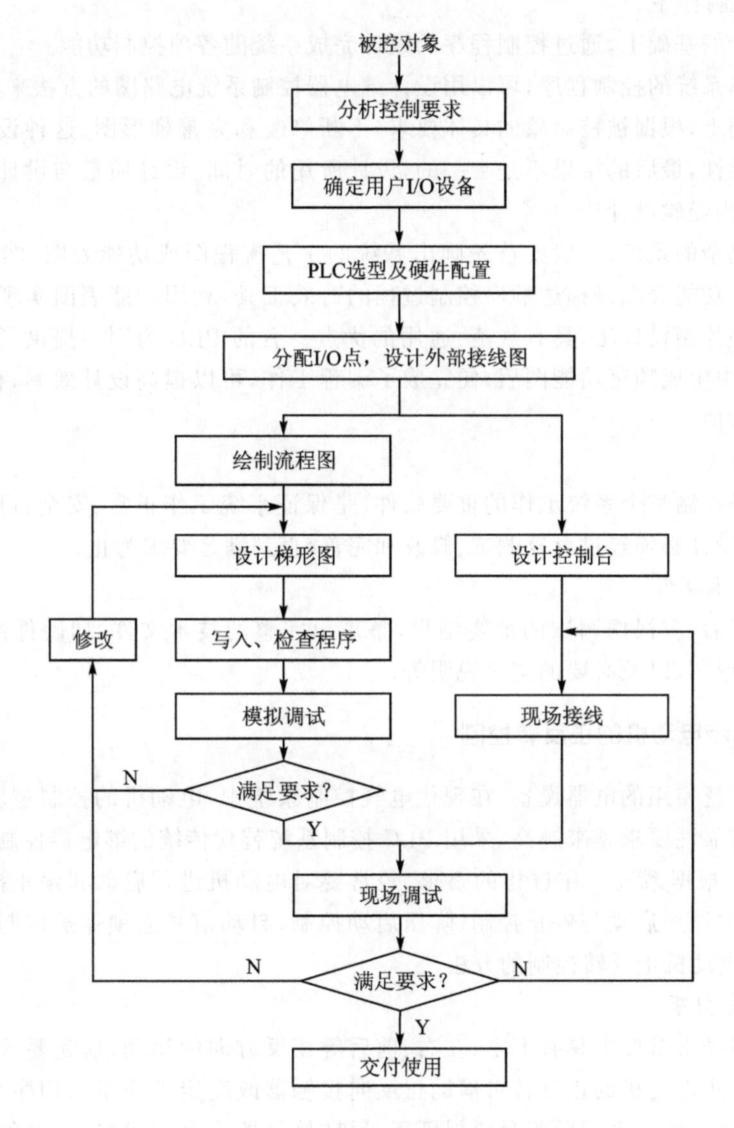

图 5-37　PLC 控制系统的设计步骤

(2) 确定硬件配置,设计外部接线图

正确选择 PLC 对于保证整个控制系统的技术与经济性能指标起着重要的作用。选择 PLC,包括机型的选择、容量的选择、I/O 模块的选择、电源模块的选择等。

根据被控对象对控制系统的要求,及 PLC 的输入量、输出量的类型和点数,确定出 PLC 的型号和硬件配置。对于整体式 PLC,应确定基本单元和扩展单元的型号;对于模块式 PLC,应确定框架(或基板)的型号,及所需模板的型号和数量。

PLC 硬件配置确定后,应对 I/O 点进行分配,确定外部输入/输出元件与 PLC 的 I/O 点的连接关系,完成 I/O 点地址定义表。

分配好与各输入量和输出量相对应的元件后,设计出 PLC 的外部接线图、其他部分的电路原理图、接线图和安装所需的图纸,以便进行硬件装配。

(3) 设计控制程序

在硬件设计的基础上,通过控制程序的设计完成系统的各项控制功能。

对于较简单系统的控制程序,可以用设计继电器控制系统电路图的方法来设计,即在一些典型回路的基础上,根据被控对象的具体要求,不断修改和完善梯形图,这种设计方法有一定的试探性和随意性,最后的结果不是唯一的,设计所用的时间、设计质量与设计者的经验有很大关系,因此称为经验设计法。

对于比较复杂的系统,一般要首先画出系统的工艺流程图或功能表图,然后再设计 PLC 的控制梯形图。功能表图是描述顺序控制过程的有效工具,利用功能表图实现顺序控制功能方法又称为顺序控制设计法,具有规范、通用的优点。有的 PLC 为用户提供了顺序功能图语言,在编程软件中生成顺序功能图后,便完成了编程工作,可以提高设计效率,程序的调试、修改和阅读都更方便。

(4) 程序调试

控制程序是控制整个系统工作的重要软件,是保证系统工作正常、安全、可靠的关键。因此,控制系统的设计必须经过反复调试、修改和完善,直到满足要求为止。

(5) 编制技术文件

系统调试好后,应根据调试的最终结果,整理出完整的技术文件,如硬件接线图、功能表图、带注释的梯形图,以及必要的文字说明等。

二、交流异步电动机的正反转控制

电动机是广泛使用的电器设备,在现代电气控制系统中,电动机的控制逻辑越来越复杂,对控制电路的可靠性要求越来越高,采用 PLC 控制系统替代传统的继电器控制方式成为一个重要发展方向。根据系统工作过程的要求,经常要对电动机进行启动和停止控制、正反转控制、多台电动机的顺序启动与停止控制、降压启动控制、自动信号连锁保护控制等。本例介绍应用 PLC 实现电动机正反转控制的方法。

1. 控制任务分析

各种生产机械常常要求具有上下、左右、前后等相反方向的运动,这就要求电动机能正反向转动。三相异步电动机的正反转可借助正反向接触器改变定子绕组的相序来实现,控制方法有多种,其中重要的一个问题就是要保证正、反转接触器不会同时接通,以免造成电源相间短路事故。在继电器控制系统中,用正、反转接触器的常闭触点组成互锁电路可以解决这个问题,在 PLC 控制系统中,则可以通过软件手段获得更可靠的互锁控制。

以图 5-38 所示异步电动机正反转控制电路为例来说明用 PLC 控制的方法。

根据控制电路图,有三个操作按钮:正转启动按钮 FSB、反转启动按钮 RSB、停机按钮 SB,需要作为 PLC 的输入信号。要控制电机的正反转,PLC 需要控制两个接触器线圈:正转接触器线圈 FKM、反转接触器线圈 RKM。

2. PLC 外围电路设计

根据控制任务分析,该系统的 PLC 输入/输出点数少,控制逻辑不复杂,因此选用整体式小型 PLC 就可以满足控制要求。

选定 PLC 型号后,需要确定输入/输出元件的 I/O 地址。本例共需用 5 个 I/O 点,可以按照表 5-3 所列进行地址分配,自锁和互锁触点是 PLC 内部的“软”触点,不占用 PLC 的 I/O 点。

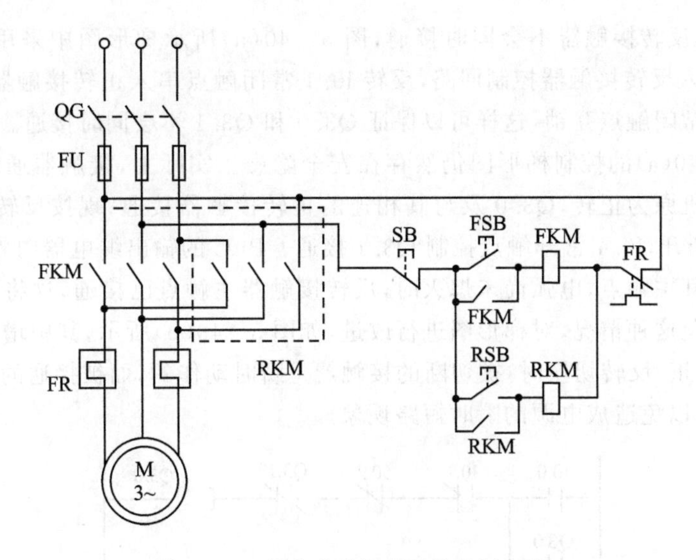

图 5 - 38　异步电动机正反转控制电路

表 5 - 3　I/O 地址分配表

序　号	输入元件	输入地址	输出元件	输出地址
1	正转按钮 FSB （常开触点）	I0.0	正转接触器线圈 FKM	Q3.0
2	反转按钮 RSB （常开触点）	I0.1	反转接触器线圈 RKM	Q3.1
3	停机按钮 SB （常开触点）	I0.2		

完成 PLC 的 I/O 地址分配后，就可以设计 PLC 的外围电路。PLC 的外围电路完成输入/输出元件与 PLC 之间的连接，根据功能的不同，可以分为输入侧电路、输出侧电路和供电电路。根据 PLC 的 I/O 地址分配表，设计的 PLC 外围电路如图 5 - 39 所示。

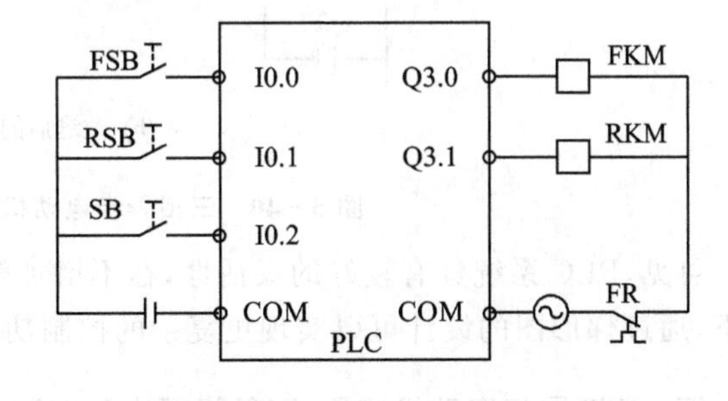

图 5 - 39　PLC 的外围电路图

外围电路的设计采用汇点式接线方法，停止按钮 SB、正转按钮 FSB、反转按钮 RSB 接在 PLC 的三个输入端上，共用一个直流电源；正转接触器线圈 FKM、反转接触器线圈 RKM 接在 PLC 的两个输出端子上，共用一个交流电源。需要指出的是，热继电器 FR 的常闭触点串接到 PLC 的输出电路中，并没有将其作为 PLC 的一个输入信号，因为该触点涉及的逻辑控制功能简单，将其接入输出电路可以使其直接发挥作用，从而提高系统可靠性。

3. 梯形图设计

根据 PLC 的 I/O 地址分配和输入、输出之间控制逻辑关系，就可以设计梯形图，以完成交流异步电动机的正反转控制功能，如图 5 - 40 所示。

为了保证正、反转接触器不会同时接通，图 5－40(a)所示梯形图中采用输入互锁(正转 I0.0 常闭触点串入反转接触器控制回路，反转 I0.1 常闭触点串入正转接触器控制回路)和两个输出继电器的常闭触点互锁，这样可以保证 Q3.0 和 Q3.1 不会同时接通。

但是，图 5－40(a)的控制梯形图仍然存在安全隐患。实际上，接触器通断变化的时间是极短的。设电动机原为正转，Q3.0 及与其相连的正转接触器接通；现按反转按钮，I0.1 常闭触点控制 Q3.0 断开，I0.1 常开触点控制 Q3.1 接通。PLC 的输出继电器向外发出通断命令，正转接触器断开其主触点，电弧尚未熄灭时，反转接触器主触点已接通，这将造成电源两相间瞬时短路。为避免这种情况，对梯形图进行改进，如图 5－40(b)所示，其中增加了两个定时器 T0 和 T1，使进行正、反转切换时，被切断的接触器是瞬时动作的，而被接通的接触器却要延时一段时间才动作，以免造成电源的瞬时短路现象。

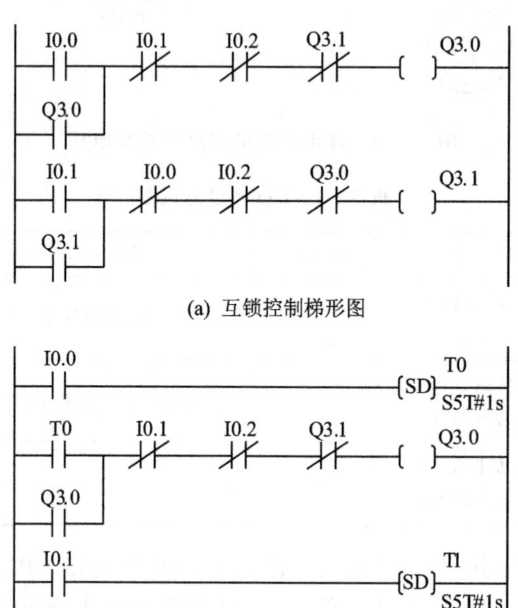

(a) 互锁控制梯形图

(b) 改进后的梯形图

图 5－40　三相异步电动机正反转控制梯形图

可见，PLC 系统具有较好的灵活性，在不增加输入/输出元件，不改变 PLC 外围电路的情况下，通过梯形图的设计可以实现更复杂的控制功能。

三、交流异步电动机的星-三角降压启动控制

1. 控制任务分析

星-三角降压起动是异步电动机常用的起动控制线路之一，图 5－41 是其主电路。

电动机起动过程是：开关 S 闭合后，先接通接触器 KM、KMY，电动机接成星形降压起动。经 10 s 延时后，将 KMY 断开，再经 1 s 延时后，将接触器 KMX 接通，电动机主电路换成三角

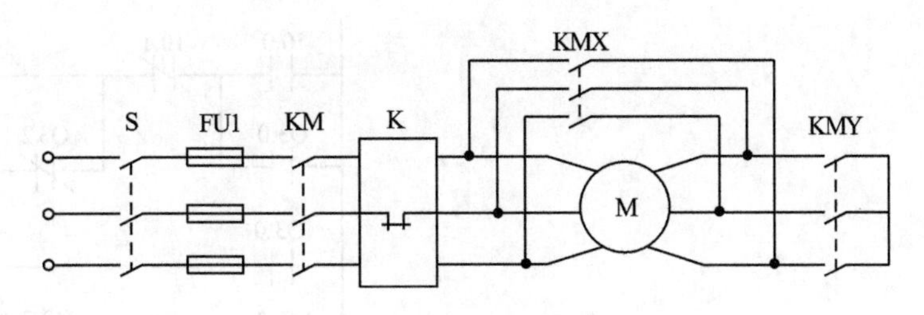

图 5-41 降压起动主电路

形接法，投入正常运行。这里采用了两级延时，可确保接触器 KMY 完全断开后，接触器 KMX 才接通。

应用 PLC 可以方便地实现异步电动机的星-三角降压启动，PLC 的输入元件为电动机的启动和停机按钮，PLC 要控制的元件是接触器 KM、KMY、KMX 的线圈。

2. PLC 外围电路设计

根据控制任务分析，可以选用整体式小型 PLC 实现控制功能，这类 PLC 均具有定时器功能。本例共需用 5 个 I/O 点，可以按照表 5-4 所列进行地址分配。

表 5-4 I/O 地址分配表

序　号	输入元件	输入地址	输出元件	输出地址
1	启动按钮 SB1（常开触点）	I0.0	接触器线圈 KM	Q3.0
2	停机按钮 SB2（常开触点）	I0.1	接触器线圈 KMY	Q3.1
3			接触器线圈 KMX	Q3.2

根据 I/O 地址分配表，设计 PLC 的外围电路，如图 5-42 所示。采用汇点式接线方式，输入电路采用直流电源，输出电路采用交流电源。可以看出，在 PLC 控制系统中，继电器控制线路中的自锁触点和互锁触点，以及时间继电器触点均变成“软”触点，不占用 PLC 的 I/O，因此硬件接线简化了许多。

3. 梯形图设计

根据 PLC 的 I/O 地址分配和电动机启动过程分析，就可以设计梯形图完成降压启动控制功能，如图 5-43 所示。

① 按下启动按钮，I0.0 接通，Q3.0 接通并自保（接触器 KM 接通），定时器 T0 开始计时；位存储器 M0.0 接通使 Q3.1 接通（接触器 KMY 接通，电动机接成星形起动）；

② 当 T0 经 10 s 延时时间到，其常闭触点断开使 Q3.1 断开（相应的 KMY 也断开），Q3.1 的常闭触点闭合使 T1 接通并开始计时；

③ 当 T1 经 1 s 延时时间到，其常开触点闭合使 Q3.2 接通并自保（相应的 KMX 接通，电动机接成三角形正常运行）；同时，Q3.2 的常闭触点断开使定时器 T0、T1 复位；

④ 按下停止按钮，I0.1 接通，其常闭触点断开，Q3.0 断开（接触器 KM 断开）；位存储器 M0.0 断开使 Q3.2 断开（接触器 KMX 断开），电动机停转。

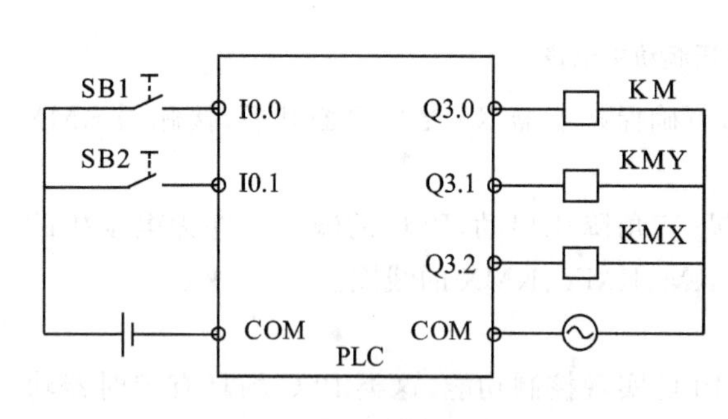

图 5-42　PLC 的外部电路图

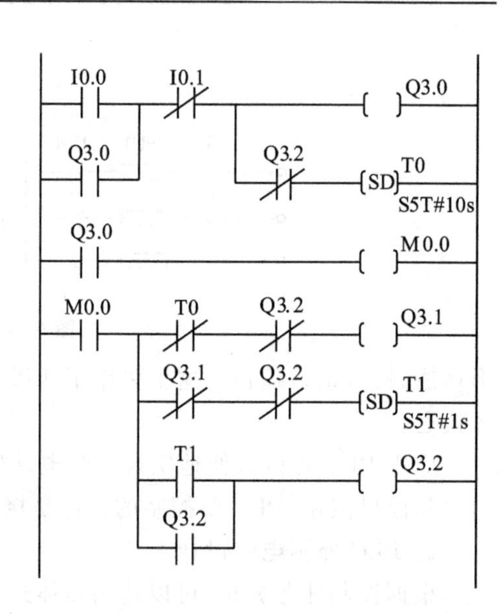

图 5-43　降压起动控制梯形图

四、液压回路的顺序动作控制

1. 控制对象分析

液压回路的复杂程度不同，控制的难易程序也不同，对于简单的液压回路控制问题可以用继电器来实现控制功能，而控制关系较为复杂时，用 PLC 控制则更为方便灵活。

下面以速度换接回路为例，来说明 PLC 在液压回路控制中的应用。速度换接回路的液压原理图如图 5-44 所示，其动作循环为：

- 按下启动按钮后，1ZT 通电，液压缸实现快进；
- 当压下行程开关 2XK 时，3ZT 通电，回油走调速阀 1，实现一工进；
- 当压下行程开关 3XK 时，4ZT 通电，回油走调速阀 2，实现二工进；
- 当压下行程开关 4XK 时，2ZT 通电，其他断电，油路反向，实现快退；
- 当压下行程开关 1XK 时，5ZT 有电，其他断电，实现卸荷。

根据控制任务要求，设计 PLC 控制系统框图如图 5-45 所示。其中，以操作人员的指令信号和检测液压缸运动的反馈信号作为 PLC 的输入，PLC 输出的控制信号控制各电磁阀的电磁铁，进而控制液压油路的

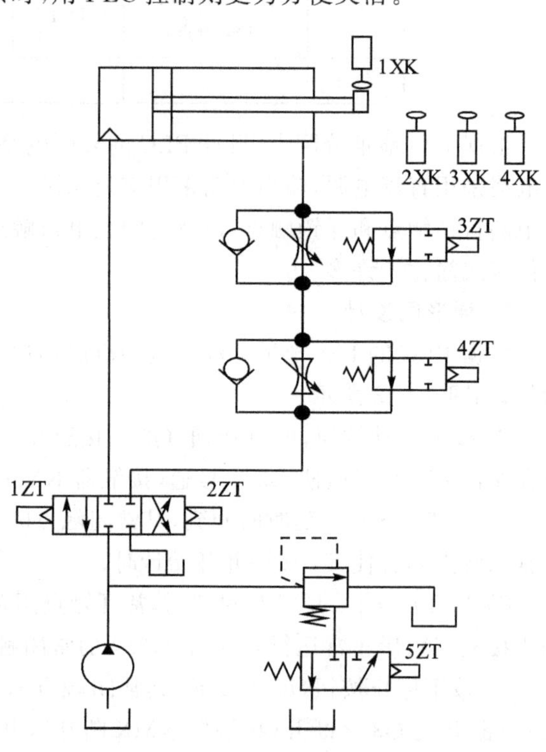

图 5-44　液压系统原理图

流动方向，实现对液压缸伸出与缩回运动过程的控制。

根据电路原理分析，该系统中 PLC 的输入元件包括：启动按钮 SB1，行程开关 1XK、2XK、3XK、4XK，共计 5 个；PLC 控制的输出元件包括：电磁铁 1ZT、2ZT、3ZT、4ZT、5ZT，共计 5 个。

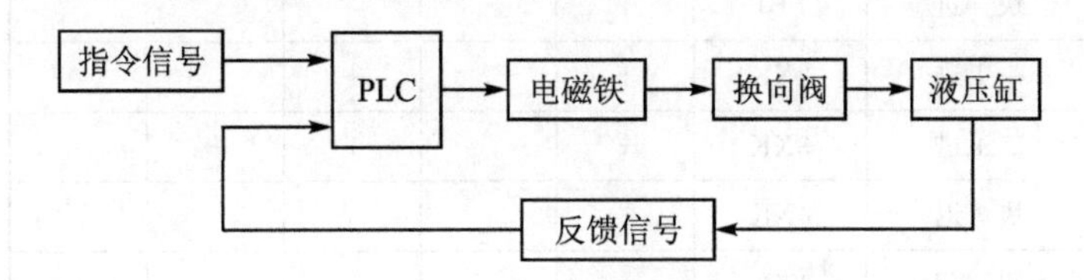

图 5-45　PLC 控制系统框图

2. PLC 外围电路设计

通过分析液压回路的工作原理及其动作过程，将 PLC 的 I/O 点进行分配和定义，如表 5-5 所列。

表 5-5　I/O 地址分配表

序　号	输入元件	输入地址	输出元件	输出地址
1	行程开关 1XK(常开触点)	I0.0	电磁铁 1ZT	Q5.0
2	行程开关 2XK(常开触点)	I0.1	电磁铁 2ZT	Q5.1
3	行程开关 3XK(常开触点)	I0.2	电磁铁 3ZT	Q5.2
4	行程开关 4XK(常开触点)	I0.3	电磁铁 4ZT	Q5.3
5	启动按钮 SB1(常开触点)	I0.4	电磁铁 5ZT	Q5.4

根据 I/O 地址分配表，就可以设计 PLC 的外围电路，如图 5-46 所示。输入电路采用汇点式接线方式，共用一个直流电源；由于电磁铁驱动电流较大，输出电路采用分隔式接线方式，各路均采用直流电源供电。

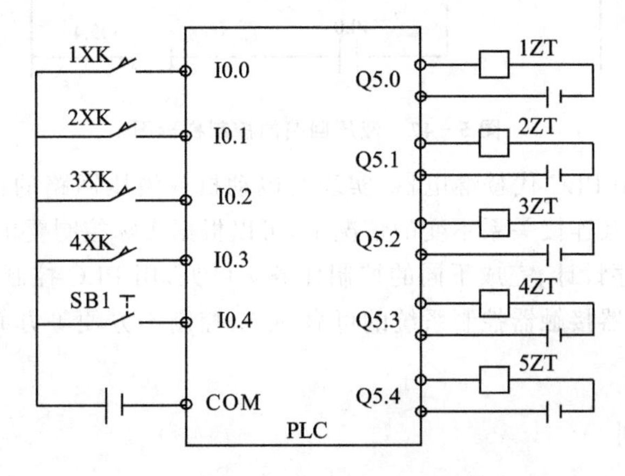

图 5-46　PLC 的外部电路图

3. 梯形图设计

为了便于设计梯形图，根据液压回路中各元件的动作循环情况，可以写出该液压回路中各个工步及其电磁铁的动作顺序，如表 5-6 所列，表中用“＋”表示电磁铁通电，空格表示电磁铁断电。

表 5-6 电磁铁动作顺序表

工 步	启动信号	1ZT	2ZT	3ZT	4ZT	5ZT
快 进	SB1	+				
一工进	2XK	+		+		
二工进	3XK	+		+	+	
快 退	4XK		+			
卸 荷	1XK					+

按照电磁铁动作顺序表，结合 PLC 的 I/O 地址分配表，就可以编写出速度换接液压回路的控制梯形图，如图 5-47 所示。其中，设置中间继电器 M0.0 表示液压缸的运行状态。当按下启动按钮 SB1(非自锁按钮)时，M0.0 线圈通电，表示液压缸伸出过程；当行程开关 4XK 被压下时，M0.0 断电，表示液压缸处于缩回过程，行程开关 1XK 被压下时，系统处于卸荷状态。

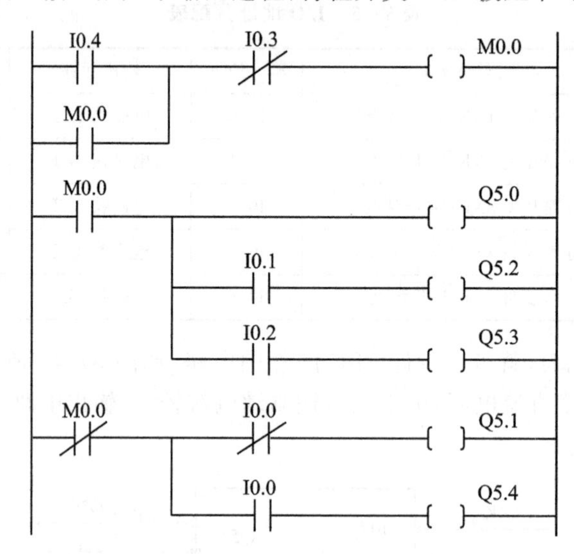

图 5-47 液压回路的控制梯形图

上面的例子都是用 PLC 代替继电器，实现对电动机或液压回路的控制。应用 PLC 组成控制系统，在硬件组成及连接关系不变的情况下，可以根据实际控制要求，通过对 PLC 重新进行 I/O 定义和控制程序设计，完成不同的控制任务。可见，用 PLC 控制系统来代替传统的控制方式，可以克服继电器接触器控制系统的可靠性差，控制不方便等方面的不足，为系统的设计与改进带来方便。

五、传送带的控制

1. 控制对象分析

传送带是工业现场常见的执行机构，通常由电机驱动，简单的应用场合可以采用普通直流电机，只需驱动电机正转或反转，就能够控制传送带的运动。控制传送带电机的控制器可以是工控机、PLC、单片机或其他控制器，图 5-48 所示传送带控制系统中采用了西门子的 LOGO! 控制器。

LOGO！是西门子公司的一款通用逻辑控制模块，是一种功能介于继电器和 PLC 之间的智能逻辑控制器。可以把 LOGO！看做一个集成的、可编程的继电器电路，输入是开关，输出是继电器的触点，程序就是开关的组合方式。

图 5-48　传送带控制系统实物图

设定传送带的工作过程为：工件放置在位置 A 后，传送带运行，到达位置 B 后传送带延时停止，将工件送入下一个传送带的入口。图 5-49 所示为工作过程示意图。

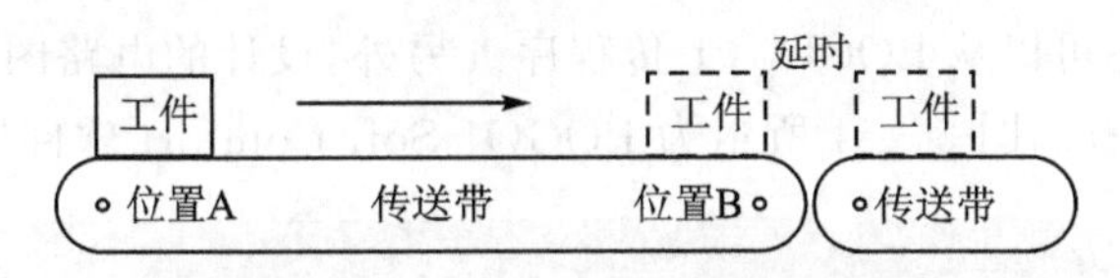

图 5-49　传送带工作过程示意图

2. 电路设计

LOGO！控制器接收两路反映工件位置信息的开关型输入信号，输出两路开关箱控制信号到两个继电器，分别控制电机的正转和反转。位置传感器采用漫射式光电接近开关，选用 FESTO 公司的光纤传感器 SOEG-L-Q30-PA-S-2L，工作电压为为直流 10～30 V，测量范围为 0～120 mm，最大输出电流 100 mA，最大开关频率 1 000 Hz；直流电机选用 Nidec 公司的 404.603 型直流电机，工作电压为直流 24 V。

根据控制任务，LOGO！控制器选用 12/24RC 型。该型控制器不带扩展模块，供电电压 DC 12/24V；8 路数字量输入（I1～I8），输入电压小于 5 V 为信号“0”，大于 8.5 V 为信号“1”；4 路继电器型输出（Q1～Q4），每路最大连续工作电流 10 A。

对 LOGO！的 I/O 地址进行分配，如表 5-6 所列。

表 5-6　LOGO！控制器 I/O 地址分配表

地　址	元件	状态说明
I1	传感器 A	位置 A 有工件
I2	传感器 B	位置 B 有工件
Q1	继电器 K1	向位置 B 运行
Q2	继电器 K2	向位置 A 运行

根据控制器的 I/O 地址分配表，就可以设计传送带控制系统的电路图，如图 5-50 所示。

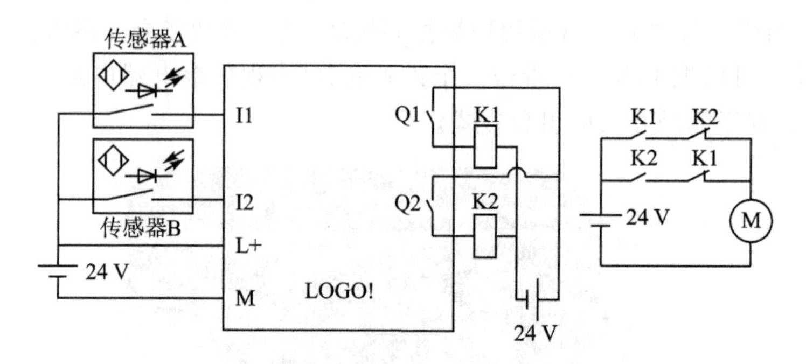

图 5-50　传送带控制系统电路连接图

3. 程序设计

对 LOGO! 控制器进行编程主要有两种方式：

① 利用 LOGO! 的操作面板和显示面板在线编程。

② 利用 PC 端的 LOGO! Soft Comfort 软件编程，再通过专用下载线下载至 LOGO!。

以软件编程为例，LOGO! Soft Comfort 软件是专为 LOGO! 控制器设计的编程软件，使用梯形图(LAD)或功能块图(FBD)编写电路程序，能够对电路程序进行仿真测试，不仅可以下载程序至 LOGO!，还可以从 LOGO! 上传程序。另外，设计的电路图可以保存为 JPG、PDF 等格式的文件，便于查看。图 5-51 所示为 LOGO! Soft Comfort 软件界面图。

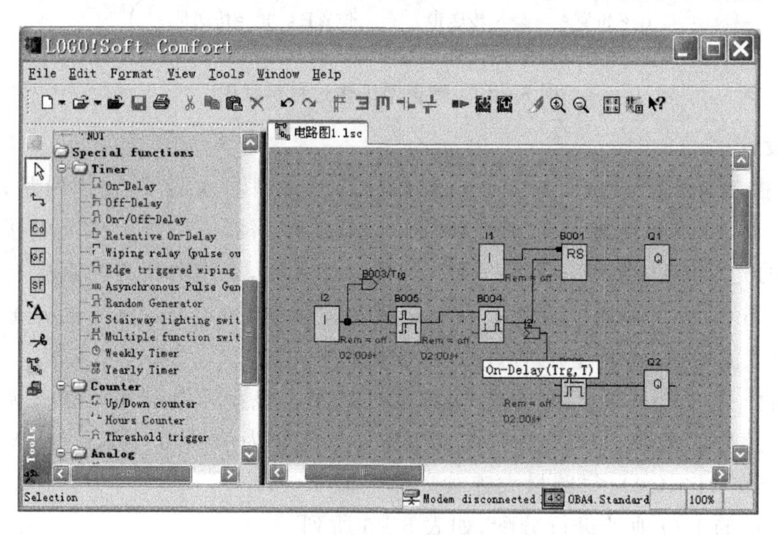

图 5-51　LOGO! Soft Comfort 软件界面图

根据控制任务和 I/O 地址分配表，利用 LOGO! Soft Comfort 软件，可以编写传送带控制系统的程序，如图 5-52 所示。

程序中的 B002 为接通延时定时器，输入 Trg(触发器)的信号将触发接通延时定时器。参数 T 代表输出接通的延迟时间，当设定时间 T 届满后，如 Trg 仍置位，则接通 Q，时序图如图 5-53 (a)所示。B003 为关断延时定时器，通过输入 Trg(触发器)处的负边缘(1 跳转到 0)启动断开延迟时间，当延迟时间 T 足够时输出关闭(从 1 跳转到 0)，输入 R 复位延时时间和输出，时序图如图 5-53 (b)所示。

当工件被放置在传送带位置 A 时，I1 为 1，置位 Q1，传送带向位置 B 运行；到达位置 B

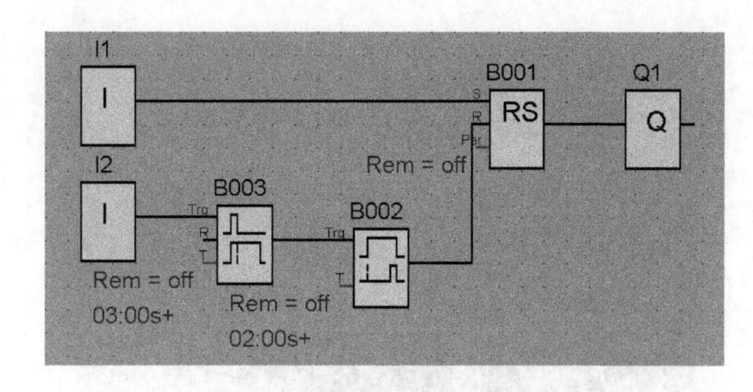

图 5-52　传送带控制程序图

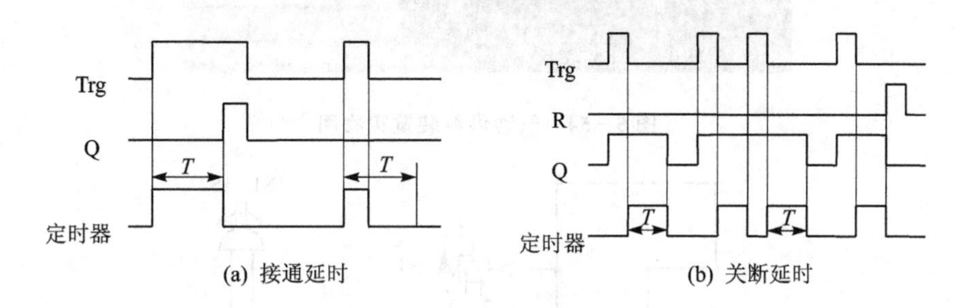

(a) 接通延时　　(b) 关断延时

图 5-53　定时器时序图

后,关断延时定时器B003立即输出1,触发接通延时定时器B002,B002开始计时;此时的输出仍为0,没有复位Q1,传送带继续运行,工件很快离开了位置B,此时触发B003,B003开始计时;计时期间的输出仍保持1;B002可以继续计时,直至计时结束,输出1,复位Q1,传送带停止,B002的输出保持为1直至B003计时结束。

编写程序时应该注意定时器的参数设置:首先,接通延时定时器B002的时间参数应保证工件可以到达下一传送带的入口位置;其次,关断延时定时器B003的时间参数不应小于B002的时间参数。这样才能保证传送带控制系统完成其功能。

六、气动顺序执行机构的控制

1. 控制任务分析

气动执行机构是以压缩空气作为动力源驱动执行元件完成一定运动的装置。下面以图5-54所示的气动供料装置为例,来说明气动执行机构的PLC控制。

该装置由气源调压过滤组件、CPV阀岛、I/O接线端口、转运模块、传送模块等组成,其中摆动缸由压缩空气驱动,传送带由电机驱动。图5-55为气动供料装置的气路图。

气动供料装置采用西门子S7-300 PLC进行控制。PLC通过其自带的输入模块读取Syslink接口电缆传来的各传感器的输入信号,分析判断后,一方面直接通过其自带的输出模块控制电机,控制传送带的运动;另一方面通过Profibus总线控制CPV终端,进而控制阀岛,以控制各气缸。

CPV阀岛主要由电路板和阀体两部分组成,采用气控先导式控制,具有阀体薄,流量大的特点。气动供料装置中的CPV阀岛由一片二位五通带手控开关的单侧电磁先导控制阀、两片二位三通带手控开关的常开型双侧电磁先导控制阀、两片二位三通带手控开关的常闭型双侧

图 5-54　气动供料装置实物图

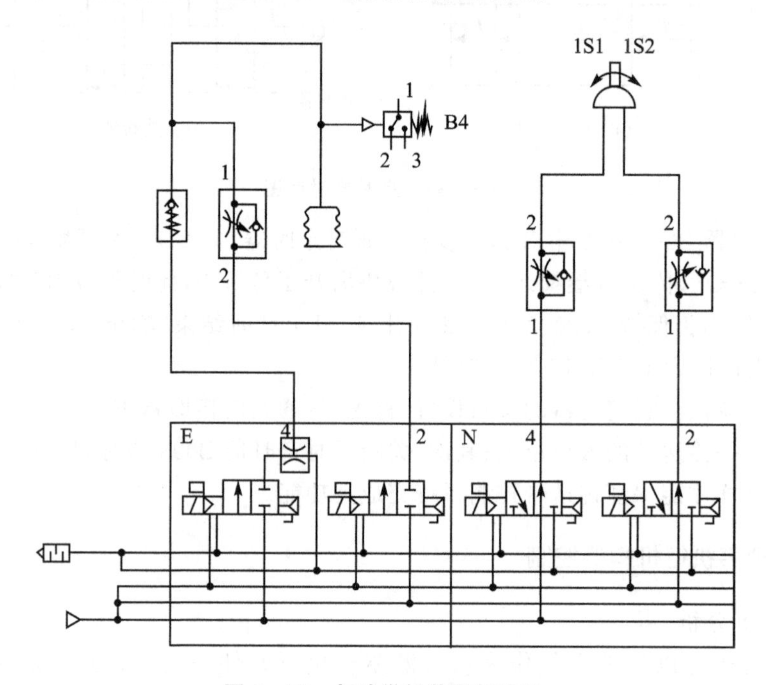

图 5-55　气动供料装置气路图

电磁先导控制阀和带喷射器的真空发生器组成。PLC 通过它们分别对转运模块和传送模块的气路进行控制。

转运模块的功能是抓取工件，将工件送到下一个工作单元。转运模块主要由摆动气缸、摆臂、真空吸盘、真空压力检测装置、真空吸盘方向保持装置和行程开关组成。摆动气缸是摆臂的驱动装置，其转轴的最大转角为 180 度，转角可以根据需要进行调整。在摆动气缸的两个极限位置上各装有一个行程开关，是通过行程凸块挤压来实现其状态改变。真空吸盘用于抓取工件，吸盘内的负压(真空)是靠真空发生器利用引射原理产生的。

传送模块的功能是通过传送带将工件传送到指定位置。传送模块主要由传送带、电机、电机启动电流限流器、漫射式光电接近开关等组成。由于电机启动电流较大，为了防止对 PLC

输出模块造成损坏，将 PLC 输出端与限流器输入端连接，再将限流器输出端与电机的输入端相连，从而达到控制电机平稳启动的目的。

气动供料装置的工作流程为：按下启动按钮，摆动缸从传送带位置 A 运动到托盘端，利用真空吸盘吸住工件，摆动缸带着工件运动到位置 A，放下工件，再运动到托盘位置，工件运送至位置 B 处，传送带停止运动，程序结束。图 5－56 所示为气动供料装置的工作过程示意图。

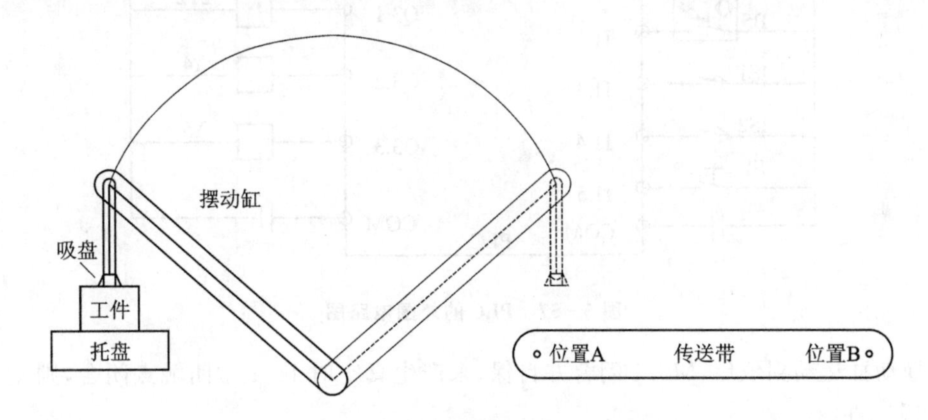

图 5－56　气动供料装置工作过程示意图

2. 硬件电路设计

根据控制任务，对 PLC 的 I/O 地址进行分配，如表 5－7 所列。

表 5－7　PLC 系统 I/O 表

地　址	设备符号	注释	地　址	设备符号	注释
I0.6	B1	工件在传送带位置 A	Q1.0	M1	传送带运动
I0.7	B2	工件在传送带位置 B	Q3.0	2Y1	摆动缸向传送带运动
I1.1	B4	真空产生	Q3.1	2Y2	摆动缸向托盘运动
I1.2	B5	托盘上有工件	Q3.2	Y4	吸工件
I1.3	1S1	摆动缸在托盘位置	Q3.3	Y5	吹工件
I1.4	1S2	摆动缸在传送带位置			
I1.5	S1	启动按钮			

根据 PLC 的 I/O 地址分配表，就可以设计 PLC 的外围电路，如图 5－57 所示。启动按钮和各传感器的信号接在 PLC 的输入端上，驱动传送带电机和控制 CPV 阀岛的信号接在输出端上。

3. 梯形图编程

根据系统工作流程和 PLC 的 I/O 分配表，可以采用经验设计法直接编写控制气动顺序执行机构的梯形图，如图 5－58 所示。对梯形图的编写说明如下：

① 初始状态为托盘上有工件（I1.2 闭合），摆动缸在传送带位置（I1.4 闭合）。

② 按下启动按钮（I1.5 闭合），位存储器 M0.0 闭合并自保，此时摆动缸不在托盘位置，I1.3 常闭触点闭合，则 Q3.1 闭合，摆动缸向托盘位置运动。

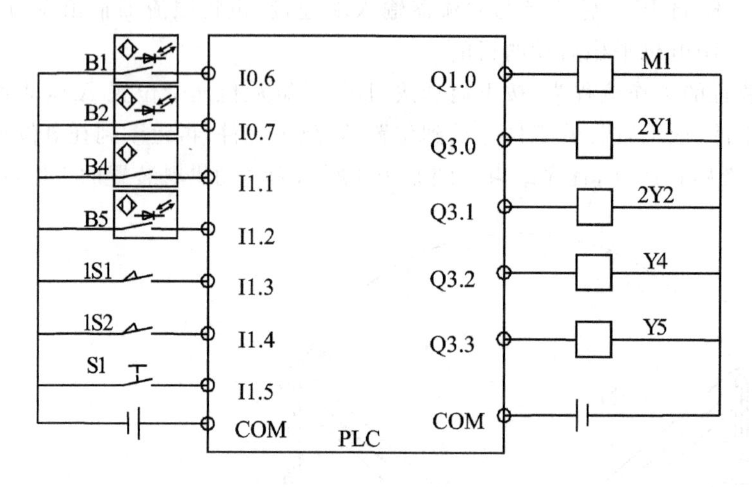

图 5－57　PLC 的外围电路图

③ 摆动缸运动到位后，M0.1 闭合并自保，未产生真空时 I1.1 常闭触点闭合，则 Q3.2 闭合，开始吸工件。

④ 至产生真空时，I1.1 常开触点闭合，使 M0.2 闭合并自保，此时摆动缸不在传送带位置，I1.4 常闭触点闭合，则 Q3.0 闭合，摆动缸向传送带位置运动。

⑤ 摆动缸运动到位后，I1.4 和 I0.6 闭合，M0.3 闭合并自保，Q3.3 闭合，吹工件，工件落到传送带上。

⑥ 不再有真空时，I1.1 常闭触点闭合，M0.4 闭合并自保，摆动缸向托盘位置运动。

⑦ 摆动缸到达托盘位置时，I1.3 常开触点闭合，M0.5 闭合并自保，Q1.0 闭合，传送带开始运动。

⑧ 传送带到达位置 B 时，I0.7 常开触点闭合，M0.6 闭合，M0.5 断开，传送带停止运动，控制流程结束。

4. 顺序功能图编程

顺序功能图由工步、有向线段、转换条件和动作(命令)组成，将一个完整的控制过程分为若干阶段，各阶段具有不同的动作，阶段之间有一定的转换条件，条件满足就实现阶段转移，上一阶段动作结束，下一阶段动作开始。工步是系统一个周期内顺序相连的阶段，是控制过程中的一个特定状态。工步与工步之间用有向线段连接，在有向线段上用一个或多个小短线表示一个或多个转换条件，当转换条件满足时，转换得以实现。为确保严格地按照顺序执行，工步与工步之间必须有转换条件分隔。

根据气动供料装置的工作流程，再结合顺序功能图编程的思想，可以得到描述该装置工作过程的功能表图，如图 5－59 所示。

针对气动供料装置的控制器——西门子 S7－300 PLC，若要按照顺序功能图的方式编程，需要使用 Step7 软件中的 S7 Graph 语言。S7 Graph 语言是 S7－300/400 用于顺序控制程序的顺序功能图语言，遵从 IEC 61131－3 标准中的顺序控制语言的规定。它包括生成一系列顺序步，确定每一步的内容，以及步与步之间的转换条件。编写每一步的程序要用特殊的编程语言(类似于语句表)，转换条件是在梯形逻辑编程器中输入，如图 5－60 所示。

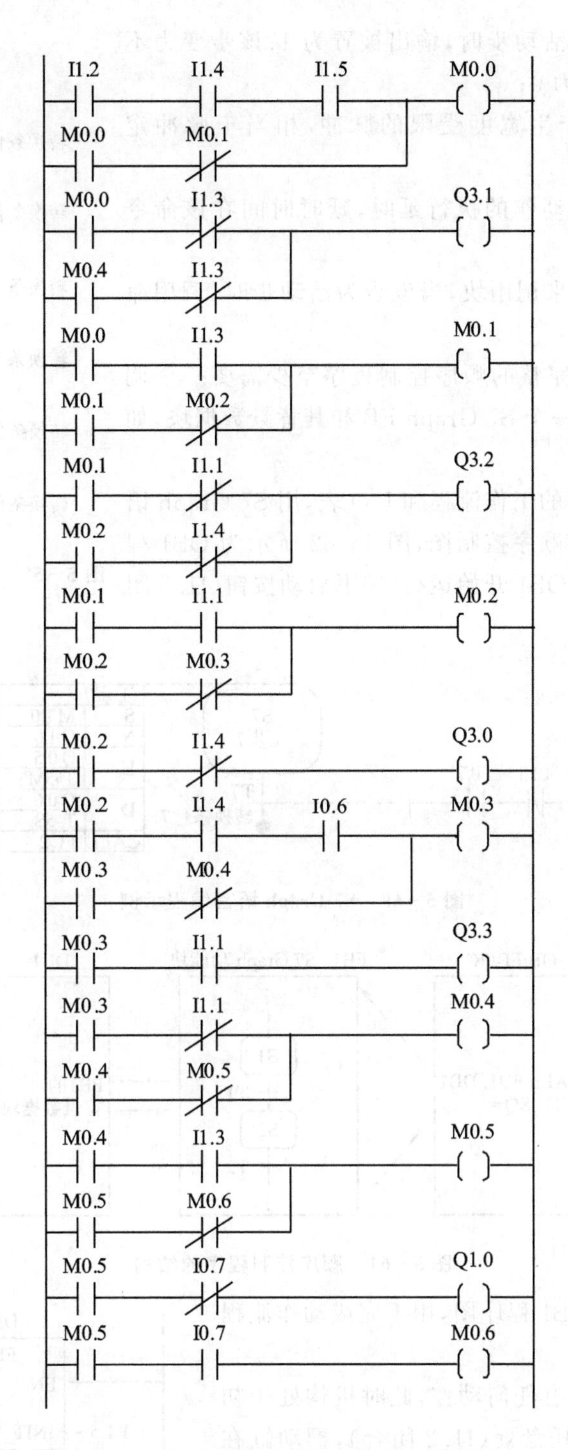

图 5－58 气动顺序执行机构控制梯形图

单步的动作命令主要包括：

① 命令 S：当步为活动步时，使输出置位为 1 状态并保持；

② 命令 R：当步为活动步时，使输出复位为 0 状态并保持；

③ 命令 N:当步为活动步时,输出被置为 1;该步变为不活动步时,输出被复位为 0;

④ 命令 L:用来产生宽度受限的脉冲,相当于脉冲定时器;

⑤ 命令 D:使某一动作的执行延时,延时时间在该命令右下方的方框中设置;

⑥ 命令 CALL:用来调用块,当该步为活动步时,调用命令中指定的块。

在工步 7 中,一个完整的顺序控制程序至少需要一个调用 S7 Graph FB 的块、一个 S7 Graph FB 和其背景数据块,如图 5-61 所示。

根据气动供料装置的工作流程和 I/O 表,用 S7 Graph 语言可以编写出该机构的顺序控制图,图 5-62 所示为 OB1 程序图。PLC 通电后,从 OB1 开始运行,按下启动按钮(I1.5 闭合)后,进入 FB1 程序。

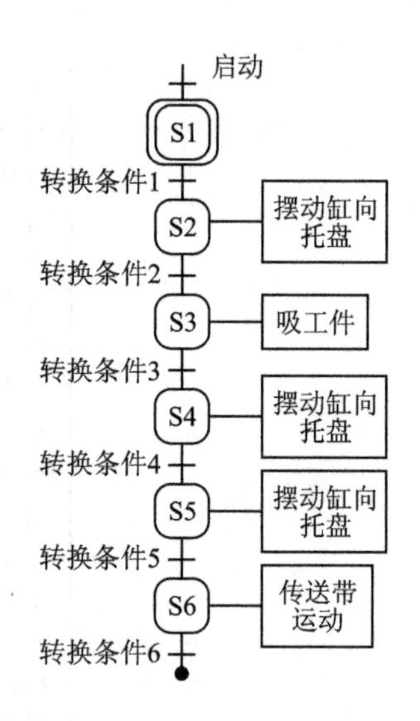

图 5-59 气动供料装置功能表图

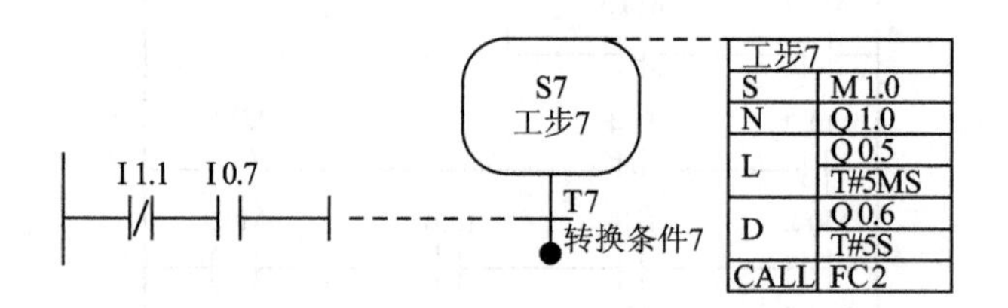

图 5-60 S7 Graph 语言编程示例

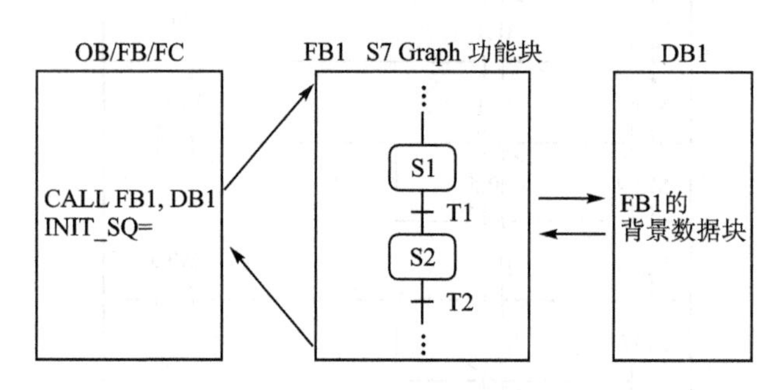

图 5-61 顺序控制程序的结构

图 5-63 所示为 FB1 程序图,用于完成动作流程的控制。

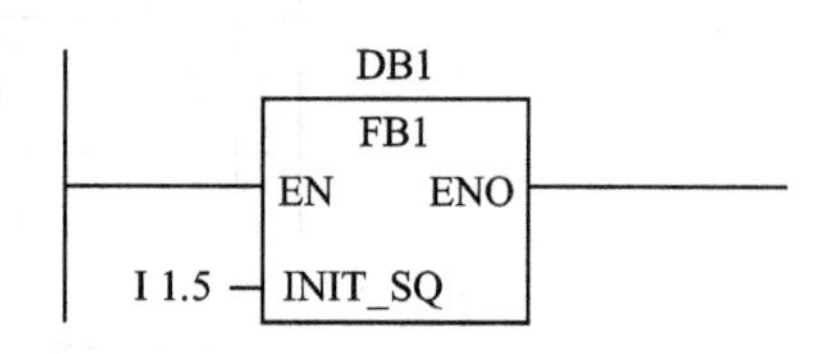

图 5-62 OB1 程序图

◇ S1 为初始步,没有任何动作,此时机构处于初始位置,工件在托盘处(I1.2 闭合),摆动缸在传送带处(I1.4 闭合),满足转移条件,由 S1 转移到 S2。

◇ S2 为活动步时,Q3.1 为 1,摆动缸向托盘运动,到达托盘后(I1.3 闭合),满足转移条件,由 S2 转移到 S3。

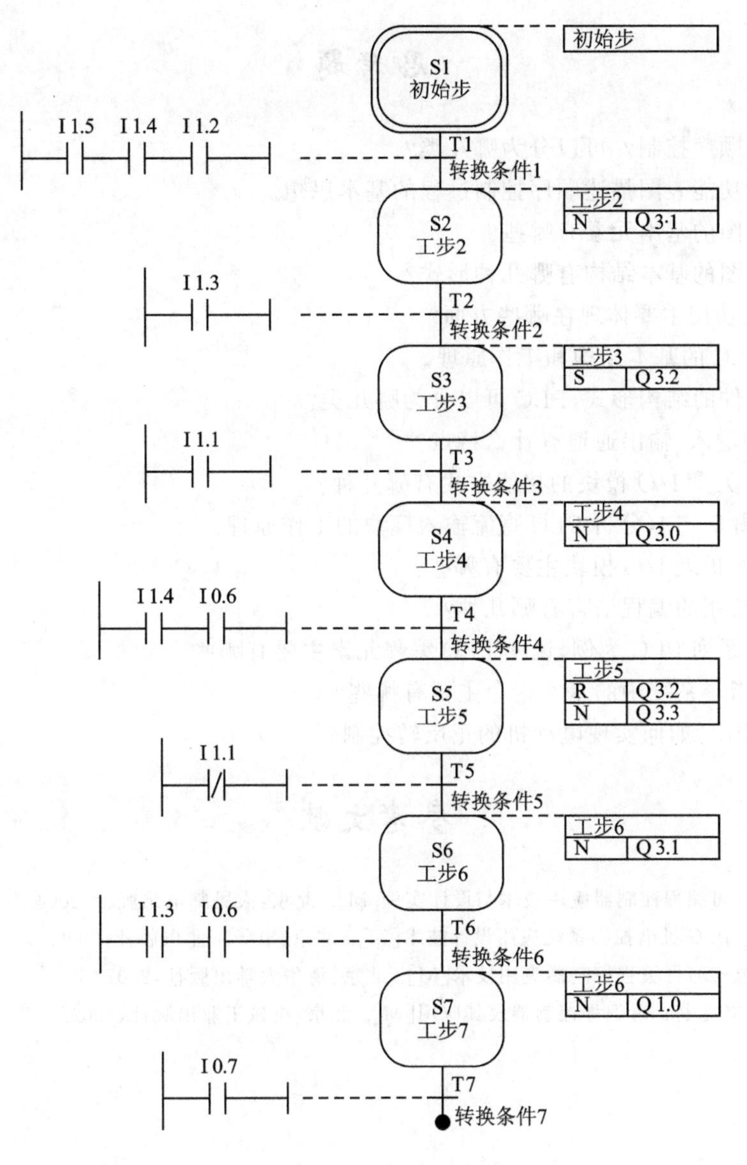

图 5-63　FB1 程序图

◇ S3 为活动步时，置位 Q3.2，吸工件，直至产生真空（I1.1 闭合），满足转移条件，由 S3 转移到 S4。

◇ S4 为活动步时，Q3.0 为 1，摆动缸向传送带运动，到达传送带后（I1.4 闭合），且工件位于传送带 A 位置（I0.6 闭合），满足转移条件，由 S4 转移到 S5。

◇ S5 为活动步时，先复位 Q3.2，再使 Q3.3 为 1，吹工件，直至不在产生真空，满足转移条件，由 S5 转移到 S6。

◇ S6 为活动步时，Q3.1 为 1，摆动缸向托盘运动，到达托盘后（I1.3 闭合），且工件位于传送带 A 位置（I0.6 闭合），满足转移条件，由 S6 转移到 S7。

◇ S7 为活动步时，Q1.0 为 1，传送带运动，直至工件到达 B 位置（I0.7 闭合），满足转移条件，程序停止。

思考题

1. 什么是顺序控制？可以分为哪几类？
2. 简述用功能表图描述顺序控制过程的基本思想。
3. 功能表图的基本元素有哪些？
4. 功能表图的基本结构有哪几种形式？
5. PLC 的功用主要体现在哪些方面？
6. 简述 PLC 的基本结构和工作原理。
7. 按照硬件的结构形式，PLC 可以分为哪几类？
8. PLC 的输入/输出通道有什么特点？
9. PLC 开关量 I/O 模块的接线方式有哪几种？
10. 结合图 5-13，分析 PLC 直流输入模块的工作原理。
11. PLC 的扩展 I/O 模块主要有哪些？
12. PLC 常用的编程语言有哪几种？
13. 以 S7 系列 PLC 为例，说明 PLC 编程元素主要有哪些。
14. PLC 指令系统中的基本指令主要有哪些？
15. 应用 PLC 如何实现电动机的正反转控制？

参考文献

[1] 高钦和. 可编程控制器应用技术与设计实例[M]. 北京：人民邮电出版社，2004.
[2] 鲁远栋. PLC 机电控制系统应用设计技术[M]. 北京：电子工业出版社，2006.
[3] 闫坤. 电气与可编程控制器应用技术[M]. 北京：清华大学出版社，2007.
[4] 吕景泉，鲁远栋. 可编程控制器及其应用[M]. 北京：机械工业出版社，2002.

第六章　计算机控制技术

随着计算机技术、控制理论和控制技术的发展，计算机控制的理论与技术日趋成熟，应用领域不断拓宽，成为工业控制领域中的一个重要分支。作为一门新兴的交叉学科，计算机控制涉及多个学科领域，这就要求从事计算机控制的研究人员和工程技术人员，在掌握生产工艺流程和自动化控制理论的同时，必须掌握包括计算机控制系统的软硬件、计算机输入/输出接口、控制算法、数据通信、网络技术、现场总线等方面的专门知识与技术，从而不仅能够分析与应用，而且能够设计并实施满足实际工业生产过程和设备工作运行所需要的计算机控制系统。

第一节　计算机控制系统概述

计算机控制系统是利用计算机来实现生产过程自动控制的系统。计算机控制系统的基本结构是一种典型的闭环控制系统，包括计算机和控制对象两大部分，并与相关的功能部件共同组成一个整体。

一、计算机控制系统原理与组成

1. 计算机控制系统的工作原理

将机电一体化系统中控制器的功能用计算机来实现，就组成了一个典型的计算机控制系统，可分为硬件和软件两大部分：硬件部分主要实现数据采集与数据输出控制，包括检测装置、计算机、输入/输出通道与执行机构等；软件部分完成相应的数据处理和控制决策算法，主要通过控制规律或计算程序来实现。在计算机控制系统中，由于控制计算机的输入和输出是数字信号，而大多数变送器的输出和执行机构的输入都是模拟信号，因此需要有将模拟信号转换为数字信号的 A/D 转换器和将数字信号转换为模拟信号的 D/A 转换器。

为了简单和形象地说明计算机控制系统的工作原理，下面给出典型的计算机控制系统原理图，如图 6－1 所示。

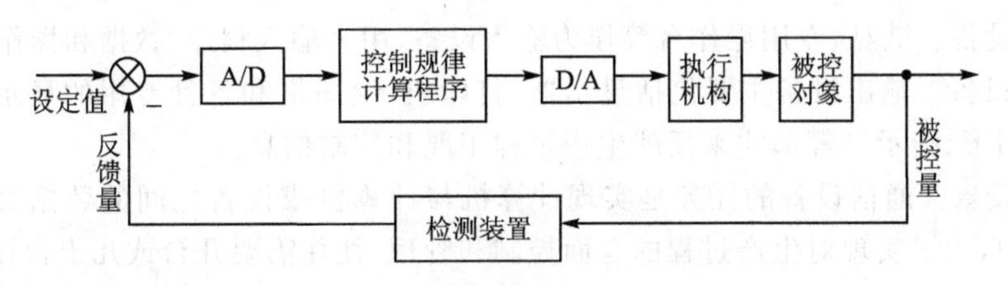

图 6－1　计算机控制系统原理图

从本质上来说，计算机控制系统的工作过程可以归纳为以下三个步骤：

① 实时数据采集：对系统输出（被控参数）的瞬时值进行检测，并输入到计算机中。

② 实时控制决策：对实时的给定值与被控参数的数据，按已定的控制规律进行运算和推理，决定控制过程。

③ 实时控制输出：根据决策，实时地向执行机构发出控制信号，完成控制任务。上述过程不断重复，使整个系统按照一定的品质指标进行工作，并对被控量和设备本身的异常现象及时作出处理。

2. 计算机控制系统的组成

一个机电系统因其完成的任务不同，其系统结构、运动规律、工作原理和完成的工业过程着千差万别，但其实现计算机控制、机电系统的有机结合，以及组成的计算机控制系统都有共同之处。通常情况下，计算机控制系统主要由被控对象、检测设备、过程输入/输出系统和计算机等组成。典型计算机控制系统组成框图如图 6-2 所示。

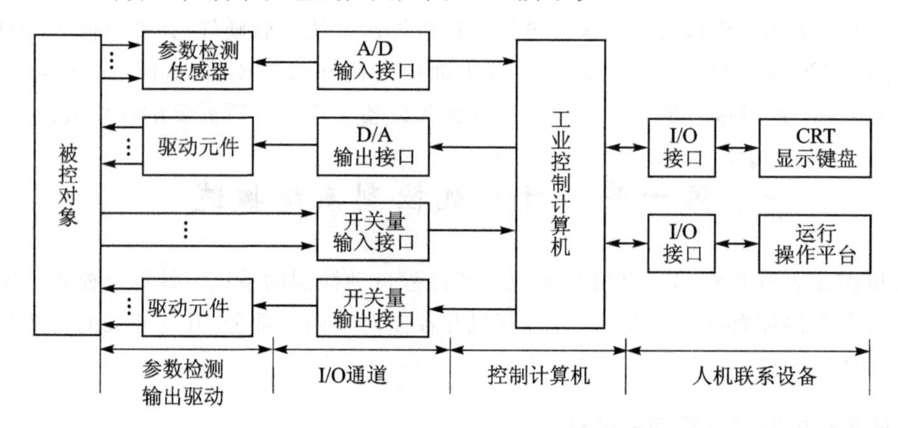

图 6-2　计算机控制系统组成框图

从计算机的角度来看，计算机控制系统由硬件和软件两部分组成。

① 硬件组成

硬件主要是由计算机（包括主机和外围设备）和过程输入/输出设备等组成。

1）控制主机

控制主机是整个控制系统的核心，可以对输入的现场信息和操作人员的操作信息进行分析、处理，根据预先确定的控制规律，实时发出控制指令。控制计算机一般选用适合于工业现场控制的工业控制计算机。

② 外围设备

外围设备主要包括：

a. 输入设备。键盘、专用操作台等作为输入设备，用来输入程序、数据和操作指令。

b. 输出设备。输出设备主要包括显示器、打印机、绘图机和各种专用的显示台，以字符、曲线、表格、图形、指示灯等形式来反映生产过程工况和控制信息。

c. 通信设备。通信设备的任务是实现计算机与计算机或设备之间的数据交换。在大规模工业生产中，为了实现对生产过程的全面控制和管理，往往需要几台或几十台计算机才能完成控制和管理任务。不同地理位置、不同功能的计算机及设备之间需要交换信息时，把多台计算机或设备连接起来，就构成了计算机通信网络。

d. 外存储器。外存储器主要包括磁盘、磁带、光盘等，它们兼输入和输出两种功能，存放程序和数据。

③ 过程输入/输出设备

过程输入/输出系统是计算机与工业对象之间信息传递的纽带和桥梁。过程输入/输出系统由输入/输出通道(也称检测控制通道)及接口、信号检测及变送装置和执行机构等组成。从信号传递的方向来看,又可分为过程输入通道和过程输出通道两部分。

输入/输出通道及接口是计算机与外机输入的标准信号。常用的输入/输出接口有并行接口、串行接口等,输入/输出通道有模拟量输入/输出通道和数字量输入/输出通道。模拟量输入/输出通道的作用是:一方面将检测变送装置得到的工业对象的生产过程参数变成二进制代码送给计算机;另一方面将计算机输出的数字信号(时间上离散,幅值也离散的信号)变换为控制操作执行机构的模拟信号(时间上、幅值都连续的信号),以实现对生产过程的控制。数字量输入/输出通道的作用是,除完成编码数字输入/输出外,可将各种继电器、限位开关的状态通过输入接口传送给计算机,或将计算机发出的开关动作逻辑信号经由输出接口传送给生产过程中的各个开关、继电器等。在计算机控制系统中,主机和外围设备间所交换的信息通常分为数据信息、状态信息和控制信息三类。

a. 数据信息。数据信息是主机和外围设备交换的基本信息,通常是8位或16位的数据,可以用并行格式传送,也可以用串行格式传送。数据信息又可以分为数字量、模拟量、开关量和脉冲量。

b. 状态信息。状态信息是外围设备通过接口向CPU提供的反映外围设备所处的工作状态的信息,可作为两者交换信息的联络信号。

c. 控制信息。控制信息是CPU通过接口传送给外围设备的信息。

④ 检测变送装置

检测变送装置的主要功能是将被检测的各种物理量转变成电信号,并转换成适用于计算机输入的标准信号。

⑤ 执行机构

执行机构用来驱动工业对象,完成相应的动作。常用的执行机构有电动机、调节阀、电液伺服阀、各种开关等。

计算机控制系统种类繁多,系统复杂程度也不尽相同,组成计算机控制系统的硬件组成也不同,设计者可根据实际情况进行选择。

(2) 软件组成

① 软件分类

软件是指计算机控制系统中具有各种功能的计算机程序的总和,计算机控制软件分为两大类:系统软件和应用软件。

系统软件是由计算机的制造厂商提供的,用来管理计算机本身的资源和方便用户使用计算机的软件。常用的有汇编语言、高级算法语言、操作系统、数据库系统、开发系统等,一般不需用户自行设计编程,只需掌握使用方法或根据实际需要加以适当改造即可,计算机设计人员负责研制系统软件,而计算机控制系统设计人员则要了解系统软件并学会使用,从而更好地编制应用软件。

应用软件是由计算机软件开发、设计人员根据不同行业、生产过程工艺流程需要而编制的控制和管理程序,如输入程序、输出程序、控制程序、人机接口程序、打印显示程序等。应用软件的优劣,将给控制系统的功能、精度和效率带来很大的影响。

在计算机控制系统中,软件和硬件不是独立存在的,在设计时必须注意两者相互间的有机配合和协调,只有这样才能研制出满足生产要求的高质量的控制系统。

② 计算机控制算法

计算机控制算法是指以一步接一步的方式来详细描述计算机如何将输入转化为所要求的输出的过程,或者说,算法是对计算机上执行的计算过程的具体描述。通常算法的实现可以表现为具体的设置、数学表示或者应用软件的开发。在控制算法的发展历史中,主要出现了4大类控制算法:

a. 经典控制算法。这种方法的核心算法是以经典的经验型特征公式为基础,或对控制对象进行精确建模,再用相应的比例、积分、微分方式进行回路控制。在工程实际中,应用最为广泛的经典控制算法为比例、积分、微分控制,简称PID控制,又称PID调节。PID控制器问世至今已有近70年历史,以其结构简单,稳定性好,工作可靠,调整方便而成为工业控制的主要技术之一。当被控对象的结构和参数不能完全掌握,或得不到精确的数学模型时,控制理论的其他技术难以采用时,系统控制器的结构和参数必须依靠经验和现场调试来确定,这时应用PID控制技术最为方便。

b. 参数自适应控制算法。这种方法采取了自适应的参数调整策略来减少这些参数变化对算法的影响,通过及时修正自己的特性以适应对象和扰动的动态特性变化,使整个控制系统始终获得满意的性能。主要应用对象为具有不确定性的系统,即被控对象及其环境的数学模型不是完全确定的。参数自适应控制算法具有以下主要特点:研究具有不确定性的对象或难以确知的对象;能消除系统结构扰动引起的系统误差;对数学模型的依赖很小,仅需要较少的验前知识;控制是较为复杂的反馈控制。

c. 智能控制算法。随着控制对象的日益复杂,系统所处环境因素、控制性能要求的提高,现有的自动控制方法、理论与技术受到了某种程度的挑战,尤其在学习控制研究、机器人控制及自治控制系统等方面,矛盾日渐突出,迫切需要为自动控制学科注人新的活力。一种新的介于现代控制理论和人工智能的研究领域——智能控制形成,并得到迅速发展。这种方法能有效地获取、传递、处理、再生和利用信息,从而在任意给定的环境下能成功地达到预定目的。其核心是一种思维的活动,是一类无需(或仅需尽可能少的)人的干预就能够独立地驱动智能机器实现其目标的自动控制。智能控制系统包括模糊控制、专家系统和神经网络控制等等。模糊控制能有效地控制难以建立精确模型而凭经验可控制的系统;专家系统能在决策中充分表示和利用经验的常识性知识和独特的智能行为;神经网络则具有并行处理和自学习能力。

d. 集成智能控制算法。由于智能控制的各类算法均有其特点,而且他们的优势有互补的可能。因此,可对几种智能控制方法或机理融合在一起构成集成智能控制算法,比如模糊神经网络控制等。

二、计算机控制系统的典型分类

计算机控制系统与其所控制的对象密切相关,控制对象的复杂程度及要求不同,其控制系统也各不相同。计算机控制系统可以分为如下几种典型形式。

1. 操作指导控制系统

操作指导控制系统(Operational Information System,简称OIS)是一种数据采集处理系统,能够为操作人员提供反映控制对象状态的各种数据,并且可以相应地给出操作指导信息,供操作人员参考。系统原理框图如图6-3所示。

该系统属于开环控制结构。在计算机的管理下,系统对控制对象状态参数进行巡回检测、

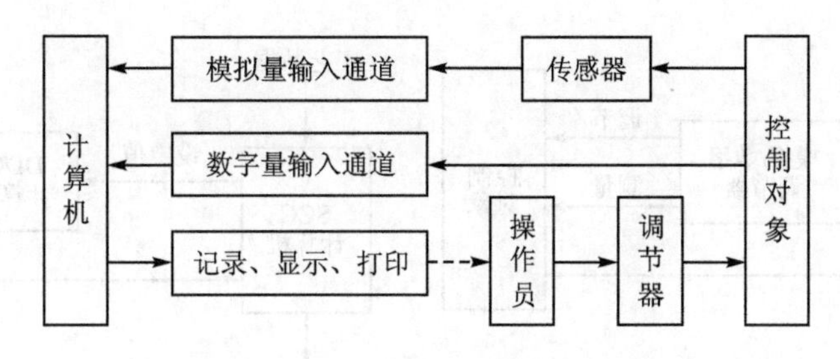

图 6-3　操作指导控制系统原理框图

数据记录、计算、统计、超限报警等。计算机用于掌握和了解系统的运行状态，不参加对控制对象的控制。计算机可以根据一定的控制算法，根据检测数据计算出供操作人员选择的最优操作条件和操作方案。操作人员可以根据计算机的输出信息，改变调节器的给定值或直接操作执行机构。

操作指导系统最突出的优点是结构简单，安全可靠，特别是对于未摸清控制规律的系统更为适用。常用于数据检测处理、试验新的数学模型或调试新的控制程序。缺点是要由人工操作，速度受到限制，不能控制多个对象。

2. 直接数字控制系统

直接数字控制(Direct Digit Control，简称 DDC)是用一台计算机，通过模拟量输入通道和开关量输入通道对被控对象状态参数进行实时数据采集，再根据设定值和一定的控制算法进行运算，然后发出控制信息，通过模拟量输出通道和开关量输出通道输出到执行机构，直接控制被控对象。DDC 系统原理框图如图 6-4 所示。

DDC 系统属于闭环控制系统，是计算机用于工业生产过程和设备控制的最典型的一种系统，应用十分广泛。由于 DDC 系统中的计算机直接承担控制任务，要求计算机应实时性好，可靠性高，适应性强。为了充分发挥计算机的利用率，可以合理地设计应用软件，使一台计算机控制几个或几十个回路。

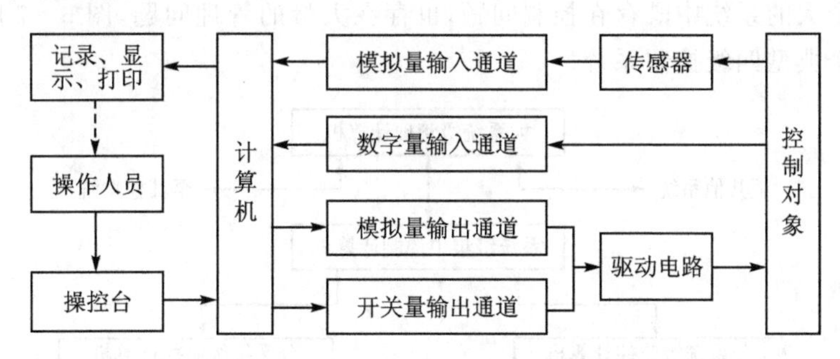

图 6-4　直接数字控制系统原理框图

3. 计算机监督控制系统

计算机监督控制(Supervisory Computer Control，简称 SCC)系统是 OIS 和 DDC 系统的综合与发展。SCC 系统中的计算机根据系统需求和一定的控制算法，自动改变模拟/数字调节器或 DDC 中计算机的设定值，从而使被控对象始终处于最优状态。

SCC 系统可以有两种不同的结构形式，即 SCC 计算机＋模拟/数字调节器系统(如图 6-5 所示)，以及 SCC 计算机＋DDC 的分级控制系统(如图 6-6 所示)。

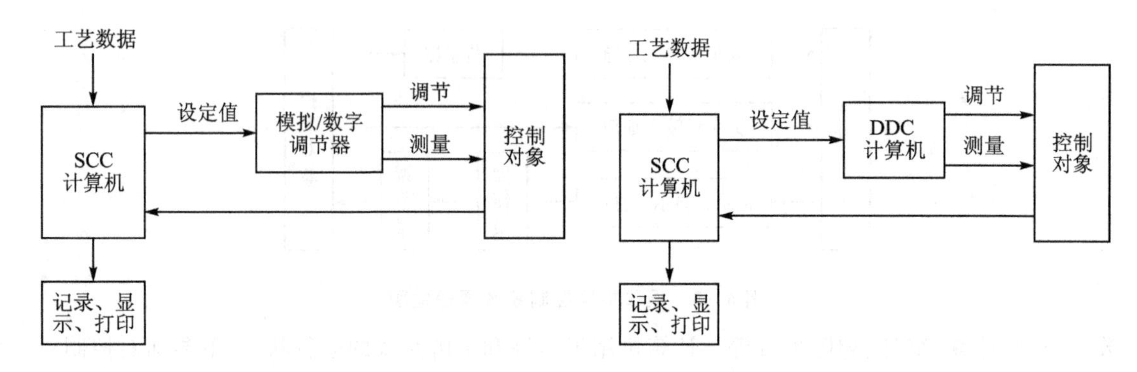

图 6-5　SCC 计算机+模拟/数字调节器系统　　**图 6-6　SCC 计算机+ DDC 的分级控制系统**

SCC 计算机+模拟/数字调节器系统，由计算机系统对各物理量进行巡回检测，按一定的数学模型和控制算法对被控对象进行状态分析、最优设定值计算，并将计算结果送给调节器，使被控对象保持在最优状态。当 SCC 计算机出现故障时，可由模拟/数字调节器独立完成操作。

SCC 计算机+DDC 的分级控制系统实际上是一个二级控制系统，SCC 计算机可以使用高档计算机，与 DDC 之间通过通信接口进行通信联系。在 DDC 系统中，用计算机代替模拟调节器进行控制。SCC 计算机可以完成被控参数的测量，进行高一级的最优化分析和计算，并给出最优设定值，送给 DDC 级进行控制。SCC 系统较 DDC 系统更接近生产变化实际情况，不仅可以进行给定值控制，还可以进行顺序控制、最优控制及自适应控制等。

4. 多级控制系统

将监督控制系统推广到更高一级，就给出了多级控制的概念。多级控制系统也可称为集散控制系统(Distributed Control System，简称 DCS)，它采用分散控制、集中操作、分级管理和综合协调的设计原则，把系统从下到上分为设备控制级、操作监控级、集中控制级和综合信息管理级等。一个大的系统中既存在控制问题，也存在大量的管理问题，图 6-7 所示是针对这类大系统的一个典型四级控制系统。

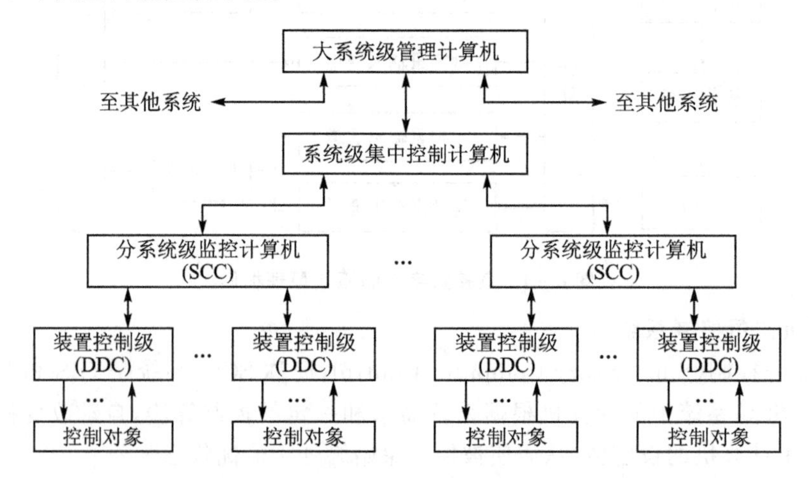

图 6-7　分级计算机控制系统

图中所示的分级控制系统，最低一级是控制单一设备的 DDC；较高一级是 SCC，可以管理由几个 DDC 系统组成的一个分系统级的工作过程;更高一级可以同时管理几个分系统的控制计算机,使整个系统获得最大效益;最高级是大系统级管理处理机,可对整个系统及相关系统的运行状况进行分析并作出最优决策。这种系统具有使用灵活方便,可靠性高,功能强等特点。

5. 现场总线控制系统

现场总线控制系统(Fieldbus)始于 20 世纪 80 年代,90 年代技术日趋成熟,并受到世界各自动化设备制造商和用户的广泛关注,用于过程自动化、制造自动化、楼宇自动化等领域的现场智能设备互连通信网络。作为工厂数字通信网络的基础,现场总线系统沟通了生产过程现场及控制设备之间及其与更高控制管理层次之间的联系,成为自动化技术发展的热点,并将导致自动化系统结构与设备的深刻变革。

一般把控制系统的发展分为五代:

第一代控制系统:20 世纪 50 年代前的气动信号控制系统 PCS;

第二代控制系统:4~20 mA 等电动模拟信号控制系统;

第三代控制系统:基于数字计算机的集中式控制系统;

第四代控制系统:20 世纪 70 年代中期以来的集散式分布控制系统 DCS;

第五代控制系统:以开放性、分散性与数字通信为特征的现场总线控制系统 FCS。

FCS 作为新一代控制系统,一方面,突破了 DCS 系统采用通信专用网络的局限,采用了基于公开化、标准化的解决方案,克服了封闭系统所造成的缺陷;另一方面,把 DCS 的集中与分散相结合的集散系统结构,变成了新型全分布式结构,把控制功能彻底下放到现场。

6. PLC+上位机系统

在工业控制领域中,PLC 作为一种稳定可靠的控制器得到广泛的应用,但也有自身的一些缺点:数据的计算处理和管理能力较弱,不能给用户提供良好的界面等。而计算机恰好能弥补 PLC 的不足,它不但有很强的数据处理和管理能力,而且能给用户提供非常美观而又易于操作的界面。将 PLC 与计算机结合,可使系统达到既能及时地采集、存储数据,又可处理和使用好数据,这是 PLC 发展和应用的一个热点问题。

将 PLC 与计算机通信网络连接起来,并实现串行通信,PLC 作为下位机,计算机作为上位机,形成一个优势互补的自动控制系统,就可以实现“集中管理,分散控制”。PLC 完成对现场开/关量、模拟输入/输出量的控制处理,计算机实现对过程参数的监控、分析、统计修改等,从而可以有效地提高控制系统的整体自动化程度。

在控制系统中,一般计算机仅用于编程、参数设定和修改,以及图形和数据的在线显示,并没有直接参与现场控制,现场的控制由 PLC 完成。因此,即使是计算机出了故障,也不会影响整个生产过程的正常进行,可以大大提高系统的可靠性。应用实践表明:这种分布式控制系统可以综合计算机和 PLC 的长处,弥补各自功能上的不足,实现控制与管理一体化。这种分布式控制系统在工厂自动化(FA)、柔性制造系统(FMS)及计算机集成制造系统(CIMS)中可以发挥重要的作用。

三、计算机控制系统的现状与发展趋势

1. 计算机控制系统的发展现状

在 20 世纪 60 年代,控制领域中就引入了计算机。当时计算机是控制调节器的设定点,具体的控制则由电子调节器来执行,这种系统称为计算机监控系统。在 60 年代末期出现了用一

台计算机直接控制一个机组或一个车间的控制系统，简称集中控制系统。这种控制系统即常说的直接数字控制(DDC)系统。计算机 DDC 控制的基本思想是使用一台计算机代替若干个调节控制回路功能。这个控制系统由于只有一台计算机而且没有分层，所以非常有利于集中控制盒运算的集中处理，并且能得到很好的反映，并且，各个控制规律都可以直接实现。但是，如果生产过程复杂，则该系统的可靠性就很难保证了。系统的危险性过于集中，一旦计算机发生故障，整个系统就会停顿。

70 年代随着电子技术的飞速发展，随着大规模集成电路的出现和发展，集散控制系统(DCS)出现，之后在此基础上，随着生产发展的需要而产生了一种更新一代的控制系统，即分布式控制系统。典型的集散控制系统具有两层网络结构，下层负责完成各种现场级的控制任务，上层负责完成各种管理、决策和协调任务。

90 年代以来，随着各个学科的发展和交叉融合，随着现代大型工业生产自动化的不断兴起，利用计算机网络作为控制工具的综合性控制系统，计算机集成系统(CIPS)应运而生。它紧密依赖于最新发展的计算机技术、网络通信技术和控制技术，并且终将成为未来控制系统的发展趋势。

2. 计算机控制系统的发展趋势

(1) 集散型控制系统(DCS)和工业控制计算机技术相互渗透，并扩大各自的应用领域

原来集散型工业控制多选用 DCS，离散型制造业的控制多采用可编程控制器(PLC)。随着 DCS 和 PLC 相互渗透发展继而扩大自己的应用领域，将出现 DCS 和 PLC 融合于一体的集成过程控制系统。

(2) 控制系统的网络化

随着计算机技术和网络技术的迅猛发展，各种层次的计算机网络在控制系统中的应用越来越广泛，规模也越来越大，从而使传统意义上的回路控制系统所具有的特点在系统网络化过程中发生了根本变化，并最终逐步实现了控制系统的网络化。

并且工业控制网络将向有线和无线相结合的方向发展。计算机网络技术、无线技术及智能传感器技术的结合，产生了基于无线技术的网络化智能传感器。这种基于无线技术的网络化智能传感器使得工业现场的数据能够通过无线链路直接在网络上传输、发布和共享。

(3) 控制系统扁平化

在传统的集散和分布式计算机控制系统中，根据完成的不同功能和实际的网络结构，系统以网络为界限被分成了多个层次，各层网络之间通过计算机相连。这种复杂多层的结构会造成多种障碍，具有很多缺点。新一代计算机控制系统的结构发生了明显变化，逐步形成两层网络的系统结构。上层负责完成高层管理功能，包括各种控制功能之间的协调、系统优化调度、信息综合管理和组织以及总体任务的规划等。底层负责完成所有具体的控制任务，如参数调节的回路控制、过程数据的采集和显示、现场控制的监视及故障诊断和处理等。

(4) 控制系统智能化

随着科学技术的发展，对工业过程不仅要求控制的精确性，更加注重控制的鲁棒性、实时性、容错性及对控制参数的自适应和自学习能力。另外，被控工业过程日趋复杂，过程严重的非线性和不确定性，使许多系统无法用数学模型精确描述。这样建立在数学模型基础上的传统方法将面临空前的挑战，也给智能控制方法的发展创造了良好的机遇。传统的控制方法在很大的程度上依赖于过程的数学模型，但是，至今获取过程的精确数学模型仍然是一件十分困

难的工作。没有精确的数学模型作前提，传统的控制系统的性能将大打折扣。而智能控制器的设计却不依赖于过程的数学模型，因而对于复杂的工业过程往往可以取得很好的控制效果。

智能控制是一类无需人的干预就能够自主地驱动智能机器实现其目标的过程，是用机器模拟人类智能的一个重要领域。智能控制方法较深层次上模拟人类大脑的思维判断过程，通过模拟人类思维判断的各种算法实现控制。智能控制包括学习控制系统、分级递阶智能控制系统、专家系统、模糊控制系统和神经网络控制系统等。应用智能控制技术和自动控制理论来实现的先进的计算机控制系统，将有力地推动科学技术进步，并提高工业生产系统的自动化水平。计算机技术的发展加快了智能控制方法的研究。

(5) 工业控制软件的组态化

工业控制软件已向组态化方向发展，工业控制软件主要包括人机界面软件、控制软件及生产管理软件等。目前，我国已开发出一批具有自主知识产权的实时监控软件平台、先进控制软件、过程优化控制软件等成套应用软件。

第二节　计算机输入/输出接口

计算机控制系统的输入/输出接口是计算机与生产过程或外部设备之间交换信息的桥梁，也是计算机控制系统中的一个重要组成部分。计算机输入/输出接口可以分为模拟量输入接口、模拟量输出接口、开关量(数字量)输入/输出接口等。其中模拟量输入接口的功能是把工业生产控制现场送来的模拟信号转换成计算机能接收的数字信号，完成现场信号的采集与转换功能；模拟量输出接口是把计算机输出的数字信号转换成模拟的电压或电流信号，以便驱动相应的模拟执行机构动作，达到控制生产过程的目的；开关量输入/输出接口是把现场的开关量信号，如触点信号、电平信号等送入计算机，实现环境、动作、数量等的统计和监督等输入功能，并根据事先设定好的参数，实施报警、联锁、控制等输出功能。

一、模拟量输入接口

在控制过程中，有许多参数如压力、行程、温度、流量等模拟量需要检测与控制，因此要想实现这些参数向计算机的输入，必须将这些模拟量转换成数字量，即须通过模拟量输入通道，才能与控制计算机相连。

1. 模拟量输入通道的结构

模拟量输入通道的一般结构如图 6-8 所示，模拟量输入通道一般由 I/V 变换、多路转换器、采样保持器、A/D 转换器、接口及控制逻辑电路组成。

2. *I/V* 变换

图 6-9 所示为无源 I/V 变换电路图，主要利用无源器件电阻实现，并加滤波和输出限幅等保护措施。

对于 0～10 mA 输入信号，可取 $R_1=100\ \Omega$，$R_2=500\ \Omega$，且 R_2 为精密电阻，这样当输入的电流为 0～10 mA 电流时，输出的电压为 0～5V。

3. 多路开关

在实时控制与实时采集处理系统中，被控制和被测量的回路往往是几路或几十路。对这些回路的参量进行模数转换，时常采用公共的模数转换电路，利用多路开关轮流切换各被测回

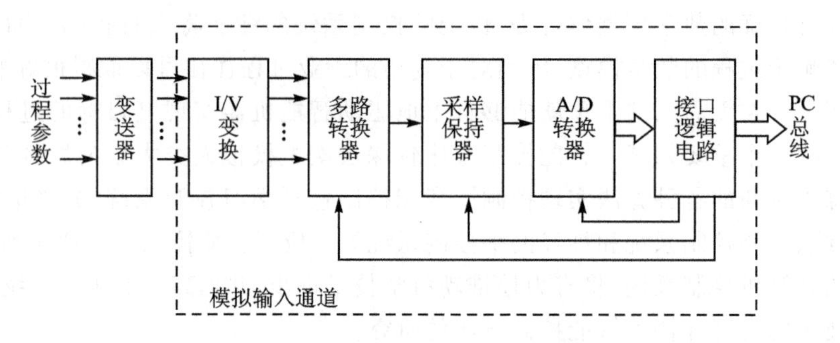

图 6-8　模拟量输入通道的组成结构示意图

路与模数转换电路间的通路,以达到分时输入的目的。在计算机控制系统中,由 CPU 发出信号切换各回路。

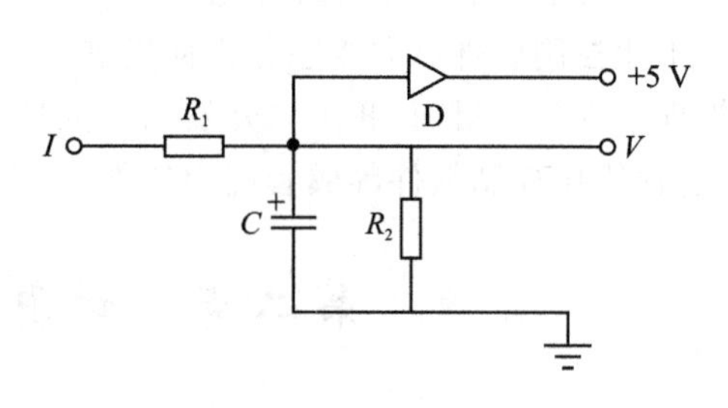

图 6-9　无源 I/V 变换电路图

理想的多路开关其开路电阻为无穷大,其接通时的导通电阻为零。常用的多路开关有 CD4051(或 MC14051)、AD7501、LF13508 等。CD4501 有较宽的数字和模拟信号电平,数字信号为 3～15 V,模拟信号峰峰值 V_{PP} 为 15 V;当 $V_{DD}-V_{EE}=15$ V,输入幅值当为 15 V 时,其导通电阻为 80 Ω;当 $V_{DD}-V_{EE}=10$ V 时,其断开时的漏电流为±10 pA,静态功耗为 1 μW。

由此可见,这种集成多路开关不是理想的开关,接通时的导通电阻并不是足够小,而且其阻值随所使用的电源电压不同而变化。为了减小多路开关导通电阻对信号传输精度的影响,就要求后面的负载阻抗足够大。

4. 采样保持器

A/D 转换器完成一次 A/D 转换总需要一定的时间。在进行 A/D 转换时间内,希望输入信号不再变化,以免造成转换误差。这样,就需要在 A/D 转换器之前加入采样保持器。如果输入信号变化很慢,如温度信号;或者 A/D 转换时间较快,使得在 A/D 转换期间输入信号变化很小,在允许的 A/D 转换精度内,就不必再选用采样保持器。

采样保持器 S/H(Sample and Hold)的结构原理如图 6-10 所示,其输入/输出特性如图 6-11 所示。

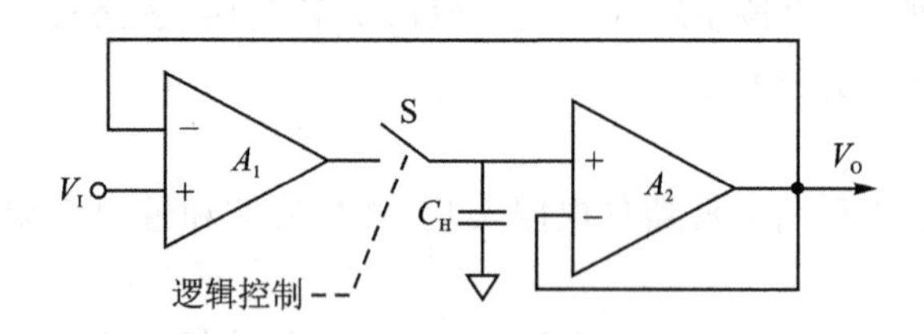

图 6-10　采样保持器原理结构图

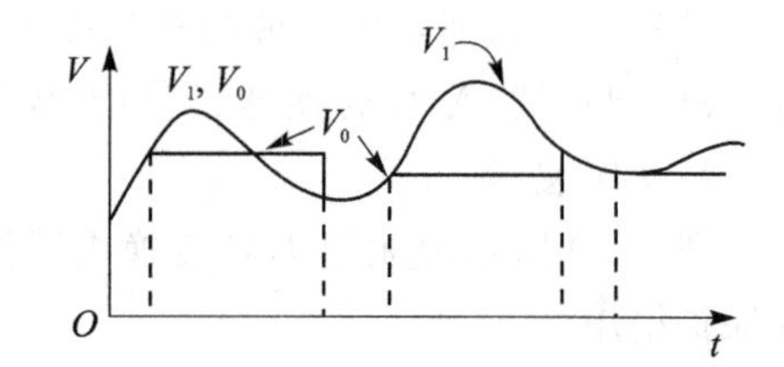

图 6-11　采样保持器 I/O 特性示意图

目前,大多数集成采样保持器都不包含保持电容 C_H,所以使用时常常是外接 C_H。由上述原理可知,C_H的质量关系到采样保持器的精度。这就要求选用介质损耗低,漏电小的电容器,如聚苯乙烯、聚四氟乙烯、聚丙烯电容,其容量大小与采样频率成反比,一般为几百 pF～

0.01 μF。常用的集成采样保持器有 LF198/298/398,AD582 等。

5. A/D 转换器

模拟量输入通道的任务是将模拟量转换成数字量,能够完成这一任务的器件,称为之模/数转换器(Analog/Digital Converter,简称 A/D 转换器或 ADC)。常用的 A/D 转换的方法有逐次逼近式和双斜积分式,前者转换时间短(几微秒~几百微秒),但抗干扰能力较差;后者转换时间长(几十~几百毫秒),但抗干扰能力较强。在信号变化缓慢、现场干扰严重的场合,宜采用后者。

(1) 量 化

将模拟测量信号转化为数字编码以进行计算机处理,需使用模拟/数字(A/D)转换器,即将模拟信号转换为数字信号最常用的器件。

A/D 转换器将输入电压 U_e 转换成相应的编码输出信号 D_a。一个二进制编码输出信号(如图 6-12 所示)可以表示为

$$D_a = a_1 \cdot 2^{-1} + a_2 \cdot 2^{-2} + \cdots + a_n \cdot 2^{-n} = \frac{U_e}{U_{ref}} + \varepsilon \qquad -2^{-(n+1)} \leqslant \varepsilon \leqslant +2^{-(n+1)} \tag{6-1}$$

式中:U_{ref} 为参考电压,即输入信号的范围;a_i 为各位的值(0 或 1);ε 为量化误差,$|\varepsilon| \leqslant \frac{1}{2}$LSB;$a_n$ 为最低有效位(LSB)。

最大量化误差值为:$U_{ref}/(2^n-1) \approx U_{ref}/2^n$;$n$ 为一个大数。

一般选择 A/D 转换的分辨率时,应使量化误差的大小与输入信号 U_e 的绝对误差处于同一数量级上,并且模拟输入信号的幅值应尽量与 A/D 转换器的输入量范围相匹配。

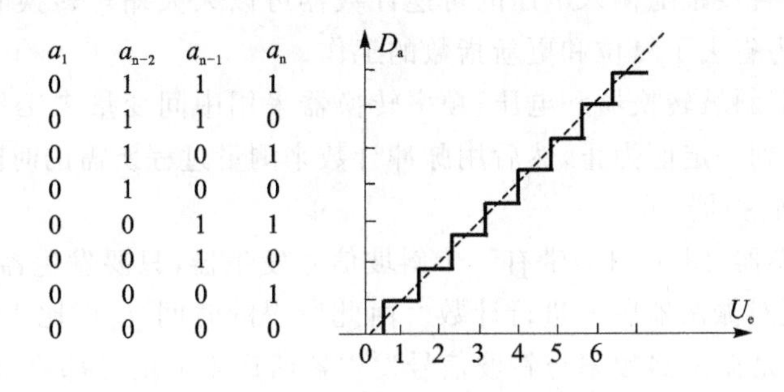

图 6-12 二进制 A/D 转换

(2) A/D 转换器

根据功能原理的不同,A/D 转换器可分为并行转换器和串行转换器两种形式。并行转换器同时确定所有系数 a_i,而串行转换器则是依次确定各个系数。因而串行转换法比并行转换法要慢,但其电路造价却小的多。此外还有其他一些方法,无非是将上述两种方法组合起来使用或是采用中间变量来进行工作。

一般来说可以自由选择 A/D 转换器数字输出信号编码的形式,但最常用的一种是二进制编码。

① 并行 A/D 转换器

这种转换器中输入信号直接与 2^n-1 个参考电压作比较(如图 6-13 所示),从逻辑输出信号中确定系数 a_i 的工作是在一个专门的译码网络中进行的。由于电路造价高,因而这种方法

只适用于小位数的转换器($n=4\sim8$ 位)。同时确定所有系数只需要很短的转换时间(<100 ns),因此也称这种转换器叫闪烁转换器。

② 串行 A/D 转换器

在增量式转换器中只设置一个比较器(如图 6-14 所示),因此其比较电压是逐步提高的。只要比较器的输出是逻辑“1”,便对增量的次数进行计数,直到模拟输入信号 U_e 等于比较电压为止。在两电压相等时,计数器中记录的便是二进制编码的输出信号。从比较器输出信号中可同时引出“数据询问就绪”的信号,利用它在下次转换之前将计数器置零。

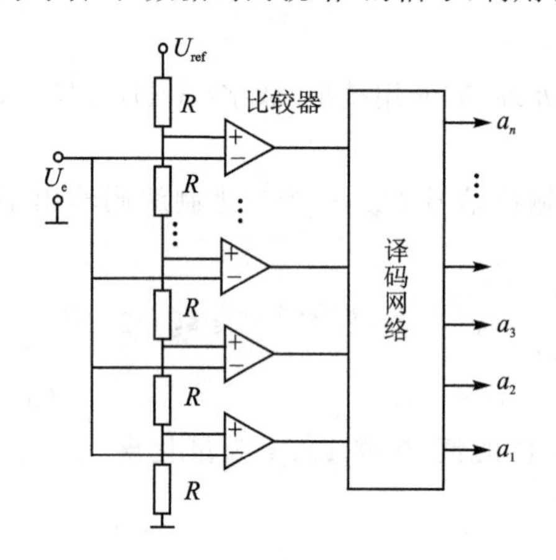

图 6-13　并行 A/D 转换器

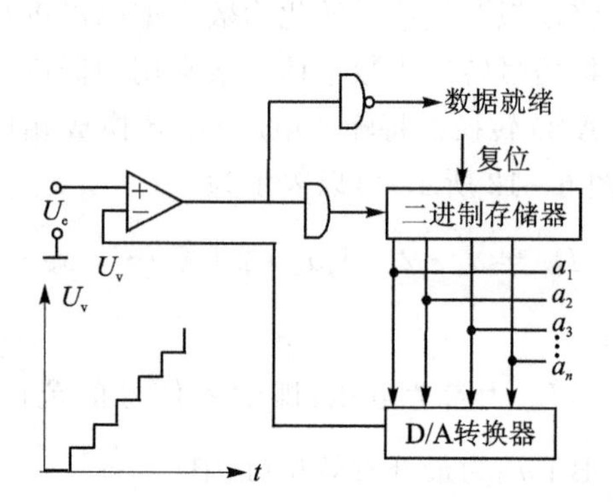

图 6-14　增量式 A/D 转换器

与并行 A/D 转换器相比,这种方式速度很慢;转换时间极大地依赖于二进制位数和信号的绝对值。采用一种直接跟随输入电压的可逆计数器可以大大缩短转换时间,尤其是在信号变化小的区域里,因为省去了复位和更新指数的工作。

锯齿波转换器、双斜坡转换器和电压-频率转换器采用中间变量来工作,这些方法都是对电压进行积分直至达到一定值为止,然后用脉冲计数来测量过程所需的时间。

③ 锯齿波 A/D 转换器

锯齿波 A/D 转换器(图 6-15)带有一个斜坡信号发生器,只要发生器的输出信号小于输入电压 U_e,计数器便对振荡器脉冲进行计数。由此所得的时间 T_1 正比于输入信号 U_e。使用这种方法的前提条件是振荡器频率与斜坡信号发生器所产生的信号都要很稳定。

④ 电压-频率转换器

电压-频率转换器(图 6-16 所示)工作原理与锯齿波 A/D 转换器相同,只是不采用常值参考电压来产生斜坡信号,而是对输入电压 U_e 积分并将电压 U_x 与参考电压 U_{ref} 作比较。

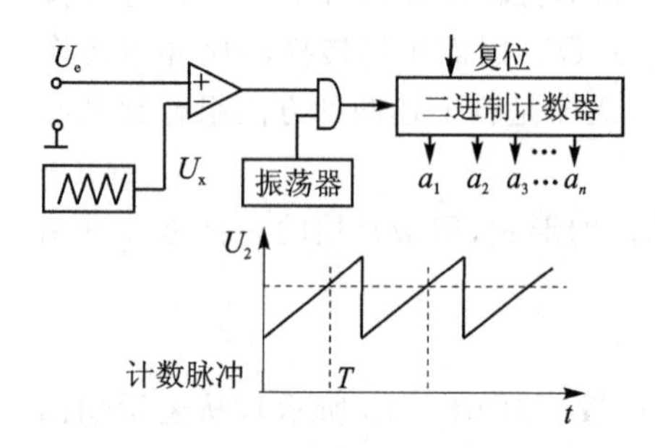

图 6-15　锯齿波 A/D 转换器

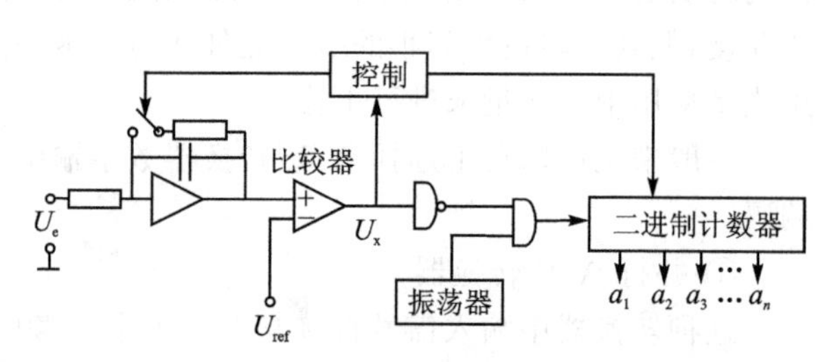

图 6-16　电压-频率转换器

⑤ 双斜坡 A/D 转换器

双斜坡 A/D 转换器，如图 6－17 所示，在时间 T_1 内用积分器对输入电压 U_e 进行积分，紧接着电容 C 连续地以恒定电压 U_{ref} 放电，放电期间所计得的脉冲数正比于时间 T_2，因而也正比于输入信号 U_e。

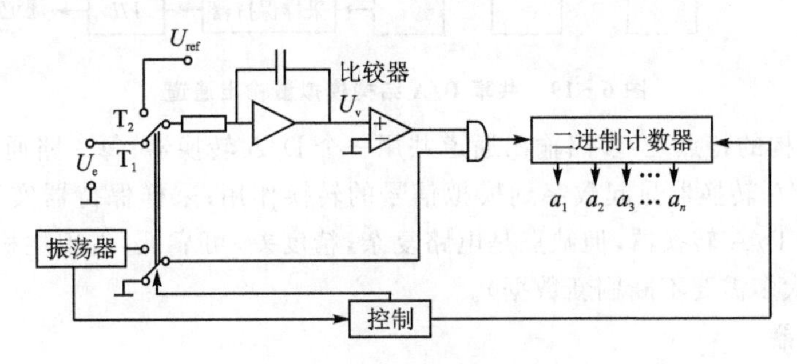

图 6－17　双斜坡 A/D 转换器

比起锯齿波 A/D 转换器，该方法具有下述优点：积分器部件（R、C）性质的变化不影响精度，只要这种变化在一个转换周期内保持恒定。

由于转换开关直接由振荡频率来控制，因而频率的稳定性对结果的精度也没有什么影响。除此以外，通过适当选择积分时间也可以抑制周期性干扰成分。

采用三斜坡 A/D 转换器能获得比用双斜坡 A/D 转换器更高的转换速度，此时，电容器的放电分两步来完成。第一步先快速放电至接近于零的一个值，然后从第二步开始电容器再慢慢地放电至零。采用相应的计数器控制能获得比双斜坡 A/D 转换器高 10 倍的转换速度而不损害转换精度。

一般来说，所有的转换器均能保证达到转换误差＜0.5LSB，但都不可避免地存在着使用电子线路时所能产生的所有误差（如非线性、偏差、温漂等）。

二、模拟量输出接口

1. 模拟量输出通道的结构

模拟量输出通道是计算机控制系统实现控制输出的关键，其任务是将 CPU 输出的数字信号转换成模拟信号去驱动相应的执行机构，以达到控制的目的。模拟量输出通道一般由接口电路、数/模转换器（简称 D/A 或 DAC）和电压/电流变换器（I/V 变换）等构成。常见的模拟量输出通道结构主要有多 D/A 结构（图 6－18）和共享 D/A 结构（图 6－19）两种。

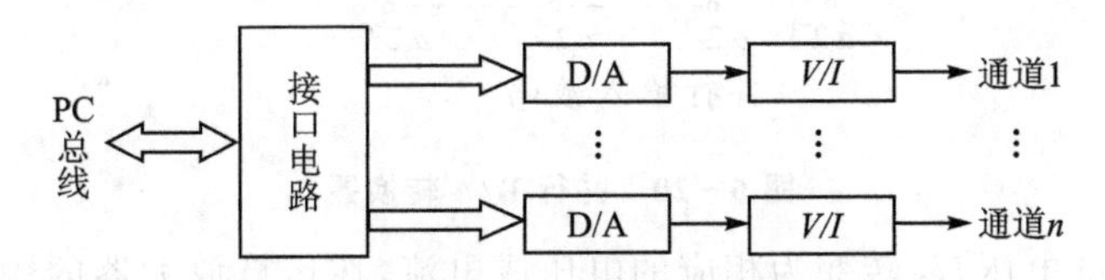

图 6－18　多 D/A 结构模拟量输出通道

其中多 D/A 结构的特点是：每一路输出通道均使用一个 D/A 转换器；D/A 转换器芯片内部一般都带有数据锁存器；D/A 转换器具有数字信号转换模拟信号、信号保持作用；结构简单，转换速度快，工作可靠，精度较高，通道独立；缺点是所需 D/A 转换器芯片较多，成本较高。

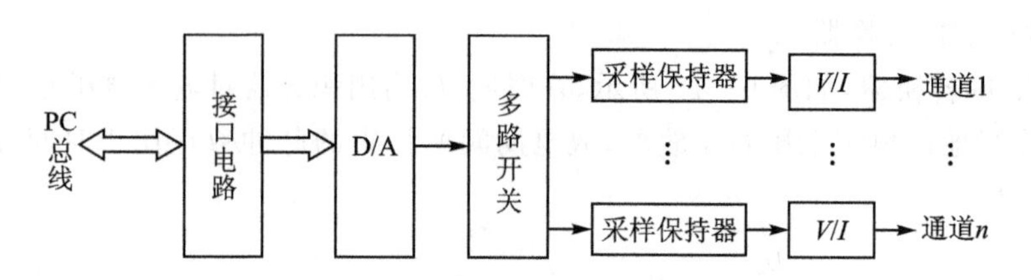

图 6-19 共享 D/A 结构模拟量输出通道

共享 D/A 结构的特点是：多路输出通道共用一个 D/A 转换器；每一路通道都配有一个采样保持放大器；D/A 转换器只起数字到模拟信号的转换作用；采样保持器实现模拟信号保持功能；该结构节省 D/A 转换器，但缺点是电路复杂，精度差，可靠低，占用主机时间（为了保持信号不至于下降太多需要不断刷新数据）。

2. D/A 转换器

模拟量输出通道的核心是数/模转换器（Digital/Analog Converter，简称 D/A 转换器或 DAC），是将数字量转换成模拟量的元件或装置。

（1）工作原理

传感器计算机测控系统输入通道的数字接口，主要表现为 A/D 转换器与计算机的接口电路，在某些情况下还要涉及到 V/F 变换器与计算机的接口电路，其输出通道的数字接口主要表现为 D/A 转换器的接口电路。

D/A 转换器将数字信号转换为模拟信号，从原理上可以分为并行 D/A 转换器及串行 D/A 转换器两种形式。并行 D/A 转换器的转换速度快，但电路复杂。随着微电子技术的发展，并行 D/A 转换器将被广泛使用。

并行 D/A 转换器的位数与输入数码的位数相同，对应输入数码的每一位都设有信号输入端，用以控制相应的模拟切换开关，把基准电压 U_N 接到电阻网络上。并行 D/A 转换器的原理如图 6-20 所示。

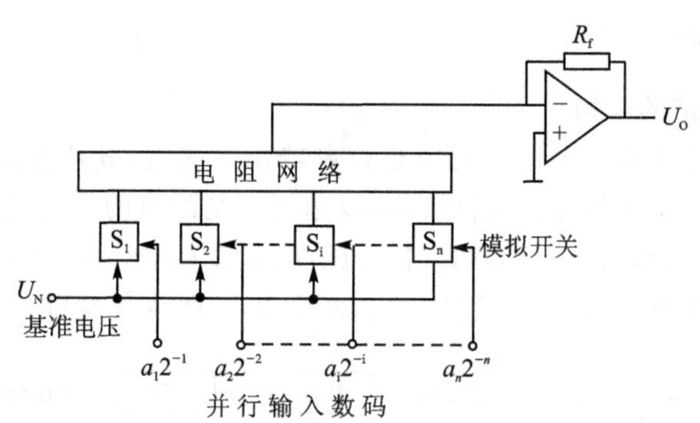

图 6-20 并行 D/A 转换器

电阻网络将基准电压 U_N 转变为相应的电压或电流，在运算放大器的输入端相加，放大器的输出则反映了输入数码的大小。如输入数码

$$X_p = a_1 2^{-1} + a_2 2^{-2} + \cdots + a_n 2^{-n}$$

则输出电压

$$U_o = U_N X_p = U_N (a_1 2^{-1} + a_2 2^{-2} + \cdots + a_n 2^{-n}) = U_N \sum_{i=1}^{n} a_i 2^{-i}$$

式中，a_i 是 1 还是 0，取决于输入数码第 i 位是逻辑 1 还是逻辑 0。如果 $a_i = 1$，则基准电压 U_N通过模拟切换开关加到电阻网络上；如果 $a_i = 0$，模拟切换开关断开，基准电压 U_N不能加到电阻网络上。

并行 D/A 转换器的转换速度很快，只要输入端加入数码信号，输出端就立即有相应的模拟电压输出。

(2) 主要性能指标

① 分辨率

指最小输出电压(对应的输入数字量只有最低有效位为“1”)与最大输出电压(对应的输入数字量所有有效位全为“1”)之比。如 N 位 D/A 转换器，其分辨率为 $1/(2^N - 1)$。在实际使用中，表示分辨率大小的方法也用输入数字量的位数来表示，如 8 位、10 位和 12 位的 D/A 转换器的分辨率分别为 0.3906％、0.0976％～0.024％。

② 线性度

用非线性误差的大小表示 D/A 转换的线性度，并且把理想的输入/输出特性的偏差与满刻度输出之比的百分数定义为非线性误差。通常线性度不超过±LSB/2(LSB 是给定基准电压下数据最低有效位，简称 LSB)。

③ 转换精度

D/A 转换器的转换精度与 D/A 转换器的集成芯片的结构和接口电路配置有关。如果不考虑其他 D/A 转换误差时，D/A 的转换精度就是分辨率的大小，因此要获得高精度的 D/A 转换结果，首先选择满足分辨率要求的 D/A 转换器。另外，转换精度还与外接电路的配置有关，当外部电路器件或电源误差较大时，会造成较大的 D/A 转换误差；当这些误差积累超过一定程度时，D/A 转换就产生错误。

④ 稳定时间

D/A 转换器的稳定时间定义为输入二进制数字信号从最小变化到最大时，其输出电压或电流达到终值(0.5LSB)对应的电压或电流所需要的时间，是 D/A 转换器的动态指标，一般来说，电流输出型 D/A 转换器的稳定时间为几微秒，电压输出型 D/A 转换器的稳定时间取决于运算放大器的响应时间，通常为几十微秒。

现代 D/A 转换器已经做成了大规模集成电路，其中不少种类的 D/A 转换器集成电路内含有与各种微处理器相兼容的接口电路，这类 D/A 转换器被称作是 μP 兼容的 DAC。对应用设计人员来讲，无需了解 DAC 的内部结构和工作原理，只需掌握常用 DAC 集成电路的性能及其与单片机之间接口的基本知识，就可以根据自己所设计应用系统的要求，合理选取 DAC 芯片，与单片机配置适当的接口电路。

(3) D/A 转换器的分类

现在用于 D/A 转换的方法有很多，最常用的是：多级电阻分压式 D/A 转换，多级分流式 D/A 转换及电阻式梯形网络 D/A 转换。脉宽调制法或间接积分转换法较少使用。

① 多级分压式 D/A 转换器

多级分压式 D/A 转换器的电路原理如图 6－21 所示。为了得到参考电压源的恒定载荷，每个数字采用了两个电阻 R'_n 和 R_n 以及两个触点 K'_n 和 K_n。平衡状态，当下面的一个电阻 R_n 接上时，上面的电阻 R'_n 同时被短路。

这种电路有不同的配置方式，例如每个十进位带一个参考电压，或是级联式电路(分压器)等。

② 多级分流式 D/A 转换器

多级分流式 D/A 转换器的电路原理如图 6-22 所示。为各个数字设置的触点 $K_1 \sim K_n$ 通过电导 $G_1 \sim G_n$ 产生分流 $I_1 \sim I_n$，这些分电流在加法电阻 R_s 上产生一个对应于数字值的电压值。为达到转换误差小的目的，其条件为：

$$R_s \leqslant I / \sum_{i=0}^{n} G_i$$

在较好的电路中，分流是用电流发生器来产生的。由于电流发生器内阻很大，因而加法电阻的影响可以忽略不计。

③ 电阻式梯形网络 D/A 转换器

为进行纯二进制数的转换，还经常采用一种电阻式梯形网络 D/A 转换器，其原理如图 6-23 所示。

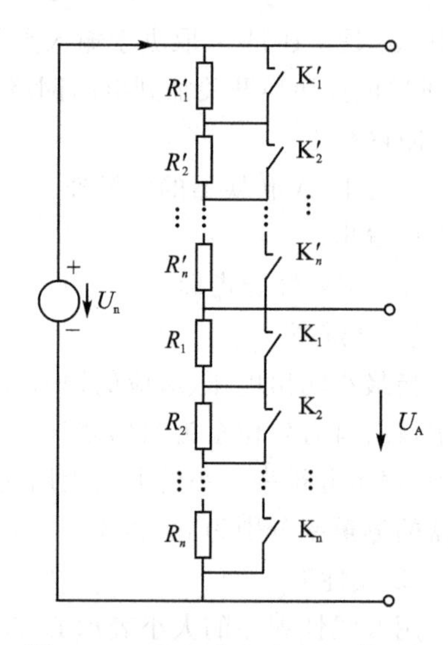

图 6-21　多级分压式 D/A 转换器

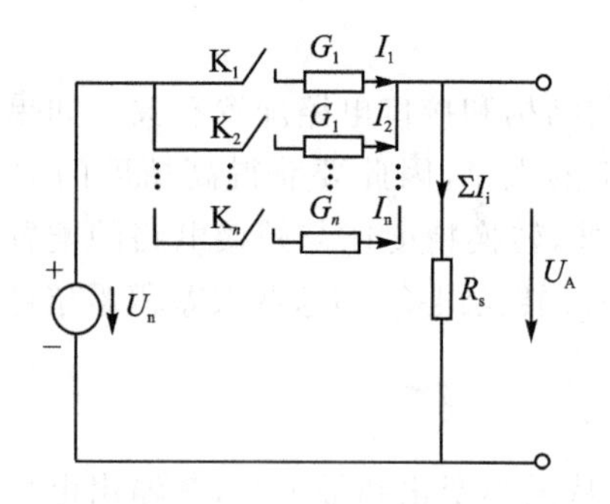

图 6-22　多级分流式 D/A 转换器

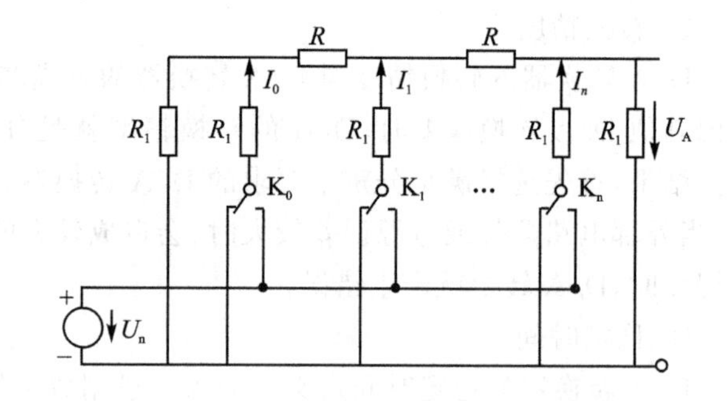

图 6-23　电阻式梯形网络 D/A 转换器

在图中，对应于闭合触点 $K_0 \sim K_n$ 各自在负载电阻 R_1 上流过分级的电流为：$I_0/2^n, \cdots, I_0/2^2, I_0/2^1$，负载电阻 R_1 上流过分级的电压 U_A 为

$$U_A = \frac{R_1 U_n \cdot Z}{2^{n+1}(R_1 + R)}$$

式中：Z 为要转换的数字。

3. V/I 变换

一般情况下，D/A 转换电路的输出是电压信号。在计算机控制系统中，当计算机远离现场，为了便于信号的远距离传输，减少由于传输带来的干扰和衰减，需要采用电流方式输出模拟信号。许多标准化的工业仪表或执行机构，一般采用 0～10 mA 或 4～20 mA 的电流信号驱动。因此，需要将模拟电压信号通过电压/电流(V/I)变换技术，转化为电流信号。

采用分立元件或运算放大器均可以构成 V/I 转换电路。随着集成电路技术的发展，目前已采用集成 V/I 转换电路来实现。

4. D/A 转换器接口电路

(1) 8 位 DAC 接口

以 DAC 集成芯片 AD558 为例来介绍 8 位 DAC 及其接口电路。

① AD558引脚和功能

AD558的引脚如图6-24所示。AD558是电压输出型器件，主要由8位T型电阻网络、电压开关、集成注入式锁存器、控制器、参考电压控制逻辑和输出放大器组成。

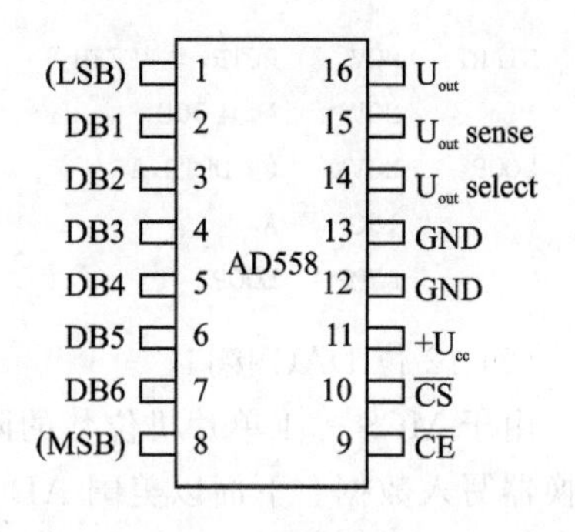

图6-24　D/A转换器AD558引脚图

AD558型D/A转换器为16引脚双列直插封装，各引脚含义如下：

DB0～DB7为数字量数据输入线；

$\overline{CS}$为片选输入线，低电位有效；

$\overline{CE}$为数据输入锁存控制信号线，低电位输出有效；

GND(12脚)为数字信号公共地输入线；

GND(13脚)为模拟信号公共地输入线；

$+U_{CC}$为工作电源线，U_{out}为输出电压信号线；

U_{out}sense和U_{out}select为输出电压幅值选择线，选择不同的连接方式，将有不同的输出电压幅值，如工作电源可以在4.5～16.5 V之间选择，则输出电压的范围为0～2.56 V，工作电源在11.4～16.5 V之间选择，则输出电压的范围为0～10 V。接线时应特别注意数字信号公共地和模拟信号公共地两个引脚的接法。由于D/A转换芯片输入的是数字量，输出的是模拟量，模拟信号很容易受到电源和数字信号等干扰而引起波动。为减少干扰波动，提高输出的稳定性，一般把数字地和模拟地分开。模拟地接基准电源参考地(如电路中需用基准电源时)和输出U_{out}之后运放器件的地，数字地与工作电源、时钟和其他数据、地址、控制等信号的数字逻辑地相连接。AD558的逻辑结构图如图6-25所示。

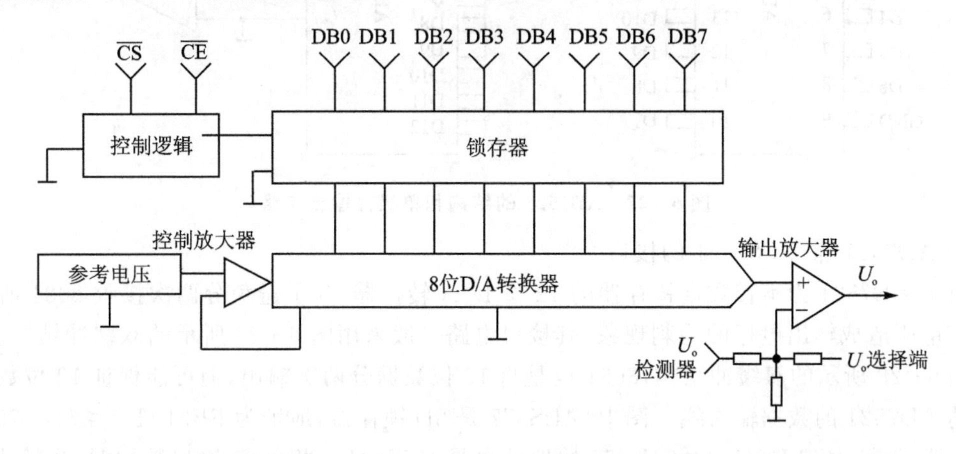

图6-25　D/A转换器AD558逻辑结构图

② AD558和MCS-51的接口

D/A转换器AD558与MCS-51系列芯片8031的接口如图6-26所示。8031的P0与AD558的8位数据线一一相连接，P2口的P2.7连接到AD558的片选信号$\overline{CS}$，这样AD558的片选地址就是7FFF，数据输入锁存控制信号线$\overline{CE}$和8031的写信号线$\overline{WR}$连接，8031的CPU每对AD558执行一次写操作，则把一个输入写入AD558的锁存器，与此同时输出模拟信号随之对应变化。对应图6-26所示电路模拟量的输出，8031执行下面程序，将在AD558

的输出端得到一个锯齿波电压。

```
START:  MOV    DPTR,#7FFFH
        MOV    A,#00H
LOOP:   MOVX   @DPTR,A
        INC    A
        AJMP   LOOP
```

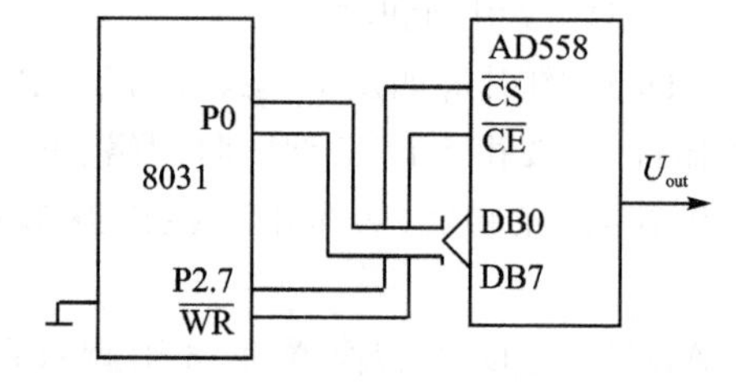

图 6-26　AD558 与 8031 的接口电路

(2) 12 位 DAC 接口

由于 MCS-51 单片机位数的限制，当 D/A 转换器的位数超过 8 位时，只能分批给 D/A 转换器写入数据。下面以美国 AD 公司的 AD7521 型 12 位 D/A 转换器芯片为例介绍其应用方法。

① AD7521 的结构

AD7521 为 18 引脚双列直插封装，采用 CMOS 工艺制作而成。其电路结构为不带数据锁存器的 12 位 D/A 转换电路，属于电流型输出器件，输出必须连接放大器才能构成电压型输出电路。AD7521 的结构和单极性输出电路如图 6-27 所示，D1(高位)~D12(低位)为数据输入线，V_{DD}为电源引线(5~15 V)，V_{REF}为基准电源输入端(-10~+10 V)，$R_{FEEDBACK}$(R_F)为反馈输入端，GND 为数字地，I_{OUT1}和 I_{OUT2}为电流输出端。

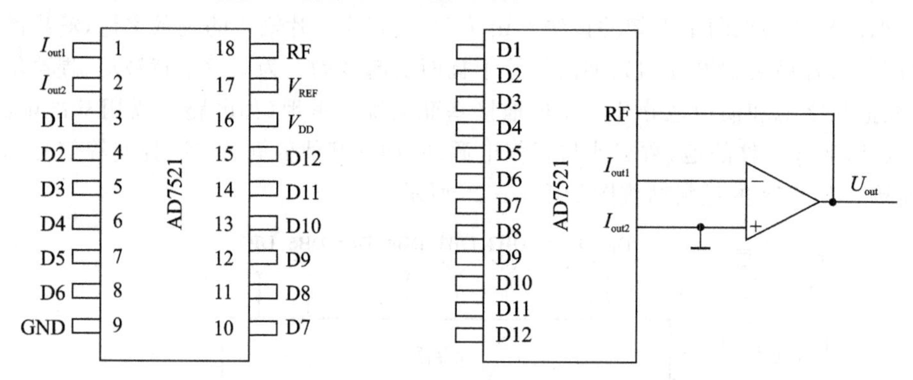

图 6-27　AD7521 的结构和单极性输出电路

② AD7521 和 MCS-51 的接口

由于 AD7521 为不带数据锁存器的 12 位 D/A 转换器，为了避免分两次接收 8031 所传送来数字量所造成输出电压的毛刺现象，其接口电路一般采用图 6-28 所示的双缓冲结构。

图 6-28 所示的双缓冲结构，8031 也是将 12 位数据分两次输出，但可能保证 12 位数据同时到达 AD7521 的数据输入线。图中 74LS377 是 8D 锁存器，地址为 BFFFH，1#74LS75 是 4D 锁存器，地址为 7FFFH，2#74LS75 的地址也是 BFFFH。当 8031 输出数据时，先输出高 4 位数据，暂存在 1#74LS75 中，随后再输出低 8 位数据到 74LS377，与此同时将 1#74LS75 内的数据传送到 2#74LS75 中，于是 AD7521 就根据所接收到的 12 位数字量输出对应的模拟量。

对应图 6-28 的 D/A 转换程序如下：

```
MOV    DPTR,#7FFFH
MOV    A,#dataH
MOVX   @DPTR,A          ;高 4 位数送 1#74LS75
```

```
MOV     DPTR,#BFFFH
MOV     A,#dataL            ;低 8 位数送 74LS377
MOVX    @ DPTR,A            ;高 4 位数同时送 2#74LS75
RET
```

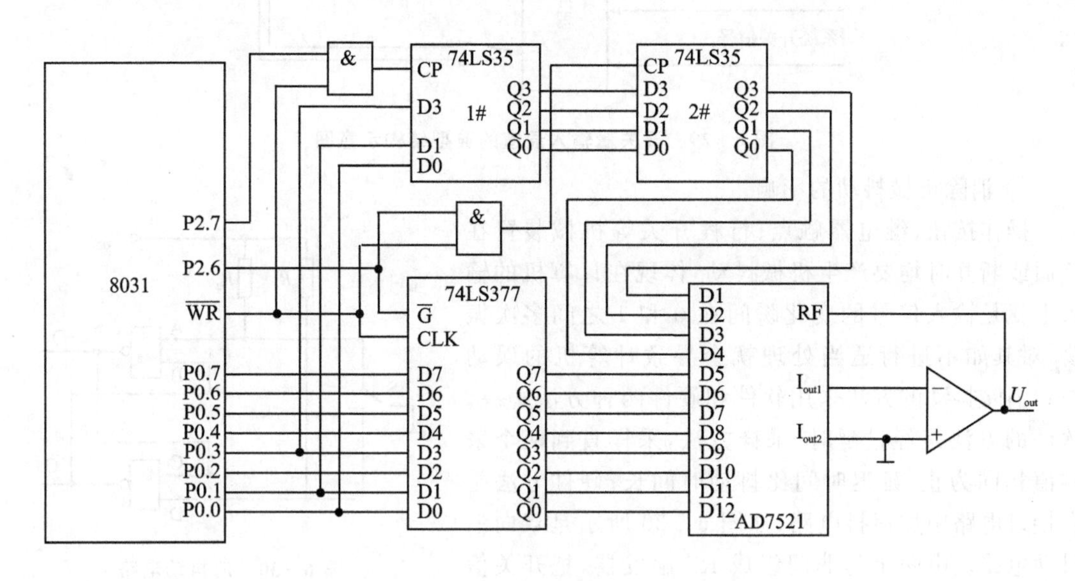

图 6-28　AD7521 和 8051 的接口电路

三、开关量输入/输出接口

在计算机控制系统中，经常要用到开关量输入/输出信号。例如：TTL 电平、CMOS 电平、非标准电平，实际应用的阀门的闭合与开启、电机的停止与启动、触点的断开与接通、指示灯的关与亮等，这些信号的共同特征是用二进制的逻辑“0”和“1”表示。在计算机控制系统中，对应的二进制数码的每一位都可以代表生产过程中的一个状态，这些状态作为控制的依据。输出信号一般都要求有一定的驱动能力，而在工业现场又常存在着电磁、振动、温度和湿度等各种干扰因素，因此，在开关量输入/输出通道中需要采取各种缓冲、隔离和驱动措施。

1. 开关量输入通道

(1) 开关量输入通道的结构

开关量输入通道的任务是将来自控制过程的开关信号、逻辑电平信号以及一些系统设置开关信号传送给计算机。这些信号是不同电平的数字信号，但由于开关信号只有两种逻辑状态信号“0”和“1”，但其电平一般与计算机的数字电平不同，与计算机连接的接口只需考虑逻辑电平的变换以及过程噪声隔离等设计问题，其典型的通道结构如图 6-29 所示，主要由输入缓冲器、电平隔离与转换电路及地址译码电路等组成。

(2) 开关量输入通道的信号调理

开关量输入通道的基本功能就是接收外部装置或生产过程的状态信号。这些状态信号的形式可能是电压、电流、开关的触点，因此容易引起瞬时高压、过电压、接触抖动等现象。为了将外部开关量信号输入到计算机，必须将现场输入的状态信号经转换、保护、滤波、隔离等措施转换成计算机能够接收的逻辑信号，完成这些功能的电路称为信号调理电路。

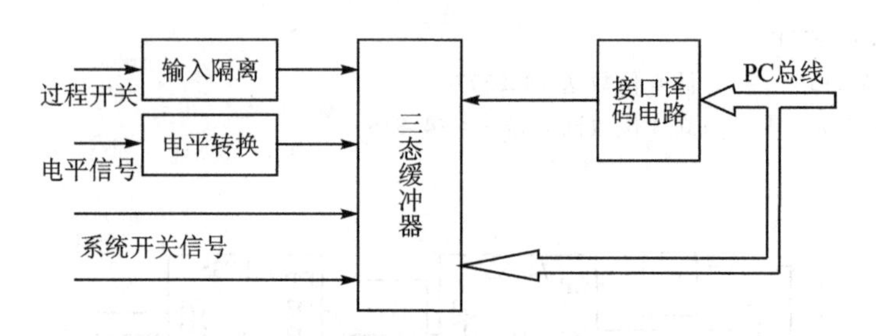

图 6-29 开关量输入通道的典型结构示意图

① 消除机械抖动的影响

操作按钮、继电器触点、行程开关等机械装置在接通或断开时均要产生机械抖动，体现在计算机的输入上就是输入信号的变化瞬间在 0 和 1 之间多次振荡，对其如不进行适当处理就会导致计算机的误动作。消除抖动的方法采用软件和硬件两种方法解决。软件的方法是经过延时、采样方法，采样直到两个采样值相同为止，延迟时间比抖动时间长；硬件方法是在接口电路中加消抖电路，如图 6-30 所示是双向消抖动电路。由两个与非门组成 RS 触发器，把开关信号输入到 RS 触发器的一个输入端 A，当抖动的第一个脉冲信号使 RS 触发器翻转时，D 端处于高电平状态，故第一个脉冲消失后 RS 触发器仍保持原状态，以后的抖动所引起的数个脉冲信号对 RS 触发器的状态没有影响，这样就消除了抖动。

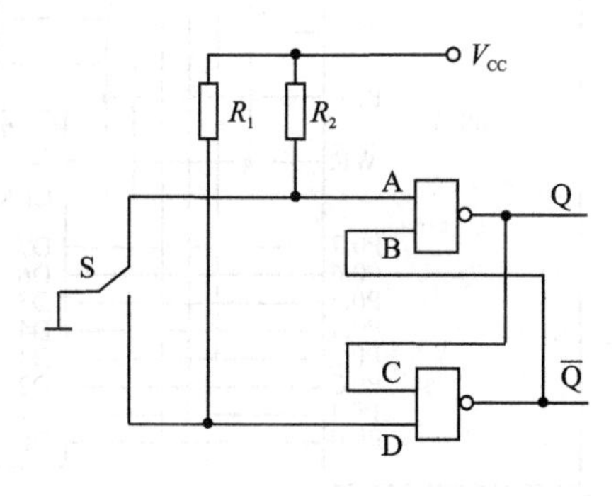

图 6-30 消抖动电路

② 隔离处理

在工业现场获取的开关量的信号电平往往高于计算机系统的逻辑电平，即使输入数字量电压本身不高，也可能从现场引入意外的高压信号，因此必须采取电隔离措施，以保障系统安全。光电耦合器就是一种常用且非常有效的电隔离手段，由于其价格低廉，可靠性好，被广泛地应用于现场输入设备与计算机系统之间的隔离保护。

光电耦合器由封装在一个管壳内的发光二极管和光敏三极管组成，如图 6-31 所示。此外，利用光电耦合器还可以起到电平转换的作用，如图 6-32 所示。

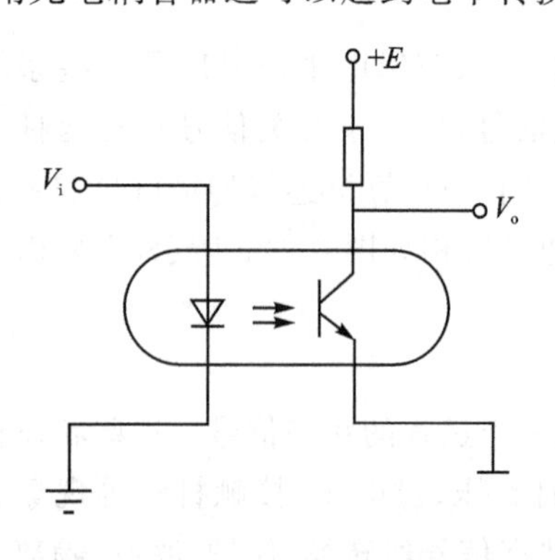

图 6-31 光电耦合器电路图

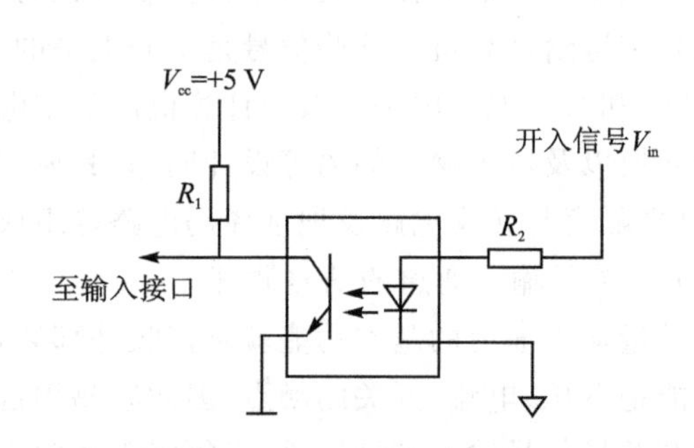

图 6-32 适于非 TTL 电路输入的隔离电路图

(3) 开关信号输入接口

图 6－33 所示为实现 4 路过程开关信号和 4 路系统设置开关信号输入接口电路原理图。过程开关或电平信号通过光电隔离器 IC_1(TLP－521－4)，进行电平变换后，与系统设置开关信号一起进入三态隔离缓冲器 IC_2(74LS244)中，通过地址接口控制与数据总线相连接。CPU 需执行一条接口输入指令，即可通过总线隔离器将 P0～P3 和 S0～S3 的 8 个开关信号的状态读入。在计算机控制系统中，需要设计的系统设置开关有“硬手动—软手动开关”、“正反作用控制开关”和“控制方式选择开关”等。

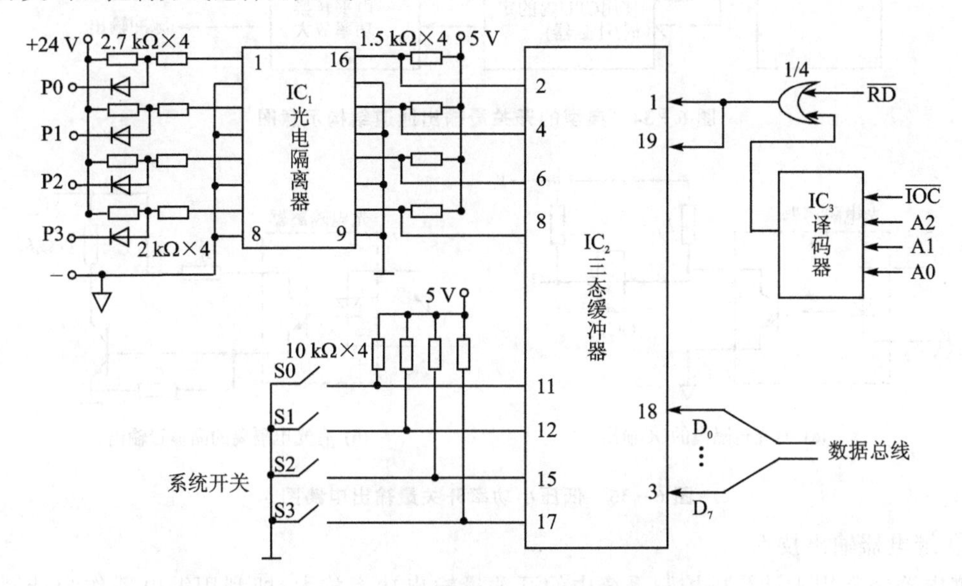

图 6－33　开关信号输入接口电路原理图

2. 开关信号输出通道

开关信号输出通道实质是数字输出通道，其作用是将计算机逻辑运算处理后的开关信号传递给开关执行器(如继电器或报警指示器)。而在计算机控制系统中，经常需要控制执行机构的开/关或启/停，某些控制算法(如 PWM 脉宽调制方法)还要求控制执行机构在一定时间 T 内的全负荷工作时间 $t(0\leqslant t\leqslant T)$，这些控制均是通过计算机控制系统的数字量输出通道实现的。

(1) 开关信号输出通道的结构

一般开关量(数字量)输出通道都带有输出锁存器，所以在需要的时候直接输出至相应的并行输出接口就可以了。有时系统需要数字脉冲输出，如果脉冲定时精度要求不高，而且 CPU 时间允许，则可采用软件延时控制脉冲周期与占空比，再通过并行输出接口形成脉冲输出；反之，就需要采用硬件定时器实现。图 6－34 所示为典型的数字量输出通道的结构。

(2) 开关量输出的信号调理

开关量输出的信号调理主要是进行功率放大，使控制信号具有足够的功率去驱动执行机构或其他负载。

① 小功率直流驱动电路

对于低压小功率开关量输出，可采用晶体管、OC 门或运算放大器等方式输出，图 6－35 所示电路一般仅能够提供几十毫安级的输出驱动电流，可以驱动低压电磁阀、指示灯等。

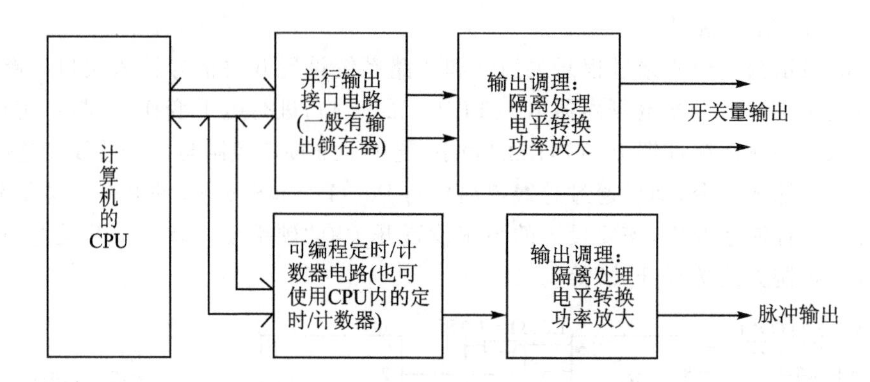

图 6-34 典型的开关量输出通道结构示意图

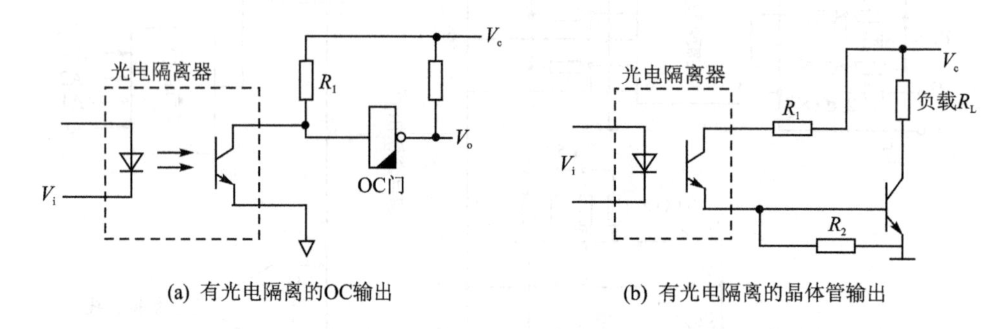

图 6-35 低压小功率开关量输出电路图

② 继电器输出技术

继电器经常用于计算机控制系统中的开关量输出功率放大，即利用继电器作为计算机输出的第一级执行机构，通过继电器的触点控制大功率接触器的通断，从而完成从直流低压到交流高压，从小功率到大功率的转换。图 6-36 给出了两种继电器式开关量输出电路。

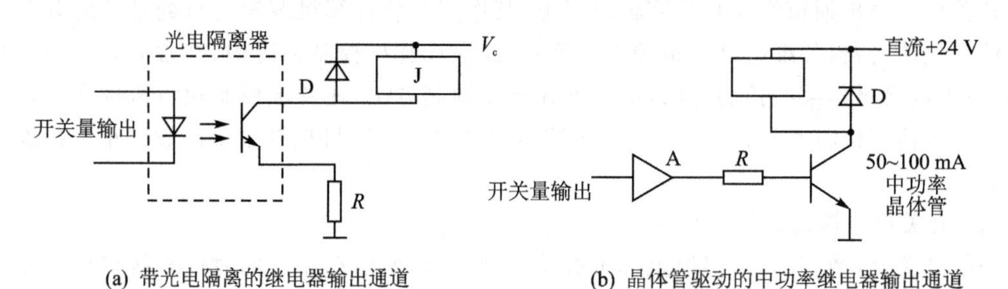

图 6-36 继电器式开关量输出电路图

③ 大功率交流驱动电路

对于交流供电的负载，其开关量的输出控制可用固态继电器来实现。固态继电器(Solid State Relay，简称 SSR)，是一种无触点通断型功率电子开关，如图 6-37 所示，其常见的应用电路如图 6-38 所示。

(3) 开关信号输出接口逻辑电路

图 6-39 所示为开关信号输出接口的逻辑电路图。CPU 只需执行一条输出指令，即可把逻辑数字信号写入到输出锁存器 IC2(74LS273)中，其锁存器的锁存控制信号由地址线通过

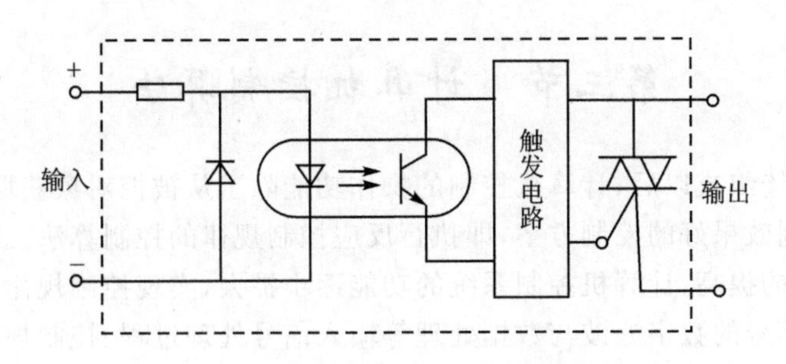

图 6-37　固态继电器内部结构示意图

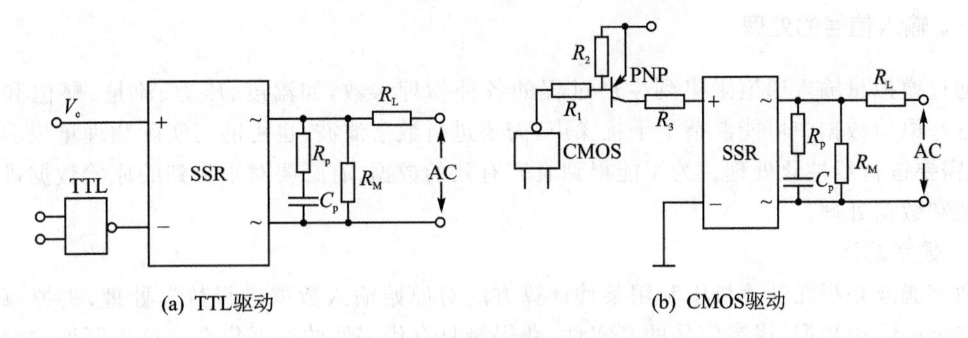

图 6-38　固态继电器的两种应用电路图

IC1 译码器输出与$\overline{WR}$信号相或后得到。锁存器的输出通过 IC3 和 IC4 使发光二极管 LED 亮或灭。对应的输出位 D_i 为"1"时，发光二极管亮，反之，发光二极管灭，以此指示计算机控制系统的运行状态。系统工作状态常需要设置的有手动状态"M"，自动状态"A"，串级(外给定)状态"C"，故障状态"F"等。系统信号报警状态常需要设置的有信号低报警状态"AL"和信号高报警状态"AH"，其"F"、"AL"和"AH"信号通过光电隔离功率放大器输出，以便能驱动更大功率的开关执行器报警(如声报警等)。

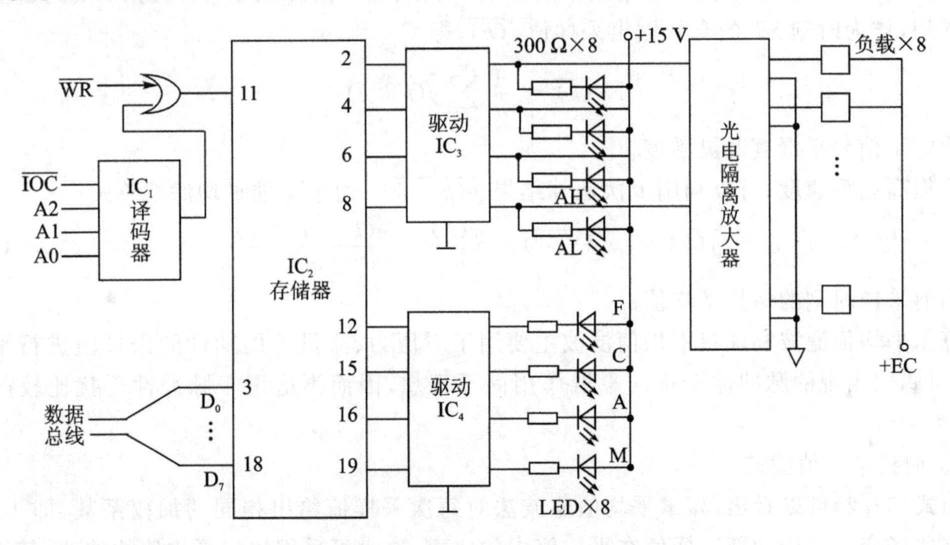

图 6-39　开关信号输出接口逻辑电路图

第三节　计算机控制算法

计算机控制系统组成以后，计算机控制的操作功能除了从被控对象获取信息外，还需要一个切实可行的、控制效果好的控制方案，即执行反应控制规律的控制算法。随着自动控制理论和计算机技术水平的提高，计算机控制系统的功能逐步扩大，实现控制规律的控制算法含义也越来越广，通常把信号的数字滤波与数据处理等输入信号处理过程、控制规律的数学表示与软件实现等都包含在内。

一、输入信号的处理

通过模拟量输入通道采集到生产过程的各种物理参数，如温度、压力、流量、料位和成分等。这些原始数据中可能混杂了干扰噪声，需要进行数字滤波；也可能与实际物理量成非线性关系，需要进行线性化处理。为了能得到真实有效的数据，有必要对采集到的原始数据进行数字滤波和数据处理。

1. 数字滤波

数字滤波是指在计算机中利用某种计算方法对原始输入数据进行数学处理，去掉原始数据中掺杂的噪声数据，提高信号的真实性，获得最具有代表性的数据集合。这里所说的数字滤波技术是指在软件中对采集到的数据进行消除干扰的处理。采用数字滤波优点一是不需要增加硬件设备，只需在计算机得到采样数据之后，执行一段根据预定滤波算法编制的程序即可达到滤波的目的；优点二是数字滤波稳定性好，一种滤波程序可以反复调用，使用方便灵活。

(1) 平均值滤波法

① 算术平均值滤波

对于一点数据连续采样多次，计算其算术平均值，以其平均值作为该点采样结果。这种方法可以减少系统的随机干扰对采集结果的影响。实质是对采样数据 $y(i)$ 的 m 次测量值进行算术平均，作为时刻 kT 的有效输出采样值 $\overline{y(k)}$，即

$$\overline{y(k)} = \frac{1}{m}\sum_{i=1}^{m} y(k-i) \tag{6-2}$$

m 值决定了信号平滑度和灵敏度。

为提高运算速度，可以利用上次运算结果 $\overline{y(k-1)}$，通过递推平均滤波算式

$$\overline{y(k)} = \overline{y(k-1)} + \frac{y(k)}{m} - \frac{y(k-m-1)}{m} \tag{6-3}$$

得到当前采样时刻的递推平均值。

算术平均值滤波和加权平均值滤波主要用于对压力、流量等周期性的采样值进行平滑加工，但对偶然出现的脉冲性干扰的平滑作用尚不理想，因而不适用于脉冲性干扰比较严重的场合。

② 加权平均值滤波

由式(6－2)可以看出，算术平均值滤波法对每次采样值给出相同的加权系数，即 $1/m$，实际上有些场合需要增加新采样值在平均值中的比重，这时可采用加权平均值滤波法，其算式为

$$\overline{y(k)} = \sum_{i=0}^{m-1} a_i y(k-i) \tag{6-4}$$

这种滤波方法可以根据需要突出信号的某一部分，抑制信号的另一部分。适用于纯滞后较大，采样周期短的过程。

(2) 中值滤波法

所谓中值滤波是对某一参数连续采样 n 次，然后把 n 次的采样值从小到大或从大到小排队，再取中间值作为本次采样值。

中值滤波对于去掉由于偶然因素引起的波动或采样器不稳定造成的误差所引起的脉动干扰比较有效。若变量变化比较慢，则采用中值滤波效果比较好，但对快速变化的参数不宜采用。

如果将平均值滤波和中值滤波结合起来使用，滤波效果会更好。

(3) 惯性滤波法

前面几种方法基本上属于静态滤波，主要适用于变化过程比较快的参数，如压力、流量等。对于慢速随机变量，则采用短时间内连续采样取平均值的方法，其滤波效果不够理想。

为提高滤波效果，可以仿照模拟系统 RC 低通滤波器的方法，将普通硬件 RC 低通滤波器的微分方程用差分方程来表示，用软件算法来模拟硬件滤波器的功能。

典型 RC 低通滤波器的动态方程为

$$T_f \frac{dy}{dt} + y = x \tag{6-5}$$

式中：T_f 为滤波时间常数。

式(6-5)离散化可得低通滤波算法为

$$y(k) = ay(k-1) + (1-a)x(k) \tag{6-6}$$

式中：a 为滤波系数。

该种滤波方法模拟了具有较大惯性的低通滤波功能，主要适用于高频和低频的干扰信号。

(4) 程序判断滤波

程序判断滤波的方法，是根据生产经验，确定两次采样输入信号可能出现的最大偏差 Δy。若超过此偏差值，则表明该输入信号是干扰信号，应该去掉；如小于此偏差值，则可以将信号作为本次采样值。

数据采集所采用的检测技术不同，检测对象不同，数据的采集频率、信噪比不同，各种数字化滤波算法各有优缺点，所以我们在实际应用中要根据情况将其有机结合起来，为数据处理选择一种最优的滤波算法，保证数据准确、快速地反应被检测对象的实际，为生产管理提供有效的数据。

2. 数据处理

(1) 线性化处理

计算机从模拟量输入通道得到的检测信号与该信号所代表的物理量之间不一定成线性关系。而在计算机内部参与运算与控制的二进制数希望与被测参数之间成线性关系，其目的既便于运算又便于数字显示，因此还须对数据做线性化处理。

在常规自动化仪表中，常引入“线性化器”来补偿其他环节的非线性，如二极管阵列、运算放大器等，都属于硬件补偿，这些补偿方法一般精度不太高。在计算机数据处理系统中，用计算机进行非线性补偿，方法灵活，精度高。常用的补偿方法有计算法、插值法、折线法。

① 计算法

当参数间的非线性关系可以用数学方程来表示时，计算机可按公式进行计算，完成非线性补偿。在过程控制中最常见的两个非线性关系是差压与流量、温度与热电势。

用孔板测量气体或液体流量，差压变送器输出的孔板差压信号 ΔP，同实际流量 F 之间呈平方根关系，即

$$F = k\sqrt{\Delta P} \tag{6-7}$$

式中 k 是流量系数。用数值分析方法计算平方根，可采用牛顿迭代法，设 $y=\sqrt{x}(x>0)$，则

$$y(k) = \frac{1}{2}\left[y(k-1) + \frac{x}{y(k-1)}\right] \tag{6-8}$$

热电偶的热电势同所测温度之间也是非线性关系。例如，镍铬-镍铝热电偶在 400～1 000 ℃范围内，可按下式求温度

$$T = a_4E^4 + a_3E^3 + a_2E^2 + a_1E + a_0 \tag{6-9}$$

式中 E 为热电势(mV)，T 为温度℃。

式(6－9)可以写成

$$T = \{[a_4E + a_3)E + a_2]E + a_1\}E + a_0 \tag{6-10}$$

可用上式将非线性化的关系分成多个线性化的式子来实现。

② 插值法

计算机非线性处理应用最多的方法就是插值法。其实质是找出一种简单的、便于计算处理的近似表达式代替非线性参数。用这种方法得到的公式叫做插值公式。常用的插值公式有多项式插值公式、拉格朗日插值公式、线性插值公式等。

③ 折线法

上述两种方法都可能会带来大量运算，对于小型工控机来说，占用内存比较大，为简单起见，可以分段进行线性化，即用多段折线代替曲线。

线性化过程是：首先判断测量数据处于哪一折线段内，然后按相应段的线性化公式计算出线性值。折线段的方法并不是惟一的，可以视具体情况和要求来定。当然，折线段数越多，线性化精度越高，软件的开销也就相应增加。

(2) 校正运算

有时来自被控对象的某些检测信号与真实值有偏差，这时需要对这些检测信号进行补偿，力求补偿后的检测值能反映真实情况。

(3) 标度变换

在计算机控制系统中，生产中的各个参数都有不同的数值和量纲，这些参数都经过变送器转换成 A/D 转换器能接收的 0～5 V 电压信号，又由 A/D 转换成 00～FFH(8 位)的数字量，它们不再是带量纲的参数值，而仅代表参数值的相对大小。

为方便操作人员操作以及满足一些运算、显示和打印的要求，必须把这些数字量转换成带有量纲的数值，这就是所谓的标度变换。

① 线性参数标度变换

所谓线性参数，指一次仪表测量值与 A/D 转换结果具有线性关系，或者说一次仪表是线性刻度的。其标度变换公式为

$$A_x = A_0 + (A_m - A_0)\frac{N_x - N_0}{N_m - N_0} \tag{6-11}$$

式中：A_0 为一次测量仪表的下限；A_m 为一次测量仪表的上限；A_x 为实际测量值(工程量)；N_0 为

仪表下限对应的数字量；N_m为仪表上限对应的数字量；N_x为测量值所对应的数字量；

其中A_0，A_m，N_0，N_m对于某一个固定的被测参数来说是常数，不同的参数有不同的值。为使程序简单，一般把被测参数的起点A_0（输入信号为0）所对应的A/D输出值为0，即$N_0=0$，这样式(6-11)可化为

$$A_x=\frac{N_x}{N_m}(A_m-A_0)+A_0 \tag{6-12}$$

有时，工程量的实际值还需经过一次变换，如电压测量值是电压互感器的二次侧的电压，则其一次侧的电压还有一个互感器的变比问题，这时上式应再乘上一个比例系数

$$A_x=k\cdot\left[\frac{N_x}{N_m}(A_m-A_0)+A_0\right] \tag{6-13}$$

② 非线性参数标度变换

在过程控制中，最常见的非线性关系是差压变送器信号△P与流量F的关系（见式(6-7)，据此，可得测量流量时的标度变换式为

$$\frac{G_x-G_0}{G_m-G_0}=\frac{k\sqrt{N_x}-k\sqrt{N_0}}{k\sqrt{N_m}-k\sqrt{N_0}}\quad 即\quad G_x=\frac{\sqrt{N_x}-\sqrt{N_0}}{\sqrt{N_m}-\sqrt{N_0}}(G_m-G_0)+G_0 \tag{6-14}$$

式中：G_0为流量仪表下限值；G_m为流量仪表上限值；G_x为被测量的流量值；N_0为差压变送器下限所对应的数字量；N_m为差压变送器上限所对应的数字量；N_x为差压变送器所测得的差压值(数字量)。

(4) 越限报警处理

在计算机控制系统中，为了安全生产，对于一些重要的参数或系统部位，都设有上、下限检查及报警系统，以便提醒操作人员注意或采取相应的措施。其方法就是把计算机采集的数据经计算机进行数据处理、数字滤波、标度变换之后，与该参数上、下限给定值进行比较。如果高于（或低于）上限（或下限），则进行报警，否则就作为采样的正常值，以便进行显示和控制。

报警系统一般为声光报警信号，灯光多采用发光二极管(LED)或白炽灯光等，声响则多为电铃、电笛等。有些地方也采用闪光报警的方法，即报警的灯光或声音按一定的频率闪烁（或发声）。

报警程序的设计方法主要有两种，一种是全软件报警程序，另一种是直接报警程序。

(5) 死区处理

从工业现场采集到的信号往往会在一定的范围内不断地波动，或者说有频率较高，能量不大的干扰叠加在信号上，这种情况往往出现在应用工控板卡的场合，此时采集到的数据有效值的最后一位不停地波动，难以稳定。这种情况可以采取死区处理，把不停波动的值进行死区处理，只有当变化超出某值时才认为该值发生了变化。比如编程时可以先对数据除以10，然后取整，去掉波动项。

二、过程变量的控制方法

过程控制是指对被控对象的参量（亦称过程参量或被控量），如温度、压力、流量或速度等按给定值进行控制，以使被控对象达到预定的指标。顺序控制为定性控制，而过程控制为定量控制。

图6-40所示为一般过程控制系统的组成框图，被控对象的被控量经输入通道由控制器

进行采集和处理，并与给定值比较，由控制软件按一定的算法产生控制信号，经 D/A 转换或数字输出板输出到系统控制元件，进而驱动被控对象，使被控量趋向给定值。

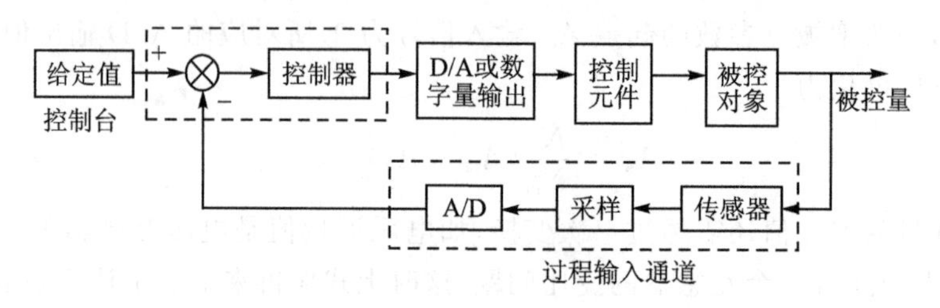

图 6-40　过程控制系统组成框图

过程参数通常受到设备状态的改变或外界条件的影响而引起波动，根据被控对象的特性和要求，应分类选择适宜的控制方案。

1. 过程变量的开关式控制方法

在一些系统的某些过程参量仅要求维持在一定量值范围之内，而不要求作精确控制的场合，且其执行器也只便于作开和关两位式控制时，即可采用简单的开关式控制规律。

执行开关式控制的控制器任务是根据输入偏差的正负方向，作零或定值两位控制。例如对于温度的控制，要求温度控制在一定范围时，可以给定一个温度控制值，当检测到的实际温度低于给定值时，启动加温装置(可通过开关信号控制继电器实现)，使温度上升到给定值，并停止加温。

但是，由于被控对象热惯性的存在，温度回升或降落有一个变化过程，不能突变，如图 6-41 所示，图中 T 为实测的温度值，T_0 为给定值，U 为控制器输出。可见，温度只能在给定值上下波动，波动的幅度和被控对象的迟滞特性有关。被控对象的迟滞时间 τ 愈小，则温度波动的幅度愈小，但随之开关控制动作的频率也愈高。

当执行器件不能接受过高动作频率时，则应设置一个不灵敏区，形成如图 6-42 所示的开关控制器特性，图中 E 为偏差值($E=T_0-T$)。这样，当被控量高于或低于给定值时，控制器并不立刻产生控制信号，被控量可继续升高或降低，只有被控量变化超出 V^+(或 V^-)，执行机构才动作。这样执行器件的动作频率可显著下降，但被控量不可能平稳，总在一定范围内波动。

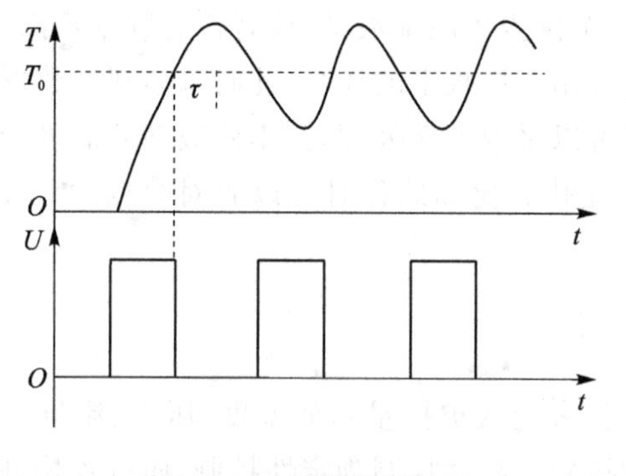

图 6-41　开关控制过程

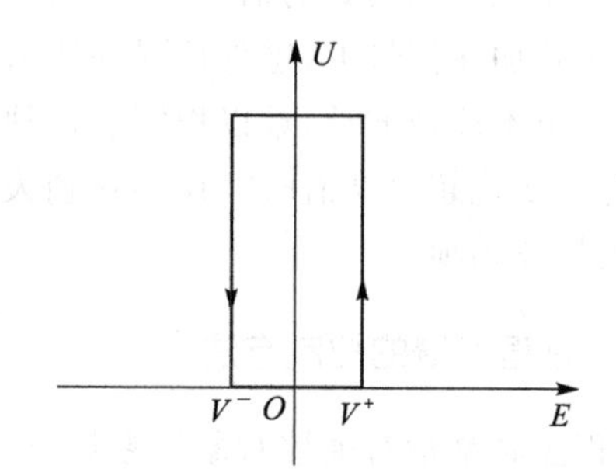

图 6-42　开关控制器特性

过程变量的开关控制方法比较简单，软件编程的流程为：首先由控制器检测被控量的实际值，与给定值相比较求出偏差值 E。然后，判断 E 是否大于 V^+，若是则输出高电平控制信号，控制执行机构动作；否则，再判断 E 是否小于 V^-，若是则输出低电平控制信号，停止执行机构的动作。若 $V^+>E>V^-$，则保持前一次的控制状态不变，如此反复循环，直到控制结束。

2. 过程变量的连续控制

开关式的调节，被调量总是在给定值上下摆动，要使被控量稳定到给定值，只有改用输出控制能连续变化的控制，并且执行部件的动作也应由开与关两位式动作转化为连续的调节动作。此类控制器的设计基于闭环反馈控制理论，适用于大部分系统的控制。

仍以温度的控制为例说明连续控制过程，假设加温电路使温度变化的速度可通过电流的大小连续控制。当由于环境变化等因素使温度下降时，控制器将检测得到的实际温度值与给定值相比较，得到误差 $e(t)$，将 $e(t)$ 适当放大后形成控制信号输出，以使加温电路的电流增大一些。由于热惯性，温度不会立即上升，输出的控制量还要增大一些。如果控制量的大小变化与热惯性配合较好，控制量增大到一定程度后自动再降低一些，温度就会在一个新的平衡状态下稳定下来。稳定后的温度总略低于给定值，以保持一定的静差，维持反馈控制；也就是说，闭环控制系统是有差调节，要依靠偏差才能进行控制。

但是若控制量的大小与热惯性配合不好，如温升很慢，而控制量过大，就会使温度上升到给定值后稳定不下来而高出给定值，产生反方向的误差，这时，只有减小控制量；同样由于热惯性的存在，而控制量减小过多时，又会使温度下降到另一个负向峰值后才回转。这样就形成一升一降的波动，使温度无法稳定下来。这种情况，称为系统不稳定而产生了振荡。

从上述过程可知，这种振荡主要是由于控制部分的放大倍数过大，使系统过于灵敏而引起的；反之，若是控制环节中放大倍数过小，系统反应迟钝，又会产生很大的静差，影响控制精度。因此，在控制调节的过程中要随时适当地变化控制度，以适应被控对象的特性，这就需要寻求较好的控制规律来解决既要求静差小而又不产生振荡的矛盾，最常用的就是 PID 控制算法。

三、经典 PID 控制算法

1. PID 控制的基本原理

PID 控制作为一种线性控制器，根据设定值 $r(t)$ 和实际输出值 $c(t)$ 之间形成控制偏差 $e(t)$，并将偏差按比例、积分和微分作用通过线性组合求出控制量 $u(t)$，从而实现对被控对象的控制。常规的 PID 控制系统的框图如图 6-43 所示，该系统主要由 PID 控制器和被控对象组成。

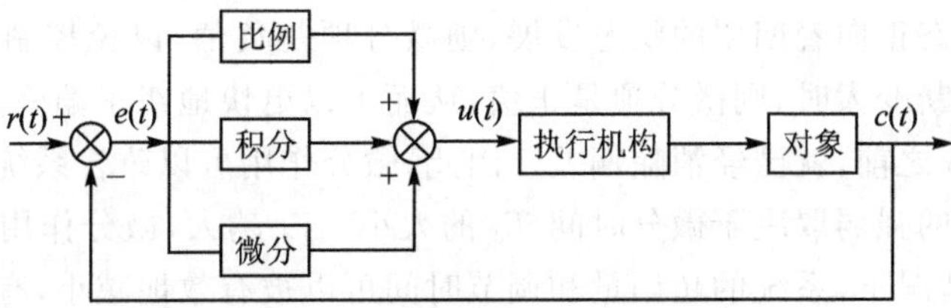

图 6-43　PID 控制系统原理框图

PID 控制器根据给定值和实际输出值构成控制偏差，即：偏差 $e(t)=r(t)-c(t)$，则 PID 控制器的时域微分方程为

$$u(t)=K_{\mathrm{p}}\left[e(t)+\frac{1}{T_{\mathrm{L}}}\int_{0}^{t}e(t)\mathrm{d}t+T_{\mathrm{D}}\frac{\mathrm{d}e(t)}{\mathrm{d}t}\right] \tag{6-15}$$

式中：$u(t)$、$e(t)$分别为控制器的控制量输出和系统的跟随误差；K_P、T_I、T_D分别为比例系数、积分时间常数和微分时间常数。

或者写成传递函数(频域)的形式为

$$U(s) = K_p\left(1 + \frac{1}{T_i s} + T_d s\right)E(s) \tag{6-16}$$

式中：K_p 为比例系数；T_i 为积分时间常数；T_d 为微分时间常数；$u(t)$ 为控制量。

PID 控制是最早发展起来的控制方法之一，由于其结构简单，物理意义明确，鲁棒性好，稳定性高，应用经验成熟等优点而广泛地应用于各种工业过程控制之中。

2．PID 控制器各参数对控制性能的影响

(1) 比例作用对控制性能的影响

比例增益 K_p 的引入是为了及时地反映控制系统的偏差信号，一旦系统出现了偏差，比例环节立即产生调节作用，使系统偏差快速向减小的趋势变化。偏差越大，则纠正偏差的比例作用就越强。比例控制是最基本的控制，如果过小，则基本控制作用就过小。

当比例增益 K_p 大的时候，PID 控制器可以加快调节，但是过大的比例增益会使调节过程出现较大的超调量，从而降低系统的稳定性，在某些严重的情况下，甚至可能造成系统不稳定。

(2) 积分作用对控制性能的影响

积分作用的引入是为了消除系统的稳态误差，提高系统的无差度，以保证实现对设定值的无静差跟踪。积分项反映了对偏差历史值的积分，只要偏差不为零，积分项就持续变化，从而产生减小偏差的控制作用。只有当偏差为零时，积分项才不再变化，控制器的输出才为常数，此时系统达到稳态值。因此，从原理上看，只要控制系统存在动态误差，积分调节就产生作用，直至无差，积分作用就停止，此时积分调节输出为一常值。在一定范围内，积分作用的强弱取决于积分时间常数 T_i 的大小，T_i 越小，积分作用越强，反之则积分作用就越弱。当给定输入为常数时，比例项和微分项最终都趋于零，正是积分项这个不变量，维持了系统的控制作用，从而使被控过程稳定。有时把积分项的这种作用称为对偏差历史值的“记忆”性。然而，积分项对系统的控制作用也有一些不良影响，比如积分作用的引入会使系统稳定性下降，动态响应变慢。实际中，积分作用常与另外两种调节规律相结合，组成 PI 控制器或者 PID 控制器。

(3) 微分作用对控制性能的影响

微分作用的引入，主要是为了改善控制系统的响应速度和稳定性。微分作用能反映系统偏差的变化律，预见偏差变化的趋势，因此能产生超前的控制作用。大体上说，当偏差不断变小时，意味着输出状态正向着期望的状态发展，则微分项是负值，以免控制量过大而引起过大的超调；而当偏差不断变大时，则微分项是正值，从而可以更快地纠正偏差。或者说，微分作用能在偏差还没有形成之前，就已经消除偏差。因此，微分作用可以改善系统的动态性能。在一定范围内，微分作用的强弱取决于微分时间 T_d 的大小，T_d 越大，微分作用越强，反之则越弱。在微分作用合适的情况下，系统的超调量和调节时间可以被有效地减小，有时把微分项的这种作用称为对偏差变化的“预测”性。从滤波器的角度看，微分环节还相当于一个高通滤波器，对偏差的变化比较敏感，因此对噪声干扰有放大作用，而这是我们在设计控制系统时不希望看到的。所以我们不能过强地增加微分调节，否则会对控制系统抗干扰产生不利的影响。此外，微分作用反映的是偏差的变化率，当偏差没有变化时，微分作用的输出为零。

四、数字 PID 控制算法

1. 标准数字 PID 控制算法

要在计算机中实现式(6－16)所示的 PID 控制规律，就要将其离散化。设控制周期为 T 则在控制器的采样时刻 $t = kT$ 时，通过下述差分方程

$$\int e\mathrm{d}t \approx \sum_{j=0}^{k} Te(j),\quad \frac{\mathrm{d}e}{\mathrm{d}t} \approx \frac{e(k)-e(k-1)}{T}$$

可得到式(6－16)的数字算式为

$$u(k) = K_{\mathrm{p}}\left\{e(k) + \frac{T}{T_i}\sum_{j=0}^{k} e(j) + \frac{T_{\mathrm{d}}}{T}[e(k) - e(k-1)]\right\} + u_0 \qquad (6-17\mathrm{A})$$

或写成

$$u(k) = K_{\mathrm{p}}e(k) + K_{\mathrm{i}}\sum_{j=0}^{k} e(j) + K_{\mathrm{d}}[e(k) - e(k-1)] + u_0 \qquad (6-17\mathrm{B})$$

式中：T_{i} 为积分时间常数；T_{d} 为微分时间常数；K_{p} 为比例系数；$K_{\mathrm{i}} = \frac{K_{\mathrm{p}}}{T_{\mathrm{i}}}$ 为积分系数；$K_{\mathrm{d}} = K_{\mathrm{p}}T_{\mathrm{d}}$ 为微分系数。

式(6－17A)和(6－17B)给出的通常是执行机构在采样时刻 kT 的位置或控制阀门的开度，所以被称为位置型 PID 算法。

在工业过程控制中常采用另一种被称为增量型 PID 控制算法的算式。采用这种控制算法得到的计算机输出是执行机构的增量值，其表达式为

$$\begin{aligned}\Delta u(k) = &u(k) - u(k-1) = \\ &K_{\mathrm{p}}\left\{[e(k) - e(k-1)] + \frac{T}{T_{\mathrm{i}}}e(k) + \right.\\ &\left.\frac{T_{\mathrm{d}}}{T}[e(k) - 2e(k-1) + e(k-2)]\right\}\end{aligned} \qquad (6-18)$$

或写为：

$$\Delta u(k) = K_{\mathrm{p}}[u(k) - u(k-1)] + K_{\mathrm{i}}e(k) + K_{\mathrm{d}}[e(k) - 2e(k-1) + e(k-2)] \qquad (6-19)$$

可见，除当前偏差值 $e(k)$ 外，采用增量式 PID 算法只需保留前两个采样周期的偏差，即 $e(k-1)$，在程序中简单地采用平移法即可保存，免去了保存所有偏差的麻烦。增量 PID 算法的优点是编程简单，数据可以递推使用，占用内存少，运算快。更进一步，为了编程方便起见，式(6－19)还可写成

$$\begin{aligned}\Delta u(k) = &(K_{\mathrm{p}} + K_{\mathrm{i}} + K_{\mathrm{d}})e(k) - (K_{\mathrm{p}} + 2K_{\mathrm{d}})e(k-1) + K_{\mathrm{d}}e(k-2)] = \\ &Ae(k) - Be(k-1) + Ce(k-2)\end{aligned} \qquad (6-20)$$

由增量 PID 算法得到 k 采样时刻计算机的实际输出控制量为

$$u(k) = u(k-1) + \Delta u(k) \qquad (6-21)$$

2. 改进数字 PID 控制算法

(1) 实际微分 PID 控制算法

PID 控制中，微分的作用是扩大稳定域，改善动态性能，近似地补偿被控对象的一个极点。从前面的推导可知，标准的模拟 PID 算式(6－16)与数字 PID 算式(6－17)～式(6－21)中

的微分作用是理想的，故被称为理想微分的 PID 算法。而模拟调节器由于反馈电路硬件的限制，实际上实现的是带一阶滞后环节的微分作用。计算机控制虽可方便地实现理想微分的差分形式，但实际表明，理想微分的 PID 控制效果并不理想。

在计算机控制系统中，常常采用类似模拟调节器的微分作用，称为实际微分作用。图 6－44 所示为标准 PID 控制算法与实际微分 PID 控制算法在单位阶跃输入时，输出的控制作用。

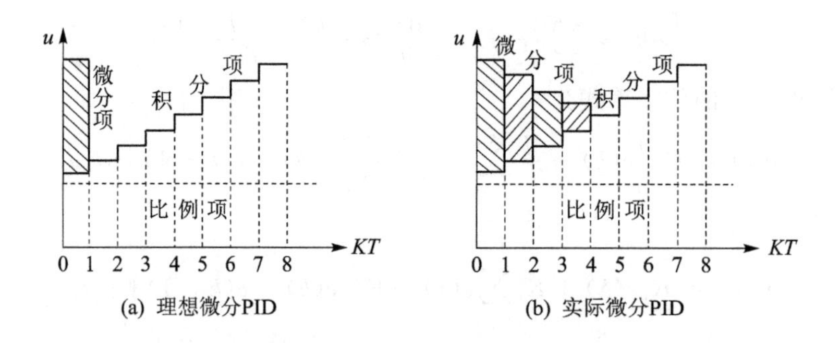

(a) 理想微分PID　　(b) 实际微分PID

图 6－44　数字 PID 控制算法的单位阶跃响应示意图

从图中可以看出，理想微分作用只能维持一个采样周期，且作用很强，当偏差较大时，受工业执行机构限制，这种算法不能充分发挥微分作用。而实际微分作用能缓慢地保持多个采样周期，使工业执行机构能较好地跟踪微分作用输出。另一方面，由于实际微分 PID 控制算法中的一阶惯性环节，使得它具有一定的数字滤波能力，因此，抗干扰能力也较强。

理想 PID 与实际微分 PID 算式的区别主要在于后者比前者多了一个一阶惯性环节，如图 6－45 所示。

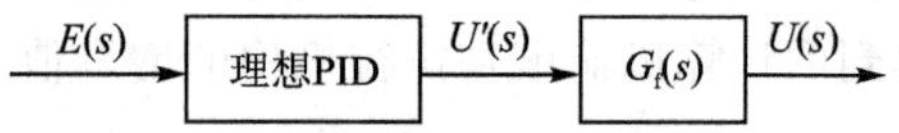

$E(s)$ → 理想PID → $U'(s)$ → $G_f(s)$ → $U(s)$

图 6－45　实际微分 PID 控制算法示意框图

图中

$$G_f(s) = \frac{1}{T_f s + 1} \tag{6-22}$$

$$u'(t) = K_p\left[e(t) + \frac{1}{T_i}\int_0^t e(t)\mathrm{d}t + T_d\frac{\mathrm{d}e(t)}{\mathrm{d}t}\right]$$

所以

$$T_f\frac{\mathrm{d}u}{\mathrm{d}t} + u(t) = u'(t)$$

$$T_f\frac{\mathrm{d}u}{\mathrm{d}t} + u(t) = K_p\left[e(t) + \frac{1}{T_i}\int_0^t e(t)\mathrm{d}t + T_d\frac{\mathrm{d}e(t)}{\mathrm{d}t}\right] \tag{6-23}$$

将式(6－23)离散化，可得实际微分位置型控制算式

$$u(k) = au(k-1) + (1-a)u'(k) \tag{6-24}$$

式中：$a = T_f/(T+T_f)$，　$u'(t) = K_p\left\{e(k) + \frac{1}{T_i}\int_0^t e(t)\mathrm{d}t + T_d\frac{\mathrm{d}e(t)}{\mathrm{d}t}\right\}$。

其增量型控制算式为

$$\Delta u(k) = a\Delta u(k-1) + (1-a)\Delta u'(k) \tag{6-25}$$

式中：$\Delta u'(k) = K_p\{\Delta e(k) + \frac{T}{T_i}e(k) + \frac{T_d}{T}[\Delta e(k) - \Delta e(k-1)]\}$。

(2) 微分先行 PID 控制算法

当控制系统的给定值发生阶跃变化时，微分动作将使控制量 u 大幅度变化，这样不利于生产的稳定操作。为了避免因给定值变化给控制系统带来超调量过大，调节阀动作剧烈的冲击，可采用如图 6-46 所示的方案。

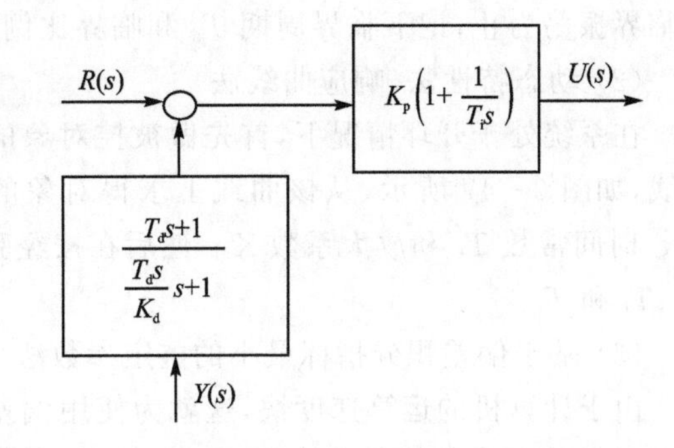

图 6-46　实际微分 PID 控制算法示意框图

这种方案的特点是只对测量值（被控量）进行微分，而不对偏差微分，也即对给定值无微分作用。这种方案称之为“微分先行”或“测量值微分”。考虑正反作用的不同，偏差的计算方法也不同，即

$$\begin{cases} e(k) = y(k) - r(k) & \text{（正作用）} \\ e(k) = r(k) - y(k) & \text{（反作用）} \end{cases} \tag{6-26}$$

标准 PID 增量算式(6-19)中的微分项为 $\Delta u_{\mathrm{d}}(k) = K_{\mathrm{d}}[e(k) - 2e(k-1) + e(k-2)]$，改进后的微分作用算式则为

$$\begin{cases} \Delta u_{\mathrm{d}}(k) = K_{\mathrm{d}}[y(k) - ye(k-1) + y(k-2)] & \text{（正作用）} \\ \Delta u_{\mathrm{d}}(k) = -K_{\mathrm{d}}[y(k) - ye(k-1) + y(k-2)] & \text{（反作用）} \end{cases} \tag{6-27}$$

(3) 积分分离 PID 算法

积分分离 PID 算法的基本思想是：在偏差 $e(k)$ 较大时，暂时取消积分作用；当偏差 $e(k)$ 小于某一设定值 A 时，才将积分作用投入，即：

当 $|e(k)| > A$ 时，用 P 或 PD 控制；

当 $|e(k)| \leqslant A$ 时，用 PI 或 PID 控制。

上式中的 A 值需要适当选取，A 过大，起不到积分分离的作用；若 A 过小，系统将存在余差。

(4) 遇限切除积分 PID 算法

在实际工业过程控制中，控制变量因受到执行机构机械性能与物理性能的约束，其输出和输出的速率总是限制在一个有限的范围内，例如：

$$u_{\min} \leqslant u \leqslant u_{\max} \quad \text{（绝对值）}$$

$$|\dot{u}| \leqslant \dot{u} \quad \text{（速率）}$$

(5) 提高积分项积分的精度

在 PID 控制算法中，积分项的作用是消除余差。为提高其积分项的运算精度，可将前面数字 PID 算式中积分的差分方程取为 $\int_0^t e(t)\mathrm{d}t = \sum_{j=0}^{k} \frac{e(j) + e(j+1)}{2} \cdot T$，即用梯形替代原来的矩形计算。

3. 数字 PID 参数整定

数字 PID 控制参数的整定过程是，首先按模拟 PID 控制参数的整定方法来选择，然后再适当调整，并考虑采样周期对整定参数的影响。

(1) 稳定边界法（临界比例度法）

选用纯比例控制，给定值 r 作阶跃扰动，从较大的比例带开始，逐渐减小，直到被控变量出

现临界振荡为止，记下临界周期 T_u 和临界比例带 δ_u。然后，按经验公式计算 K_p、T_i 和 T_d。

(2) 动态特性法(响应曲线法)

在系统处于开环情况下，首先做被控对象的阶跃响应曲线，如图 6－47 所示，从该曲线上求得对象的纯滞后时间 τ、时间常数 T_τ 和放大系数 K。然后在按经验公式计算 K_p、T_i 和 T_d。

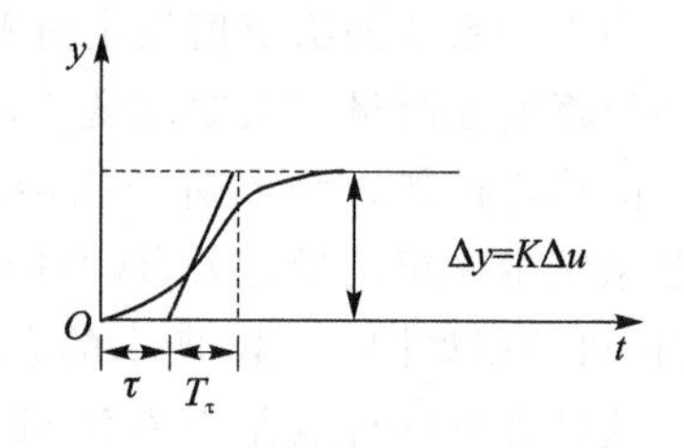

图 6－47　被控对象阶跃响应曲线

(3) 基于偏差积分指标最小的整定参数法

由于计算机的运算速度快，这就为使用偏差积分指标整定 PID 控制参数提供了可能，常用以下三种指标：

$$\mathrm{ISE}=\int_0^\infty e^2(t)\mathrm{d}t \tag{6-28}$$

$$\mathrm{IAE}=\int_0^\infty |e(t)|\mathrm{d}t \tag{6-29}$$

$$\mathrm{ITAE}=\int_0^\infty t|e(t)|\mathrm{d}t \tag{6-30}$$

(4) 试凑法

在实际工程中，常常采用试凑法进行参数整定。

◇ 增大比例系数 K_p 一般将加快系统的响应，使系统的稳定性变差。

◇ 减小积分时间 T_i，将使系统的稳定性变差，使余差(静差)消除加快。

◇ 增大微分时间 T_d，将使系统的响应加快，但对扰动有敏感的响应，可使系统稳定性变差。

在试凑时，可参考上述参数对控制过程的影响趋势，对参数实行先比例，后积分，最后微分的整定步骤。

① 首先只整定比例部分。

② 如果纯比例控制，有较大的余差，则需要加入积分作用。

③ 若使用比例积分控制，反复调整仍达不到满意的效果，则可加入微分环节。

五、直流伺服电机点位运动 PID 控制实例

1. 固高 GXY 系列三轴实验平台

GXY 系列工作台集成有 4 轴运动控制器、电机及其驱动、电控箱、运动平台等部件。各部件全部设计成相对独立的模块，便于面向不同实验进行重组。

机械部分是一个采用滚珠丝杠传动的模块化十字工作台，用于实现目标轨迹和动作。为了记录运动轨迹和动作效果，专门配备了笔架和绘图装置，笔架可抬起或下降，其升降运动由电磁铁通、断电实现，电磁铁的通断电信号由控制卡通过 I/O 口给出。

执行装置根据驱动和控制精度的要求可以分别选用交流伺服电机、直流伺服电机和步进电机。控制装置由 PC 机、GT－400－SV(或 GT－400－SG)运动控制卡和相应驱动器等组成。运动控制卡接受 PC 机发出的位置和轨迹指令，进行规划处理，转化成伺服驱动器可以接收的指令格式，发给伺服驱动器，由伺服驱动器进行处理和放大，输出给执行装置。固高 GXY 系列三轴实验平台如图 6－48 所示。

2. 典型运动控制方式

根据运动控制的特点和应用，三轴运动控制可分为点位控制、连续轨迹控制和同步控制三种基本方式。

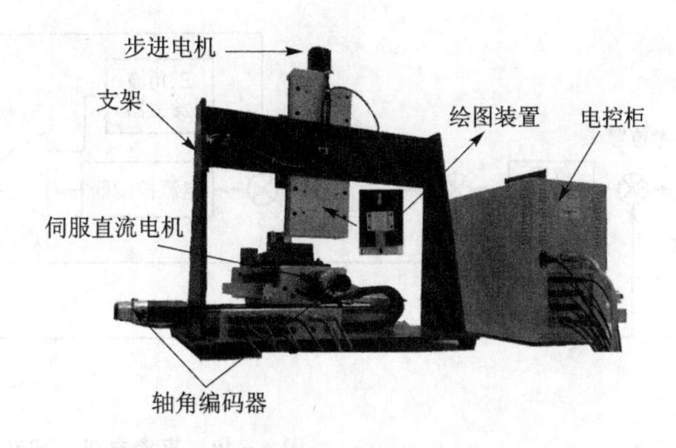

图 6-48　固高 GXY 系列三轴实验平台

点位控制：这种运动控制的特点是仅对终点位置有要求，与运动的中间过程即运动轨迹无关。相应的运动控制器要求具有快速的定位速度，在运动的加速段和减速段，采用不同的加减速控制策略。在加速运动时，为了使系统能够快速加速到设定速度，往往提高系统增益和加大加速度，在减速的末段采用 S 曲线减速的控制策略。为了防止系统到位后震动，规划到位后，又会适当减小系统的增益。所以，点位运动控制器往往具有在线可变控制参数和可变加减速曲线的能力。

连续轨迹控制：又称为轮廓控制，主要应用在传统的数控系统、切割系统的运动轮廓控制。相应的运动控制器要解决的问题是如何使系统在高速运动的情况下，既要保证系统加工的轮廓精度，还要保证刀具沿轮廓运动时的切向速度的恒定。对小线段加工时，有多段程序预处理功能。

同步控制：是指多个轴之间的运动协调控制，可以是多个轴在运动全程中进行同步，也可以是在运动过程中的局部有速度同步，主要应用在需要有电子齿轮箱和电子凸轮功能的系统控制中。工业上有印染、印刷、造纸、轧钢、同步剪切等行业。相应的运动控制器的控制算法常采用自适应前馈控制，通过自动调节控制量的幅值和相位，来保证在输入端加一个与干扰幅值相等、相位相反的控制作用，以抑制周期干扰，保证系统的同步控制。

3. 基于 PID 控制算法的直流伺服电机点位运动控制

(1) 直流伺服电机运动控制系统

直流伺服电机构造与普通直流电机一样，由磁极、电枢绕组、电刷和换向器组成。其基本工作原理与普通直流电机一样。

现代直流电机的驱动放大大都是采用晶体管功率放大器来实现。晶体管放大器系统可分为线性放大器和开关放大器两种类型。线性放大器一般在小功率的场合有所应用，而大量采用的是开关型放大器。开关型放大器通常分为三种：脉宽调制(PWM)、脉冲频率调制(PFM)和可控硅整流(SCR)。

在运动控制系统中，需要对电机的转矩、速度和位置等物理量进行控制。因此，从控制的角度来看，对直流电机驱动及其控制过程有电流反馈、速度反馈和位置反馈等控制形式。图 6-49所示为使用了三个反馈控制回路(电流环、速度环和位置环)的运动控制系统方框图。其中，电流环的作用是通过调节电枢电流控制电机的转矩，并改善电机的工作特性和安全性。

(2) 直流伺服电机点位运动控制的 PID 算法实现

一般来说，普通直流伺服电机点位运动控制系统仅仅需要执行位置反馈控制，对图 6-49所示系统进行简化，位置控制器采用 PID 控制来实现直流伺服电机点位运动控制。加入 PID 控制器校正以后的位置控制系统框图如图 6-50 所示。

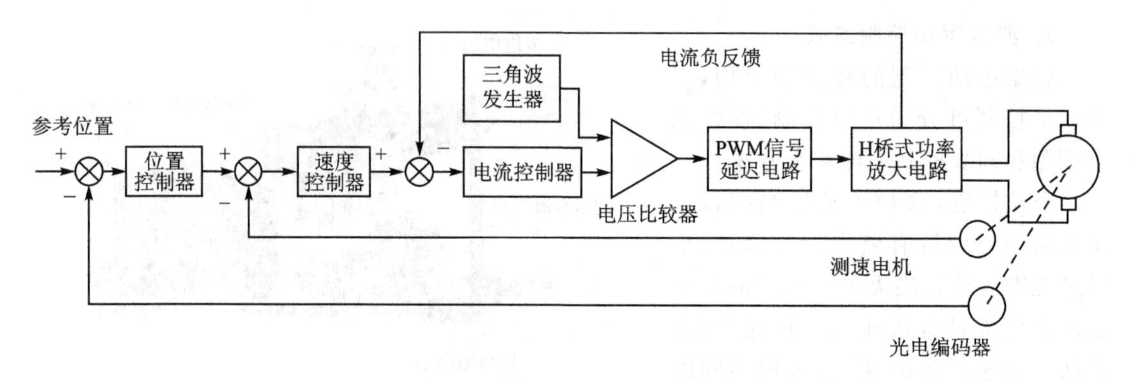

图 6-49 直流电机三闭环控制系统

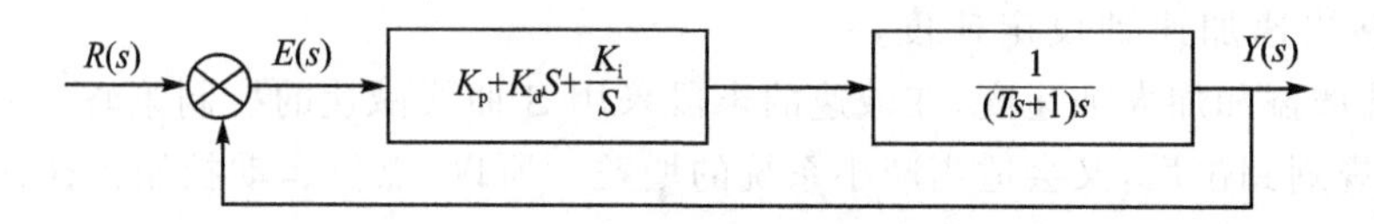

图 6-50 直流电机位置系统框图

采用式(6-17)~式(6-19)所示的数字式PID控制算法对直流伺服电机点位运动进行控制，控制固高三轴实验平台的执行机构绘图装置沿 X 轴方向直线运动，从 0 cm 运动至 15 cm 处，分别选取不同的 K_p、K_i、K_d 参数值进行控制。

设置 PID 参数为 $K_p=1$、5、15($K_i=0$, $K_d=0$)，控制电机得到运行结果如图 6-51 所示。

如图 6-51 所示，K_p 的值不同，电机带动绘图装置的位置运动响应曲线不同，控制的效果也不同。K_p 的值越大，闭环控制系统的上升时间越短，但超调量值越大。K_p 成比例的反映控制系统的偏差信号，偏差一旦产生，控制器立即产生控制作用，以减小偏差，但 K_p 过大会导致系统动态性能变差，使系统不稳定。

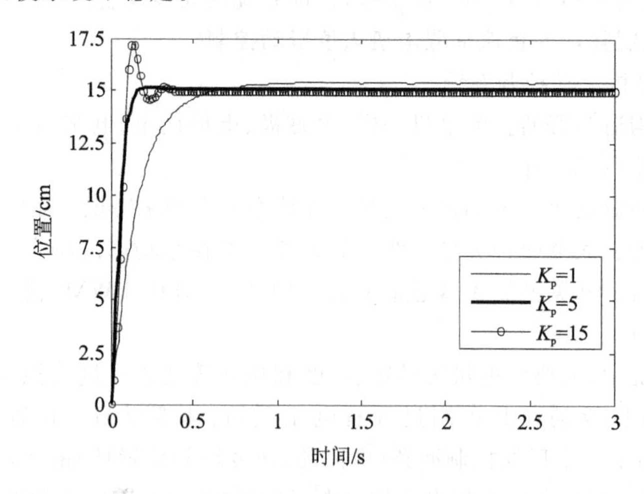

图 6-51 K_p 参数调节曲线

设置 PID 参数为 $K_i=1$、2、3($K_p=5$, $K_d=0$)，控制电机得到运行结果如图 6-52 所示。

从图 6-52 可以看到 K_i 取值较大时系统的位置响应出现抖振。对于 PID 控制器，积分环节 K_i 主要用于消除静差，但 K_i 过大，会使响应过程出现较大超调，甚至引起振荡。

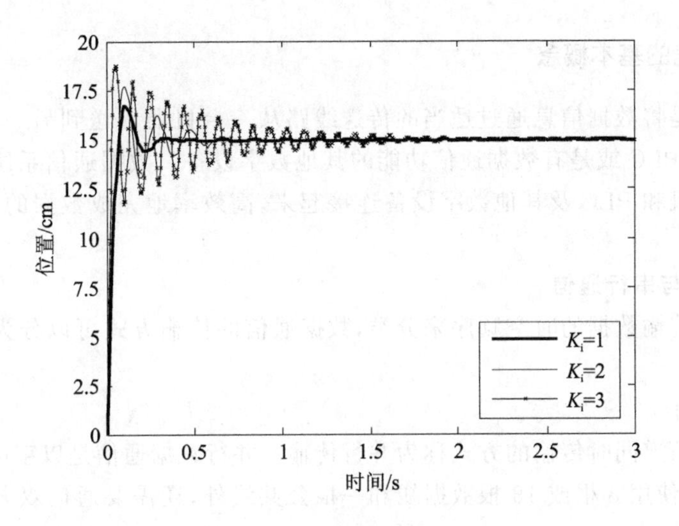

图 6-52 K_i 参数调节曲线

设置 PID 参数为 $K_d=1$、10、3($K_p=5$, $K_i=0$),控制电机得到运行结果如图 6-53 所示。

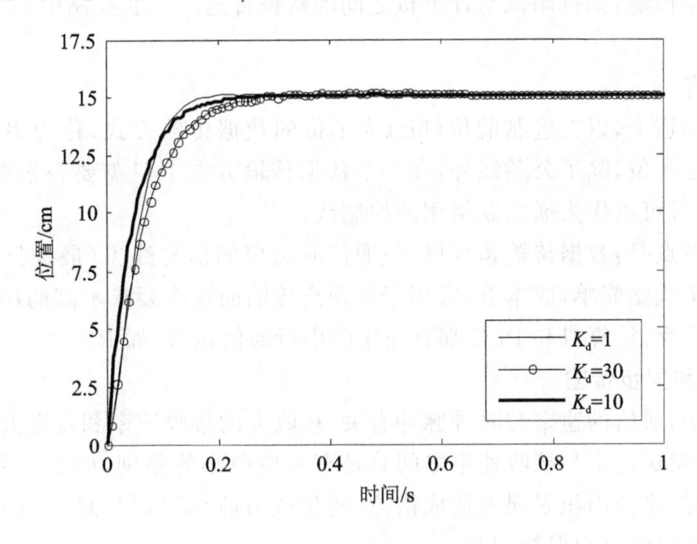

图 6-53 K_d 参数调节曲线

由图 6-53 可知,K_d 取值越大,位置响应曲线到达期望位置的调节时间就越长。微分环节 K_d 反映偏差信号的变化速率,并能在偏差信号变得太大之前,提前在系统引入一个有效的修正信号,从而加快系统的反应速度,减小调节时间,但 K_d 过大会使响应过程提前制动,从而延长调节时间,而且系统抗干扰能力变差。

第四节 计算机控制网络

随着计算机、通信、网络、控制等学科领域的发展,控制网络技术成为控制领域的关注热点。控制网络,即网络化的控制系统,其范畴包括广义 DCS(集散控制系统)、现场总线控制系统和工业以太网,体现了控制系统向网络化、集成化、分布化和节点智能化的发展趋势。

一、网络通信的基本概念

数据通信就是将数据信息通过适当的传送线路从一台机器传送到另一台机器，这里的机器可以是计算机、PLC或是有数据通信功能的其他数字设备。数据通信系统的任务是把地理位置不同的计算机和PLC及其他数字设备连接起来，高效率地完成数据的传送、信息交换和通信处理。

1. 并行通信与串行通信

按照计算机传输数据的时空顺序来分类，数据通信的传输方式可以分为串行通信和并行通信两种。

(1) 并行通信

数据在多个信道同时传输的方式称为并行传输。并行数据通信是以字或字节为单位的数据传输方式，除了使用8根或16根数据线和一根公共线外，还需要通信双方之间进行联络用的控制线。

并行数据通信的特点是：传输速度快，但需要的传输线数目多，成本较高，通常用于传输速率高的近距离数据传输，如打印机与计算机之间的数据传送。工业控制中，一般使用串行数据通信。

(2) 串行通信

数据在一个信道上，以二进制的位(bit)为单位的数据传输方式，称为串行数据通信。串行通信每次只传送一位，除了公共线外，在一个数据传输方向上只需要一根数据线，这根线既可以作为数据线，又可以作为通信联络用的控制线。

串行通信的特点是：数据传输速度慢，但通信时需要的信号线少(最少只需要两根线)，在远距离传输时通信线路简单，成本低，常用于远距离传输而速度要求不高的场合。串行通信在工业控制中应用广泛，计算机和PLC都有通用的串行通信接口(如RS-232C)。

2. 异步传输和同步传输

在串行通信中，通信的速率与时钟脉冲有关，接收方的接收速率和发送方的传送速率应相同。但是，实际的发送速率与接收速率之间总是有一些微小的差别，如果不采取措施，在连续传送大量的信息时，将会因积累误差造成错位，使接收方收到错误信息。为了解决这一问题，需要使发送过程和接收过程保持同步。

发送端和接收端之间的同步问题，是数据通信中的重要问题。同步不好，轻者导致误码增加，重者使整个系统不能正常工作。为解决这一问题，在串行通信中可以采用两种同步技术：异步通信和同步通信。

(1) 异步通信

异步通信也称起止式通信，是利用起止位来达到收发同步的。在异步通信中，被传输的数据编码为一串脉冲，每一个传输的字符都有一个附加的起始位和多个停止位。字节传输由起始位“0”开始，然后是被编码的字节，通常规定低位在前，高位在后，接下来是校验位(可省略)，最后是停止位“1”(可以是1位、1.5位或2位)，用以表示字符的结束。

例如：传输一个ASCII码字符(7位)，若选用2位停止位、1位校验位和1位起始位，那么传输这个7位的ASCII码字符就需要11位，其格式如图6-54所示。

在异步通信开始前，通信的双方需要对所采用的信息格式和数据的传输速率作相同的约

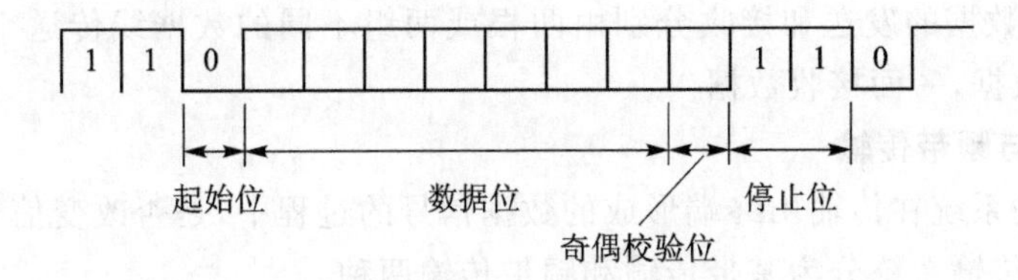

图 6-54　异步通信中的信息格式

定。接收方检测到停止位和起始位之间的下降沿后,将其作为接收的起始点,在每一位的中点接收信息。由于一个字符中包含的位数不多,即使发送方和接收方的收发频率略有不同,也不会因两台机器之间的时钟周期的积累误差而导致收发错位。

异步通信传送附加的非有效信息较多,传输效率较低。但对硬件的要求不高。一般情况下,PLC 都使用异步通信。

(2) 同步通信

同步通信就是把每个完整的数据块作为整体来传输,可以克服异步通信效率低的缺点。为了使接收设备能够准确地接收数据块的信息,同步传输在数据开始处,用同步字符来指示,由定时信号(时钟)来实现发送端同步,一旦检测到与规定的字符相符合的信息,接下来就是按顺序传输的数据。

同步通信以字节为单位(一个字节由 8 位二进制数组成)来传送数据,每次传送 1～2 个同步字符、若干个数据字节和校验字符,同步字符起联络作用。在同步通信中,发送方和接收方要保持完全的同步,这意味着发送方和接收方应使用同一时钟脉冲。在近距离通信时,可以在传输线中设置一根时钟信号线。在远距离通信时,可以通过调制解调方式在数据流中提取出同步信号,使接收方得到与发送方完全相同的接收时钟信号。

由于同步通信方式不需要在每个数据字符中加起始位、停止位和奇偶校验位,只需要在数据块(往往很长)之前加一两个同步字符,所以传输效率高,但是对硬件的要求较高,一般只用于近距离的高速通信。

3. 单工通信与双工通信

数据在通信线路上传输有方向性,按照数据在某一时刻传输的方向,线路通信方式可以划分为单工通信方式和双工通信方式,双工通信方式又可以分为半双工通信方式和全双工通信方式,如图 6-55 所示。

① 单工通信方式:只能沿单一方向发送或接收数据,而不能反向。如图 6-55(a)所示就是单工通信方式,其中 A 端只能作为发送端,B 端只能作为接收端来接收数据。

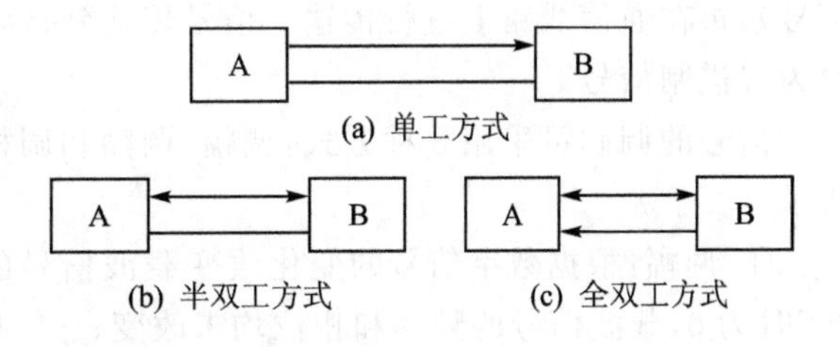

图 6-55　数据通信方式

② 半双工方式:双工方式的信息可沿两个方向传送,每一个站既可以发送数据,也可以接收数据。但是在半双工通信方式时,在同一时刻只限于一个方向传送,如图 6-55(b)所示。其中,A 端和 B 端都具有发送和接收的功能,但传送线路只有一条,或者 A 端发送 B 端接收,或者 B 端发送 A 端接收。

③ 全双工方式:全双工通信方式下,通信的双方都能在同一时刻接收和发送信息。如

图 6－55(c)所示，数据的发送和接收分别由两根或两组不同的数据线传送，A 端和 B 端双方都可以一面发送数据，一面接收数据。

4. 基带传输与频带传输

根据数据传输系统在传输由终端形成的数据信号的过程中，是否改变信号的频谱，是否进行调制，可将数据传输系统分为基带传输和频带传输两种。

(1) 基带传输

所谓基带是指电信号的基本频带。计算机、PLC 及其他数字设备产生的“0”和“1”的电信号脉冲序列就是基带信号。

基带传输是指数据传输系统对信号不做任何调制，直接传输的数据传输方式。在 PLC 网络中，大多数采用基带传输，对二进制数字信号不进行任何调制，按照其原有的脉冲形式直接传输。但是若传输距离较远时，则可以考虑采用调制解调器进行频带传输。

为了满足基带传输的实际需要，通常要求把单极性脉冲序列，经过适当的基带编码，以保证传输码型中不含有直流分量，并具有一定的检测错误信号状态的能力。基带传输的传输码型很多，常用的有：曼彻斯特(Manchester)码、差分双相码、密勒码、信号交替反转码(Aml)和三阶高密度双极性码等。

在 PLC 网络中多采用如图 6－56 所示的曼彻斯特编码方式。在传输过程中，为了避免当存在多个连续的“0”和“1”时，系统无同步参考的情况，在编码中采用：发送“1”时前半周期为低电平，后半周期为高电平，在传输“0”时前半周期为高电平，后半周期为低电平的办法。这样在每个码元的中心位置都存在着电平突变，具有“内含时钟”的性质，即使连续传输多个“0”或“1”时，波形也有跳变，有利于提取定时同步信号。

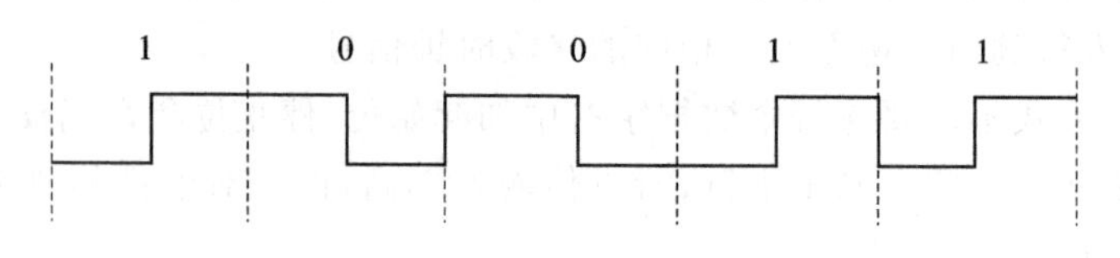

图 6－56　曼彻斯特码

(2) 频带传输

频带传输是把信号调制到某一频带上的传输方式，是一种以调制信号进行数据传输的方式。当进行频带传输时，用调制器把二进制信号调制成能在公共电话上传输的音频信号(模拟信号)，再在通信线路上进行传输。信号传输到接收端后，再经过解调器的解调，把音频信号还原为二进制信号。

信号的调制可采用 3 种方式：调幅、调频和调相。这 3 种调制方式的信号关系如图 6－57 所示。

① 调幅：根据数字信号的变化改变载波信号的幅度。例如：传送“1”时为载波信号，传送“0”时为 0，载波信号的频率和相位均未改变；

② 调频：根据数字信号的变化改变载波信号的频率，例如“1”时频率高，“0”时频率低，载波信号的幅度和相位均未改变；

③ 调相：根据数字信号的变化改变载波信号的相位。数字信号从“0”变为“1”时或是从“1”变为“0”时载波信号的相位改变 180 度，频率和幅度均未改变。

注意：基带传输方式时整个频带范围都用来传输某一数字信号，即单信道，常用于半双工

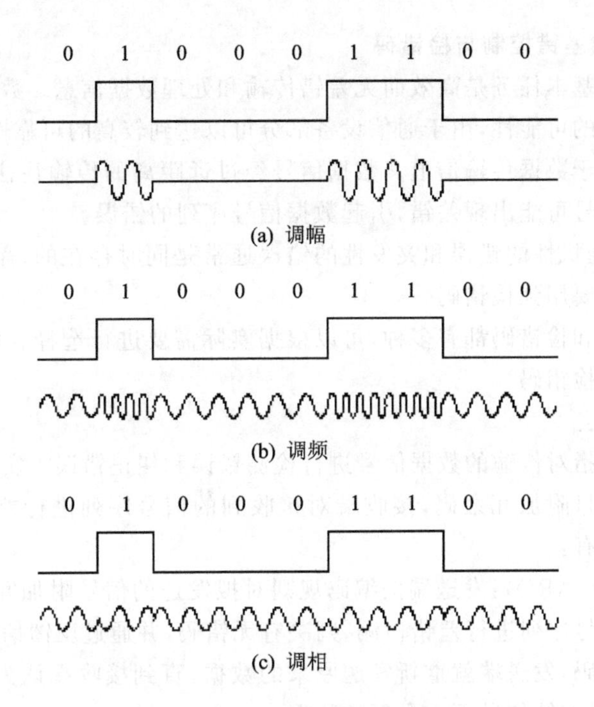

图 6-57 3 种调制方式示意图

通信。频带传输时，在同一条传输线路上可用频带分割的方法将频带划分为几个信道，同时传输多路信号。例如：传输两种信号，数据发送和传输使用高频信道，各站间的应答响应使用低频道，常用于全双工通信。

5. 数据传输速率

数据传输速率是指单位时间内传输的信息量，是衡量系统传输能力的主要指标。在数据传输中，定义有以下 3 种速率：

(1) 调制速率：也称码元速率，是脉冲信号经过调制后的传输速率。即信号在调制过程中，单位时间内调制信号波形变化次数，也就是单位时间内所能调制的调制次数，单位是波特(Baud)，通常用于表示调制解调器之间传输信号的速率；

(2) 数据信号速率：单位时间内通过信道的信息量，单位是"比特/秒"(Bit Per Second)，用 bit/s 或 bps 表示。

注意：对于调制速率(波特)和数据信号速率(比特/秒)，在传输的调制信号是二态串行传输时，两者的速率在数值上是相同的，否则就不一样了。例如，调制速率为 1 200 波特的二态串行传输的调频波，相对应的数据信号速率为 1 200 bps。

(3) 数据传输速率：指单位时间内传输的数据量，数据量的单位可以是比特、字符等。通常用"字符/分钟"为单位。例如，在使用数据信号速率为 1200 bps 的传输电路，按起止位同步方式来传输 ASCII 的数据时，其数据传输速率(1 200×60)/(8+2)=7 200(字符/分)。其中，分母中的"2"是指在一个字符位附加的起始比特和终止比特。

在串行通信中，数据传输速率(又称波特率)通常是指每秒传送的二进制位数，即 bit/s 或 bps。不同的串行通信网络的传输速率差别极大，常用的标准波特率为 300 bps、600 bps、1 200 bps、2 400 bps、4 800 bps、9 600 bps 和 19 200 bps 等。

6. 数据传输中的差错控制与检错码

数据通信系统的基本任务是高效而无差错传输和处理数据信息。数据通信系统的各个组成部分都存在着差错的可能性，由于通信设备部分可以达到较高的可靠性，因此一般认为数据通信的差错主要来自于数据传输信道。数据信号经过远距离的传输往往会受到各种的干扰，致使接收到的数据信号可能出现差错，引起数据信号序列的错误。

在实际系统中，随机性的错误和突发性的错误通常是同时存在的，需要进行差错控制，在进行差错控制中就需要用到检错码。

差错的控制方式和检错码都有多种，可以根据实际需要进行选择。以下简单介绍几种差错控制方法及常用的检错码。

(1) 差错控制方法

所谓差错控制是指对传输的数据信号进行检测错误和纠正错误。实际中常用的差错控制主要是对拟发送的信号附加冗余码，接收端对接收到的信号序列进行差错检测，判决有无错码。主要的纠错方式有：

① 自动检错重传(ARQ)：发送端按编码规则对拟发送的信号附加冗余码后再发送出去，接收端对接收到的信号序列进行差错检测，判决有无错码，并通过反馈信道把判决结果送回到发送端。若判决有错码，发送端就重新发送原来的数据，直到接收端认为无错为止；若判决为无错码，发送端就可以继续传送下一个新的数据。

② 前向纠错(FEC)：发送端按照一定的编码规则对拟发送的信号码元附加冗余码，构成纠错码。接收端将附加冗余码元按照一定的译码规则进行变换，检测信号中有无错码，若有错，自动确定错码位置，并加以纠正。该方式物理实现简单无需反馈信道，适用于实时通信系统，但译码器一般比较复杂。

③ 混合纠错(HEC)：是前向纠错与自动检错重传两种方式的综合。发送端发送具有检测和纠错能力的码元，接收端对所接收的码组中的差错个数在纠错的能力范围之内，能够自动进行纠错，否则接收端将通过反馈信道要求发送端重新发送该信息。混合纠错方式综合了 ARQ 和 FEC 的优点，却未能克服它们各自的缺点，因而在实际应用中受到了一定的限制。

(2) 奇偶校验码

奇偶校验是以字符为单位的校验方法。一个字符一般由 8 位组成，低 7 位是信息字符的 ASCII 代码，最高位是奇偶校验位，该位可以是 1 或者 0。其原则是：使整个编码中“1”的个数为奇数或偶数，若“1”的个数为奇数就称为“奇校验”，若“1”的个数为偶数的就称为“偶校验”。

奇偶校验的原理是：若采用奇校验，发送端发送一个字符编码(含有校验码)中，“1”的个数一定为奇数，在接收端对“1”的个数进行统计，如果统计的结果“1”的个数是偶数，就意味着在传输的过程中有一位发生了差错。显然，若发生了奇数个差错接收端都可以发现，但若发生了偶数个差错接收端就无法查出。

由于奇偶校验码只需附加一位奇偶校验位编码，实现简单，效率较高，因而得到广泛的应用。

(3) 循环冗余校验码(CRC)

对于一个由“0”和“1”组成的二进制码原序列，都可以一个二进制多项式来表示，例如：1101001 可以表示成 $1\times X^6+1\times X^5+0\times X^4+1\times X^3+0\times X^2+0\times X^1+1\times X^0$。一般地说，$n$ 位二进制码原序列可以用 $(n-1)$ 阶多项式表示。由于多项式间的运算是其对应系数按模 2 进行运算，所以两个二进制多项式相减就等于两个二进制多项式相加。

采用 CRC 码时，通常在信息长度为 k 位的二进制序列之后，附加上 r 位监督位，组成一个码长为 n 的循环码，其中 $r=n-k$。每个循环码都可以有自已的生成多项式 $g(x)$，并规定生成多项式 $g(x)$ 的最高位和最低位的系数必须为 1，由于任意一个循环码的码字 $c(x)$ 都是生成多项式的倍式，因此 $c(x)$ 被 $g(x)$ 除后余式必为零。

利用上述的原理就可以进行循环码的编码，即从信息多项式 $m(x)$ 求得循环码的码字 $c(x)$。编码步骤如下：

① 将信息多项式 $m(x)$ 乘以 X^{n-k}；

② 将 $X^{n-k}m(x)$ 除以生成多项式 $g(x)$，得余式 $f(x)$；

③ 循环码的码字 $c(x)=X^{n-k}m(x)+r(x)$。

采用 CRC 码时，发送方和接收方事先约定同一个生成多项式 $g(x)$，发送方在发送信息的同时，进行循环码的编码，接收方对接收的 CRC 码，用 $g(x)$ 除，余数应为零。若不为零，则表示数据传输有错。

二、计算机网络的组网技术

1. 计算机网络的分类

计算机网络是将地理位置不同而又具有各自独立功能的多个计算机，通过通信设备和通信线路相互连接起来构成的计算机系统，网络中每个计算机或交换信息的设备称为网络的站或节点。

计算机网络按站间距离分为：

① 全域网：通过卫星通信连接各大洲不同国家，覆盖面积极大，范围在 1 000 km 以上；

② 广域网：站点分布范围很广，从几公里到几千公里。单独建造一个广域网价格昂贵，常借用公共电报、电话网实现。此外，网络的分布不规则，使网络的通信控制比较复杂，尤其是使用公共传送网，要求联到网上的用户必须严格遵守各种规程；

③ 局域网：地理范围有限、通常在几十米到几千米、数据通信传送速率高，误码率低，网络拓扑结构比较规则，网络的控制一般趋于分布式，以减少对某个结点的依赖，避免或减少了一个节点故障对整个网络的影响，价格比较廉价。

局域网 LAN(Local Area Network)产生于 20 世纪 60 年代末，70 年代出现一些实验性的网络，到 80 年代，局域网的产品已经大量涌现，其典型代表就是工业以太网 Ethernet。随着网络体系结构、协议标准研究的发展，计算机局域网技术取得了很大的进步，其应用范围也越来越广泛。

计算机局域网主要有以下特点：局域网覆盖有限的地理范围，具有较高的数据传输速率(10～100 Mbps)、低误码率($<10^{-8}$)的高质量数据传输环境；易于建立、维护和扩展。

决定局域网特性的主要技术要素是：网络拓扑结构、传输介质与介质访问控制方法等。

2. 计算机网络的拓扑结构

网络拓扑结构是指网络中的通信线路和节点间的几何布置，用以表示网络的整体结构外貌。反映了网络中各个模块间的结构关系，对整个网络的设计、功能、可靠性和成本都有重要的影响。

常见的有 3 种拓扑结构形式：

(1) 星形网络

星形拓扑是由中央节点为中心与各节点连接组成的,网络中任何两个节点要进行通信都必须经过中央节点控制,其网络结构如图 6-58(a)所示。

星形网络的特点是:结构简单,便于管理控制,建网容易,线路可用性强,效率高,网络延迟时间短,误码率较低,便于程序集中开发和资源共享。但系统花费大,网络共享能力差,负责通信协调工作的上位计算机负荷大,通信线路利用率不高,且系统对上位计算机的依赖性也很强,一旦上位机发生故障,整个网络通信就得停止。在小系统、通信不频繁的场合可以应用。

星形网络常用双绞线作为传送介质。上位计算机(也称主机、监控计算机、中央处理机)通过点到点的方式与各现场处理机(也称从机)进行通信,就是一种星形结构。各现场机之间不能直接通信,若要进行相互之间的数据传送,就必须通过作为中央节点的上位计算机协调。

(2) 环形网络

环形网中各个节点通过环路通信接口或适配器连接在一条首尾相连的闭合环型通信线路上。环形网络结构如图 6-58(b)所示。

环路上任何节点都可以请示发送信息,请求一旦被批准,就可以向环路发送信息。环形网中的数据主要是单向传送,也可以是双向传送。由于环线是公用的,一个节点发出的信息要穿越环中所有的环路接口,信息中目的地址与环上某节点地址相符时,数据信息被该节点的环路接口所接收,而后信息继续传向下一环路接口,一直流回发送该信息的环路接口节点为止。

环形网的特点是:结构简单,挂接或摘除节点容易,安装费用低;由于在环形网络中数据信息在网中是沿固定方向流动的,节点间仅有一个通路,大大简化了路径选择控制;某个节点发生故障时,可以自动旁路,系统可靠性高。所以工业上的信息处理和自动化系统常采用环形网络的拓扑结构。但节点过多时,会影响传送效率,网络响应时间变长。

(3) 总线形网络

利用总线把所有的节点连接起来,这些节点共享总线,对总线有同等的访问权。总线形网络结构如图 6-58(c)所示。

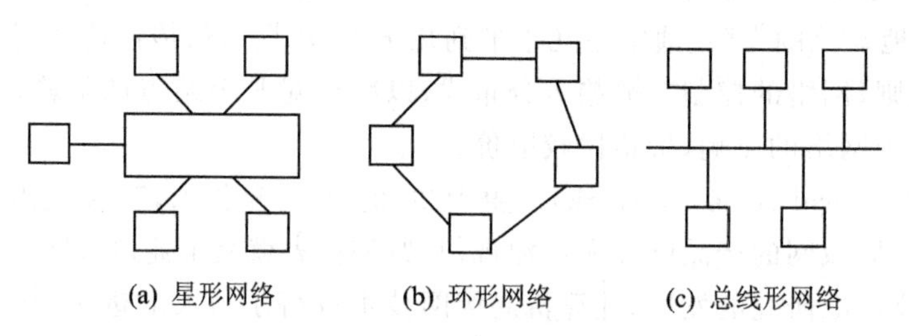

图 6-58　网络拓扑结构示意图

总线形网络由于采用广播方式传送数据,任何一个节点发出的信息经过通信接口(或适配器)后,沿总线向相反的两个方向传送,可以使所有节点接收到,各节点将目的地址是本站站号的信息接收下来。这样就无需进行集中控制和路径选择,其结构和通信协议都比较简单。

在总线形网络中,所有节点共享一条通信传送链路。因此,在同一时刻,网络上只允许一个节点发送信息。一旦两个或两个以上节点同时发送信息就会发生冲突。在不使用通信指挥器 HTD 的分散通信控制方式中,常需规定一定的防冲突通信协议。常用的有令牌总线网(Token-passing-bus)和冲突检测载波监听多路存取控制协议 CSMA/CD。

总线形网络结构简单，易于扩充，设备安装和修改费用低，可靠性高，灵活性好，可连接多种不同传送速率，不同数据类型的节点，也易获得较宽的传送频带，网络响应速度快，共享资源能力强，特别适合于工业控制应用，是工业控制局域网中常用的拓扑结构。

3. 计算机网络的传输介质

网络上数据的传输需要有“传输媒体”，这好比是车辆必须在公路上行驶一样，道路质量的好坏会影响到行车的安全舒适。同样，网络传输媒介的质量好坏也会影响数据传输的质量，包括速率、数据丢失等。

常用的网络传输媒介可分为有线和无线两类。有线传输媒介主要有同轴电缆、双绞线及光缆等；无线媒介有微波、无线电、激光和红外线等。

(1) 同轴电缆

同轴电缆(Coaxial cable)可分为粗缆和细缆两类，在实际应用中很广，比如在有线电视网中有广泛应用。不论是粗缆还是细缆，其中央都是一根铜线，外面包有绝缘层，如图 6－59 所示。

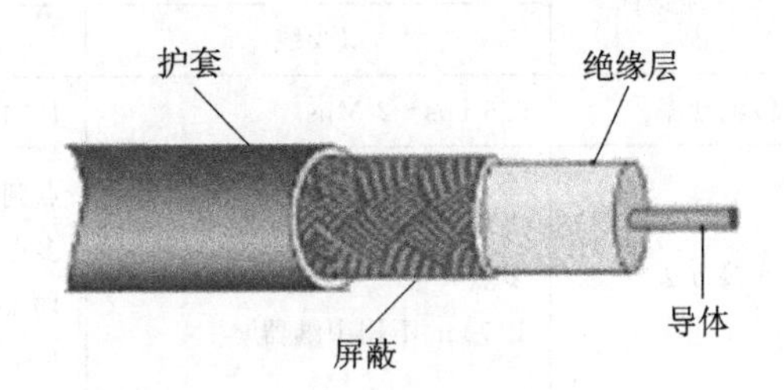

图 6－59　同轴电缆

由于同轴电缆绝缘效果佳，频带也宽，数据传输稳定，价格适中，性价比高，是局域网中普遍采用的一种媒介。使用同轴电缆组网，需要在两端连接 50 Ω 的反射电阻，这就是通常所说的终端匹配器。

(2) 双绞线

双绞线(Twisted－pair)是由两条导线按一定扭距相互绞合在一起的类似于电话线的传输媒体，每根线加绝缘层并有颜色来标记。成对线的扭绞旨在使电磁辐射和外部电磁干扰减到最小。

EIA/TIA(电气工业协会/电信工业协会)对双绞线按其电气特性分级或分类：

① 第一类双绞线：通常在 LAN 技术中不使用，主要用于模拟话音；

② 第二类双绞线：可用于综合业务数据网，如数字话音等，在 LAN 中也很少使用；

③ 第三类双绞线：是一种 24WG 的四对非屏蔽双绞线，符合 EIA/TIA 568 标准中确定的 100 Ω 水平布线电缆的要求，可用来进行 10 Mbps 和 IEEE802.3 10Base－T 的话音和数据传输；

④ 第四类双绞线：在性能上比第三类有一定改进，适用于包括 16 Mbps 令牌环局域网在内的数据传输速率；

⑤ 第五类双绞线：是 24AWG 的 4 对电缆，比 100 Ω 低损耗电缆具有更好的传输特性，并适用于 16 Mbps 以上的速率，最高可达 100 Mbps。

(3) 光　纤

要组建快速网络，光纤(Fiber Optical Cable)是最好的选择。光缆是由许多细如发丝的塑胶或玻璃纤维外加绝缘护套组成，光束在玻璃纤维内进行传输，防磁防电，传输稳定，质量高，适于高速网络和骨干网。

利用光缆连接网络，每端必须连接光/电转换器，另外还需要一些其他辅助设备。

同轴电缆、双绞线和光缆是目前普遍使用的传输介质，其中双绞线(带屏蔽)成本低，安装简单;光缆尺寸小,质量轻,传输距离远,但成本高,安装维修需专用仪器。表 6-1 所列为同轴电缆、双绞线、光缆的性能比较。

(4) 无线媒体

上述 3 种传输媒体都需要一根线缆连接计算机,这在很多场合下是不方便的。无线媒体不使用电子或光学导体,大多数情况下地球的大气便是数据的物理性通路,适用于难以布线的场合或远程通信。

无线媒体有 3 种主要类型:无线电、微波及红外线,目前在 PLC 网络中的应用还很少。

表 6-1　同轴电缆、双绞线、光缆的性能比较

性能指标	传输介质		
	双绞线	同轴电缆	光　缆
传输速率	9.6 bps～2 Mps	1～450 Mps	10～500 Mps
连接方法	点到点 多点 1.5 km 不用中继器	点到点 多点 10 km 不用中继(宽带) 1～3 km 不用中继(基带)	点到点 50 km 不用中继
传输信号	数字调制信号纯模拟信号(基带)	调制信号,数字(基带) 数字、声音、图像(宽带)	调制信号(基带)数字、声音、图像(宽带)
支持网络	星形、环形、小型交换机	总线形、环形	总线形、环形
抗干扰能力	好(需外屏蔽)	很好	极好
环境适应能力	好(需外屏蔽)	好,但必须将电缆与腐蚀物隔开	极好,耐高温和其他恶劣的环境

4. 介质访问控制

介质访问控制是指对网络通道占有权的管理和控制。

局域网络上的信息交换方式有两种:

① 线路交换:即发送节点与接收节点之间有固定的物理通道,且该通道一直保持到通话结束,如电话系统。

② 报文交换:这种交换方式是把编址数据组,从一个转换节点传到另一个转换节点,直到目的站。发送节点数据和接收节点之间无固定的物理通道。如某节点出现故障。则通过其他通道把数据组送到目的节点。这有些像传递邮包或电报的方式,每一个编址数据组即类似一个邮包。

介质访问控制主要有两种方法:

(1) 令牌传送方式

这种方式对介质访问的控制权是以令牌为标志的。令牌是一组二进制码,网络上的节点按某种规则排序,令牌被依次从一个节点传到下一个节点,只有得到令牌的节点才有权控制和使用网络。已发送完信息或无信息发送的节点将令牌传给下一个节点。

在令牌传送网络中,不存在控制站,不存在主从关系。这种控制方式结构简单,便于实现,可在任何一种拓扑结构上实现。但一般常用总线和环形结构。

(2) 争用方式

这种方式允许网络中的各节点自由发送信息。但当两个以上的节点同时发送则会出现线路冲突,故需要做些规定,加以约束。

目前常用的是 CSMA/CD 规约(以太网规约),即带冲突检测的载波监听多路存取协议。这种协议要求每个发送节点要"先听后发、边发边听"。即发送前先监听,在监听时,若总线空则可发送;忙则停止发送。发送的过程中还应随时监听,一旦发现线路冲突则停止发送,且已发送的内容全部作废。这种控制方式在轻负载时优点突出,控制分散,效率高。但重负载时冲突增加,则传送效率大大降低。而令牌方式恰恰在重负载时效率高。

5. 网络通信协议

通信协议就是一组约定的集合,通常至少应有两种功能:一是通信,包括识别和同步;二是信息传输,包括传输正确的保证、错误检测和修正等。

具体来讲,网络协议主要有 3 个组成部分:

① 语义:是对协议元素的含义进行解释。不同类型的协议元素所规定的语义是不同的,例如需要发出何种控制信息、完成何种动作及得到的响应等。

② 语法:将若干个协议元素和数据组合在一起用来表达一个完整的内容所应遵循的格式。也就是对信息的数据结构做一种规定,例如用户数据与控制信息的结构与格式等。

③ 时序:对事件实现顺序的详细说明。例如在双方进行通信时,发送点发出一个数据报文,如果目标点正确收到,则回答源点接收正确;若接收到错误的信息,则要求源点重发一次。

由此可以看出,协议实质上是网络通信时所使用的一种语言。

6. 网络参考模型

(1) 网络体系结构

网络协议对于计算机网络来说是必不可少的。不同结构的网络,不同厂家的网络产品,所使用的协议也不一样,但都遵循一些协议标准,这样便于不同厂家的网络产品进行互连。一个功能完善的计算机网络需要制定一套复杂的协议集合,对于这种协议集合,最好的组织方式是层次结构模型。将计算机网络层次结构模型与各层协议的集合定义为计算机网络体系结构。

网络体系结构是关于计算机网络应设置哪几层,每层应提供哪些功能的精确定义。换句话说,网络体系结构只是从功能上描述计算机网络的结构,而不涉及每层硬件和软件的组成,也不涉及这些硬件或软件的实现问题。至于体系结构中所确定的功能怎样实现,是留待网络生产厂家来解决。

世界上第一个网络体系结构是 1974 年由 IBM 公司提出的"系统网络体系结构 SNA",之后许多公司纷纷提出了各自的网络体系结构。所有这些体系结构都采用了分层技术,但层次的划分、功能的分配及采用的技术均不相同。

随着信息技术的发展,不同结构的计算机网络互连已成为人们迫切需要解决的问题。在这个前提下,开放系统互连参考模型 OSI 就提出来了。

(2) OSI 参考模型

国际标准化组织 ISO 于 1981 年正式推荐了一个网络系统结构——七层参考模型,称为开放系统互连模型(Open System Interconnection/Reference Model,OSI)。由于这个标准模型的建立,使得各种计算机网络向它靠拢,大大推动了网络通信的发展。

如图 6-60 所示,OSI 参考模型将整个网络通信功能划分为七个层次,由低到高分别是:

物理层(PH)、链路层(DL)、网络层(N)、传输层(T)、会议层(S)、表示层(P)和应用层(A)。每层完成一定的功能,每层都直接为其上层提供服务,并且所有层次都互相支持。第四层(传输层)到第七层(应用层)主要负责互操作性,而第一层到第三层则用于创造两个网络设备间的物理连接。

应用层 (Application layer)
表示层 (Presentation layer)
会话层 (Session layer)
传输层 (Transport layer)
网络层 (Network layer)
链路层 (Data link layer)
物理层 (Physical layer)

图 6-60　网络分层结构图

OSI 参考模型对各个层次的划分遵循下列原则:

◇ 网中各节点都有相同的层次,相同的层次具有同样的功能;

◇ 同一节点内相邻层之间通过接口通信;

◇ 每一层使用下层提供的服务,并向其上层提供服务;

◇ 不同节点的同等层按照协议实现对等层之间的通信。

根据以上原则,ISO 制定了开放系统参考模型 OSI,各层的含义为:

第一层,物理层:物理层为建立、维护和释放数据链路实体之间的二进制比特传输的物理连接提供机械的、电气的、功能的和规程的特性。这一层定义电缆如何连接到网卡上,以及需要用何种传送技术在电缆上发送数据;同时还定义了位同步及检查。因此,这一层表示了用户的软件与硬件之间的实际连接。

第二层,数据链路层:这是 OSI 模型中极其重要的一层,它把从物理层来的原始数据打包成帧。一个帧是放置数据的、逻辑的、结构化的包。数据链路层负责帧在计算机之间的无差错传递。

数据链路层还支持工作站的网络接口卡所用的软件驱动程序。桥接器的功能在这一层。设立数据链路层的主要目的是将一条原始的、有差错的物理线路变为对网络层无差错的数据链路。为了实现这个目的,数据链路层必须执行链路管理、帧传输、流量控制、差错控制等功能。

第三层,网络层:这一层定义网络操作系统通信用的协议,为信息确定地址,把逻辑地址和名字翻译成物理地址。它也确定从源机沿着网络到目标机的路由选择,并处理交通问题,例如交换、路由和对数据包阻塞的控制。路由器的功能在这一层,路由器可以将子网连接在一起,它依赖于网络层将子网之间的流量进行路由。

需要注意的是:数据链路层协议是相邻两直接连接节点间的通信协议,不能解决数据经过通信子网中多个转接节点的通信问题。设置网络层的主要目的就是要为报文分组以最佳路径通过通信子网到达目的主机提供服务,而网络用户不必关心网络的拓扑构型与所使用的通信介质。

第四层,传输层:这一层负责错误的确认和恢复,以确保信息的可靠传递。在必要时,也对信息重新打包,把过长信息分成小包发送;在接收端,再把这些小包重构成初始的信息。

传输层是 OSI 参考模型的七层中比较特殊的一层,同时也是整个网络体系结构中十分关键的一层。设置传输层的主要目的是在源主机进程之间提供可靠的端－端通信。

第五层,会话层:允许在不同机器上的两个应用建立、使用和结束会话,这一层在会话的两台机器间建立对话控制,管理哪边发送、何时发送、占用多长时间等问题。

会话层是建立在传输层之上,由于利用传输层提供的服务,使得两个会话实体之间不考虑它们之间相隔多远、使用了什么样的通信子网等网络通信细节。

第六层，表示层：包含了处理网络应用程序数据格式的协议，从应用层获得数据并将其格式化以供网络通信使用。该层将应用程序数据排序成一个有含义的格式并提供给会话层。这一层也通过提供诸如数据加密的服务来负责安全问题，并压缩数据以使得网络上需要传送的数据尽可能少。

表示层位于 OSI 参考模型的第六层。低五层用于将数据从源主机传送到目的主机，而表示层则要保证所传输的数据经传送后其意义不改变。表示层要解决的问题是：如何描述数据结构并使之与机器无关。

第七层，应用层：这一层是最终用户应用程序访问网络服务的地方，负责整个网络应用程序一起很好地工作。这里也正是最有含义的信息传过的地方。程序如电子邮件、数据库等都利用应用层传送信息。

三、工业数据通信与控制网络

1. 工业数据通信

在工业生产过程中，除了计算机与外围设备，还存在大量检测工艺参数数值与状态的变送器和控制生产过程的控制设备，在这些测量、控制设备的各功能单元之间、设备与设备之间、以及这些设备与计算机之间遵照通信协议，利用数据传输技术传递数据信息的过程，一般称之为工业数据通信。工业数据通信传送的数据内容通常是生产装置运行参数的测量值、控制量、阀门的工作位置、开关状态、报警状态、设备的资源与维护信息、系统组态、参数修改、零点量程调校信息等。图 6－61 所示为工业数据通信系统的一个简单示例。

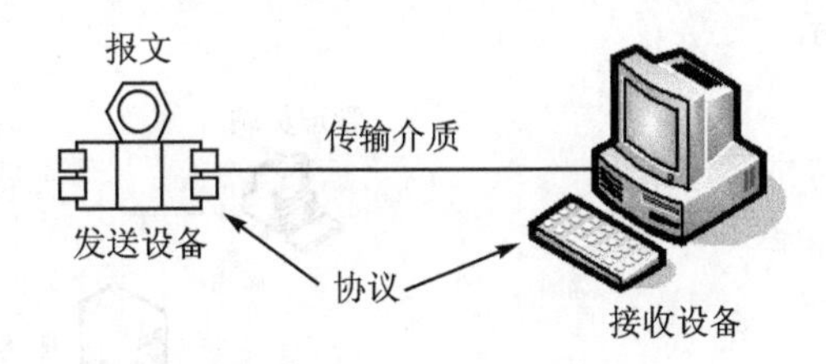

图 6－61　工业数据通信系统示例

图中温度变送器（发送设备）将生产现场运行温度测量值送到监控计算机（接收设备）。这里的报文内容为所传送的温度值，中间的连接电缆为传输介质，通信协议则是事先以软件形式存在于计算机和温度变送器内的一组程序。可以看出，它与普通计算机通信、电报与话务通信既有较大区别又有密切的联系。因而可以认为，工业数据通信是工业自动化领域内的通信技术。

工业数据通信系统有些比较简单，包括几个节点，有些比较复杂，包括成千上万个节点，例如一个汽车组装生产线可能有多达 25 万个 I/O 点，石油炼制过程中的一个普通装置也会有上千台测量控制设备。这些节点间进行多点通信时，往往并不是在每对通信节点间建立直达线路，而是采用网络连接形式构建数据通道，于是产生了数据通信网络。

这种节点众多的数据通信系统一般都采用串行通信方式。串行数据通信的最大优点是经济。两根导线上挂接数十、上百甚至更多的传感器、执行器，具有安装简单、通信方便的优点。这两根实现串行数据通信的导线就称之为总线。总线上除了传输测量控制的数值外，还可以传输设备状态、参数调整和故障诊断等信息。

2. 控制网络

(1) 控制网络的概念

工业数据通信是由早期的通信系统演化而来，但控制网络却是近年发展形成的。应该说，工业数据通信是控制网络的基础和支撑条件，是控制网络技术的重要组成部分。在这个意义上也可以把工业数据通信与控制网络一并称为控制网络。

控制网络的定义可简单概括为将多个分散在生产现场，具有数字通信能力的测量控制仪表作为网络节点，采用公开、规范的通信协议，以现场总线作为通信连接的纽带，把现场控制设备连接成为可以相互沟通信息，共同完成自控任务的网络系统与控制系统。

控制网络既是一个位于生产现场的网络系统，网络在各控制设备之间构筑起沟通数据信息的通道，在现场的多个测量控制设备之间及现场控制设备与监控计算机之间实现工业数据通信，又是一个以网络为支撑的控制系统，依靠网络在传感测量、控制计算机、执行器等功能模块之间传递输入/输出信号，构成完整的控制系统，完成自动控制的各项任务。

控制网络的组成成员比较复杂。除了普通的计算机、工作站、打印机、显示终端之外，大量的网络节点是各种可编程控制器、开关、马达、变送器、阀门、按钮等。其中大部分节点的智能程序远不及计算机，有的现场控制设备内嵌有 CPU 等其他专用芯片，有的只是功能相当简单的非智能设备。控制网络是一类特殊的网络系统，广泛应用于离散、连续制造业，交通、楼宇、家电，以至农、林、牧、渔等各行各业。

(2) 控制网络在企业网络系统中的地位、作用及特点

企业网络的结构按功能分为信息网络和控制网络上、下两层，其体系结构如图 6-62 所示。

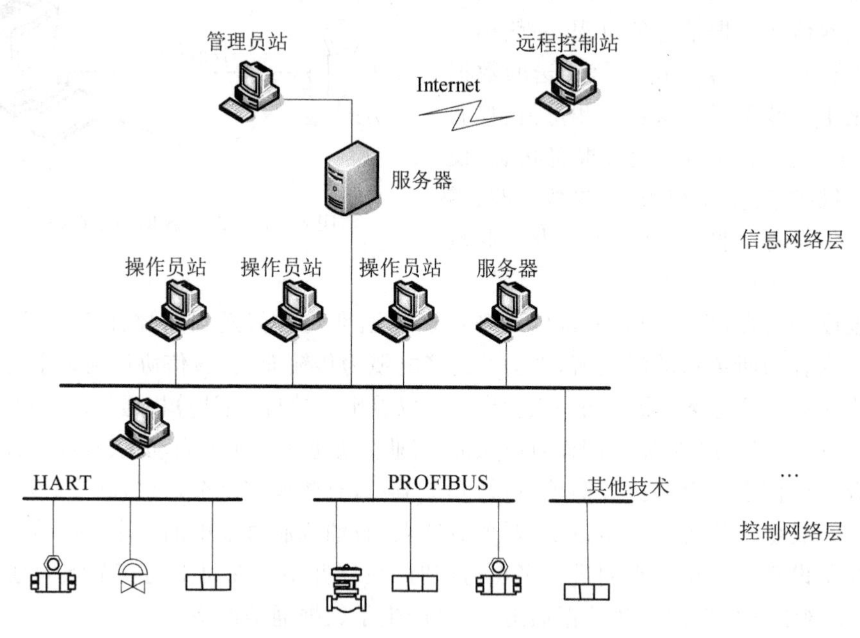

图 6-62　企业网络体系结构

信息网络位于企业网络的上层，是企业数据共享和传输的载体。主要完成现场信息的集中显示、操作、组态、过程优化计算和参数修改，并担负着包括工程技术、经营、商务和人力等方面的总体协调和管理工作。

控制网络位于企业网络的下层，由 HART、PROFIBUS 等现场总线网段组成，与信息网络紧密地集成在一起，服从信息网络的操作，同时又具有独立性和完整性。它的实现既可以采用工业以太网，也可以采用现场总线技术，或者工业以太网与现场总线技术的结合。其作用是

把工业现场的实时参数送到信息网络中，以进行数据的分析、计算和显示。

控制网络相对于信息网络而言主要有如下特点：

① 控制网络中数据传输的及时性和系统响应的实时性是控制系统的最基本要求。一般来说，过程控制系统的响应时间要求为 0.01～0.5 s，制造自动化系统的响应时间要求为 0.5～2.0 s，信息网络的响应时间要求为 2.0～6.0 s。在信息网络的大部分使用中实时性是忽略的。

② 控制网络强调在恶劣环境下数据传输的完整性、可靠性。控制网络应具有高温、潮湿、震动、腐蚀、电磁干扰等工业环境中长时间、连续、可靠、完整地传送数据的能力，并能抗工业电网的浪涌、跌落和尖峰干扰。在易燃易爆场合，控制网络还应具有本质安全性能。

③ 控制网络必须解决多家公司产品和系统在同一网络中的互操作问题。

3. 网络系统设计的基本原则

在进行网络系统设计时，通常应首先明确建网的目的和目标。一般来说，近期目标应该十分具体明确且容易实现，例如：网络的基本功能、组网的环境、网络的规模、网络的结构、网上的站点数包括远程站的数目、传输的速率，其中网上必备的设备如：传输介质、通信方式和协议、网络的覆盖范围等。

在网络设计时应遵循以下基本原则：

① 可靠性：用于工业控制的控制网络，必须是工作可靠的，否则就会出重大故障，为此必须谨慎地选择成熟的技术、可靠的产品、完善的售后服务，以保证系统建成后能安全正常地运行。

② 可用性：在设计过程中，应经常与用户交流，了解用户的需求，满足用户的要求，使得设计出的网络功能能符合要求。

③ 先进性：工业控制网络产品随着计算机、通信技术的发展日新月异。所谓先进是指设计的思想、设备、网络结构、开发工具的先进，这种先进必须是经过实践证明过的先进，防止片面主观的追求。

④ 可扩展性：它包括规模的扩展和功能上的扩展两个方面。

⑤ 抗干扰能力：工业现场的干扰是不可避免的，要保证系统的正常工作就必须有抗干扰的措施，其中包括软件和硬件方面的措施。

⑥ 性能价格比：在满足高性能的前提下，尽可能节省投资，以保证资金的合理使用。

第五节　现场总线技术

一、现场总线概述

在传统的自动化工厂中，位于生产现场的许多设备和装置，如：传感器、调节器、变送器、执行器等都是通过信号电缆与计算机相连的。当这些装置和设备相距较远、分布较广时，就会使电缆线的用量和铺设费用随之大大地增加，造成了整个项目的投资成本增高，系统连线复杂，可靠性下降，维护工作量增大，系统进一步扩展困难等问题。因此人们迫切需要一种可靠、快速、能经受工业现场环境、低廉的通信总线，将分散于现场的各种设备连接起来，实施对其监控。现场总线（Field Bus）就是在这样的背景下产生了。

1. 现场总线的概念

根据国际电工委员会 IEC 标准和现场总线基金会 FF(Fieldbus Foundation)的定义:现场总线是连接智能现场设备和自动化系统的数字式、双向传输、多分支结构的通信网络。也就是说基于现场总线的系统是以单个分散的、数字化、智能化的测量和控制设备作为网络的节点,用总线相连,实现信息的相互交换,使得不同网络,不同现场设备之间可以信息共享。现场设备的各种运行参数状态信息以及故障信息等通过总线传送到远离现场的控制中心,而控制中心又可以将各种控制、维护、组态命令送往相关的设备,从而建立起了具有自动控制功能的网络。

现场总线的节点是现场设备或现场仪表,但不是传统的单功能的现场仪表,而是具有综合功能的智能仪表。例如,温度变送器不仅具有温度信号变换和补偿功能,而且具有 PID 控制和运算功能;调节阀的基本功能是信号驱动和执行,另外还有输出特性补偿、自校验和自诊断功能。现场设备具有互换性和互操作性,采用总线供电,具有本质安全性。

可见,现场总线是用于过程自动化和制造自动化最底层的现场设备或现场仪表互连的通信网络,是现场通信网络与控制系统的集成。现场总线不单单是一种通信技术,也不仅仅是用数字仪表代替模拟仪表,关键是用新一代的现场总线控制系统 FCS(Fieldbus Control System)代替传统的集散控制系统 DCS(Distributed Control System),实现现场通信网络与控制系统的集成。

2. 现场总线的发展

现场总线始于 20 世纪 80 年代,90 年代技术日趋成熟,并受到世界各自动化设备制造商和用户的广泛关注。它作为工厂数字通信网络的基础,沟通了生产过程现场及控制设备之间及其与更高控制管理层次之间的联系,成为自动化技术发展的热点,并将导致自动化系统结构与设备的深刻变革。

一般把控制系统的发展分为五代:

① 第一代控制系统:50 年代前的气动信号控制系统 PCS;

② 第二代控制系统:4~20 mA 等电动模拟信号控制系统;

③ 第三代控制系统:基于数字计算机的集中式控制系统;

④ 第四代控制系统:70 年代中期以来的集散式分布控制系统 DCS;

⑤ 第五代控制系统:以开放性、分散性与数字通信为特征的现场总线控制系统 FCS。

FCS 作为新一代控制系统,突破了 DCS 系统采用通信专用网络的局限,采用了基于公开化、标准化的解决方案,克服了封闭系统所造成的缺陷;另一方面,把 DCS 的集中与分散相结合的集散系统结构,变成了新型全分布式结构,把控制功能彻底下放到现场。

现场总线技术在历经了群雄并起、分散割据的初始阶段后,尽管已有一定范围的磋商合并,但至今尚未形成完整统一的国际标准。其中有较强实力和影响的有:Foudation Fieldbus (FF)、LonWorks、Profibus、HART、CAN 等。它们具有各自的特色,在不同应用领域形成了自己的优势。

3. 现场总线的主要特点

① 全数字化通信:传统的现场层设备与控制器之间采用的是一对一的所谓 I/O 接线方式,I/O 模块接收或送出 4~20 mA/1~5 VDC 信号。而采用现场总线技术后只用一条通信电缆就可以将控制器与现场设备(智能化的,具有通信口)连接起来,信号传输是全数字化的,

实现了检错、纠错功能,提高了信号传输的可靠性。

② 系统具有很强的开放性:开放系统是指通信协议公开,各不同厂家的设备之间可进行互连并实现信息交换,现场总线开发者就是要致力于建立统一的工厂底层网络的开放系统。这里的开放是指对相关标准的一致性和公开性,强调对标准的共识与遵从。用户可按自己的需要和对象,把来自不同供应商的产品组成大小随意的系统。

③ 具有强的互可操作性与互用性:这里的互可操作性,是指实现互连设备间、系统间的信息传送与沟通,可实行点对点,一点对多点的数字通信。互用性则意味着不同生产厂家的性能类似的设备可进行互换而实现互用。

④ 现场设备具备智能化与功能自治性:它将传感测量、补偿计算、工程量处理与控制等功能分散到现场设备中完成,仅靠现场设备即可完成自动控制的基本功能,并可随时诊断设备的运行状态。

⑤ 系统结构的高度分散性:由于现场设备本身已可完成自动控制的基本功能,使得现场总线已构成一种新的全分布式控制系统的体系结构。从根本上改变了现有 DCS 集中与分散相结合的集散控制系统体系,简化了系统结构。

⑥ 对现场环境的适应性:工作在现场设备前端,作为工厂网络底层的现场总线,是专为在现场环境工作而设计的,可支持双绞线、同轴电缆、光缆、射频、红外线、电力线等,具有较强的抗干扰能力,能采用两线制实现送电与通信,并可满足本质安全防爆要求等。

4. 几种主要的现场总线协议及其特点

现场总线发展的最初,各个公司都提出自己的现场总线协议,如 AB 公司的 DeviceNet、TURCK 公司的 Sensoplex、Honeywell 公司的 SDS、Phoenix 公司的 InterBus - S 等。经过十几年的发展,现场总线的协议逐渐趋于统一。针对制造业自动化,DeviceNet 在北美和日本用的比较普遍,PROFIBUS - DP 在欧洲用的比较普遍。针对过程自动化,PROFIBUS - PA 和 Foundation Fieldbus 占据大部分市场。其他的总线协议如 ASI、InterBus - S、Sensoplex 在某些特殊的领域也有一些市场。

下面介绍几种主要的现场总线协议及其特点。

(1) PROFIBUS

PROFIBUS 是 1987 年,由德国科技部集中了 13 家公司和 5 家科研机构的力量,按照 ISO/OSI 参照模型制订的现场总线的德国国家标准,已成为欧洲标准 EN50170。主要由拥有 400 多个公司成员的 PROFIBUS 用户组织(PNO)进行管理。

PROFIBUS 由三部分组成,即 PROFIBUS - FMS,PROFIBUS - DP 及 PROFIBUS - PA。其中,FMS 主要用于非控制信息的传输,PA 主要用于过程自动化的信号采集及控制。PROFIBUS - DP 是制造业自动化主要应用的协议内容,是满足用户快速通信的最佳方案,每秒可传输 12 兆位。扫描 1 000 个 I/O 点的时间少于 1 ms。

(2) DeviceNet

DeviceNet(设备网)是一种低价位的总线,最初由 AB 公司设计,现在已经发展成为一种开放式的现场总线的协议,可连接自动化生产系统中广泛的工业设备。其管理组织 ODVA 由全球多家公司组成,提供设备网的产品、支持设备网规范的进一步开发。

DeviceNet 能够降低设备的安装费用和时间。控制系统中的接近开关、光电开关和阀门等可通过电缆、插件、站等产品进行长距离通信。并且能够提高设备级的诊断能力。相对于

PROFIBUS－DP,DeviceNet 具有更强大的通信功能,支持除了主-从方式之外的,多种通信方式,可以更灵活地应用于控制系统中。

(3) Foundation Fieldbus

高级过程控制现场总线 Foundation Fieldbus(基金会现场总线)是针对过程自动化而设计的,通过数字、串行、双向的通信方法连接现场装置。Foundation Fieldbus 通信不是简单的数字 4～20 mA 信号,而是使用复杂的通信协议,可连接能执行简单的闭环算法(如 PID)的现场智能装置,一个通信段可配置 32 个现场装置。

基金会现场总线分低速 H1 和高速 H2 两种通信速率。H1 的传输速率为 3 125 kbps,通信距离可达 1 900 m (可加中继器延长),可支持总线供电,支持本质安全防爆环境。H2 的传输速率为 1 Mbps 和 25 Mbps 两种,通信距离为 750 m 和 500 m。物理传输介质可支持双绞线、光缆和无线发射,协议符合 IEC1158－2 标准。其物理媒介的传输信号采用曼彻斯特编码。

(4) LonWorks

LonWorks(Local Operating Network)由美国 Ecelon 公司推出,并由它们与摩托罗拉、东芝公司共同倡导,于 1990 年正式公布而形成。采用 ISO/OSI 模型的全部七层通信协议,采用面向对象的设计方法,通过网络变量把网络通信设计简化为参数设置,其通信速率从 3 00 bps 至 15 Mbps 不等,直接通信距离可达到 2 700 m(78 kbps,双绞线),支持双绞线、同轴电缆、光纤、射频、红外线、电源线等多种通信介质,被誉为通用控制网络。

(5) CAN

CAN 是控制网络 Control Area Network 的简称,最早由德国 BOSCH 公司推出,用于汽车内部测量与执行部件之间的数据通信。其总线规范现已被 ISO 国际标准组织制订为国际标准,得到了 Motorola、Intel、Philips、Siemens、NEC 等公司的支持,已广泛应用于离散控制领域。

CAN 协议也是建立在国际标准组织的开放系统互连模型基础上的,但其模型结构只有 3 层:OSI 底层的物理层、数据链路层和顶层的应用层。其信号传输介质为双绞线,通信速率最高可达 1 Mbps/40 m,直接传输距离最远可达 10 km/kbps,可挂接设备最多可达 110 个。

CAN 的信号传输采用短帧结构,每一帧的有效字节数为 8 个,因而传输时间短,受干扰的概率低。当节点严重错误时,具有自动关闭的功能以切断该节点与总线的联系,使总线上的其他节点及其通信不受影响,具有较强的抗干扰能力。

(6) HART

HART 是 Highway Addressable Remote Transduer 的缩写。最早由 Rosemout 公司开发并得到 80 多家著名仪表公司的支持,于 1993 年成立了 HART 通信基金会。这种被称为可寻址远程传感高速通道的开放通信协议,其特点是现有模拟信号传输线上实现数字通信,属于模拟系统向数字系统转变过程中工业过程控制的过渡性产品,因而在当前的过渡时期具有较强的市场竞争能力,得到了较好的发展。

二、CAN 总线及其应用

现场总线 CAN 是应用在工业、农业及军事装备等现场,在各种测试设备之间实现双向串行多节点数字通信的系统,不仅可以实现高度灵活、高可靠性的分散控制,而且可以实现整系统、全企业范围内的信息共享,大大提高了工作效率,必将对社会生产力的发展起到巨大的促进作用。

1. CAN 总线简介

CAN 总线(Controller Area Network,控制器局域网,简称 CAN 总线或 CAN - bus)是一种能有效支持分布式控制和实时控制的串行通信网络,具有通用的开发工具、高可靠性能、低成本和良好的协议特性等优点,已广泛应用于汽车应用和自动化工业环境。

1983 年,由 Bosch 与 Intel 公司为了减少汽车电缆数量而开发 CAN - bus。1986 年 2 月 Bosch 公司在 SAE 汽车工程协会大会上介绍了一种新型的串行总线 CAN 控制器局域网,标志着 CAN 总线的诞生。一经推出不仅在汽车行业得到广泛的推广与应用,在诸如航天、电力、石化、冶金、纺织、造纸等领域也得到广泛应用。在自动化仪表、工业生产现场和数控机床等系统中也越来越多地使用了 CAN 总线,CAN 总线在未来的发展中依然充满活力,有着巨大的发展空间。

由于 CAN 总线本身只定义 ISO/OSI 模型中的第一层(物理层)和第二层(数据链路层),通常情况下 CAN 总线网络都是独立的网络,所以没有网络层。在实际使用中,用户还需要自己定义应用层的协议,因此在 CAN 总线的发展过程中出现了各种版本的 CAN 应用层协议,现阶段最流行的 CAN 应用层协议主要有 CANopen、DeviceNet 和 J1939 等协议。

2. CAN 总线特点

CAN 总线采用差分信号传输,通常情况下只需要两根信号线(CAN - H 和 CAN - L)就可以进行正常的通信。在干扰比较强的场合,还需要用到屏蔽地即 CAN - G(主要功能是屏蔽干扰信号),CAN 协议推荐用户使用屏蔽双绞线作为 CAN 总线的传输线。在隐性状态下,CAN - H 与 CAN - L 的输入差分电压为 0 V(最大不超过 0.5 V),共模输入电压为 2.5 V。在显性状态下,CAN - H 与 CAN - L 的输入差分电压为 2 V(最小不小于 0.9 V),如图 6 - 63 所示。

由于 CAN 总线采用了许多新技术及独特设计,CAN 总线的数据通信具有突出的可靠性、实时性和灵活性。其具体优点如下:

① CAN 采用多主式工作,网络上任意节点均可以在任意时刻主动地向网络上的其他节点发送信息,而不分主从,通信方式灵活。

② CAN 信息采用短帧结构,每一帧的有效字节数为 8 个,这样传输时间短,受干扰的概率低。

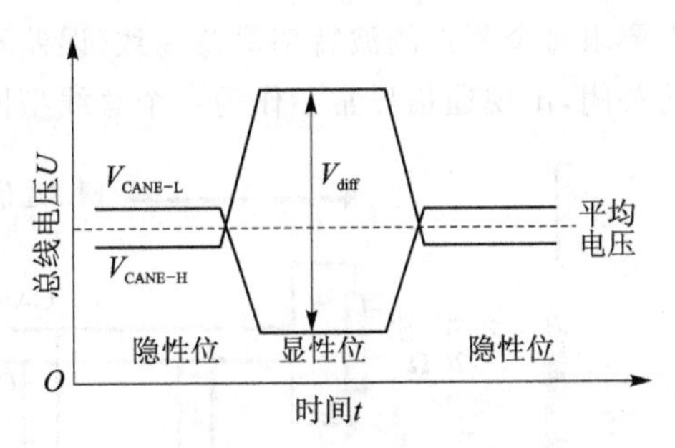

图 6 - 63 CAN 总线位电平特点

③ CAN 总线采用载波监听多路访问、逐位仲裁的非破坏性总线仲裁技术。在节点需要发送信息时,节点先监听总线是否空闲,只有节点监听到总线空闲时才能够发送数据,即载波监听多路访问方式。在总线出现两个以上的节点同时发送数据时,CAN 协议规定,按位进行仲裁,按照显性位优先级大于隐性位优先级的规则进行仲裁,最后高优先级的节点数据毫无破坏的被发送,其他节点停止发送数据,这样能大大的提高总线的使用效率及实时性。

④ CAN 网络具有点对点、一点对多点和全局广播等几种通信方式。

⑤ 具有极好的检错效果,CAN 的每帧信息都具有 CRC 校验和其他检错措施,保证了错

误的输出率极低。

⑥ CAN 总线传输波特率为 5 kbps～1 Mbps，在 5 kbps 的通信波特率下最远传输距离可以达到 10 km，即使在 1 Mbps 的波特率下也能传输 40 m 的距离。在 1 Mbps 波特率下节点发送一帧数据最多需要 134 μs。

3. CAN 总线的系统组成

CAN 节点硬件电路由 CAN 收发器、CAN 控制器、MCU 及功能电路几个部分组成。CAN 节点硬件电路连接关系如图 6-64 所示。

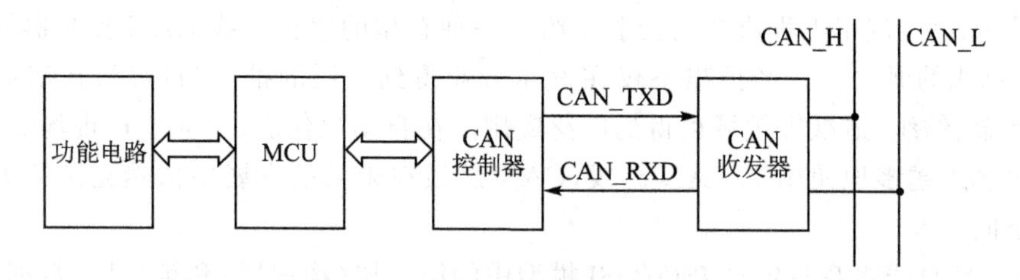

图 6-64 CAN 节点电路连接关系

在 CAN 节点电路中，MCU 主要用于完成对 CAN 控制器和功能电路的控制；CAN 控制器是 CAN-bus 设备的核心元件，提供了微处理器物理线路的接口，集成了 CAN 规范中数据链路层的全部功能，能够自动完成 CAN-bus 协议的解析；CAN 收发器是将 CAN 控制器的逻辑电平与 CAN 总线差分电平相互转换的电平转换器，提供了 CAN 控制器与物理总线的接口，实现对 CAN 总线的差动发送和接收功能。

4. CAN 总线的网络结构

CAN 总线是一种分布式的控制总线，通过总线将各节点连接只需要较少的线缆，具有较高的可靠性。CAN 总线具有在线增减设备，即总线在不断电的情况下也可以向网络中增加或减少节点。一条总线最多可以容纳 110 个节点，通信波特率为 5 kbps～1 Mbps，在通信的过程中要求每个节点的波特率保持一致(误差不能超过 5%)，否则会引起总线错误，从而导致节点的关闭，出现通信异常。作为一个总线型网络，其结构如图 6-65 所示。

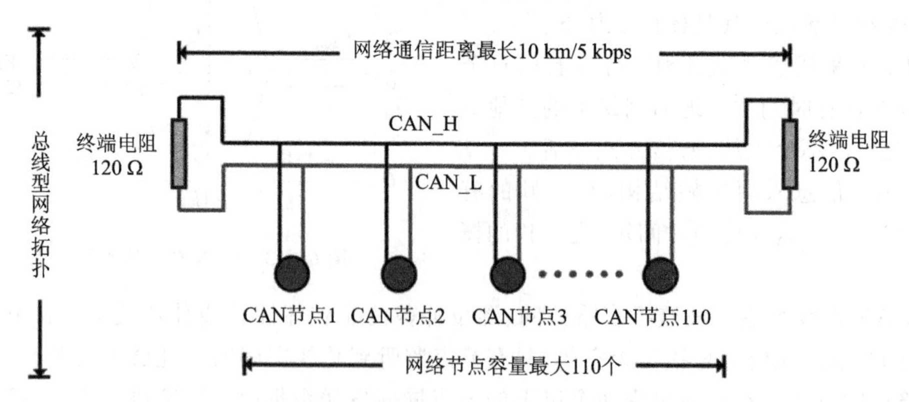

图 6-65 CAN 总线网络结构

图 6-65 中终端电阻用于减少通信线路上的反射，避免引起电平变化而导致数据的传输错误。

CAN-bus 是小范围实时通信网络，通信距离与速率成反比。当通信距离太长时可以使用 CAN 网关或网桥等设备划分子网，使子网通信速率与距离在规定范围内。CAN 总线的通信距离如表 6-2、表 6-3 所列。

表 6-2　CAN 总线的干线与支线参数

CAN 总线位速率	总线长度	支线长度	节点距离
1 Mbps	最大 40 m	最大 0.3 m	最大 40 m
5 kbps	最大 10 km	最大 6 m	最大 10 km

表 6-3　CAN 总线最大通信距离与其位速率关系

位速率/kbps	5	10	20	50	100	125	250	500	1 000
最大有效距离/m	10 000	6 700	3 300	1 300	620	530	270	130	40

5. CAN 总线应用层协议 CANopen

由于 CAN 总线只定义了 ISO/OSI 中的物理层和数据链路层，因此对于不同的应用出现了不同的应用层协议，为了使不同厂商的产品能够相互兼容，世界范围内需要通用的 CAN 应用层通信协议，在过去的二十年中涌现出许多的协议，广泛应用的 CAN 应用层协议主要有以下三种。

① 在欧洲等地占有大部分市场份额的 CANopen 协议，主要应用在汽车、工业控制和自动化仪表等领域，目前由 CIA 负责管理和维护；

② J1939 是 CAN 总线在商用车领域占有绝大部分市场份额的应用层协议，由美国机动车工程师学会发起，现已在全球范围内得到广泛的应用；

③ DeviceNet 协议在美国等地占有相当大的市场份额，主要用于工业通信及控制和仪器仪表等领域。

由于 FESTO 多轴运动控制实验系统马达控制器中集成了 CANopen 协议，在此重点介绍 CANopen 协议的基本概念及 CANopen 相关设备的使用及组网方法。

(1) CANopen 协议简介

CANopen 协议是在 20 世纪 90 年代末，由 CIA 组织(CAN - in - Automation)在 CAL (CAN Application Layer)的基础上发展而来，一经推出便在欧洲得到了广泛的认可与应用。经过对 CANopen 协议规范文本的多次修改，使得 CANopen 协议的稳定性、实时性、抗干扰性都得到了进一步的提高。并且 CIA 在各个行业不断推出设备子协议，使 CANopen 协议在各个行业得到更快的发展与推广。目前 CANopen 协议已经在运动控制、车辆工业、电机驱动、工程机械、船舶海运等行业得到广泛的应用。

CANopen 设备结构如图 6-66 所示，CANopen 协议通常分为用户应用层、对象字典及通信 3 个部分。其中最为核心的是对象字典，CANopen 通信是 CANopen 关键部分，其定义了 CANopen 协议通信规则以及与 CAN 控制器驱动之间对应关系。用户应用层是用户根据实际的需求编写的应用对象。

(2) CANopen 对象字典

CANopen 对象字典是 CANopen 协议最为核心的概念。所谓的“对象字典”就是一个有序的对象组，每个对象采用一个 16 位的索引值来寻址，这个索引值通常称为“索引”，其范围为

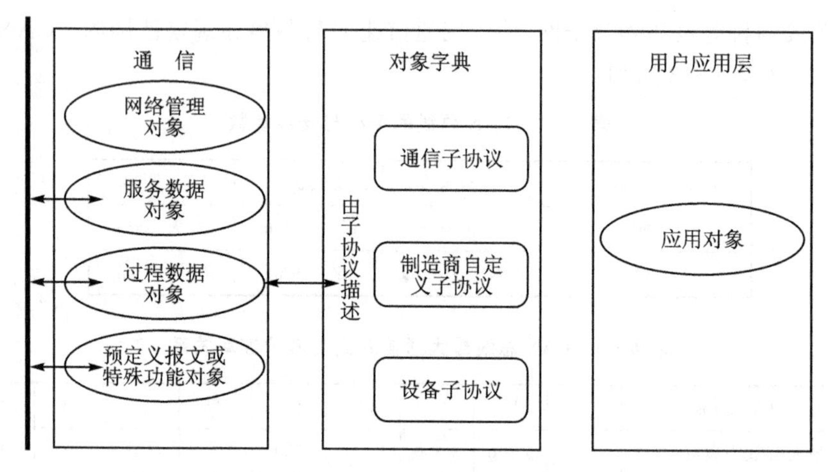

图 6-66　CANopen 设备结构

0x1000～0x9FFF。为了允许访问数据结构中的单个元素，同时也定义了一个 8 位的索引值，这个索引值通常称为“子索引”。每个 CANopen 设备都有一个对象字典，对象字典包含描述这个设备及其网络行为的所有参数。对象字典通常用电子数据文档来记录这些参数，而不需要把这些参数记录在纸上。对 CANopen 网络中的主节点来说，不需要对 CANopen 从节点的每个对象字典都进行访问。CANopen 对象字典中的项由一系列子协议来描述。子协议描述对象字典中每个对象的功能、名字、索引、子索引、数据类型、读/写属性，以及这个对象是否必需等，从而保证不同厂商的同类型设备兼容。

CANopen 协议的核心描述子协议是 DS301，包括 CANopen 协议应用层及通信结构描述，其他的子协议都是对 DS301 协议描述文本的补充与扩展。在不同的应用行业都会起草一份 CANopen 设备子协议，子协议编号一般是 DS4xx。

CANopen 协议包含许多的子协议，其主要划分为以下三类：

① 通信子协议

通信子协议描述对象字典的主要形式，以及对象字典中的通信对象和参数。这个子协议适用所有的 CANopen 设备，其索引值范围为 0x1000～0x1FFF。

② 制造商自定义子协议

对于在设备子协议中未定义的特殊功能，制造商可以在制造商自定义子协议中，根据需求定义对象字典项。因此，这个区域对不同的厂商来说，相同的对象字典项的定义不一定相同，其索引值范围为 0x2000～0x5FFF。

③ 设备子协议

设备子协议为各种不同类型的设备定义对象字典中的对象，其索引值范围为 0x6000～0x9FFF。目前已有十几种为不同类型的设备定义的子协议，例如 DS401、DS402、DS406 等，其索引范围 0x6000～0x9FFFF。

对象字典项举例：通信参数对象 1800H，如表 6-4 所列。

(3) CANopen 通信

在 CANopen 协议中主要定义了网络管理对象 NMT(Network Management)、服务数据对象 SDO(Service Data Object)、过程数据对象 PDO(Process Data Object)、预定义报文或特殊功能对象等 4 种对象。

表 6-4　通信参数对象 1800H

索　引	子索引	名　称	类　型	值	权　限
1800H	00H	入口数	U8	05h	只读
	01H	发送 PDO 标识	U32	180H＋NodeID	读/写
	02H	传输类型	U16	00H	读/写
	03H	保留	—	—	读/写
	04h	时间事件	U16	0000H	读/写

① 网络管理对象 NMT

网络管理对象负责层管理、网络管理和 ID 分配服务，例如，初始化、配置和网络管理（其中包括节点保护）。网络管理中，同一个网络中只允许有一个主节点、一个或多个从节点，并遵循主从模式。

② 服务数据对象 SDO

SDO(Service Data Object)主要用于主节点对从节点的参数配置。服务确认是 SDO 的最大的特点，为每个消息都生成一个应答，确保数据传输的准确性。在一个 CANopen 系统中，通常 CANopen 从节点作为 SDO 服务器，CANopen 主节点作为客户端。客户端通过索引和子索引，能够访问数据服务器上的对象字典。这样 CANopen 主节点可以访问从节点的任意对象字典项的参数，并且 SDO 也可以传输任何长度的数据（当数据长度超过 4 字节时就拆分成多个报文来传输）。

③ 过程数据对象 PDO

PDO(Process Data Object)用来传输实时数据，其传输模型为生产者消费者模型如图 6-67 所示。数据长度被限制为 1～8 字节。PDO 通信对象具有如下的特点：

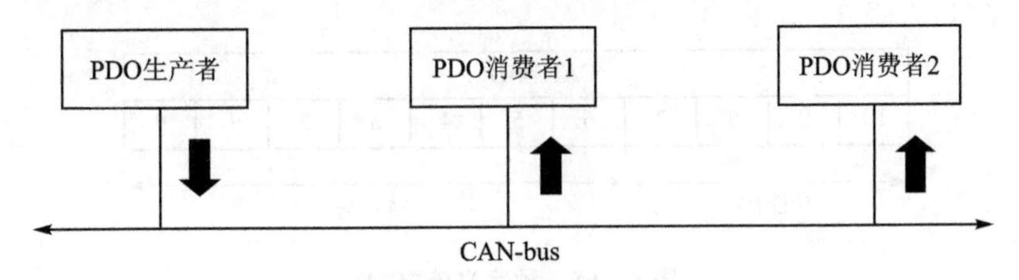

图 6-67　生产者-消费者模型

◇ PDO 通信没有协议规定，PDO 数据内容由 CAN-ID（也可称为 COB-ID）定义；

◇ 每个 PDO 在对象字典中用 2 个对象描述：

a. PDO 通信参数：该通信参数定义了该设备所使用的 COB-ID、传输类型、定时周期；

b. PDO 映射参数：映射参数包含了一个对象字典中的对象列表，这些对象映射到相应的 PDO，其中包括数据的长度（单位、位），对于生产者和消费者都必须要知道这个映射参数，才能够正确地解释 PDO 内容。

◇ PDO 消息内容是预定义的，如果 PDO 支持可变 PDO 映射，那么该 PDO 可以通过 SDO 进行配置；

◇ PDO 可以有多种传输方式：

a. 同步传输（通过接收同步对象实现同步），同步传输又可分为非周期和周期传输。非周期传输是由远程帧预触发或者由设备子协议中规定的对象特定事件预触发传送。周期传输则是通过接收同步对象(SYNC)来实现,可以设置1～240个同步对象触发;

b. 异步传输(由特定事件触发),其触发方式可有两种,第一种是通过发送与PDO的COB-ID相同的远程帧来触发PDO的发送,第二种是由设备子协议中规定的对象特定事件来触发(例如,定时传输、数据变化传输等)。

④ 预定义报文或特殊功能对象

预定义报文或特殊功能对象为CANopen设备提供特定的功能,方便CANopen主站对从站管理。在CANopen协议中,已经为特殊的功能预定义了COB-ID,主要有以下几种特殊报文:

a. 同步(SYNC):该报文对象主要实现整个网络的同步传输,每个节点都以该同步报文作为PDO触发参数,因此该同步报文的COB-ID具有比较高的优先级及最短的传输时间;

b. 时间标记对象(Time Stamp):为各个节点提供公共的时间参考;

c. 紧急事件对象(Emergency):当设备内部发生错误触发该对象,即发送设备内部错误代码;

d. 节点/寿命保护(Node/Life Guarding):主节点可通过节点保护方式获取从节点的状态,从节点可通过寿命保护方式获取主节点的状态;

e. 启动报文对象(Boot-up):从节点初始化完成后向网络中发送该对象,并进入到预操作状态。

(4) CANopen预定义连接集

CANopen预定义连接是为了减少网络的组态工作量,定义了强制性的默认标识符(CAN-ID)分配表,该分配表是基于11位CAN-ID的标准帧格式。将其划分为4位的功能码和7位的节点号(Node-ID)。如图6-68所示,在CANopen里也通常把CAN-ID称为COB-ID(通信对象编号)。

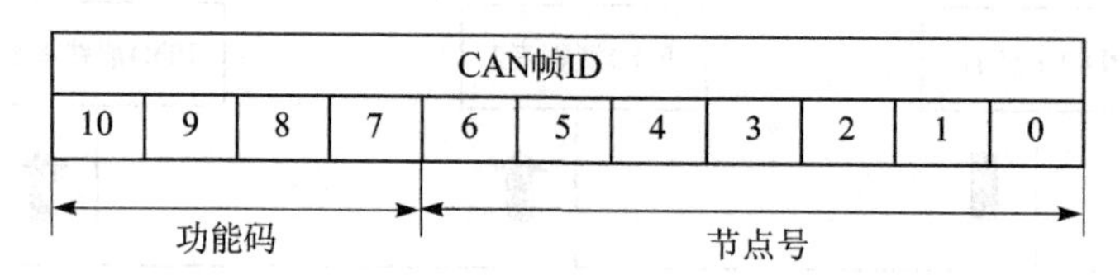

图6-68　预定义连接ID

其中节点号由系统集成商给定,每个CANopen设备都需要分配一个节点号,节点号的范围为1～127(0不允许被使用)。预定义连接集定义了4个接收PDO(Receive-PDO)、4个发送PDO(Transmit-PDO)、1个SDO(占用2个CAN-ID)、1个紧急对象和1个节点错误控制(Node-Error-Control)ID。也支持不需确认的NMT模块控制服务、同步(SYNC)和时间标志(Time Stamp)对象报文。

主/从连接集的对等对象如表6-5所列。

(5) CANopen消息语法

在以下部分中COB-ID使用的是CANopen预定义连接集中已定义的默认标识符。

① NMT模块控制

只有NMT主节点能够传送NMT模块控制(NMT Module Control)报文。所有从设备必须支持 NMT 模块控制服务。NMT 模块控制消息不需要应答。NMT 消息格式如图 6－69 所示。

表 6－5　主/从连接集的对等对象表

CANopen 主/从连接集的对等对象			
对象	功能码 (ID—位 10～7)	COB－ID	通信参数在 OD 中的索引
紧急	0001	081～0FFH	1024H,1015H
PDO1(发送)	0011	181～1FFH	1800H
PDO1(接收)	0100	201～27FH	1400H
PDO2(发送)	0101	281～2FFH	1801H
PDO2(接收)	0110	301～37FH	1401H
PDO3(发送)	0111	381～3FFH	1802H
PDO3(接收)	1000	401～47FH	1402H
PDO4(发送)	1001	481～4FFH	1803H
PDO4(接收)	1010	501～57FH	1403H
SDO(发送/服务器)	1011	581～5FFH	1200H
SDO(接收/客户)	1100	601～67FH	1200H
NMT 错误控制	1110	701～77FH	1016～1017H

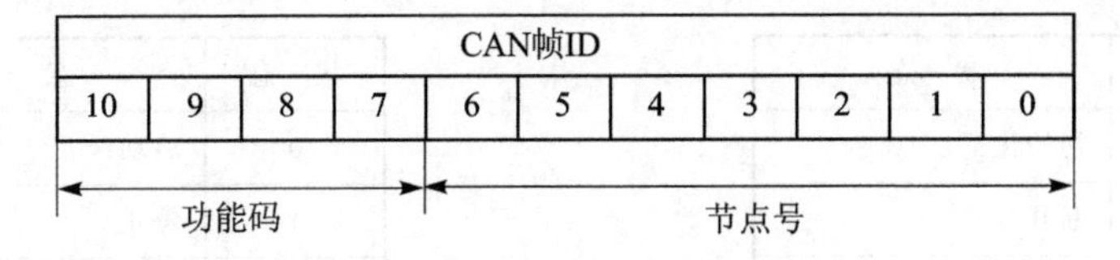

图 6－68　NMT 消息格式

当 Node－ID＝0,则所有的 NMT 从设备被寻址。CS 是命令字,可以取值如表 6－6 所列。

② MNT 节点保护

通过 MNT 节点保护(NMT Node Guarding)服务,MNT 主节点可以检查每个节点的当前状态,当这些节点没有数据传送时这种服务尤其有意义。

NMT－Master 节点发送远程帧(无数据)如图 6－70 所示。

表 6－6　NMT 取值表

命令字	NMT 服务节点管理服务
1	开启远程节点
2	关闭远程节点
128	进入预操作状态
129	节点重置
130	通信重置

主节点→从节点

COM－ID
0x700+Node_ID

图 6－70　NMT－Master 节点发送远程帧

NMT 从节点发送如图 6－71 所示报文应答。

主节点→从节点

COM–ID	字节0
0x700+Node_ID	Bit 7: toggle Bit6-0：状态

图 6－71　NMT－Slave 节点发送报文应答

数据部分包括一个触发位(bit7)，触发位必须在每次节点保护应答中交替置"0"或者"1"。触发位在第一次节点保护请求时置为"0"。位 0 到位 6(bit0～6)表示节点状态，可为表 6－7 中的数值。

注意：带 * 号的状态只有支持扩展 boot－up 的节点才提供。注意状态 0 从不在节点保护应答中出现，因为一个节点在这个状态时并不应答节点保护报文。

或者，一个节点可被配置为产生周期性的被称作心跳报文(Heartbeat)的报文，如图 6－72 所示。

心跳报文生产者→消费者

COM–ID	字节0
0x700+Node_ID	状态

图 6－72　心跳报文

状态可为表 6－8 中所列数值：

表 6－7　节点状态取值表

值	状　态
0	初始化
1	断开*
2	连接*
3	准备*
4	停止
5	操作
127	预操作

表 6－8　心跳报文取值表

状　态	意　义
0	启动
4	停止
5	操作
127	预操作

当一个 Heartbeat 节点启动后其 Boot－up 报文是其第一个心跳报文。心跳消费者通常是 NMT 主要节点，它为每个心跳节点设定一个超时值，当超时发生时采取相应动作。

一个节点不能够同时支持节点保护和心跳协议。

③ NMT Boot－up

NMT 从节点发布 Boot－up 报文通知 NMT 主节点它已经从"初始化"状态进入"预操作"状态，如图 6－73 所示。

④ 过程数据对象(PDO)

作为一个例子，假定第二个发送 PDO 映射如表 6－9 所列(在 CANopen 中用对象字典索引 0x1A01 描述)。

主节点→从节点

COB-ID	字节0
0x700+Node_ID	0

图 6-73　NMT 从节点发布 Boot-up 报文

表 6-9　第二个发送 PDO 映射

对象 0x1A01:第二个发送 PDO 映射		
子索引	值	意　义
0	2	2 个对象映射到 PDO 中
1	0x6000 0208	对象 0x6000,子索引 0x02,由 8 位组成
2	0x6401 0110	对象 0x6401,子索引 0x01,由 16 位组成

在 CANopen I/O 模块的设备子协议(CiA DSP-401)定义中,对象 0x6000 子索引 2 是节点的第 2 组 8 位数字量输入,对象 0x6401 子索引 0x01 是节点的第 1 组 16 位模拟量输入。

这个 PDO 报文如果被发送(可能由输入改变、定时器中断或者远程请求帧等方式触发,和 PDO 的传输类型相一致,可以在对象 0x1801 子索引 2 中查找),则由 3 字节数据组成,格式如图 6-74 所示。

PDO生产者→PDO消费者

COM-ID	字节0	字节1	字节2
0x280+Node_ID	8位数据量输入	16位模拟量输入 (低8位)	16位模拟量输入 (高8位)

图 6-74　PDO 报文

通过改变对象 0x1A01 的内容,PDO 的内容可被改变(如果节点支持(可变 PDO 映射))。

注意在 CANopen 中多字节参数总是先发送 LSB(小端模式)。

不允许超过 8 字节的数据映射到某一个 PDO 中。

在 CANopen 应用层和通信协议(CiA DS 301 V 4.02)中定义了 MPDO(multiplexor PDO),允许一个 PDO 传输大量变量,通过在报文数据字节中包含源或目的节点 ID、OD 中的索引和子索引来实现。举个例子:如果没有这个机制,当一个节点有 64 个 16 位的模拟通道时,就需要 16 个不同的发送 PDO 来传送数据。

⑤ 服务数据对象 SDO

SDO 用来访问一个设备的对象字典。访问者被称作客户(client),对象字典被访问且提供所请求服务的 CANopen 设备别称作服务器(server)。客户的 CAN 报文和服务器的应答 CAN 报文总是包含 8 字节数据(尽管不是所有的数据字节都一定有意义)。一个客户的请求一定有来自服务器的应答。

SDO 有 2 种传送机制:

a. 加速传送(Expedited transfer):最多传输 4 字节数据。

b. 分段传送(Segmented transfer):传输数据长度大于 4 字节。

SDO 的基本结构如图 6-75 所示。

客户→服务器/服务器→客户

字节0	字节1~2	字节3	字节4~7
SDO (命令指示符)	对象索引	对象索引	**

**—最大 4 字节数据(快速传输)或 4 字节字节计数器(分段传输)或关于参数)

图 6－75　SDO 的基本结构

SDO 命令字如图 6－76 所示。

客户→服务器/服务器→客户

字节0	字节1~70
SDO命令字	最大7字节数据(分段传输)

图 6－76　SDO 命令字

SDO 命令字包含信息为：

a. 下载/上传(Download / upload)；

b. 请求/应答(Request /response)；

c. 分段/加速传送(Segmented / expedited transfer)；

d. CAN 帧数据字节长度；

e. 用于后续每个分段的交替清零和置位的触发位(toggle bit)。

6. CANopen 主站/从站

CANopen 凭借其稳定性、实时性、抗干扰性、低成本和兼容性等优势以及支持 CANopen 的标准产品具有互用性和可交换性，使其广泛应用于船舶舰艇、客车火车、升降电梯、重载车辆、工程机械、运动系统、分布式控制网络等。几乎所有的通用 I/O 模块、驱动器、智能传感器、PLC、MMI 设备的生产厂商都提供有支持 CAN 总线与 CANopen 标准的产品。只要符合 CANopen 协议标准及其设备协议子集标准的系统，就可以在功能和接口上保证各厂商设备的互用性和可交换性。

(1) CANopen 网络及设备分类

① CANopen 网络特性

CANopen 典型的网络结构如图 6－77 所示，该网络中有 1 个主节点、3 个从节点及 1 个 CANopen 网关挂接的其他设备。由于 CANopen 基于 CAN 总线，因此也属于总线型网络，在布线和维护等方面非常方便，可最大限度地节约组网成本。

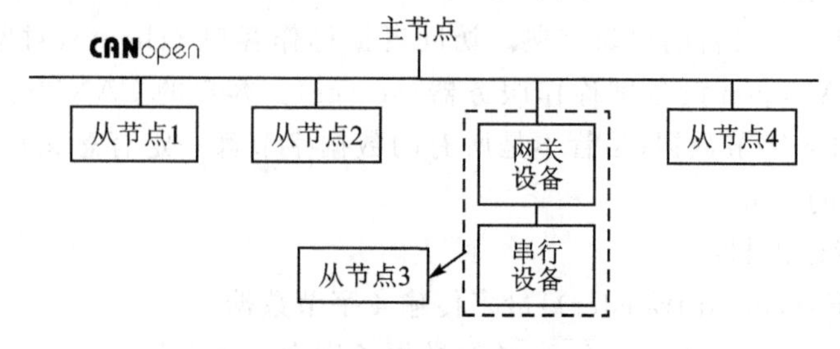

图 6－77　CANopen 网络结构

作为标准化应用，CANopen 建立在设备对象描述的基础上，设备对象描述规定了基本的通信机制及相关参数。CANopen 可通过总线对设备进行在线配置，与生产厂商无关联，支持网络设备的即插即用("Plug and Play")。

CANopen 支持 2 类基本数据传输机制：PDO 实现高实时性的过程数据交换，SDO 实现低实时性的对象字典条目的访问。SDO 也用于传输配置参数，或长数据域的传输。

CANopen 既规定了各种设备之间的通信标准，也定义了与其他通信网络的互连规范。

② CANopen 网络中的设备分类

在说明 CANopen 网络设备分类之前，我们有必要先了解其网络通信模型。

CAN 总线支持“生产者－消费者”通信模型，支持一个生产者和一个或多个消费者之间的通信关系。生产者提供服务，消费者接收则可以消费或忽略服务。需要注意，CANopen 标准作为 CAN 总线的应用层协议之一，除了支持上述服务类型外，还支持“客户端－服务器”通信模型。客户端设备通常称为“CANopen 主站”，而服务器端设备则称为“CANopen 从站”。

针对各个不同的行业应用，CANopen 标准制定了各种设备子协议，通常命名编号为 DS－4xx，目前已有十多个设备子协议被各行业认可。例如：通用 I/O 模块(DS－401)、马达驱动器(DS－402)、闭环测控仪器(DS－404)、可编程设备(DS－405)、旋转与线性编码器(DS－406)、角度测量仪 (DS－410)、医疗器械 (DS－412)、升降控制器 (DS－417)、挤压设备(DS－420)、市政车辆 (DS－422)等，同时还有数个行业的设备子协议规范正在制定之中。符合同一类设备子协议的产品都具有类似的设备资源描述与属性。

(2) CANopen 主/从站设备

尽管 CIA 组织的 CANopen 规范中没有明确定义主站设备和从站设备，但习惯上还是把具有网络管理 NMT 能力的主机功能的设备称为 CANopen 主站设备，通常也具有服务数据 SDO 客户端功能，这样 CANopen 主站能够控制及访问网络中的所有从站。

① CANopen 网络

一个 CANopen 网络中的主站设备管理着其他的从站设备，而且一个网络只允许有一个 CANopen 主站设备和最多 127 个从站设备存在。典型网络结构如图 6－78 所示。

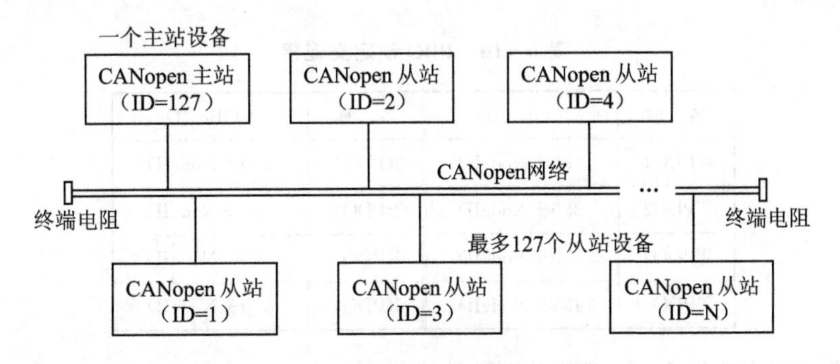

图 6－78　典型 CANopen 网络结构

CANopen 是基于 CAN 总线的一种应用层协议，因此其网络组建与 CAN 总线一致，属于典型的总线型结构。从站和主站都挂接在该总线上，在一个 CANopen 网络中只能有一个主站设备和若干个从站设备同时工作。

CANopen 网络的特点：

a. 在该网络中，有一个 CANopen 主站，负责管理网络中的所有从站；每个设备都有一个独立的节点地址(Node ID)。

b. 从站与从站之间也能建立通信，通常需要事先对各个从站进行配置，使各个从站之间能够建立独立的 PDO 通信。

c. 在 CANopen 网络中，可把网关设备作为一个从站或主站设备。该网关设备可以是 CANopen 与 DeviceNet、Profibus、Modbus 或其他协议的转换设备。

CANopen 网络布线时选用带屏蔽双绞线，提高总线抗干扰能力。网络中的各节点的支线长度不宜过长，波特率大于 100 kbps 的情况下，支线累积总长度不应大于 30 m，单个节点的支线也不应大于 60 cm。

② 主/从站设备功能

CANopen 主站设备：具有网络管理 NMT 主机功能的设备，通常也具有服务数据 SDO 客户端功能。主站设备可以控制从站以及读/写 CANopen 从站设备的对象字典。具备：

a. 在 CANopen 网络中拥有唯一的节点地址和自己的对象字典；

b. 通常在网络中负责网络管理、从站参数设置以及从站数据处理；

c. 并不一定具有特定的功能。

CANopen 从站设备：具有网络管理 NMT 从机功能的设备，且必须具备服务数据对象 SDO 服务器功能。具备：

a. 在 CANopen 网络中拥有唯一的节点地址和自己的对象字典；

b. 能独立实现特定的功能，如数据采集、电机控制等；

c. 支持一定数量的 PDO 传输功能；

d. 具有节点/寿命保护(或心跳报文)以及生产紧急报文等功能。

(3) CANopen 网络中从站的配置

CANopen 从站设备在出厂时都设定有默认参数，并且这些参数都与节点地址绑定。例如实时数据传输 PDO，其预定义连接集定义的默认参数有 4 个 TPDO 和 4 个 RPDO，其 COB－ID 如表 6－10 所示：

表 6－10　PDO 预定义连接

名　称	COB－ID	名　称	COB－ID
TPDO1	180＋NodeID	RPDO1	200＋NodeID
TPDO2	280＋NodeID	RPDO2	300＋NodeID
TPDO3	380＋NodeID	RPDO3	400＋NodeID
TPDO4	480＋NodeID	RPDO4	500＋NodeID

在一些简单的应用场合，只需要采用默认设置，即可进行正常通信；比较复杂的应用场合，则需要对从站进行相应的配置。最常见的配置参数有 PDO 的 COB－ID、PDO 映射参数及节点/寿命保护参数等。

进行配置前的准备工作：

① 主站和从站都必须支持 SDO 传输才能进行正常的配置，因为对从站参数的配置或获取都是通过 SDO 进行传输的。

② 为了快速配置从站设备，在配置从站之前需要通过 NMT 使整个网络设备进入到预操作状态。

CANopen 设备的通信参数包括 PDO 的 COB—ID、传输类型、禁止时间及映射参数等，其参数配置顺序如图 6－79 所示。

(4) 网络中从站与从站之间的通信配置

① 从站与从站之间的通信配置

CANopen 网络中，从站与从站可以直接进行 PDO 通信而不需要主站的参与，这样就提高了数据的实时性。

将接收从站 RPDO 的 COB－ID 更改为发送从站 TPDO 的 COB－ID，这样就建立了两个从站之间的 PDO 通信，在通信过程中也不需要主站的任何干预。从站与从站通信配置如表 6－11 所列。

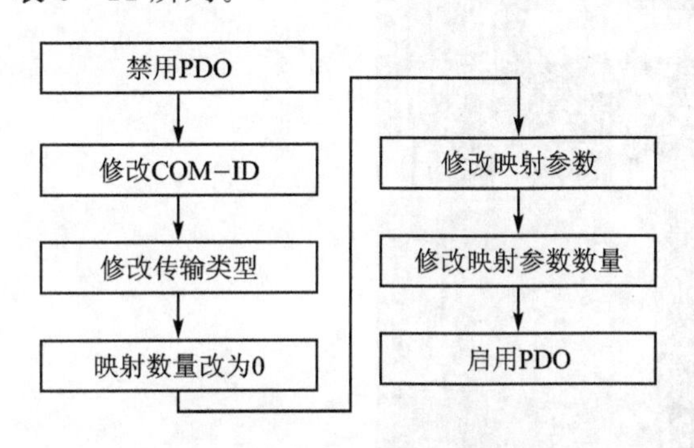

图 6－79　通信参数配置顺序

表 6－11　从站与从站通信的 COB－ID 配置

发送从站		接收从站	
名　称	COB－ID	名　称	COB－ID
TPDO1	0X181	RPDO1	0X181

② 其他参数的配置

除了通信相关的参数之外，CANopen 设备还有一些与安全相关的参数，例如节点/寿命保护或者心跳报文。

根据 DS301 V4.02 的定义，同一个 CANopen 从站中只可能使用节点/寿命保护或心跳报文的一种，如图 6－80 所示。

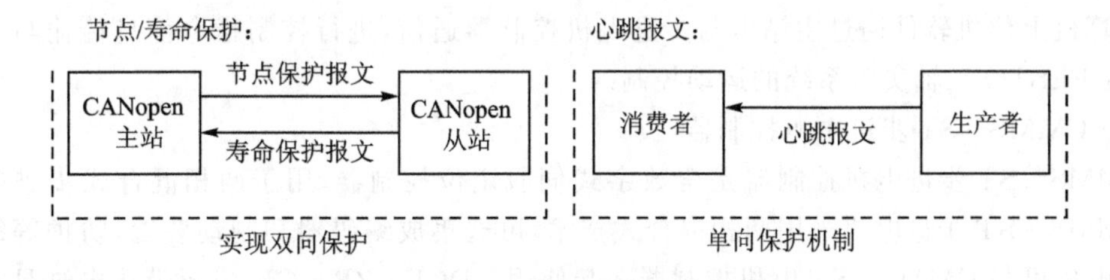

图 6－80　节点/寿命保护与心跳报文选择

在网络总线负载较大的情况下，建议使用心跳报文的保护机制来减轻总线负载。

三、CAN 总线应用实例分析

1. 基于 CAN 总线的多轴运动控制实验系统

图 6－81 所示为三轴直角式运动控制实验系统，是一类典型的机电一体化系统。该系统采用德国 FESTO 公司的 3 台步进电机和 3 个步进电机控制器，在上位机的控制下，驱动 X/

Y/Z 三个机械轴实现直线运动，从而控制机械抓手所处的空间位置，实现对给定工件的抓取与放置功能。

利用该系统，可以研究 CAN 总线在机构运动控制中的应用问题，上位机软件通过主站卡与步进电机控制器通信，进行控制指令信息传输与参数配置，实现对实验系统三个运动轴的点到点运动控制。

图 6-81　FESTO 三轴运动控制实验系统

（1）实验系统结构

实验系统主要有计算机、CAN 接口卡、$X/Y/Z$ 轴步进电机控制器及相应的电驱动元件组成，如图 6-82 所示。

计算机上位机软件通过主站卡与步进电机控制器通信，进行控制指令信息传输与参数配置，实现 FESTO 三轴实验系统的运动控制。

（2）CMMS-ST 步进电机控制器

CMMS-ST 步进电机控制器是全数字式伺服定位控制器，用于两相混合式步进电机控制。EMMS-ST 步进电机采用两相混合式技术，可选集成编码器和制动装置，防护等级达到 IP54。电机可与 CMMS-ST 电机控制器一起使用。DGE-ZR-GK 齿形带式电缸具有以下特点：具有高精度刚性导轨，适应能力强、有多种安装方式及附件可选，驱动单元具有多种安装方式，多轴系统具有多种可选的安装附件、非常适用于电机控制器组合。$X/Y/Z$ 轴马达控制器如图 6-83 所示。

CMMS-ST 步进电机控制器是全数字式伺服定位控制器，用于两相混合式步进电机控制。定位控制器用于设定位置、转速和扭矩。主要功能特性：

① 控制器和电力部件的所有组件完全集成在内，包括 RS-232 接口和 CANopen 接口。开放式 CANopen 接口，按照 CANopen 标准 DS 301 和 DSP 402 的协议；

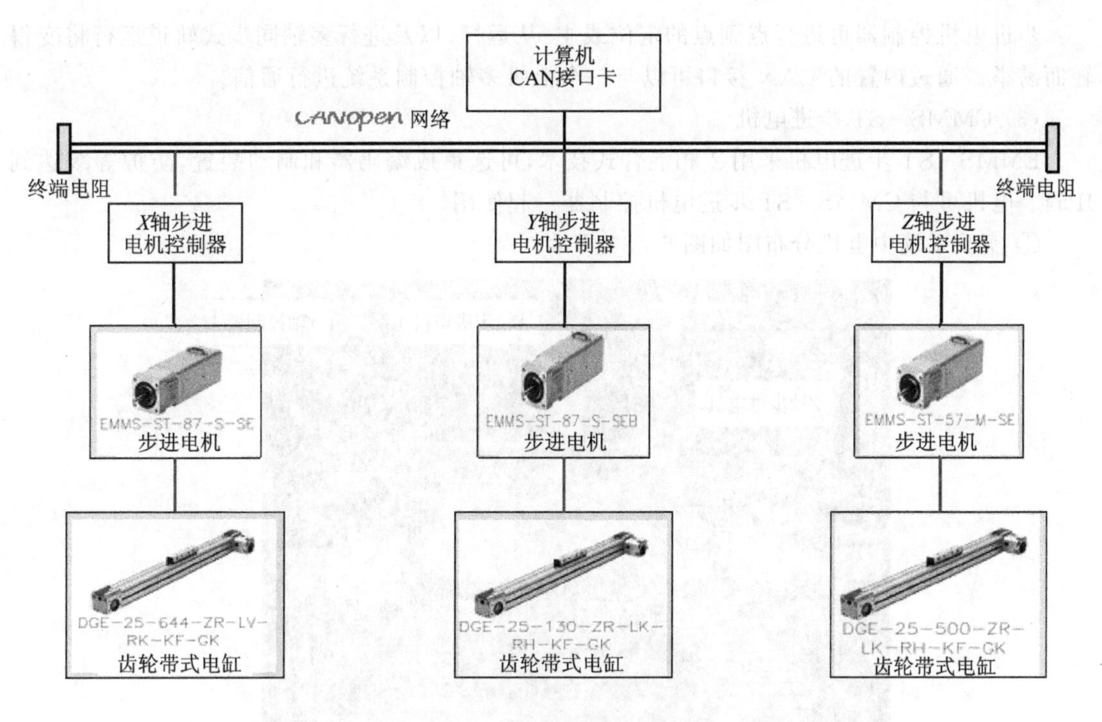

图 6-82　系统组成结构

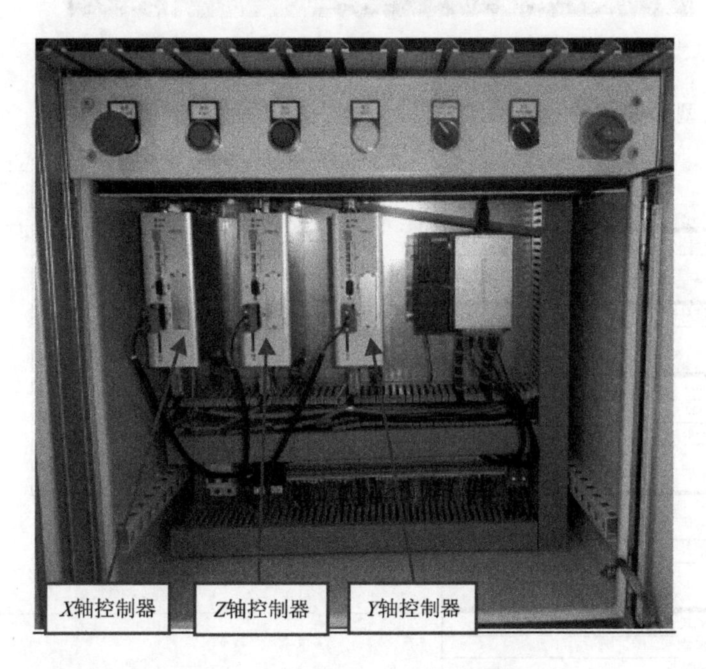

图 6-83　*X/Y/Z* 轴马达控制器

② 集成电磁兼容性滤波器；

③ 自动控制集成在马达内的停车制动器；

④ 符合当前适用的 CE 和 EN 标准，无须另行采取外部措施（马达电缆长度不超过 15 m）；

⑤ 集成的顺序控制系统，无需上一级控制器就可对位置组顺序进行自动控制；

步进电机控制器可进行点到点的定位或主/从运行，以及进行多轴同步式轨道运行将变得轻而易举。通过内置的 CAN 接口可以与一个上级多轴控制系统进行通信。

(3) CMMS－ST 步进电机

EMMS－ST 步进电机采用 2 相混合式技术，可选集成编码器和制动装置，防护等级达到 IP54。电机可与 CMMS－ST 步进电机控制器一起使用。

① 实验系统中电机分布图如图 6－84 所示。

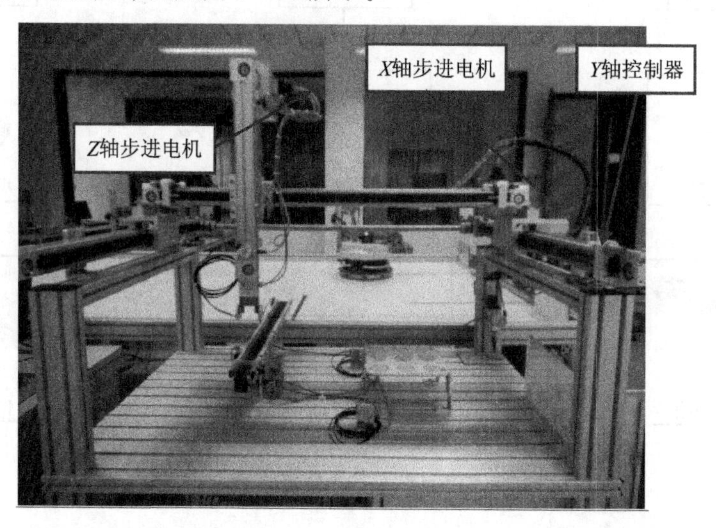

图 6－84　电机分布图

② 步进电机型号如图 6－85 所示。

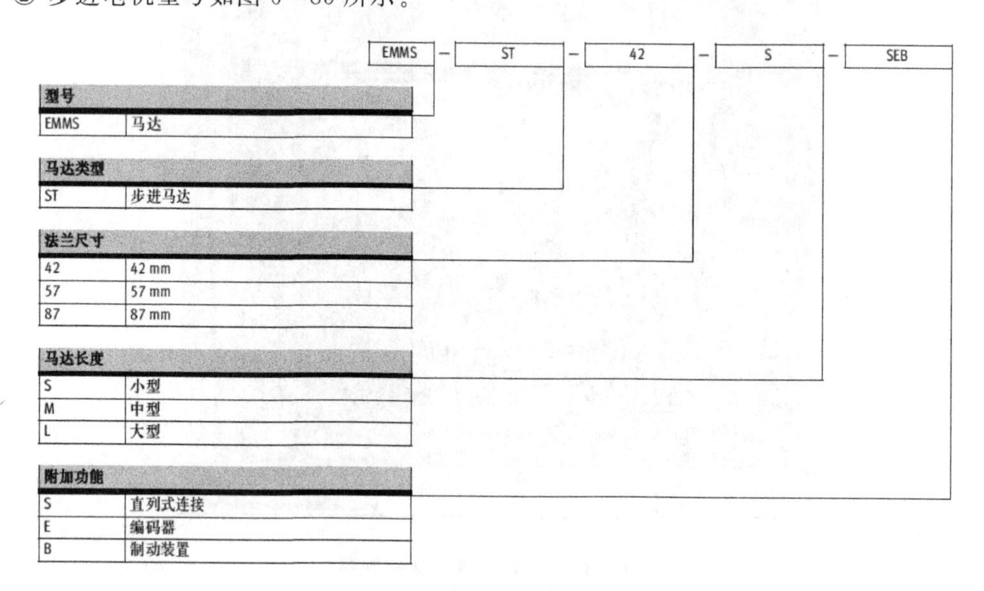

图 6－85　步进电机型号说明

③ 电机技术参数如表 6－12 所列。

(4) CAN 通信卡

一般来说计算机本身不带 CAN 接口，直接使用计算机和 CAN 网络是不能互联的，必须使用计算机现有的通信接口(如 PCI, USB 等)适配、转换为 CAN 总线接口,那么 CAN 接口卡的作用就是给计算机增加 CAN 总线现场总线接口功能,如图 6－86 所示,为计算机接上接口卡即成为 CAN 主节点。

表 6－12　EMMS－ST 步进电机技术参数

规　格	57－S	57－M
马达		
额定电压/VDC	48	
额定电流/A	5	
保持扭矩/Nm	0.8	1.4
步进角/°	1.8±5%	
线圈电阻/Ω	0.15±10%	0.25±10%
线圈电压/mH	0.5	0.95
驱动转动惯量/kgcm²	0.29/0.30	0.48/0.5
驱动轴径向负载/N	52	
驱动轴轴向负载/N	10	
转子的转动惯量/kgcm²	0.29	0.48
制动装置		
工作电压/VDC	24±10%	
输出功率/M	8	10
保持扭矩/Nm	0.4	1
转动惯量/kgcm²	0.01	0.02

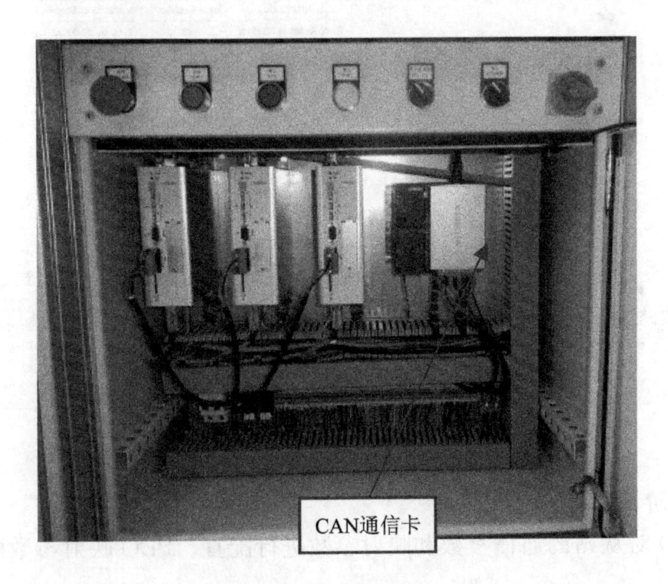

图 6－86　CAN 通信卡

CAN 通信卡实现计算机与 CAN 网络的连接通信，符合 CAN2.0B 协议规范，CAN 通信接口符合 CANopen 标准。

2. 位置运动控制的系统配置

主站通过 CANopen 控制电机的定位操作流程是：首先通电进行初始化，波特率进行匹配，设备进入预操作状态，将 3 个马达控制器添加为网络节点，通过 NMT 报文启动节点，进入设备操作状态。其后，通过 SDO 报文读/写对象字典对从站设备进行参数修改；在操作状态，通过 PDO 通信机制实时进行控制，主从站采用 PDO 报文的同步周期方式，实现指令和运行信息的双向读取。控制结束时停止从站节点，CANopen 结束。

下面以定位操作模式为例，简要介绍实现位置运动控制的过程。与回零模式相同，在定位操作模式下通信时序也分为 3 个阶段：通信建立阶段、参数配置阶段和周期运行阶段，其中通信建立阶段和参数配置阶段为非周期阶段。

(1) 通信建立阶段

从站上电后自动进行初始化，初始化过程中从站自动加载默认参数或上次运行保存的参数。初始化完成后，从站自动进入预操作(PRE－OPERATIONAL)状态，并通过 NMT 对象发送“启动成功(bootup)”信息给主站，如图 6－87 所示。对象的标识符为 0x700＋Node－ID，数据场包括 1 字节，其值为 0，表示该通信对象为启动信息报文。

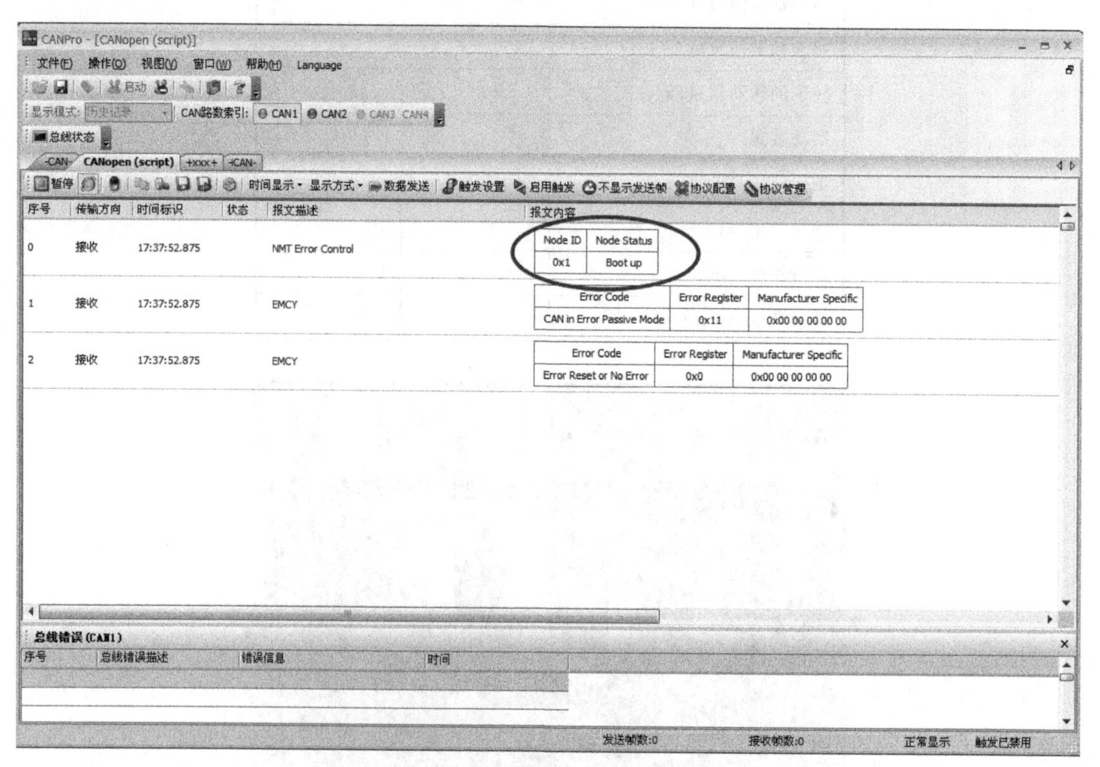

图 6－87　启动报文格式

(2) 参数配置阶段

主站通过 SDO 对从站的通信参数和映射参数进行配置。PDO 映射参数配置如表 6－13～表 6－15 所列。

表 6-13　位置控制中 *X* 轴使用的 PDO

PDO	通信参数	COB-ID	映射参数		映射对象	描　述
RPDO1	1400H	201H	1600H	01H	6040 0010H	控制字
				02H	6060 0008H	运行模式
RPDO2	1401H	301H	1601H	01H	607A 0020H	目标位置
TPDO1	1800H	181H	1A00H	01H	6041 0010H	状态字
				02H	6061 0010H	显示当前运行模式
TPDO2	1801H	281H	1A01H	01H	6064 0020H	读出实际位置值

表 6-14　位置控制中 *Y* 轴使用的 PDO

PDO	通信参数	COB-ID	映射参数		映射对象	描　述
RPDO1	1400H	203H	1600H	01H	6040 0010H	控制字
				02H	6060 0008H	运行模式
RPDO2	1401H	303H	1601H	01H	607A 0020H	目标位置
TPDO1	1800H	183H	1A00H	01H	6041 0010H	状态字
				02H	6061 0010H	显示当前运行模式
TPDO2	1801H	283H	1A01H	01H	6064 0020H	读出实际位置值

表 6-15　位置控制中 *Z* 轴使用的 PDO

PDO	通信参数	COB-ID	映射参数		映射对象	描　述
RPDO1	1400H	202H	1600H	01H	6040 0010H	控制字
				02H	6060 0008H	运行模式
RPDO2	1401H	302H	1601H	01H	607A 0020H	目标位置
TPDO1	1800H	182H	1A00H	01H	6041 0010H	状态字
				02H	6061 0010H	显示当前运行模式
TPDO2	1801H	282H	1A01H	01H	6064 0020H	读出实际位置值

RPDO1 用于接收主站发往从站的命令，用于控制从站的运行状态，RPDO2 用于接收主站发往从站的位置值。TPDO1 用于从站将当前的运行状态返回到主站，TPDO2 用于从站将当前实际位置返回到主站。参数配置界面如图 6-88 所示。

(3) 周期运行阶段

参数配置完成后，主站通过 NMT 对象发送启动或开启运程节点（“进入运行状态（ENTER OPERATDNAL)”）命令，如图 6-89 所示，从站进入运行状态，此时可进行 PDO 通信。

启动输出级步骤：

① 主站通过 RPDO1 发送驱动器准备上电（“READY_TO_SWITCH_ON”）命令和运行模式指令，即控制字对象 6040H 的值设为 0x0006，运行模式对象 6060H 的值设为 0x01；RPDO1 接收操作界面如图 6-90 所示。

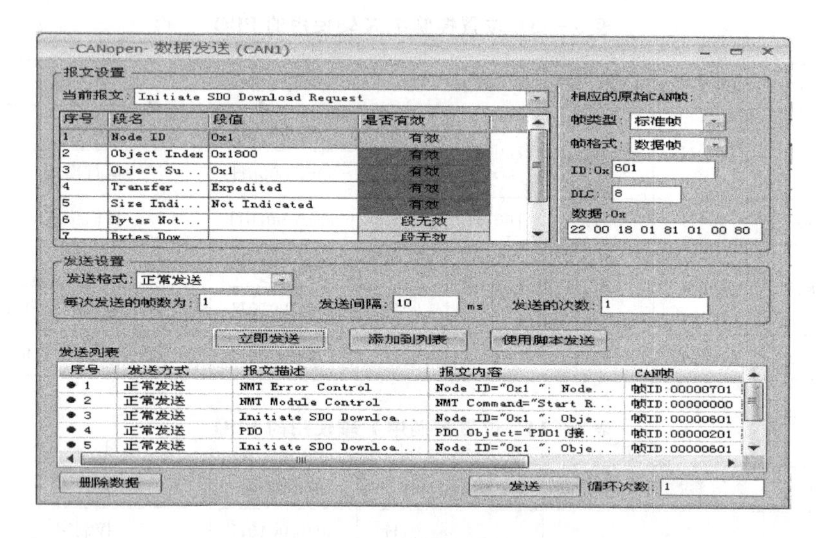

图 6-88　PDO 参数配置界面

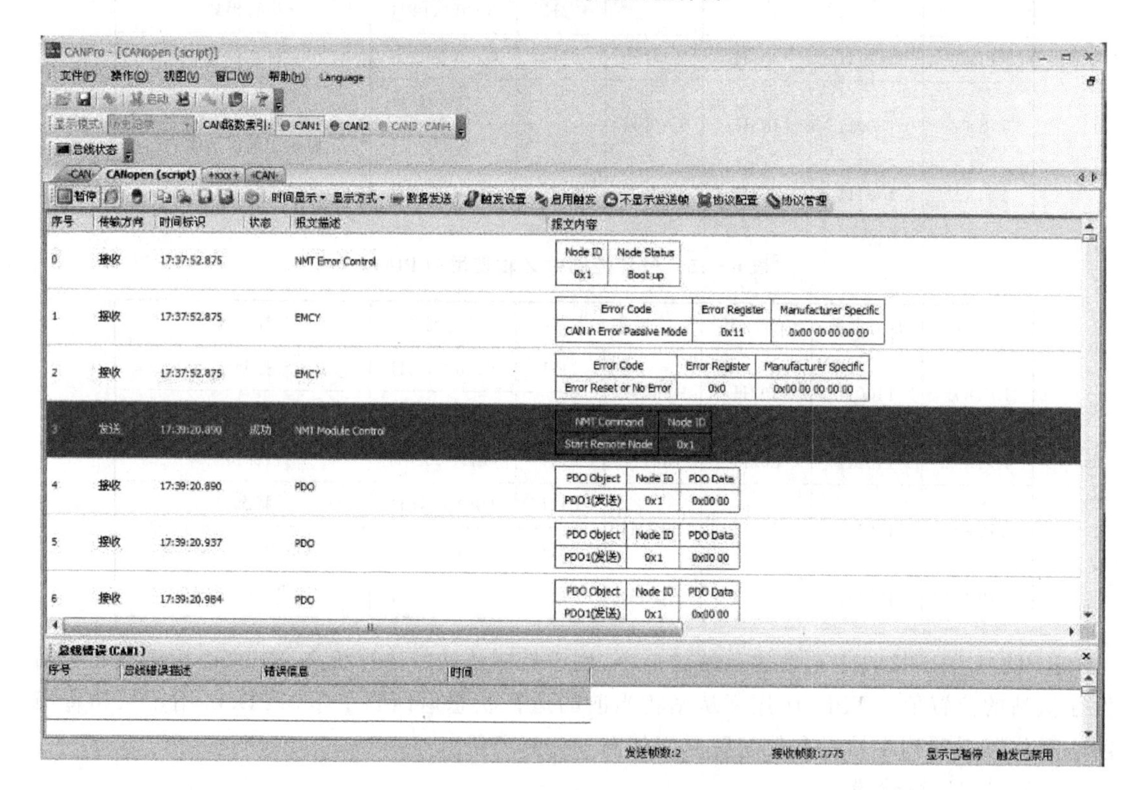

图 6-89　启动节点进入操作状态

② 主站通过 RPDO1 发送“驱动器上电”命令(将控制字对象 6040H 的值设为 0x0007),驱动器电源接通,伺服使能,如图 6-91 所示。

③ 主站通过 RPDO1 发送“操作使能”命令(将控制字对象 6040H 的值设为 0x000F),驱动器进入定位模式非激活状态,如图 6-92 所示。

④ 主站通过 RPDO2 发送“目标位置值”,从站通过对象 607AH 确定马达朝哪个方向运

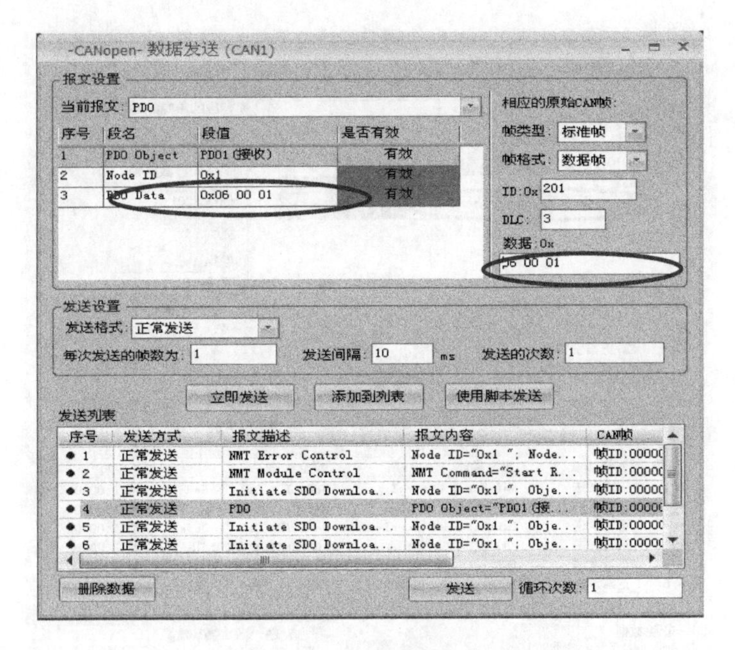

图 6-90 RPDO1 操作界面

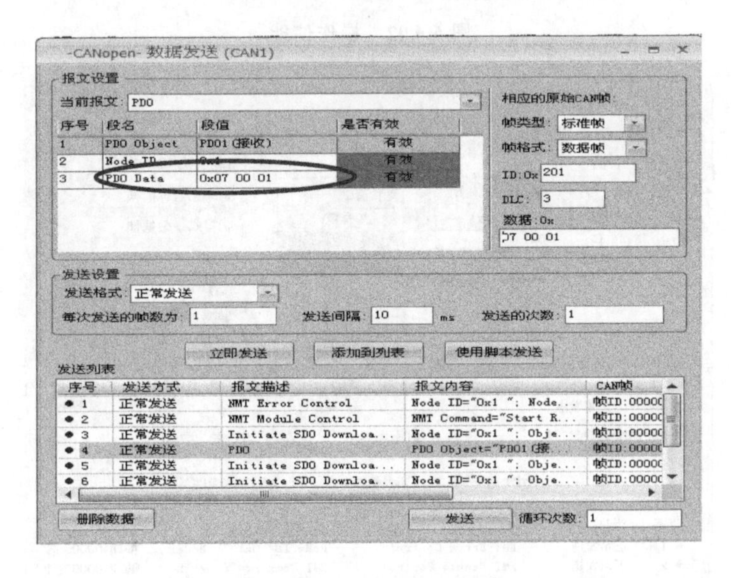

图 6-91 驱动器上电界面

行,RPDO2 发送目标位置如图 6-93 所示。

⑤ 主站通过 RPDO1 发送“定位操作激活”命令(将控制字对象 6040H 的值设为 0x001F),驱动器进入定位操作激活状态。

经过上述 5 个操作步骤后,从站按照接收到的目标位置完成定位操作模式的运动,从而实现 CANopen 协议的运动控制。

3. 位置运动控制的实现

当马达控制器到达目标位置时,用位元 target_reached (对象 statusword 里的第 10 位)给主机发送信号。在这种运行模式里,马达控制器到达目的时就会停止。首先将定位数据(目

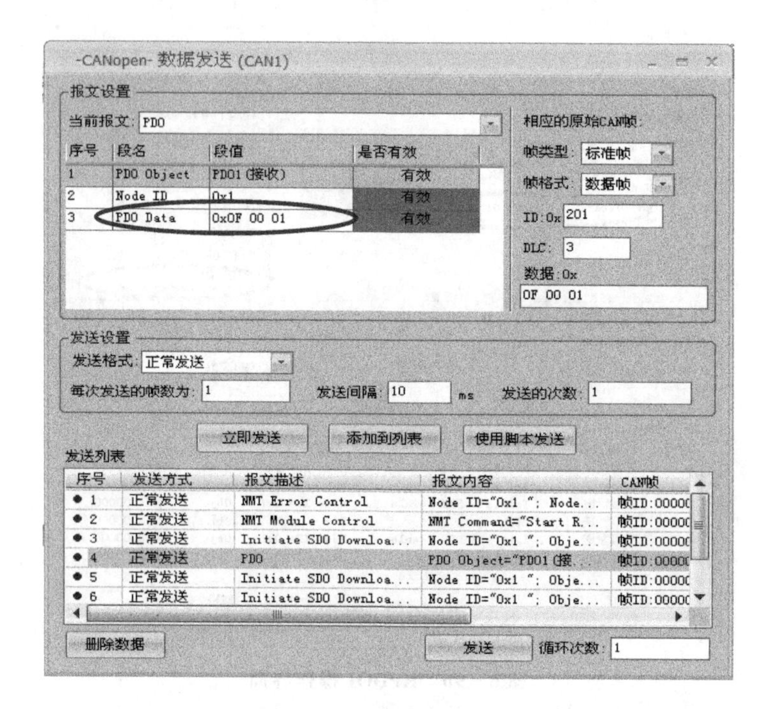

图 6-92　操作使能

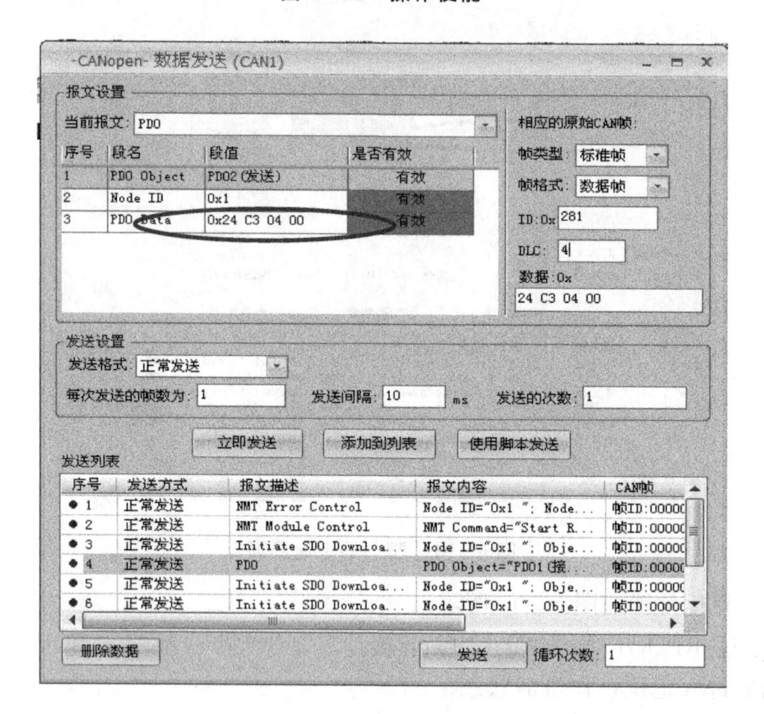

图 6-93　RPDO2 发送目标位置

标位置、移动速度、结束速度和加速度)发送给马达控制器。由于马达控制器移动速度、开始结束速度和加速度参数的设置,使步进电机速度成梯形运行曲线,从而位移—时间曲线大致为 S 曲线。

步进电机速度—时间运行曲线和步进电机位移—时间运行曲线如图 6-94 和图 6-95 所示。

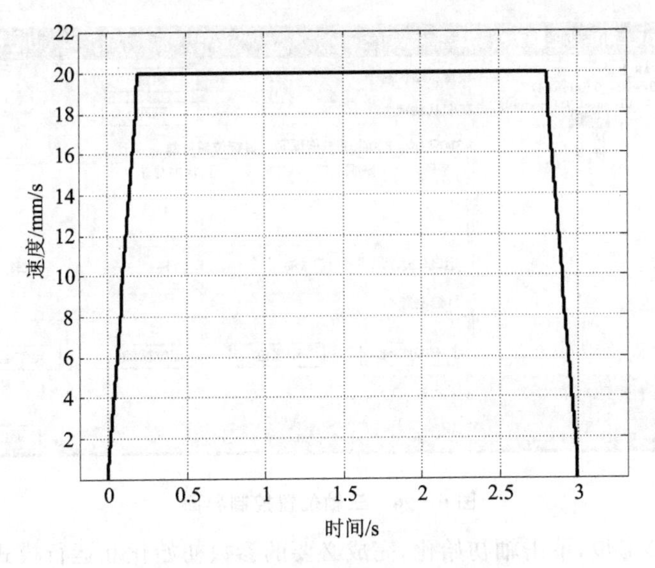

图 6-94　步进电机速度—时间运行曲线

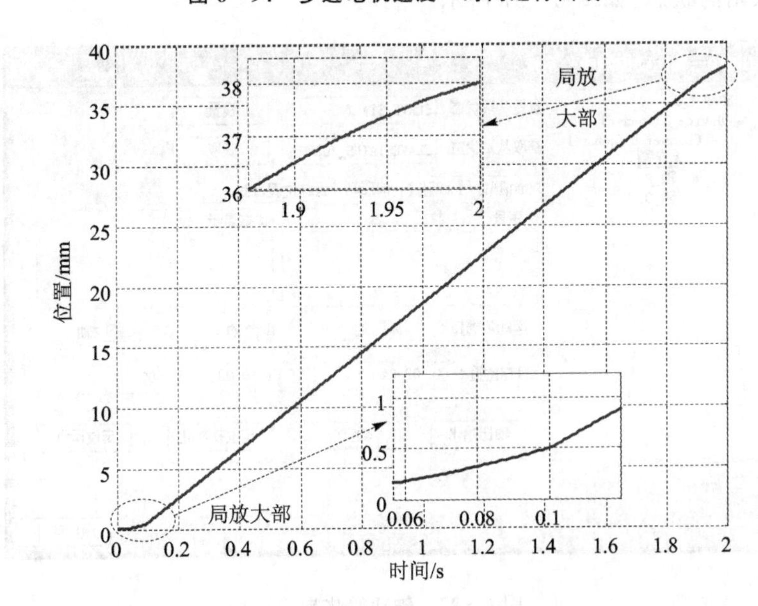

图 6-95　步进电机位移—时间运行曲线

需要说明的是：简单的运行任务是在前一个定位程序完全结束后才能启动新的定位程序；复杂的连续运行任务是在当前一个定位程序还在运行中就已经启动了新的定位程序，即当马达控制器通过删除位 set_point_acknowledge 发出它已经读取缓存和启动相应定位程序的信号时，主机已同时给马达控制器发送下一个目标，定位程序以这种方式紧密排列。

4. 轴运动控制实例

(1) 轴运动控制操作过程

主站应用程序通过 SDO 对 PDO 的通信参数和映射参数配置完成以后，按照所配置的映射参数要求向马达控制器发送运动控制指令报文，就可控制马达的运行。位置控制界面如图 6－96 所示。

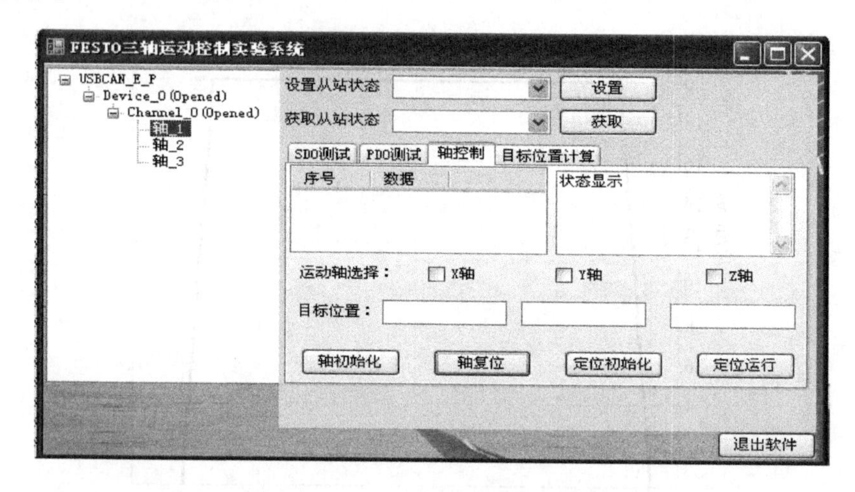

图 6－96　三轴位置控制界面

操作步骤为：第①步，单击轴初始化，完成必要的参数初始化和运行模式配置；并可获取从站状态和设置从站的状态，如图 6－97 所示。

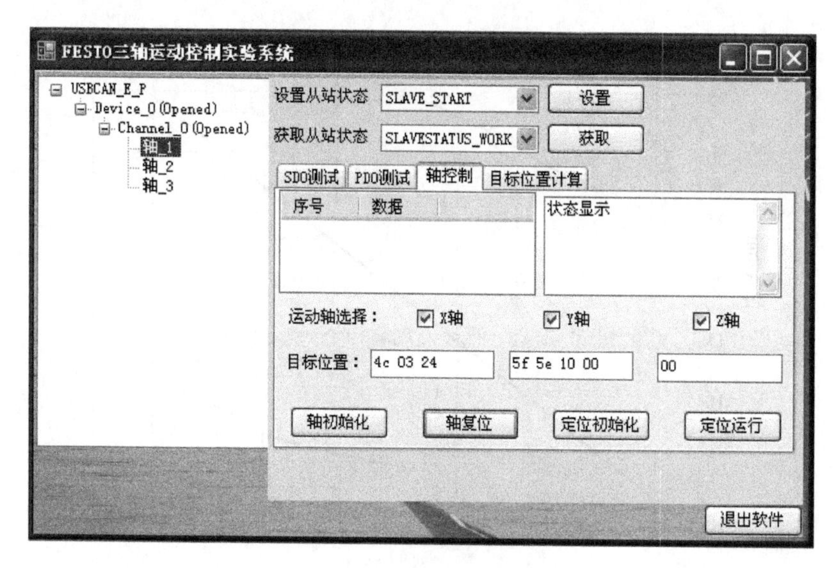

图 6－97　轴初始化界面

第②步，进行“轴复位”运行命令，使三轴回到设定的原点处，为定位运行设置初始点位置。

第③步，定位初始化，进行定位模式的设置和马达控制器接收上位机运行目标位置值信息设置，如图 6－98 所示。

最后一步，定位运行。

通过以上 4 步，马达控制器根据接收到位置信息指令操作马达运行到指定的位置。

(2) 实　例

以 X 轴为例，上位机对其以 PDO 方式发送位置指令，同时接收电机响应的位置报文信息。让 X 轴运动 300 mm，首先将位置信息乘以换算系数转换为电机的内部增量，即 300×

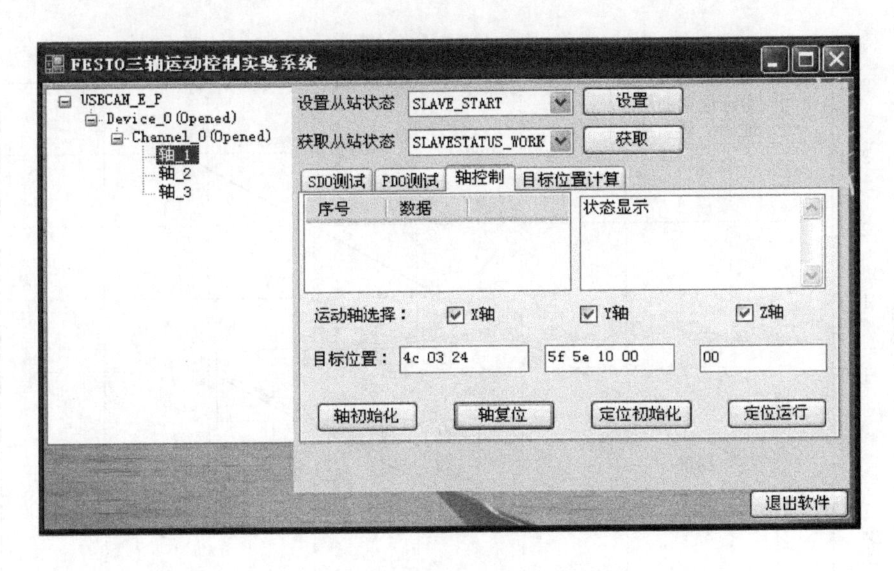

图 6-98　定位信息初始化设置

1 000(1 000 为设置的参数)，并转换为十六进制为 000493E0，则转换为 CANopen 默认的报文格式为 E0930400。

完成硬件连接和参数配置后，按照操作步骤进行必要的初始化，将十六进制 E0 93 04 00 报文指令输入目标位置窗口，单击“定位运行”控制电机的运动。

采用编写软件采集电机反馈位置信息或采用 CANnlsyt 分析仪采集电机位置反馈的报文，采集的报文信息如图 6-99 所示。

Q1408

	A	B	C	F	G	H	I	J	K	L	M	N	O	P
1	28	接收	14:21.	0x0000028	数据帧	标准帧	0x08	37 00 00 00 00 00 00 00		00000037	55		00000000	
2	29	接收	14:21.	0x0000028	数据帧	标准帧	0x08	57 00 00 00 00 00 00 00		00000057	87		00000000	
3	30	接收	14:21.	0x0000028	数据帧	标准帧	0x08	D4 00 00 00 9C 18 00 00		000000D4	212		0000189C	
4	31	接收	14:21.	0x0000028	数据帧	标准帧	0x08	91 01 00 00 D8 72 00 00		00000191	401		000072D8	
5	32	接收	14:21.	0x0000028	数据帧	标准帧	0x08	4E 02 00 00 3C 5A 00 00		0000024E	590		00005A3C	
6	33	接收	14:21.	0x0000028	数据帧	标准帧	0x08	0C 03 00 00 0C 7B 00 00		0000030C	780		00007B0C	
7	34	接收	14:21.	0x0000028	数据帧	标准帧	0x08	C8 03 00 00 A8 93 00 00		000003C8	968		000093A8	
8	35	接收	14:21.	0x0000028	数据帧	标准帧	0x08	E4 04 00 00 A0 41 00 00		000004E4	1252		000041A0	
9	36	接收	14:21.	0x0000028	数据帧	标准帧	0x08	1F 06 00 00 A4 6A 00 00		0000061F	1567		00006AA4	
10	37	接收	14:21.	0x0000028	数据帧	标准帧	0x08	3B 07 00 00 D8 72 00 00		0000073B	1851		000072D8	
11	38	接收	14:21.	0x0000028	数据帧	标准帧	0x08	17 08 00 00 38 31 00 00		00000817	2071		00003138	
12	39	接收	14:21.	0x0000028	数据帧	标准帧	0x08	D4 08 00 00 38 31 00 00		000008D4	2260		00003138	
13	40	接收	14:21.	0x0000028	数据帧	标准帧	0x08	90 09 00 00 04 29 00 00		00000990	2448		00002904	
14	41	接收	14:21.	0x0000028	数据帧	标准帧	0x08	6E 0A 00 00 D4 49 00 00		00000A6E	2670		000049D4	
15	42	接收	14:21.	0x0000028	数据帧	标准帧	0x08	4A 0B 00 00 A0 41 00 00		00000B4A	2890		000041A0	
16	43	接收	14:21.	0x0000028	数据帧	标准帧	0x08	26 0C 00 00 38 31 00 00		00000C26	3110		00003138	
17	44	接收	14:21.	0x0000028	数据帧	标准帧	0x08	03 0D 00 00 04 29 00 00		00000D03	3331		00002904	
18	45	接收	14:21.	0x0000028	数据帧	标准帧	0x08	DF 0D 00 00 A0 41 00 00		00000DDF	3551		000041A0	
19	46	接收	14:21.	0x0000028	数据帧	标准帧	0x08	BC 0E 00 00 DC 9B 00 00		00000EBC	3772		00009BDC	
20	47	接收	14:21.	0x0000028	数据帧	标准帧	0x08	B8 0F 00 00 38 31 00 00		00000FB8	4024		00003138	
21	48	接收	14:21.	0x0000028	数据帧	标准帧	0x08	D4 10 00 00 0C 7B 00 00		000010D4	4308		00007B0C	
22	49	接收	14:21.	0x0000028	数据帧	标准帧	0x08	B0 11 00 00 3C 5A 00 00		000011B0	4528		00005A3C	
23	50	接收	14:21.	0x0000028	数据帧	标准帧	0x08	6D 12 00 00 38 31 00 00		0000126D	4717		00003138	
24	51	接收	14:21.	0x0000028	数据帧	标准帧	0x08	2A 13 00 00 74 8B 00 00		0000132A	4906		00008B74	
25	52	接收	14:21.	0x0000028	数据帧	标准帧	0x08	07 14 00 00 D4 49 00 00		00001407	5127		000049D4	
26	53	接收	14:21.	0x0000028	数据帧	标准帧	0x08	E3 14 00 00 0C 7B 00 00		000014E3	5347		00007B0C	
27	54	接收	14:21.	0x0000028	数据帧	标准帧	0x08	BF 15 00 00 04 29 00 00		000015BF	5567		00002904	
28	55	接收	14:21.	0x0000028	数据帧	标准帧	0x08	9C 16 00 00 04 29 00 00		0000169C	5788		00002904	
29	56	接收	14:21.	0x0000028	数据帧	标准帧	0x08	58 17 00 00 04 29 00 00		00001758	5976		00002904	

图 6-99　采集的报文信息

对采集到的数据进行进制的转换，即将采集的报文信息进行转换处理(报文高低位交换，并把十六进制报文信息转换为二进制报文信息)，根据转换后的数据绘制如图 6-100 所示的时间—位置曲线。

从图中可以看出，进行位置控制时 CANopen 通信能够正确地传送和接收数据，能够较好的进行位置跟踪，上位机 CANopen 通信控制实现了对电机的运动控制。

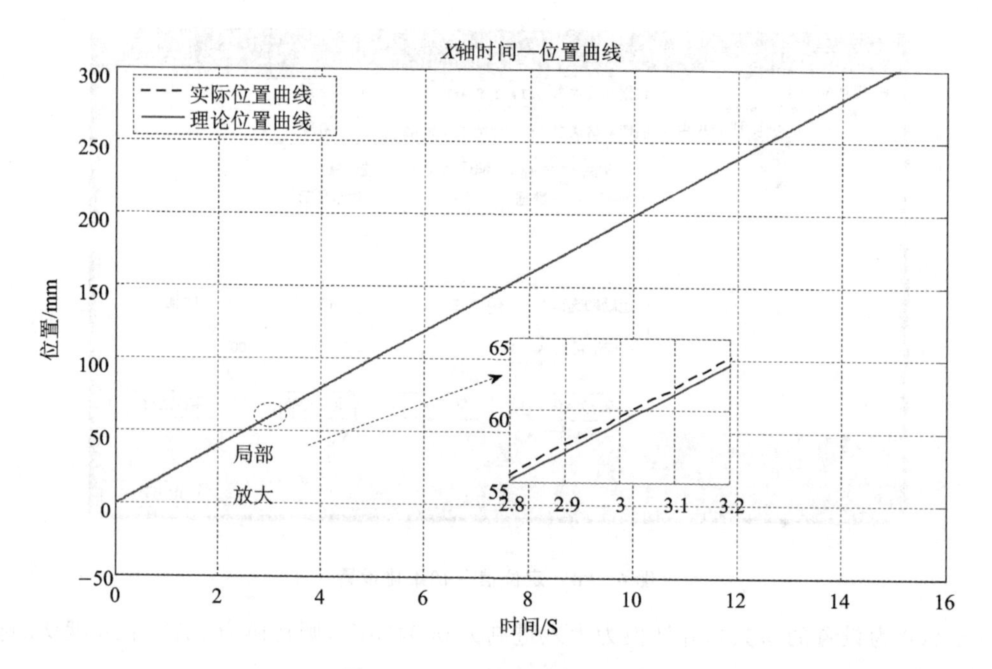

图 6-100　X 轴位置跟踪曲线

思考题

1. 简述计算机控制系统的工作原理及其组成。

2. 计算机控制系统可以分为哪几类？各有什么特点？

3. 简述多级系统结构的优点。

4. 简述模拟量输入、输出通道的组成及各部分的主要功能。

5. 开关量输入通道中为什么要设计信号调理电路？有哪些措施实现开关信号调理？

6. 在计算机控制系统中采用数字滤波有何优点？常用的数字滤波方法有哪些，分别适用于什么场合？

7. PID 控制器各参数对控制性能的影响是什么？

8. 数字 PID 参数整定有哪几种方法？

9. 按照网络的拓扑结构，计算机网络可以分为哪几类？并对每类加以说明。

10. OSI 模型分为哪 7 层？并对每层的功能进行说明。

11. 说明控制网络技术与一般计算机网络技术的差异。

12. 什么叫总线？为什么要制定计算机总线标准？

13. 计算机总线可以分为哪些类型？

14. 简述 CAN 总线信号传输原理。

参考文献

[1] 王建华,黄河清. 计算机控制技术[M]. 北京:高等教育出版社,2003.
[2] 孙锐等. 机电一体化原理及应用[M]. 北京:国防工业出版社,2005.
[3] 尹志强. 机电一体化系统设计课程设计指导书[M]. 北京:机械工业出版社,2008.
[4] 林亨. 机械系统计算机控制[M]. 北京:清华大学出版社,2008.
[5] 高钦和等. 机电一体化系统建模与仿真技术[M]. 北京:电子工业出版社,2012.
[6] 李桂青. 工业系统的计算机控制[M]. 北京:气象出版社,1995.
[7] 曹少华. CAN总线控制系统的实现与分析[D]. 中国科学技术大学硕士论文,2007.
[8] 魏衡华等. 基于CAN总线的步进电机控制系统的设计[J]. 自动化与仪表,2009(1):29-32.
[9] 李沁生等. 基于Simulink的直流伺服电机PID控制仿真[J]. 船电技术,2011,31(3):26-29.
[10] 袁中凡. 机电一体化技术[M]. 北京:电子工业出版社,2006.
[11] 骆涵秀等. 机电控制[M]. 杭州:浙江大学出版社,1994.
[12] 舒志兵等. 现场总线运动控制系统[M]. 北京:电子工业出版社,2007.

参考文献